배수펌프장 설비-설계, 시공 및 유지관리

대표저자 박종문(주식회사 동명기술공단 전무, 산업기계설비 기술사)

공동저자 김경엽(한국산업기술대학교 교수, 공학박사)
김유택(한국해양대학교 교수, 공학박사)
권명래(주식회사 터보엔에스 대표)
선호수(하이드로랩 대표)
염권정(주식회사 대한중전기 대표)
오상현(한국수자원공사 위원)
이영범(주식회사 수성엔지니어링 부사장, 건설기계 기술사)

자문위원 임재웅(행정안전부 자연재난대응과장)
백성현(서울특별시 치수설비팀장)
이제헌(한국토지주택공사 설비계획부장)
조현욱(한국농어촌공사 처장)
이동범(한국환경공단 상하수도설계부 차장)
박길동(융성건설주식회사 회장)
박용철(주식회사 종성테크 부회장)
박우엽(주식회사 이산 전무, 건축전기 기술사)
한규환(주식회사 수성엔지니어링 상무, 수자원개발 기술사)
양병화(주식회사 동명기술공단 전무, 발송배전 기술사)

배수펌프장 설비 – 설계, 시공 및 유지관리

초판 인쇄 2019년 6월 10일
초판 발행 2019년 6월 24일
지은이 박종문, 김경엽, 김유택, 권명래, 선호수, 염권정, 오상현, 이영범
펴낸이 최국주
펴낸곳 동명사
출판등록 1950년 11월 1일(제1-76호)
주소 (우 10881) 경기도 파주시 회동길 50(문발동)
전화 031-955-7200(대표)~2, 7203(편집부), 7204(물류)
팩스 031-955-7205
전자우편 webmaster@dmsbook.com
홈페이지 www.dmsbook.com

ISBN 978-89-411-8201-6 93530
값 50,000원

머리말

최근 예측하기 어려운 기후변화에 의해 국지성 집중 호우가 발생하고 도시지역에서 재개발과 주변의 지역개발에 따라 불투수 면적이 증가하여 지표면에서 우수유출량이 증가하고 홍수량이 일시에 저지대로 유입되어 배수펌프장 용량이 부족하거나 내수 배제능력 부족 등으로 침수 피해가 발생하고 있다. 이러한 때 기존의 배수펌프장에 대한 계획 우수량, 계획 내외수위 등을 재검토하고 신설되는 배수펌프장의 시설계획 및 설비의 최적 선정을 위하여 기술자료를 정리할 필요를 느껴 한국유체기계학회 펌프 및 수차분과 출판사업의 일환으로 본 도서를 저술하게 되었다.

그동안 배수펌프장 관련 도서는 서울특별시에서 발간한 "빗물펌프장·수문 유지관리 및 설계요령(2008)"과 농업기반공사에서 발행한 "농업생산기반정비사업계획 설계기준(2005)"을 주로 참고하여 왔으나 최근의 기술들과 일본 하천펌프시설기술협회의 "양배수펌프설비 기술기준(평성 27년)" 내용을 추가하고 한국시설안전공단의 "안전점검 및 정밀안전진단 세부지침(2017)"의 내용과 행정안전부의 "배수펌프장 관리 및 운영편람(2018)"을 반영하여 배수펌프장 설비에 대한 설계, 제작, 설치 시공 및 유지관리 부분으로 나누어 정리하였다.

이 책의 제1장 총설은 목적 및 적용범위와 배수펌프장에서 사용하는 용어에 대한 정의, 배수펌프장의 구성 등을 나타내었고, 제2장은 배수펌프장 설계 지침으로 설계의 기본사항, 펌프장 시설계획, 기계설비, 전기설비 및 감시운전 제어설비에 대한 내용을 기술하였다. 제3장에서는 설치 시공, 제4장에서는 운영 및 운전관리를 나타내었고 제5장에서는 점검 및 정비에 대한 내용을 기술하였다.

주요저자는 한국유체기계학회 펌프 및 수차분과의 운영위원들로 구성되었고 토목, 수자원 분야나 전기, 계측제어설비 분야는 자문위원의 자문을 받아서 해당분야의 내용을 보완하였다. 따라서 부족한 부분이 많을 것으로 생각되나 점차 보완해 갈 것을 약속드리며 좋은 의견을 구한다.

끝으로 이 책의 내용이 알차게 자문의견을 주신 자문위원님들과 출판에 적극 지원해 주신 동명사의 김급태 상무님을 비롯한 동명사 출판사 여러분께 감사를 드린다.

2019년 4월

저자일동

추천사

유체기계 업무에 종사하는 분들이라면 알고 계시듯이 (사)한국유체기계학회는 산학연의 긴밀한 유대관계 하에 관련분야의 기술개발과 연구력 향상에 이바지하고자 설립된 것입니다.

이번에 발간된 "배수펌프장 설비-설계, 시공 및 유지관리"란 책자도 본 학회의 설립취지에 따라 산학연의 해당 분야의 전문가 들이 뜻을 모아 결실을 보게 된 것입니다.

최근에 지구온난화의 영향으로 국지적 폭우와 폭설 등이 빈번하게 발생하고 있으며, 이에 대한 기상예보도 어려운 실정입니다. 또 도시화가 고도화됨에 따라 도심에서의 홍수현상이 빈발하고 있으며, 도심에서의 차질 없는 배수기능이 절실히 요구되고 있습니다. 이와 같은 상황을 고려하였을 때 이번의 본 책자의 발행은 시의적절하다고 말씀드릴 수 있습니다.

본 책자가 관련 부서 및 관계 전문가들에 도움이 될 것으로 믿으며, 업무에 조금이나마 참고가 되시면 본 학회 관계자의 한 사람으로서 많은 보람을 느낄 수 있을 것입니다.

2019. 3. 25

유체기계학회 초대회장

연세대학교 교수 조강래

목차

머리말 3
추천사 4

제1장
총설 09

1.1 목적 9
1.2 적용 범위 9
1.3 관련법규 10
1.4 용어 정의 10
1.5 배수펌프장 구성 15
1.5.1 배수펌프장의 배치 17
1.5.2 배수펌프장의 구조 18
1.6 펌프의 용도별 분류 22

제2장
설계 23

2.1 설계의 기본 23
2.1.1 기본사항 23
2.1.2 설계 일반사항 24
2.1.3 설계 순서 24
2.1.4 내진 설계 계획 24
2.2 펌프장 시설계획 26
2.2.1 펌프설비의 기본성능 26
2.2.2 감시운전 제어방식 28
2.2.3 설비의 신뢰성, 내구성, 경제성 30
2.2.4 유지관리 대응 35
2.2.5 관련시설 43
2.3 기계설비 68
2.3.1 주펌프설비 68
2.3.2 제진설비 125
2.3.3 수문설비 141
2.3.4 밸브설비 151
2.3.5 배관설비 159

2.3.6 크레인설비 173
2.3.7 환기설비 187
2.3.8 지배수설비 198
2.3.9 실내 배수설비 201
2.3.10 계통기기설비 202
2.4 전기설비 208
2.4.1. 기본사항 208
2.4.2 수변전 설비 212
2.4.3 부하설비 220
2.4.4 자가 발전설비 226
2.4.5 제어용 전원설비 232
2.4.6 계통보호 및 보안장치 234
2.4.7 접지 시스템 235
2.4.8 방재설비 235
2.5 감시운전 제어설비 236
2.5.1 배수펌프장의 감시운전 236
2.5.2 기동조건과 보호장치 239
2.5.3 감시운전제어설비의 설계 242
2.5.4 수방공유 PC 245

제3장

설치 시공 247

3.1 시공 계획 및 관리 247
3.1.1 시공계획 247
3.1.2 시공관리 248
3.2 가설공사 250
3.2.1 준비공사 250
3.2.2 가체절 251
3.2.3 집수정 251
3.2.4 안전시설 252
3.3 펌프장공사 253
3.3.1 터파기 253
3.3.2 기초 254
3.3.3 흡입수조·토출수조 및 건물 255

3.4 펌프 설치 256
3.4.1 설치 준비 256
3.4.2 설치시 주의사항 257
3.4.3 육상펌프의 설치 258
3.4.4 수중펌프의 설치 263
3.4.5 도장 265
3.4.6 시운전 조정 265
3.5 제진설비 설치 266
3.5.1 설치 준비 266
3.5.2 제진기 설치 266
3.6 수문 설치 267
3.6.1 일반사항 267
3.6.2 수문 설치 268
3.7 밸브 설치 269
3.7.1 일반사항 269
3.7.2 밸브 설치 270
3.8 배관 설치 271
3.8.1 배관 작업 271
3.8.2 배관시공 273
3.8.3 배관 청소 276
3.9 크레인 설치 277
3.9.1 설치 일반 277
3.9.2 크레인 설치 277
3.10 환기설비 설치 278
3.10.1 설치 일반 278
3.10.2 환기설비 설치 278
3.11 전기설비 설치 279
3.12 감시운전 제어설비 설치 294

제4장
운영 및 운전관리 303
4.1 일반사항 303
4.2 시설관리 307
4.3 안전관리 311
4.4 주펌프 설비 운영관리 316

4.5 유수지 관리 320
4.6 수문 운영관리 322
4.7 전자통신설비 운영관리 324
4.8 제진기 운전 327

제5장

점검 및 정비 329

5.1 시설물 안전점검 및 진단 329
5.2 설비 점검 정비 일반 336
5.3 기계설비 337
5.3.1 주펌프 설비 337
5.3.2 제진 설비 354
5.3.3 수문 설비 355
5.3.4 밸브 및 배관 설비 357
5.3.5 크레인 설비 358
5.4 전기설비 358
5.4.1 수전설비 359
5.4.2 수배전 설비 360
5.4.3 전동기 366
5.5 감시운전 제어설비 369
5.6 정전작업 및 유지관리 370
5.7 고장 원인 및 대책(trouble shooting) 375
5.8 점검항목(check list) 379

부록 387

부록 1. 터보형 펌프 용어 388
부록 2. 전기 및 계측제어 설비 약어 397
부록 3. 펌프 관련 표준 399
부록 4. 내수배제체크 계산의 예 400

참고자료 405
찾아보기 406

제1장 총설

1.1 목적

배수펌프장은 유입 구획 내의 오수를 다음 펌프장이나 하수처리장에 보내거나 빗물을 부근의 하천에 직접 방류시키기 위한 시설로써 펌프장과 그 부속시설을 포함한다.

배수펌프장은 「농어촌정비법」에 따른 농업생산기반시설인 양수장(揚水場)과 배수장(排水場), 「하수도법」에 따른 하수를 배제(排除)하기 위하여 설치한 펌프장으로써 서울특별시와 한국농어촌공사에서 "빗물펌프장·수문 유지관리 및 설계요령"과 "농업생산기반정비사업계획 설계기준" 및 "농어촌정비공사 전문시방서(기계, 전기편)"을 발간하여 설계·시공 및 운영관리에 활용되어 왔다.

최근 배수펌프장 설비인 펌프, 제진기 및 수문 등의 설비 기술이 개발되어 이에 대한 설계, 제작, 설치 및 유지관리 내용 등을 보완하여 현장 실무자들의 어려움을 덜고 배수펌프설비의 기능 확보와 신뢰성 향상을 목적으로 한다.

1.2 적용 범위

배수펌프장의 펌프 관련시설의 기능과 성능을 확보하기 위하여 각 시설에 대한 계획, 설계, 제작, 시험, 검사, 설치, 시운전 및 유지관리에 필요한 기술적 사항을 서술한다.

배수펌프장 시설은 유수지를 포함하고 있는 펌프장을 대상으로 하고 있으나 소규모 시설의 펌프장 설비에 대해서도 적용하며 하천설계기준의 내수배제 시설에 적용한다.

설계 조건이 서로 다르거나 기술이 발전됨에 따라 이 도서에 따르는 것이 적절하지 않는 경우에는 이 도서를 적용하지 않아도 된다. 이 도서는 평균적 기술수준으로 표준적 사항을 정한 것이므로, 반드시 전체 설계조건에 맞는 것은 아니기 때문에 기술적으로 보다 진보되었거나 해당 펌프장의 특수조건에 더 적합한 설계를 하는 것을 막는 것은 아니다. 단 이 경우에도 도서에 나타난 기술수준을 위배하지 않는 것으로 한다.

1.3 관련법규

(1) 하천관련 법규

하천법, 도시계획법, 산업안전보건법, 건축법, 소방법, 시설물안전에 관한 특별법, 자연재해대책법, 농어촌정비법, 하천의 구조·시설기준에 관한 규칙, 기계설비법

(2) 하수도 관련 법규

하수도법, 소방법, 전기사업법 등

(3) 도시계획시설관련 법규

국토의 계획 및 이용에 관한 법률, 지방자치단체 도시계획조례, 건축법 등

(4) 전기, 계측제어 설비 관련 법규

전기용품안전관리법, 전력기술관리법, 전기사업법, 전기공사업법, 정보통신공사업법, 전기통신기본법, 산업안전보건법, 건축법, 소방법

(5) 관련 기준

하천시설기준, 하천공사 표준시방서, 상수도 시설기준, 하수도 시설기준, 댐설계기준, 농업생산기반정비사업계획 설계기준, 항만 및 어항 설계기준 및 시방서, 한국산업표준

1.4 용어 정의

- **펌프장** : 배수(排水)펌프장은 하천 또는 수로의 내수를 펌프에 의해 제방을 횡단하여 배제하기 위하여 설치하는 시설로써 펌프장과 그 부속시설을 말한다. 홍수 시 하천 외수위가 상승하여

자연배수가 곤란할 경우 우수를 펌프에 의하여 강제배수하기 위한 시설로써 펌프장과 그 부속시설물을 빗물펌프장이라고도 한다.
양수(揚水)펌프장은 생활용수 등의 공급 또는 하천 정화 등을 목적으로 펌프로 하천수를 송수하는 시설로 펌프장과 그 부속시설을 말한다.

- **펌프** : 배수 주펌프는 배수펌프장의 주 배수 기능을 갖는 펌프로서 계통기기 설비 등에 포함된 펌프와 구별하고 있다. 대소 유량으로 구분된 배수 주펌프는 대유량 주펌프와 소유량 주펌프로 구분한다. 수중펌프는 펌프 및 펌프 구동부가 물속에 잠겨 있는 상태로 사용하는 펌프를 말한다. 게이트펌프는 수중펌프 중에서 게이트 문짝에 설치한 펌프로 배수하는 구조의 펌프를 말한다. 수문일체형 펌프, 펌프게이트라고도 한다.

- **배수계획 구역** : 펌프장으로 우수 및 오수를 유입시키기 위하여 설정한 구역으로 유입하수도 관망이 전개된 구역과 배수경계에 따라 산악, 구릉지 등 하수관망이 없는 지역도 포함되며 우수의 유입관망 및 지역 여건에 따라 행정구역을 벗어나 타 시도를 포함하는 경우도 있다.

- **수위** : 배수펌프장에서 펌프흡입측(堤內地 측)의 유입수로 등의 수위, 내홍수위 및 최저흡입수위를 내수위라고 하고 배수펌프장에서 펌프토출측(堤外地 측)의 하천관리수위, 갈수위, 홍수위, 바다 또는 수로의 수위를 외수위라고 한다.

- **수문학적 설계(수문설계)** : 어떤 수자원 시스템에 수문사상(水文事象)이 미치는 영향을 평가하고 시스템이 적절히 실행될 수 있도록 시스템을 지배하는 주요변수들의 기준치를 선택하는 과정을 말한다.

- **홍수** : 태풍이나 전선에 의해 유역에 집중 호우가 내릴 경우, 그 물은 하천에 모여 강을 흐르는 물의 양이 급격히 증가한다. 이러한 현상을 홍수라고 한다. 일반적으로는 강에서 물이 넘쳐 범람하는 것을 홍수라고 하지만, 하천 관리는 범람을 동반하지 않아도 홍수라고 한다.

- **설계빈도와 설계홍수량** : 모든 수자원 구조물의 규모 결정 시 적용되는 특정 크기의 홍수량 즉 설계홍수량(design flood)은 과거에 발생했던 강우의 크기와 발생 빈도에 기초한 확률해석에 의해 결정될 수밖에 없다. 이러한 확률해석의 결과 나타나는 설계 대상 홍수량을 설계홍수량이라 하고 그 발생 빈도를 설계빈도라 한다. 다시 정리하면, 설계홍수량이라 함은 구조물의

수리·수문학적인 특성을 결정하는데 채택되는 홍수량(수문곡선 또는 첨두유량)이고 설계빈도는 설계홍수량을 규정하는 빈도이다.

- **계획 우수량** : 유수지 펌프장 계획은 오수 및 우수가 구분되지 않은 합류식 또는 분류식 관거에 해당 강우강도에 따라 유출계수를 곱한 시간대별 누계유입량을 기준으로 선정한다.

- **설계 강우량** : 설계 홍수량 산정에 필요한 강우량

- **설계 갈수량** : 하천에서 취수 및 저수관리, 저수로 유지관리, 하천 환경의 개선 및 유지관리 등을 위해 설정한 갈수량

- **기본 홍수량** : 어떤 하천이나 유역에서 인위적인 유역개발이나 유량조절시스템에 의해 조절되지 않고 자연상태에서 흘러 내려오는 홍수량 중에서 홍수조절이나 유역개발의 기본이 되는 홍수량

- **계획 홍수량** : 하천, 유역개발, 홍수조절계획 등 각종 계획에 맞추어 이미 산정된 기본홍수를 종합적으로 분석하여 합리적으로 배분하거나 조절할 수 있도록 각 계획기준점에서 책정된 홍수량

- **최대가능강수량(probable maximum precipitation: PMP)** : 어떤 지속기간에서 어느 특정 위치에 주어진 호우면적에 대해 연중 지정된 기간에 물리적으로 발생할 수 있는 이론상의 최대 추정 강수량

- **최대가능홍수량(probable maximum flood: PMF)** : 최대가능강수량으로부터 발생되는 홍수량

- **추정 한계치(推定 限界値)** : 최대로 가용한 수문정보를 바탕으로 하여 어떤 위치에서 발생 가능한 수문사상의 최대크기(estimated limiting value: ELV)

- **유역 반응시간** : 유역에 내리는 강우에 따라 첨두 유량이 발생하는 시간적 특성이나 수리학적으로 유역에 어떠한 반응을 일으키는 시간

- **단위유량도(unit hydrograph)** : 특정 단위시간 동안 균일한 강도로 유역 전반에 걸쳐 균등하게 내리는 단위 유효우량(1 cm)으로 인하여 유역 출구에 발생하는 직접 유출량의 시간적 변화를

나타내는 곡선

■ **홍수조절지** : 하류지역 하천의 홍수량을 저감시키거나 흐름을 늦추기 위하여 설치하는 시설로서 본류를 횡단하는 구조물[본류의 방류량을 조절하는 제수문(制水門)을 포함한다]과 본류 주변의 저류공간인 조절지(홍수 시 물을 유입하기 위한 유입부와 수문조작을 통하여 조절지 내의 수위를 조절하는 유출수문을 포함한다)로 구성된 제반 시설

■ **저류지(貯流池)** : 하천의 홍수량을 일시적으로 저류할 수 있는 기능을 가진 시설 중 하천변에 설치한 시설

■ **저류시설** : 빗물을 일시적으로 모아 두었다가 바깥수위가 낮아진 후에 방류하여 유출량을 감소시키거나 최소화하기 위하여 설치하는 유입시설, 저류지, 방류시설 등의 일체의 시설을 말하며 저류기간에 따라 일시저류시설과 상시저류시설로 구분하기도 하며 장소에 따라 지역외 저류와 지역내 저류로 구분한다. 또한 치수분야에서 강우 시 첨두유량을 저장하여 저지대 침수를 예방 및 펌프 가동을 줄이며 강우 종료 시 방류하는 시설로 정의한다.

■ **유수지** : 홍수 시 저지대의 우수를 배제하기 위한 시설물로서 유입수를 일단 체류시켜 펌프에 의해 제외지로 강제 배출시키거나 자연유하로 배출되게 함으로써 저지대 침수예방을 위한 시설물이다. 유수지에는 하천 및 유수지 사이에 특별한 시설을 설치하지 않은 자연 유수의 경우와 하천길을 따라 조절지를 설치하고, 하천길과 조절지 사이에 설치 한 월류턱에서 일정 규모 이상의 홍수를 조절지에 흘러 들어가는 경우가 있다.

■ **월류턱** : 평상시 오수가 유수지 내로 유입되지 않도록 하기 위한 턱으로 월류턱이 높으면 배수위 영향으로 유역의 저지대가 침수될 수 있으므로 수문분석을 하여 최대한 월류턱의 높이를 낮추어 펌프를 조기 가동하여 상류지역이 침수되지 않도록 한다. 월류턱의 높이는 저지대 지반고와 자연방류 수로 수위, 유수지의 바닥수위 등을 종합적으로 검토하여 결정한다.

■ **하천의 구조** : 하천에서는 계획홍수위 아래 수위의 유수를 안전하게 유하시키는 것을 목적으로 산에 인접한 경우 등을 제외하고 좌우 해안에 제방을 축조한다. 제방고의 높이는 하천계획홍수위보다 약 1~2 m 높게 한다. 제방의 구조는 대부분의 경우 흙으로 쌓는다. 흙으로 쌓는 것이 부적절한 경우는 콘크리트나 강제 등으로 축조할 수도 있다.

하천 상류에서 하류쪽으로 바라볼 때 왼쪽 하천변을 좌안, 오른쪽 하천변을 우안이라고 한다. 제방을 경계로 하여 물이 흐르고 있는 부분을 하천표면, 주거지역이나 농지 등이 있는 부분을 하천속(川裏)이라고 한다. 일반적으로 제방 천이법경사에서 하천 건너 제방 천이법경사 사이의 하천으로서 역할을 하는 토지를 하천구역이라고 한다. 하천 구역은 홍수 등 재해 발생을 방지하기 위해 필요한 지역이며, 하천법이 적용되는 지역이다.

저수로(低水路)는 평상시 물이 흐르는 부분을 말한다. 둔치는 복단면 형상을 한 하천으로 항상 물이 흐르는 저수로보다 일단 높은 부분의 부지이다. 평상시에는 운동장이나 공원 등 다양한 형태로 이용되고 있지만 큰 홍수 때 물에 잠긴다.

제방에 의해 홍수 범람으로부터 보호되는 주거나 농지가 있는 쪽을 제내지(堤內地), 제방 사이에 물이 흐르고 있는 쪽을 제외지(堤外地)라고 한다.

측단은 제방을 안정시키기 위해, 또는 비상용 토사 등을 비축하고 환경을 보전하기 위해 제방의 뒷면 (제내지 쪽)에 토사를 쌓아 올린 부분이며 법경사는 호안이나 제방 등의 사면 부분의

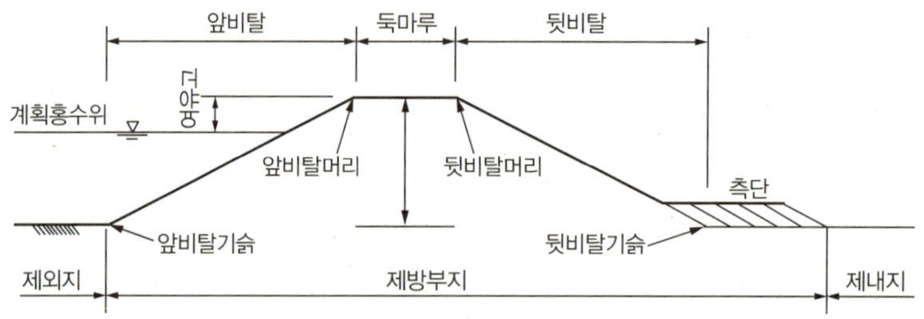

[그림 1-1] 제방단면의 구조와 명칭

[그림 1-2] 하천 용어

기울기(경사)이다. 소단은 제방이 높아지면 사면길이(사면의 상하 방향의 길이)가 길어지므로, 사면의 안정성을 유지하기 위해 소단이라는 수평 부분을 마련할 수 있다. 소단은 유지보수 및 수해방지 활동 등의 작업을 용이하게 하는 역할도 가지고 있다.

- **수문(水門)** : 본류를 횡단하거나 본류로 유입되는 지류를 횡단하여 제방을 분리시키는 형태로 설치한 개폐문을 가진 구조물

- **통관(通管)** : 원형 단면으로 제방을 관통하여 설치하고 그 끝단에 개폐문을 설치한 구조물

- **통문(通門)** : 사각형 단면으로 제방을 관통하여 설치하고 그 끝단 또는 중간에 개폐문을 설치한 구조물

- **둑(堰)** : 농업용수·공업용수·수도용수 등의 물을 강에서 취수하기 위하여 하천을 횡단하여 수위를 제어하는 시설이다. 취수 댐이라고도 하고 둑을 수문과 혼동될 수 있지만, 문을 닫을 때 보 제방의 역할을 하지 않는다.

- **유지관리** : 펌프장 설비 및 구조물 등의 요구 기능을 적절히 확보하기 위하여 점검, 정비, 교체, 갱신 및 운전 조작을 말한다.

- **위기관리** : 펌프설비의 기능을 발휘할 수 없음으로 인한 피해 발생을 방지하는 것을 말한다.

- **관리운전** : 설비의 작동 확인, 장치나 기기 내부의 부식방지 작업과 숙련의 확보, 운전 조작의 습득을 목적으로 행하는 시운전을 말한다.

1.5 배수펌프장 구성

배수펌프장은 펌프설비, 건축물, 토목구조물로 구성된 펌프장과 부속시설로 구성된다. 또 펌프설비는 주펌프설비, 주펌프 구동설비, 제진설비, 계통기기설비, 전기설비, 감시조작 제어설비 등으로 구성되며, 부속설비로서 수문설비 등이 있고 이들 설비는 서로 조화를 이루어야 한다.

배수펌프장의 기기설비는 신뢰성, 내구성 등에 의해 상호 조화되어야 하고 일부 설비의 부적합에

의해 펌프장 전체의 기능이 상실 또는 저해되지 않도록 설계해야 한다.

배수펌프장의 일반적인 구성 명칭은 다음과 같다.

[그림 1-3] WY배수펌프장 전경(DH사 제공)

〈표 1-1〉 배수펌프장의 구성

배수 펌프장	펌프장	펌프설비	주펌프설비: 주펌프, 주배관, 토출밸브, 역류방지밸브, 윤활장치, 축봉수장치, 만수장치 등
			주펌프 구동설비 • 주원동기 : 전동기, 내연기관, • 동력전달장치 : 감속기, 커플링, 클러치
			제진설비 : 스크린, 제진기, 이송설비, 저장설비
			계통기기설비 : 연료계통, 냉각수계통, 시동계통, 만수계통, 윤활유계통, 급배기계통
			전기설비 : 수변전설비, 직류전원설비, 자가 발전설비, 무정전 전원설비
			감시조작제어(계측제어)설비 : 원격 감시제어, 중앙제어반, 현장제어반, 보조계전기반, 전동기제어반, 계통기기반, CCTV설비, 계측제어설비
			부속설비 : 수문설비, 크레인설비, 환기설비, 옥내배수설비, 조명설비, 소화설비
		건축물	펌프실, 전기실, 중앙제어실, 제어기기실, 관리실, 사무실
		토목구조물	흡입수조, 펌프실(1상식펌프의 경우), 지하 펌프실(2상식펌프의 경우), 수조(원수, 냉각수, 온수, 청수), 연결저류조, 회수배관실
	부속시설	유입수로, 유입수문, 침사지, 토출수조, 토출관, 통문	

1.5.1 배수펌프장의 배치

배수펌프장의 평면 배치도를 [그림 1-4]에 나타내고 단면도를 [그림 1-5]에 나타내었다. 우수와 오수는 평상시에는 자연유하수로로 하천에 흘러 나가고, 하천 수위가 높아질 경우 자연유하수로 수문을 닫고 유입수로에서 펌프장을 통해서 하천으로 흘러나간다.

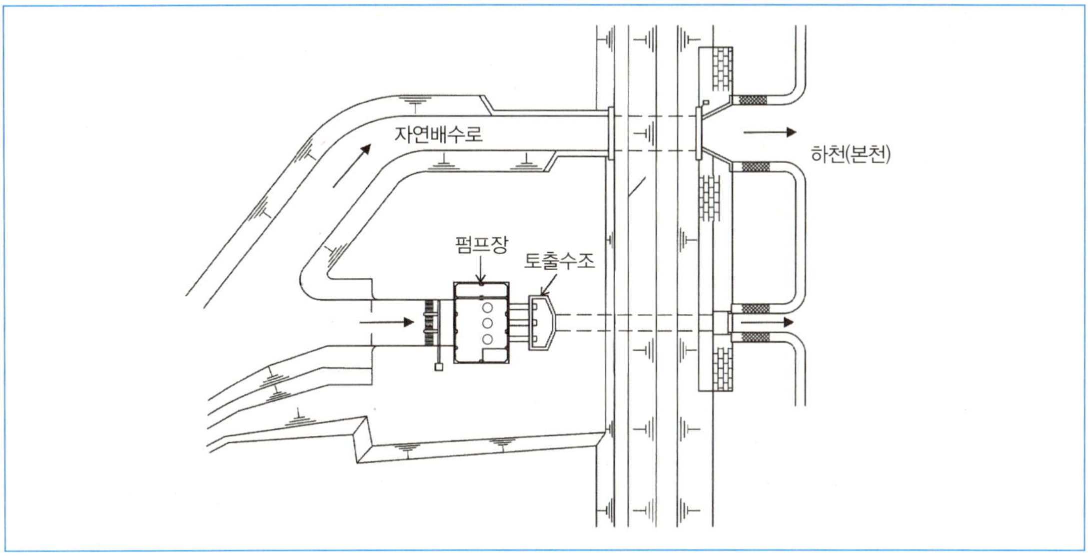

[그림 1-4] 배수펌프장 계획평면도(예)

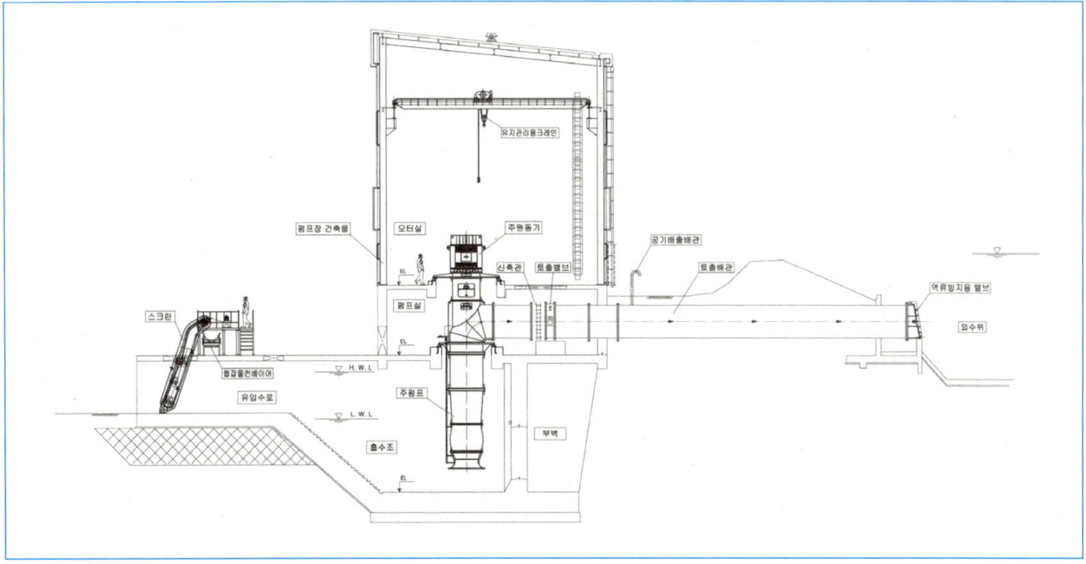

[그림 1-5] 배수펌프장 단면도(예)

1.5.2 배수펌프장의 구조

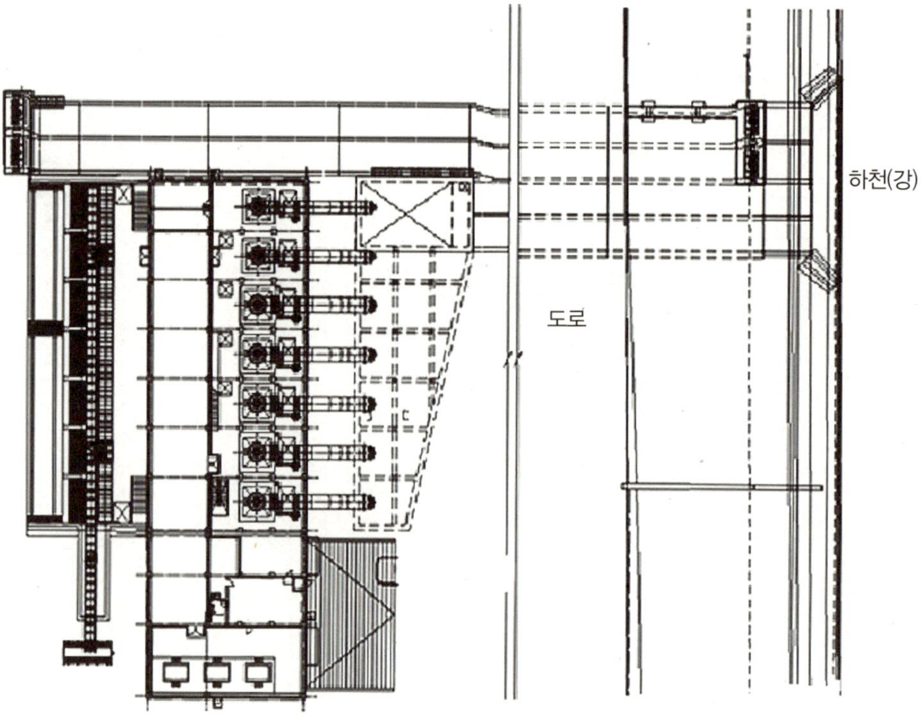

[그림 1-6] Y배수펌프장 평면도(수직축 사류펌프)

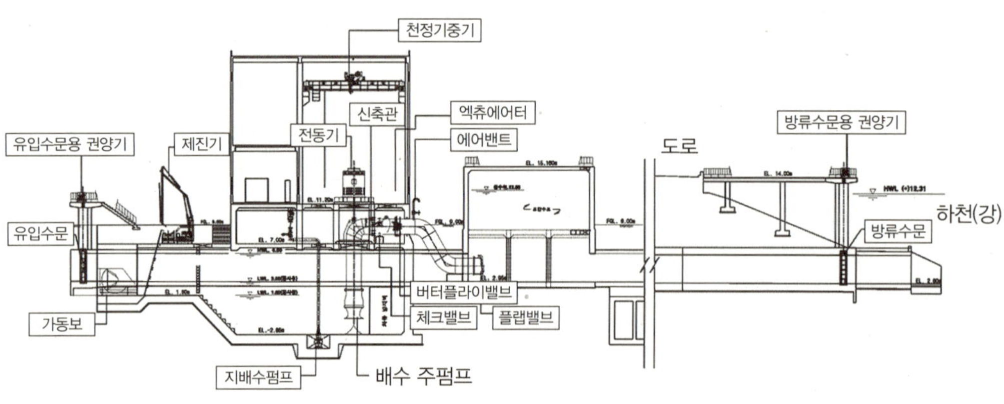

[그림 1-7] Y배수펌프장 단면도(수직축 사류펌프)

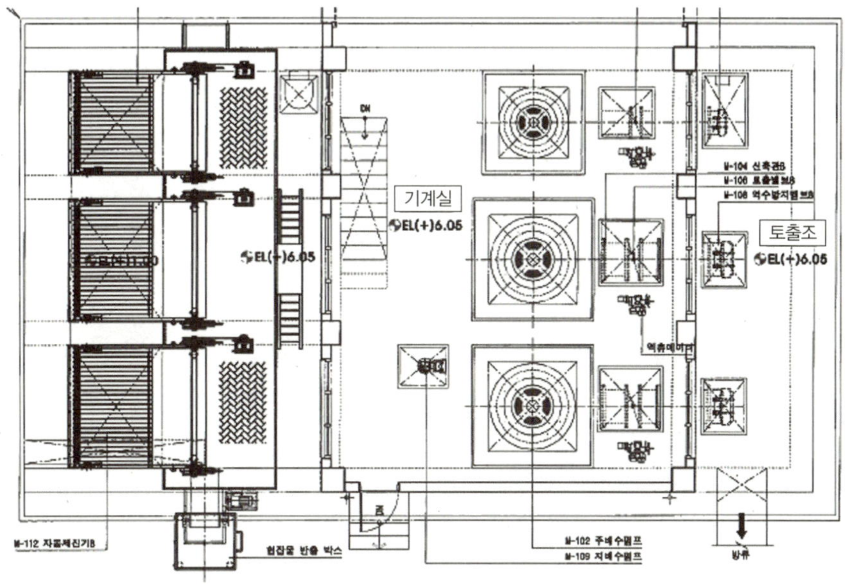

[그림 1-8] MJ배수펌프장 평면도(수직축 축류펌프)

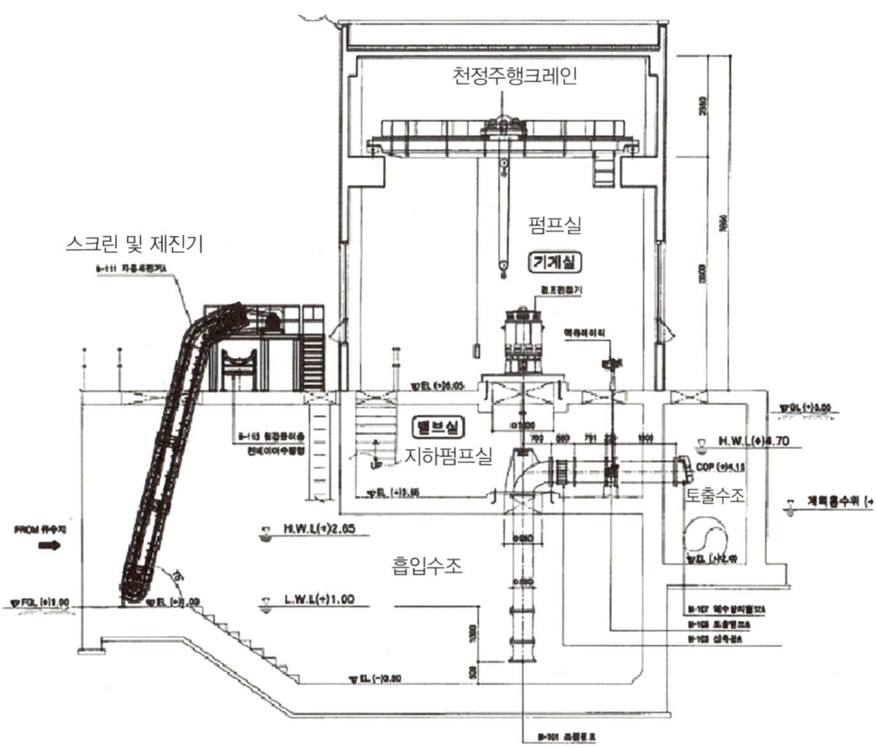

[그림 1-9] MJ배수펌프장 단면도(수직축 축류펌프)

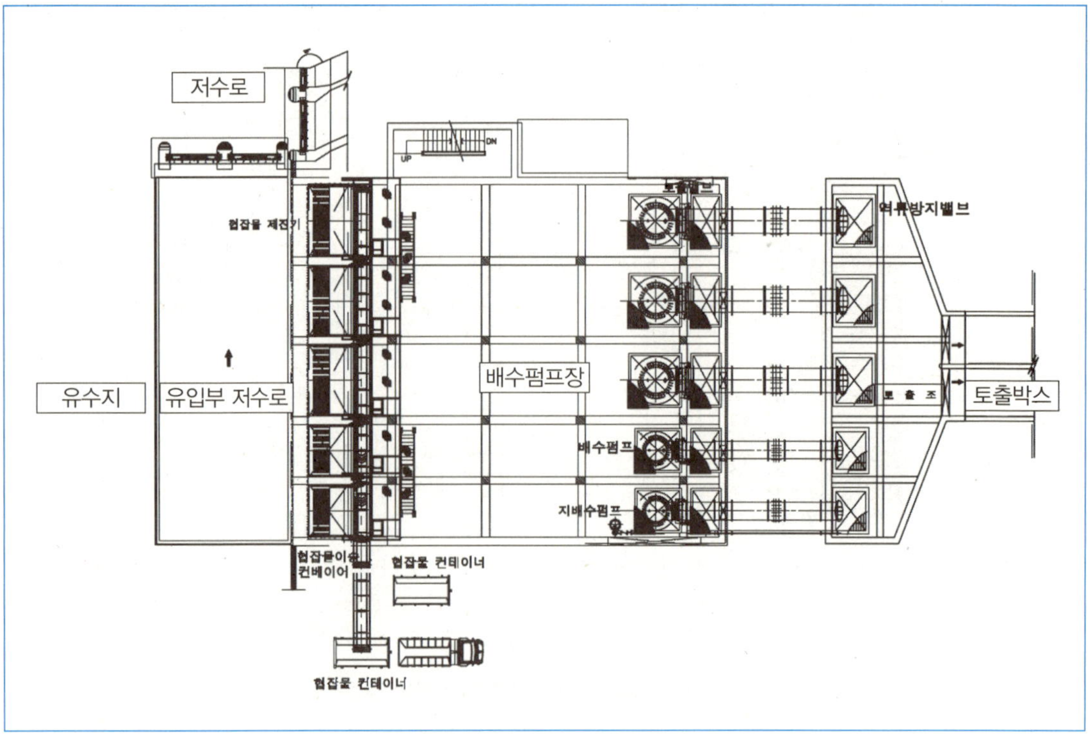

[그림 1-10] OG배수펌프장 평면도(컬럼형 수중펌프)

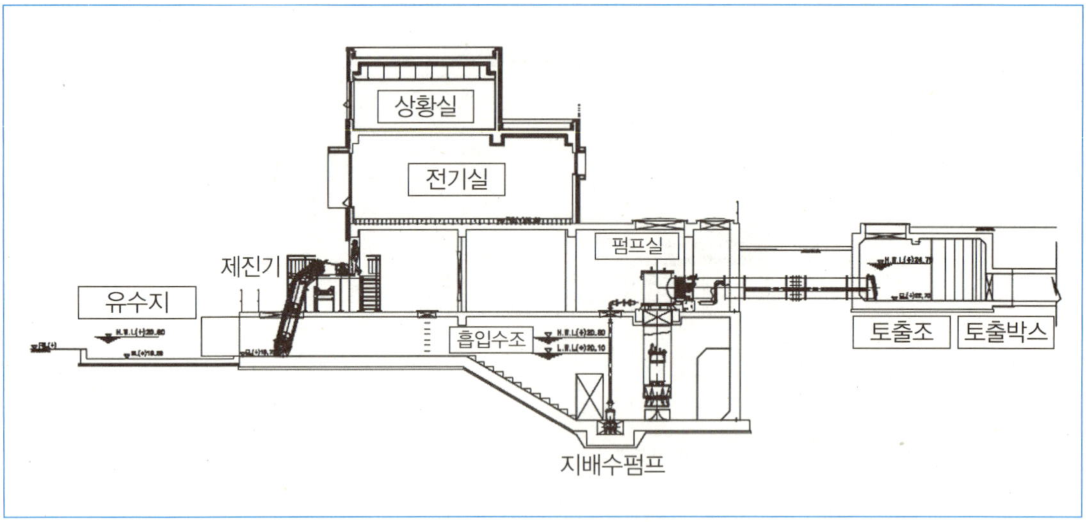

[그림 1-11] OG배수펌프장 단면도(컬럼형 수중펌프)

[그림 1-12] HG배수펌프장 전경(수직축펌프, DJ사 제공)

[그림 1-13] KH배수펌프장 전경(컬럼형 수중펌프, DH사 제공)

[그림 1-14] KM배수펌프장 전경(게이트펌프, HS사 제공)

1.6 펌프의 용도별 분류

배수펌프와 관련된 펌프의 용도별 분류는 〈표 1-2〉과 같다.

〈표 1-2〉 펌프의 용도별 분류

구 분	펌프용도	내 용
상수도용	취수펌프, 도수펌프	하천의 물을 취수하여 정수장으로 보내는 펌프
	송수펌프, 급배수 펌프, 가압펌프	정수를 수요자가 필요로 하는 곳까지 보내는 펌프
	원수 이송펌프	하천의 물을 그대로 송수하는 펌프
하수도용	빗물펌프, 빗물배수펌프	주로 빗물을 하천과 바다로 배출하는 펌프
	하수유입펌프, 하수방류펌프	도시하수(빗물과 오수)를 주로 하수 처리장에 보내거나 방류하는 펌프
농업용	관개용 펌프	관개용으로서 하천으로부터 물을 이송하는 펌프. 높은 곳의 관개용 저수지까지 물을 이송하는 것을 양수펌프(irrigation pump)라고 한다.
	배수펌프	펌프장 내 또는 피트 내의 물을 빼내는 펌프. 큰비 때문에 논밭이 물에 잠기는 것을 방지하기 위하여 비교적 작은 하천에서 큰 하천이나 바다 등으로 배수하는 목적의 펌프이며, 저양정이고 대유량의 펌프가 사용됨
발전용	보일러 급수 펌프	보일러에 물을 공급하는 펌프
	순환수펌프	응축기에 냉각수(주로 해수)를 보내는 펌프로서 대형 수직축펌프가 많음
광산용	갱 내 배수펌프	갱 내에서 솟아난 물을 갱 외로 배출하는 펌프

제2장 설계

2.1 설계의 기본

2.1.1 기본사항

배수펌프설비는 내수를 펌프에 의해 강제 배수시키는 것으로 기후변화로 인한 국지적인 호우, 기습강우, 상습침수 등으로 배수펌프장의 중요도는 커지고 배수펌프 운전은 점점 빈번해지고 있다. 일단 운전이 필요할 때 확실한 기동으로 배수 운전을 하도록 하는 것이 주목적이므로 특히 높은 신뢰성과 사용의 편리성이 요구된다. 따라서 설비를 설계 할 때 다음 기본사항을 만족할 필요가 있다.

① 운전 개시할 때 지체하지 않고 확실한 시동성이 확보되어야 한다.

② 저 빈도 운전에 대응한 운전원의 숙련도를 감안하여 취급이 용이하고, 조작성이 우수한 설비로 하며, 유지관리를 확실하게하기 위해 관리운전이 가능한 설비로서 신뢰성을 확보해야 한다.

③ 내외 수위의 변동에 대하여 확실하게 운전할 수 있어야 한다. 설계실양정 외에 예상되는 최저실양정을 포함한 캐비테이션 검토 등을 해야 한다.

④ 비상용 설비로서 정전 등의 외적 요인에 영향 받지 않고 기능을 발휘할 수 있는 기기로 구성해야 한다.

⑤ 펌프장 가동 시 유역에서 큰 부유물 유입의 가능성에 대하여 설비 기능을 보호할 수 있도록 적절한 제진설비 설치 등을 고려해야 한다.

⑥ 도수로와 유수지 바닥간에 설치된 도수로턱(월류턱)을 낮추어 초기 강우시 빗물이 신속히 유수지를 경유 펌프 흡입수조로 유입될 수 있도록 계획한다.

⑦ 배수펌프장 설치는 일련의 배수계통에 있어서 배수펌프장이 필요로 하는 기능을 확보하여 안전하고 경제적이며, 주변 환경 조화를 고려한다.

2.1.2 설계 일반사항

① 제내지가 특별히 낮고, 방류하천의 고수위 지속시간이 긴 경우, 통문 등의 자연배수시설에 의한 내수배제의 효과가 기대되지 않는 경우에 기계배수를 한다.
② 내수배제시설의 펌프는 진동으로 인한 제방의 피해가 발생하지 아니하도록 제방과 거리를 두어 설치하거나 진동 대책을 마련한다.
③ 토출암거 설치시는 펌프의 운전 정지 등 급격한 수류 변동에 따른 수격작용과 제방에 미치는 영향들에 대하여도 충분히 검토한다.
④ 대규모 배수 또는 중요 지역 배수의 경우에는 운전의 효율과 예측할 수 없는 상황을 고려하여 설비 용량을 여러 대로 분할하고 방류규모에 따라 적절히 가동하도록 한다.
⑤ 배수펌프 시설의 정전사고를 고려하여 2회선 수전을 원칙으로 한다. 시설이 민가에 밀접한 장소에 있을 경우에는 충분한 소음 방지대책을 마련한다.

2.1.3 설계 순서

펌프설비는 배수펌프장의 목적에 적합한 기능, 신뢰성, 내구성, 경제성, 유지관리성 등을 갖도록 설계 계획을 한다. 또한 펌프설비 설계에 대해서는 현재와 미래의 기술동향을 조사하고 신기술, 신소재 등을 필요에 따라 채용한다. 신기술, 신소재 등의 채용에 대해서는 신뢰성, 내구성 등에 대해서 검토한다.

배수펌프장의 기능은 펌프장 구조물, 펌프설비, 건축물 등이 일체로 되어있다. 따라서 배수펌프의 설계에 대해서는 그 관련시설을 포함한 종합적인 검토가 필요하고 설계순서는 개략 [그림 2-1]에 표시한 설계 순서에 따른다.

2.1.4 내진 설계 계획

설비의 구성과 구조, 설치에 대해서는 지진에 대한 대응에 유의하고, 적절한 내진 설계를 실시하고, 만일의 지진에 의한 손상도 복구가 용이하도록 배려한다.

① 배수펌프장은 비상용 설비이기 때문에 만일의 피해로 장기간 운전 불능이 되는 것을 방지해야

한다. 이를 위하여 다음 사항을 유의한다.

- 탱크류의 강재가대 및 기초 볼트의 강도 등은 지진력에 의한 기기의 전도, 탈락, 파손을 방지할 수 있는 충분한 강도를 가져야 한다.
- 각 배관 및 배선은 기기 상호간의 부등 침하 및 변위를 고려하여 설계한다. 또한 만일의 손상

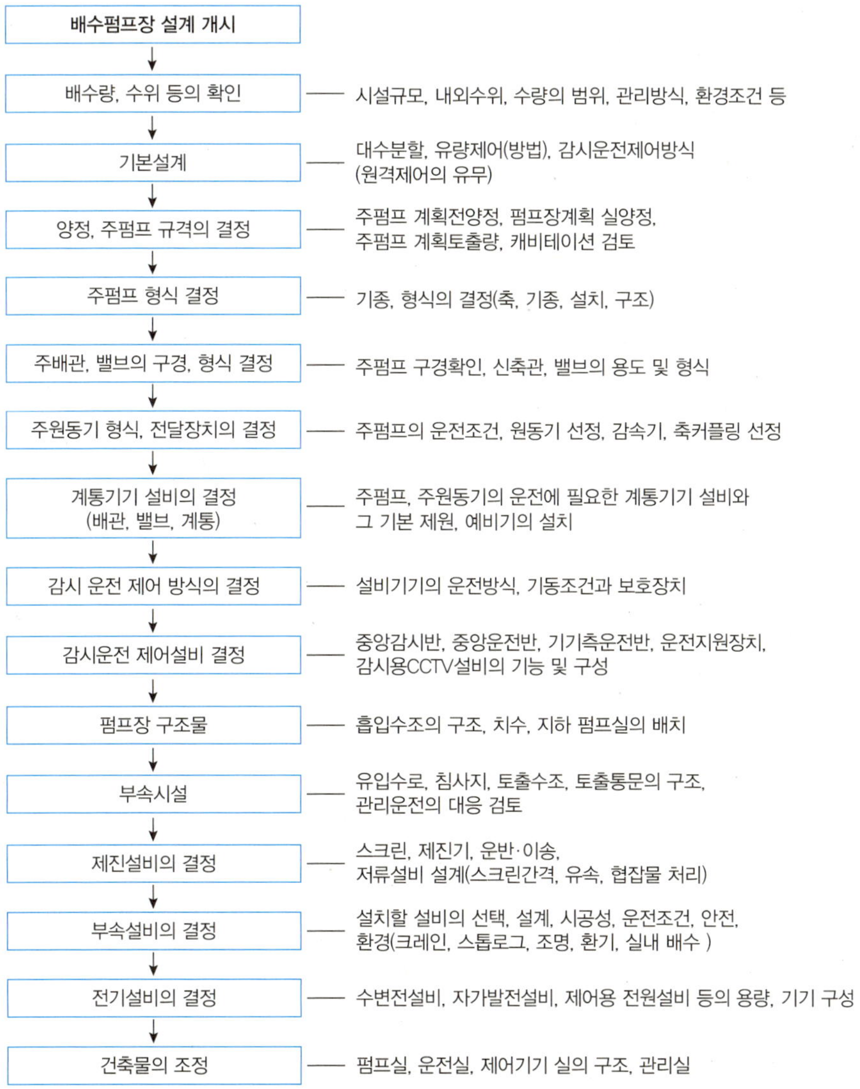

주: 1) 설계에 있어서는 검토 결과를 관련기기와 시설에 피드백하여 설비와 관련시설 기본설계 내용을 결정한다.
2) 펌프장의 구성이나 목적에 따라서 설계 순서나 검토 항목이 이것과 다른 경우도 있다.

[그림 2-1] 설계 순서[1)]

1) 揚排水ポンプ設備技術基準(平成 27年, 社団法人河川ポンプ施設技術協会)

시에도 복구가 쉽게 되도록 옥외의 소배관 등은 직접 매설을 피하고 피트에 배관하는 등 구조상의 배려를 한다.

- 천장크레인의 경우, 이동 기기는 지진에 의한 이탈 및 탈륜과 그에 따른 낙하와 같은 중대 사고에 이르지 않도록 구조에 대한 배려를 한다.

② 양수장에서도 상용 설비로, 만일의 재해로 인해 장기간 운전 불능이 되는 것은 사회적인 영향을 미칠 우려가 있어 피해야 한다. 이를 위해 위에서 언급한 배수펌프장의 경우에 있어서의 배려뿐만 아니라, 장거리 송수, 양수 배관이 있는 경우에는 지진에 따른 지반의 부등 침하 및 변위에도 대응을 할 수 있는 구조 또는 손상시 복구 작업이 용이한 설계를 할 수 있도록 배려한다.

③ 기기, 설비의 단순화는 설비의 구성 기기류나 소배관, 배선의 감소로 이어져 부등 침하 및 기초의 변위에 따른 문제 발생을 최소화하는 효과를 기대할 수 있기 때문에 내진 설계에도 효과적이다.

2.2 펌프장 시설계획

2.2.1 펌프설비의 기본성능

(1) 수위조건과 필요양정

펌프설비는 배수펌프장의 수위조건에 따라 펌프 계획양정을 결정하고, 필요한 배수량을 확보할 수 있도록 한다.

1) 배수펌프장의 수위조건

배수펌프장의 계획수위 조건은 일반적으로 펌프장 계획에 있어서 흡입측 내수위 및 토출측 하천 등의 수위로 나타내고 저지대 지반고를 고려한다. 본천, 지천의 하도 개수계획, 장래의 지반 침하나 지역개발 등에 의해 계획수위가 변할 가능성이 있는 경우, 장기적인 수위변동을 미리 예측하거나 시설 설비 구조에서 장래 대응이 가능한 설계를 할 필요가 있다.

펌프의 계획양정을 결정하기 위한 수위는 펌프의 흡입수위 및 토출수위가 있고 펌프장 계획 하천 등의 수위에 제진설비의 스크린과 수문 등의 손실수두를 더한 것으로 한다.

2) 필요양정의 결정

배수펌프장은 하천 유수를 다루기 위해 펌프장 지점의 흡입측 수위, 토출측 수위의 변화에 따라 펌프 필요양정(펌프 입구 출구의 수위차)의 변동이 있다.

펌프 설계에서는 실운전과 관리운전 수위조건에 있어 지장없이 운전할 수 있도록 필요한 배수량을 확보하기 위해 최적의 펌프 계획양정을 설정할 필요가 있다.

배수펌프장의 시설규모(배수량)는 계획대상의 홍수에 있어서 운전개시에서 정지까지 일정한 계획배수량으로 배수한 경우에 내수를 허용잠수위를 초과하지 않는 조건으로 설정한다.

펌프 계획양정을 펌프장 수위조건에 따른 최대양정(최고외수위와 최저내수위의 차)으로 하면, 전 운전범위에서 계획토출량을 확보할 수 있다. 그러나 양정이 작은 운전 범위에서는 계획 이상의 토출량이 되고 설비로써 비경제적이므로 계획내의 수위를 기초로 내수배제 체크 계산을 시행하는 등 필요배수량을 확보할 수 있는 펌프양정이 되도록 합리적인 설비로 한다.

(2) 설치 대수 검토

배수펌프의 설치 대수는 홍수시의 유출량 변동에 대응하도록 유지관리성, 신뢰성, 관련시설, 용지 등을 포함한 경제성에 의해 결정한다.

배수펌프장 펌프에 대해서는 2대 이상으로 한다. 배수펌프장의 필요배수량 변동에 대하여 펌프운전대수에 대응하지 않는 경우는 펌프 개별 토출량제어를 조합시켜 대응한다.

1) 펌프 용량과 경제성

펌프용량은 계획배수량과 펌프대수로 결정한다. 동일펌프형식으로 하면 토출량을 크게 하여 설치 대수를 적게 하는 편이 펌프장 구조물과 건축의 건설비, 설비 점검 정비비를 포함한 경제성면에서 유리하나 실제 운영면을 고려하면 주펌프 용량과 주펌프 용량보다 적은 용량의 펌프를 함께 설치하여 강우 시 초기대응을 신속히 할 수 있어 안전성이 확보된다.

단 수직축펌프는 수평축펌프에 비해 제작비가 높기 때문에 설치 대수의 경제성 검토는 동일 축 형식에 대하여 검토한다.

원동기 등에 대해서도 시장성이 큰 것을 채용하는 것이 가격면, 유지관리면에서 유리한 원인이 된다.

펌프의 설치대수 방안을 〈표 2-1〉에 나타낸다.

〈표 2-1〉 펌프 설치 대수

계획배수량(m^3/s)	설치 대수
30 이하	2~4대
30~100	3~5대
100~200	4~6대
200~300	5~7대
300 이상	6~10대

2) 예비기의 유무

배수펌프 설비는 유지관리에 따라 신뢰성 확보를 전제로 주펌프에는 예비기를 설치하지 않는 것을 표준으로 한다. 단 크레인이 설치되지 않거나 필요에 따라서는 예비기를 설치할 수 있다.

그리고 펌프 설치대수가 적은 경우에는 펌프 1대 고장에 따른 배수량의 감소비율이 크게 되기 때문에 배수의 신뢰성 확보 관점에서 설치대수가 많은 쪽이 위험 분산 차원에서 유리하게 된다.

3) 배수량 변화에 대응

펌프의 규격 형식은 유지관리 면에서 동일한 것이 좋고 배수량 변화에 따른 운전을 하기 위해서는 기본적으로는 운전 대수제어를 검토하여 최소 유량일 때의 운전에 대응할 수 있도록 1대당 토출량을 결정한다.

유량 변동이 큰 경우는 펌프대수가 많은 편이 대응하기 쉽다. 즉, 배수량 변동이 커서 동일 펌프의 대수 비율로 대응할 수 없는 경우는 용량이 다른 펌프로 조합한다. 또한 순간 집중호우에 초기 대응할 수 있는 조절용 펌프를 설치하는 것이 효과적이다.

펌프의 운전대수제어에 의한 유량제어로 불충분한 경우는 펌프장마다 유량제어 범위와 양정범위, 조작성, 경제성(설비비, 유지관리비) 등을 고려하고 회전속도제어, 날개 각도제어 및 토출밸브제어 등의 제어방식을 결정한다.

2.2.2 감시운전 제어방식

감시운전 제어방식은 펌프장의 목적, 규모, 운용방식, 설비보전, 운전 등 유지관리 체제로부터 감시운전의 장소 및 운전 방식을 결정한다.

(1) 펌프장의 운전 장소, 운전방식의 구분

펌프장의 감시운전방식은 운전장소와 운전방식에 따라 다음과 같이 구분한다.

1) 운전장소의 구분

운전장소에 따른 구분은 운전실의 설치위치에 따라 다음과 같다.

현장운전(기기측)	운전대상 기기측(기기가 보이는 위치)의 현장제어반에서의 운전
펌프장운전(운전실)	펌프장 건물내 운전실(기기에서 떨어져 있지만 쉽게 기기에 접근할 수 있는 장소)의 펌프장 중앙제어반에서의 운전
원격운전(관리센터)	펌프장에서 떨어져 있는 관리센터 등의 통합감시운전설비에서의 운전

2) 운전방식의 구분

운전방식의 구분은 수동운전과 자동운전이 있고 제어의 자동화 수준에 따라 다음과 같다.

수동 운전	단독운전	1회의 스위치조작으로 1대의 기기를 기동 정지시키는 수동운전
	연동운전	1회의 스위치조작으로 미리 예정된 순서에 의해 관련기기가 순차 기동 정지하는 수동운전
	반 연동운전	연동운전과 같고, 일부의 기기만을 단독 운전하는 수동운전
자동운전		계측기기 등의 계측 값에 따라 스위치조작 없이 기기의 기동, 운전조정, 정지를 하는 운전

운전설비와 다르게 직접기기를 운전하는 조작은 [직접수동운전]으로 구별한다. 상기의 운전 장소와 운전 방식을 정리하여 다음 〈표 2-2〉에 나타낸다.

〈표 2-2〉 운전 장소와 운전 방식의 구분

감시운전 방식	운전 장소	현장운전(기기측 현장 제어반)	
		펌프장운전(펌프장 운전실, 중앙제어반)	
		원격운전(관리센터, 운영센터)	
	운전 방식	수동운전	단독운전
			연동운전
			반 연동운전
		자동운전	

(2) 운전 장소와 안전대책

1) 운전 장소의 선택

펌프장 내에서 운전 장소의 선택은 통상의 운전에서는 펌프장 운전실운전(원격운전펌프장의 경우의 원격운전)으로 하고 불합리 발생 또는 점검, 정비 시에 있어 현장(기기측) 운전에 따른다.

원격운전은 효율적인 운전 및 재해 시 운전원의 안전 확보가 어려울 경우 또는 상주 운영인력이 없는 경우 등에 도입하는 것이 일반적이다. 또 순회점검 등의 운전관리체제도 필요하다.

2) 운전 시의 안전대책

운전원의 안전 확보를 위해 복수의 운전 장소에서 동시 운전은 할 수 없도록 설비를 계획하고, 운전 장소의 우선 운전 전환은 펌프장 운전실운전에 대해서는 현장운전을 우선으로 하고, 원격운전에 대해서는 펌프장 운전실운전을 우선으로 한다.

원격운전을 하는 펌프장에는 안전대책으로 감시장치, 경보장치 등 펌프설비 주변의 안전을 확보하는 기기를 설치한다.

(3) 수계별 감시운전제어

하천에 연계된 여러 개소의 배수펌프장은 운전 상황을 공유하고 하천 수계 수위를 고려한 운전계획을 확보하여야 한다. 그러나 어떠한 경우에도 제내지의 침수조건을 만들어서는 안된다.

2.2.3 설비의 신뢰성, 내구성, 경제성

(1) 설비의 신뢰성

펌프설비는 필요할 때 확실하게 시동하고 필요한 시간 운전을 지속하는 기본기능을 유지하도록 운전조건 운용체제 등에 따라 필요한 신뢰성을 갖추도록 한다.

펌프설비의 신뢰성 확보 향상을 위해 다음에 나타내는 기본사항을 따라 계획하고 설계하는 것을 기본으로 한다.

1) 신뢰성이 높은 설비

① 고장 발생이 적은 기기의 채용

설비의 구성기기는 작동되지 않거나 오작동이 발생하기 어려운 것을 선정한다. 배수펌프 설비는 홍수 시에만 운전하여 가동 빈도가 낮고 비홍수기에는 운전되지 않기 때문에 대기 중에 녹이 슬거나 실(seal)의 누수, 절연저하 등이 잘 일어나지 않는 기기를 선정한다.

② 기기구성의 간소화

주펌프설비, 주펌프 구동설비의 무수화, 절수화 등 기기, 설비의 간소화를 도모하고 설비구성을 단순화하여 고장 발생 개소를 적게 한다. 간소화는 위기관리를 포함한 신뢰성 향상을 위해 유효한 것으로 해야 하기 때문에 채용에 있어 조작성, 안전성 등 설비 전체로서의 효과를 목표로 할 필요가 있다. 설계를 함에 있어서 다음 사항을 주의한다.

(가) 펌프축봉수, 윤활수계통의 생략

수직축펌프의 수중베어링을 무급수베어링으로 하여 축봉장치의 그랜드부를 무급수화 한다.

(나) 냉각수 계통의 간소화

공냉형의 원동기, 감속기 채용으로 냉각수계통의 생략, 혹은 운전시의 냉각수 보급을 생략할 수 있는 기계 부착 라디에이터, 별도설치 라디에이터, 관내 쿨러와 탱크내 쿨러 등의 채용을 검토한다.

③ 위기분산, 이중화

일부 고장이 발생해도 설비 전체 기능의 손상이 진전되지 않는 설계로 한다. 대수분할에 의해 위험분산에 부분적인 기능을 유지하는 방법, 예비기로 전환하여 기능을 유지하는 방법, 혹은 이것들을 조합하는 방법으로 리스크 저감을 도모한다. 설계할 때 다음 사항을 주의한다.

(가) 대수분할에 의한 위험분산

공사비측면, 기능면에서 예비기 설치가 현실적이지 않은 기기에 있어 전체기능을 복수 기기로 담당하는 설계로 한다. 분할된 대수에 대해서는 신뢰성 이외의 요소도 있고 주펌프의 대수분할의 구체적인 설계상 유의점은 "설계대수 검토" 항에 따른다.

(나) 예비기의 설치

- 공통계통기기 : 복수의 주펌프 및 자가 발전설비의 운전에 공통으로 사용하는 계통기기(공통계통기기)는 예비기를 설치하여 고장 발생시 기능을 유지할 수 있도록 한다. 예비기에 의한 고장 대책은 기기 절환의 확실성, 절환시 기능의 영향도 고려한 설계가 필요하다. 신뢰성 확보를 위해서는 운전개시 때에 복수대의 구성기기 모두가 정상적으로 기능하는 상태로 있는 것이 전제로 하기 때문에 이상이 발견된 경우는 신속히 수선 교체 등의 대책을 강구할 필요가 있다.
- 직속계통기기 : 주펌프 1대마다 설치하는 계통기기(직속계통기기)는 대수분할에 의한 위험분산으로 신뢰성을 확보하는 것으로 하고 예비기는 설치하지 않는 것을 표준으로 한다. 배수펌프장 주펌프 구동용 원동기는 내연기관의 경우 펌프 1대마다 설치한다.

④ 외적요인에 의한 지장 회피

정전, 낙뢰, 단수, 침수, 지진, 연료공급 등의 외부에서의 영향 요인에 대하여 펌프장 단독으로 필요한 운전을 할 수 있도록 시설구조, 설비구성을 검토한다. 설계할 때 다음사항을 주의한다.

(가) 정전대책

배수펌프장 주펌프 및 계통기기 등은 상용전원의 정전 발생을 고려하여 서로 다른 변전소로부터의 2회선 수전 또는 동일 변전소의 서로 다른 변압기로부터 2회선 수전을 고려한다.

수중펌프를 사용하는 배수펌프와 전동기 구동의 육상펌프의 경우는 펌프구동용 전원과 관련 기기용 전력을 자가 발전설비로 공급하는 방안도 검토할 수 있고 이 경우 자가 발전설비에는 예비기를 설치하는 것을 고려한다.

소규모 배수펌프장에서 펌프 운전 전력은 상용 전원을 주전원으로 하고 예비전원의 자가 발전

설비는 발전기 1대로 하는 경우도 있다.

(나) 낙뢰 대책

낙뢰 시 서지 등에 강한 운전계통을 확보한다. 설계상 유의점은 본항외에 "감시운전제어설비" 및 "전기설비"에 따른다.

(다) 단수, 연료공급

냉각수를 사용하지 않거나, 냉각수 등을 저수하여 운전할 때 수돗물이나 지하수의 연속 보급이 불필요한 설비로 한다.

연료는 필요한 운전시간에 대해 위기관리 면에서 긴급시의 공급체제를 감안한 필요량을 비축한다.

(라) 침수대책의 방법

펌프설비의 침수대책의 대응책별 구체적인 예를 〈표 2-3〉 및 〈표 2-4〉에 나타낸다.

〈표 2-3〉 기기, 부품, 배선의 고지대 설치(예)[2)]

대응책	대상 기기의 예
기기 본체의 고지대 설치	주펌프 구동설비(원동기, 감속기), 감시운전제어설비(운전반, 제어반, CCTV, 계측제어설비, 연료이송펌프, 냉각탑, 라디에이터, 오토스트레이너, 공기압축기, 윤활유 펌프), 전기설비(수변전설비, 자가 발전설비, 제어용전원설비)
기기구동부의 고지대 설치	제진설비(제진기, 컨베이어, 호퍼)
저유조 급유구 등의 고지대 설치	연료저유조의 급유구, 통기공
배선의 고지대 설치	배선 케이블 접속부, 단자박스

※ 고지대는 기왕 최대 강우량에 의한 내수위 또는 50년 빈도 내수위 중 높은 수위 이상

〈표 2-4〉 기기의 방수(예)

대응책	대상 기기의 예
기기 본체의 방수	투입압력식 수위계, 수중모터펌프, 연료저유조의 수밀화
기기 구동부의 방수	밸브, 게이트 등의 전동구동부의 방수화
기기 단자상자의 방수	수밀단자상자

(마) 내진대책의 방법

펌프설비의 내진대책에 대하여 기기부착방법과 부재강도의 유의 사항를 다음에 나타낸다.

2) 揚排水ポンプ設備技術基準(平成 27年, 社団法人河川ポンプ施設技術協会)

- 펌프설비는 바닥, 벽 혹은 천정슬래브 등의 구조체에 고정한다.
- 자가발전기 등에서 건축물 등으로 진동을 전달하지 않도록 방진대책을 시설하는 경우는 지진 시에 수평 혹은 수직방향 진폭이 과대해지지 않도록 내진 스토퍼를 설치한다.
- 기기본체로의 내진대책은 기기의 보수관리의 용이성, 시공성 등을 고려하여 한다.
- 지진 시에 기기류 및 기초에 작용하는 지진력을 계산하고, 취부 종류에 대응한 지지부재의 형상과 필요 강도를 구한다.
- 옥상에 설치하는 기기의 기초는 슬래브 일체 기초로 계획한다.

2) 고장 파악과 복구의 용이성

설비는 예측할 수 없는 고장이 일어나기 때문에 고장발생시 설비기능의 영향을 가능한 작게 하기 위해서는 고장 징후나 발생을 신속히 파악하고 고장 확대 방지나 수선 등의 복구 대응을 신속하게 하는 설비로 할 필요가 있다.

① 고장 파악과 보호

운전제어 설비에는 기기 고장 등의 확대에 따른 기능장애를 방지하기 위해 보호기능(중대한 영향을 미치는 고장발생 시에는 관련기기의 운전을 정지하는 기능)을 강구한다. 설비 운전시의 고장 등에 대해서는 운전원이 파악하기 쉽도록 감시제어설비에 상태를 표시한다.

또 고장 등의 확대에 따라 치명적인 기능장애를 방지하기 위해, 운전제어 기기에 보호기능(치명적 손상에 이르는 것이 지연되는 어떤 고장시는 관련기기의 운전을 정지하는 기능)을 강구한다.

고장내용, 표시항목 및 보호기능에 대해서 설계상 유의점은 "감시운전제어설비"의 "보호장치"에 따른다.

② 복구의 용이성

배수펌프장의 경우는 배수 중 혹은 다음 배수까지는 복구할 수 있는지를 설비의 신뢰성 확보를 위한 복구시간의 목표가 된다.

고장 장소에 따라 복구의 난이도는 다르지만 펌프장에서 부품교환, 조정 등의 복구 작업을 전제로 용이성을 고려한 설계를 하여 다음 사항을 주의한다.

- 특수한 수선 기술을 요하지 않고 운전원이나 각 지역의 점검 정비 기술자에 대응할 수 있을 것
- 고장 장소가 발견되기 쉬울 것
- 교환 부품을 용이하게 구할 수 있을 것

3) 오조작의 방지

운전원이 운전하기 쉽고 인적 실수가 발생하지 않도록 운전 방식이나 감시 운전 제어 설비의 판넬 면을 통일한다. 또 고장 발생 시의 응급수리가 용이한 설비로 하고 설계에 있어 다음 사항을 주의한다.

- 설비의 목적, 기능이 같은 종류의 경우는 설비의 기기 구성 및 운전 방식을 통일한다.
- 감시 운전 설비의 구성, 판넬 면 표시, 운전기기에 대하여 설비 기기 구성, 운전 방법에 맞게 통일한다.

(2) 설비의 내구성

배수펌프설비는 부식, 마모, 피로 등에 의한 손상 방지를 고려한 설계로 하고 장기간 사용에 견디는 내구성을 갖는 것으로 한다.

펌프설비는 하천수를 취급하기 때문에 부식 환경하에 있는 기기가 많아 부식 대책이 기기 수명을 좌우한다. 또 장시간 운전하는 기기의 마모 대책이나 부하 변동이 큰 기기의 피로 손상 대책도 필요하게 된다.

내구성을 확보하기 위해 기기의 설치환경, 사용조건에 대응한 재료나 구조, 기기의 설치 장소, 보호 등을 고려한 설계를 한다.

(3) 설비의 경제성

펌프설비의 경제성은 초기비용으로서의 설비비, 사용년수, 점검 정비, 운전 등의 유지관리비를 포함한 생애주기비용(LCC)으로 평가한다.

1) 경제성 평가 요소

펌프설비의 경제성은 일반적으로 건설비와 관리비로 평가된다. 이 경우 설비의 사용년수에 의한 총 비용이 변화하기 때문에 단위 년수당 비용으로 비교할 필요가 있고 년간 비용은 감가상각비와 관리비의 합계로 된다.

여기서 상각비는 초기비용(건설비)을 사용가능년수로 나눈 값으로 하고 관리비는 년간 점검 정비비, 운전경비(연료비, 전력비, 광열비, 수도료, 운전비를 가산)로 하며 이것들의 합계가 년간의 생애주기비용(LCC)이 된다.

2) 경제적인 설비 설계의 유의점

펌프설비 전체에서 통상 생애주기비용(LCC)에 가장 영향을 주는 것은 상각비이기 때문에 설비 설계에서는 초기비용과 사용 가능년수의 양면으로 설계 검토한다. 또 관리비에 대해서는 매년 실시하는 점검 정비 비용과 일정 기간을 두고 집행한 분해 정비 비용을 고려한 설계로 한다.

2.2.4 유지관리 대응

(1) 점검 정비 작업의 배려

펌프설비의 점검 정비를 쉽게 하기 위해 다음 사항을 유의하여 설계한다.

1) 기기 구조

① 점검 정비 작업과 기기 구조

기기는 점검이나 일상정비를 고려하여 점검창, 주유구나 온도계, 압력계, 액면계 등을 설치한다. 또 기기 부품의 제거, 부착, 기기 간의 접속이나 절단, 수중기기의 인양 정비, 계측이 용이하게 할 수 있는 구조로 한다.

② 상태표시

운전시의 기기 상태를 표시하는 진동계, 습도계, 압력계 등은 계측하기 쉬운 위치에 부착하고 필요에 따라 펌프장 중앙제어반과 기기측 현장제어반에서도 알 수 있도록 한다.

③ 데이터 계측 기록

상태 감시 보전을 적용하는 기기에 대해서는 계측과 기록이 용이하고 확실하게 하도록 한다.

2) 기기 배치

① 기기 접근성 확보

점검이나 일상 정비를 위해 각 기기 접근성, 동선과 방호울타리 등을 고려하여 설비 기기의 배치를 결정한다.

② 정비 공간의 확보

유지관리에 있어서는 신설할 때와는 달리 긴급 수리와 분해정비 할 때 기기의 분해에 동반하는 임시 거치 공간의 확보가 중요하다. 특히 펌프장의 컴팩트화를 도모하는 경우는 긴급시의 작업을 예상하여 정하고 관련시설의 구조도 포함하여 설계한다.

3) 유지관리용 부속설비 등

펌프설비의 유지관리와 기능 보전을 목적으로 하고 스톱로그 설비, 크레인 설비, 환기설비, 조명설비, 소화설비, 옥내 배수설비 등의 부속설비를 필요에 따라 적절히 설치한다.

① 스톱로그설비

배수펌프장에는 스크린, 제진기, 주펌프 등의 점검 정비나 흡입수조 내의 모래를 쉽게 제거하기 위해 스톱로그를 설치한다.

② 크레인 설비

크레인은 설비를 설치할 때뿐만 아니라 유지관리할 때에도 필요하기 때문에 관련 시설의 구조도 포함하여 설계한다.

미리 긴급 수리나 분해 정비할 때의 작업을 예정하고 조달방법, 설치장소, 기기 접근성, 작업 중의 안전성 및 조작성 등에서 크레인의 형식에 대하여 검토할 필요가 있다.

③ 유지관리용 전원

배수펌프장의 경우는 신뢰성확보 관점에서 외부 전원이 끊겨도 운전 가능하도록 자가발전 설비로 필요 전력 모두를 공급 가능하지만, 펌프 운전 시 이외의 일상 유지관리에서는 필요한 전원은 상용전원으로 하여 관리를 용이하게 한다.

(2) 관리운전의 대응

배수펌프설비는 정기점검 시 관리운전에 의해 점검 하는 설비로 한다. 관리운전은 통상 운전에 가까운 부하상태로 배수운전하고 싶지만 수위 조건 등에 의해 곤란한 경우는 각 기기를 가능한 한 배수운전에 가까운 상태로 운전할 수 있도록 검토한다.

배수펌프장 관리운전은 계획토출량에 가까운 부하상태의 펌프 1대로 30분 정도 이상의 배수운전이 가능하도록 시설 구조를 포함한 계획으로 한다. 이에 따르기 어려운 경우는 배수량이 부족한 소수량 운전이나, 배수를 하지 않는 기기 단독운전 순으로 각 펌프장의 설치 조건에 적합한 방식을 선정하여 관리운전 점검을 실시할 수 있도록 한다.

계획 토출량에 가까운 부하운전이 가능한 전수량 운전방식에는 1) 하천이용 순환방식, 2) 자연유하게이트이용 순환방식, 3) 바이패스수로 순환방식, 4) 회수배관 순환방식이 있고 펌프장의 입지 조건에 따라 선택한다. 전 수량 운전방식을 채용할 수 없는 경우는 5) 바이패스관 순환운전방식이나, 6) 원동기 단독운전방식의 적용을 검토한다. 기타 관리운전 방식으로는 7) 공운전방식, 8) 체절

운전방식이 있으나 배수펌프장에서는 거의 채택하지 않는다.

1) 하천이용 순환방식

하천의 하류에 위치한 배수펌프장으로, 하천의 수위가 상시 비교적 높고 30분정도 관리운전이 가능한 수위를 유지하는 경우에 적용을 검토한다. 본 방식에서는 하천 흐름을 이용하기 때문에 하천을 통행하는 선박 등의 안전을 확보할 필요가 있고 순환에 의해 발생한 탁수나 이물질 등이 하류로 흐르기 때문에 주의가 필요하다.

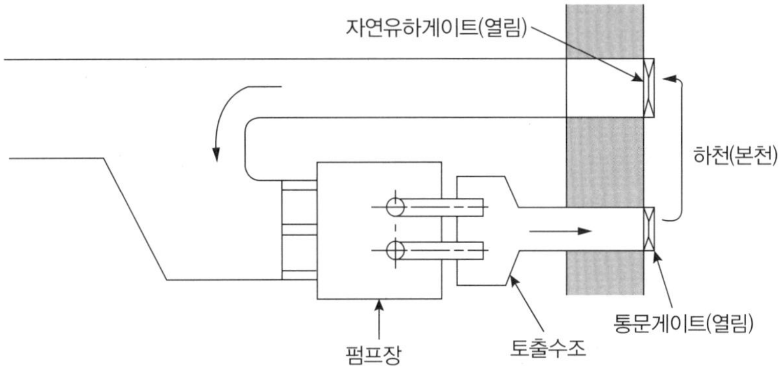

2) 자연유하게이트 이용 순환방식

토출수조와 자연 배수로가 겸용인 경우, 토출수조 물을 흡입수조 측으로 돌리고 순환하는 방식으로 하천 수위가 낮은 경우에 적합하다. 자연유하게이트를 [열림]으로 하고 하천게이트를 [닫힘]으로 하여 토출수조 및 토출통관의 수위를 상승시키는 것이 가능하여 30분 정도 이상의 관리운전을 해도 하천측에 문제가 없는 경우에 적용을 검토한다. 자연유하게이트와 하천게이트가 모두 닫힌 상태에서 운전할 경우 게이트 고장으로 심각한 침수 사태가 발생할 수 있으므로 설계 시 특별히 주의한다.

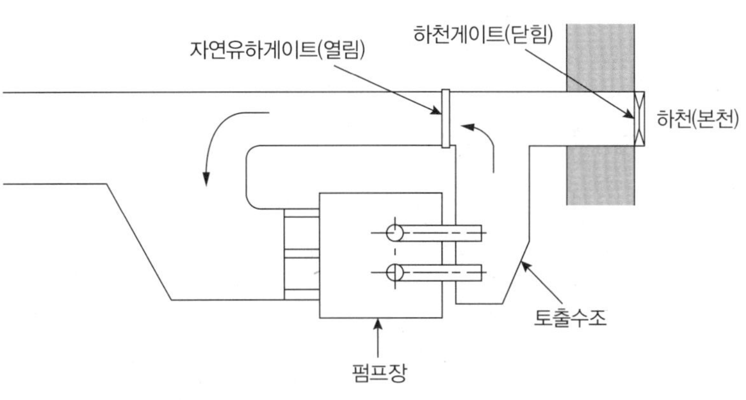

3) 바이패스 수로 순환방식

토출수조와 자연 배수로 사이에 바이패스 수로와 바이패스 게이트를 설치하여 순환하는 방식이며, 통문 게이트 및 자연유하게이트를 [닫힘]으로 하여 수위를 상승시켜 30분정도 이상의 관리운전을 해도 하천 측에 문제가 없는 경우에 적용을 검토한다. 하천의 수위가 비교적 낮고 자연유하 수로가 근접해 있는 펌프장에 적용한다.

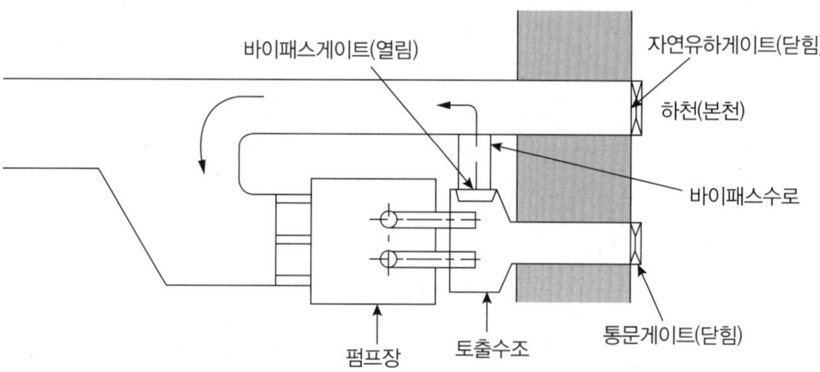

4) 회수배관 순환방식

토출수조의 물을 회수배관에 의해 흡입수조 측으로 되돌려 순환 운전하는 방법이다. 이 경우의 토출 수조는 수위를 안정시키는 의미이므로 최대한 크게 하는 것이 바람직하고, 또한 회수 배관은 토출 수조가 월류하지 않는 관 지름으로 결정할 필요가 있다.

① 통문게이트 설치

하천측에 통문게이트를 설치하여 토출수를 흡입수조로 회수할 경우에는 통문게이트를 [닫힘]으로 하고 회수배관밸브를 [열림]으로 하여 펌프를 관리운전한다. 펌프의 운전을 확인하고 회수배관밸브는 [닫힘]으로 하고 통문게이트는 [열림]으로 하여 정상 운전 준비를 한다.

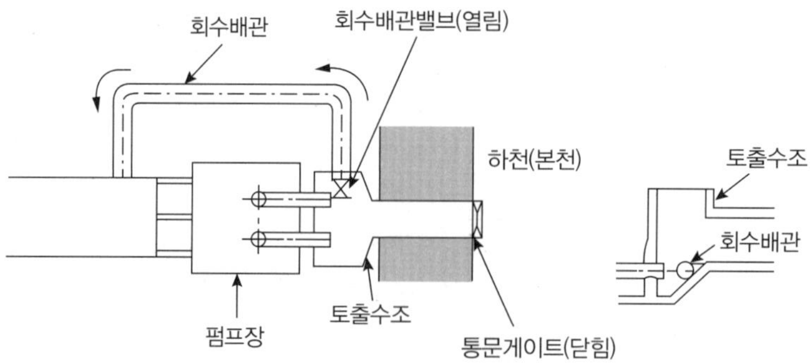

② 스톱로그 설치

토출수조 하류측에 스톱로그를 설치하여 토출수를 흡입수조로 회수할 경우에는 스톱로그를 [닫힘]으로 하고 회수배관밸브를 [열림]으로 하여 펌프를 관리운전한다. 펌프의 운전을 확인한 후 회수배관밸브는 [닫힘]으로 하고 스톱로그는 제거하여 보관장소에 보관하여 정상 운전 준비를 한다. 통문게이트의 고장으로 정상운전이 곤란한 경우를 대비한 방식이다.

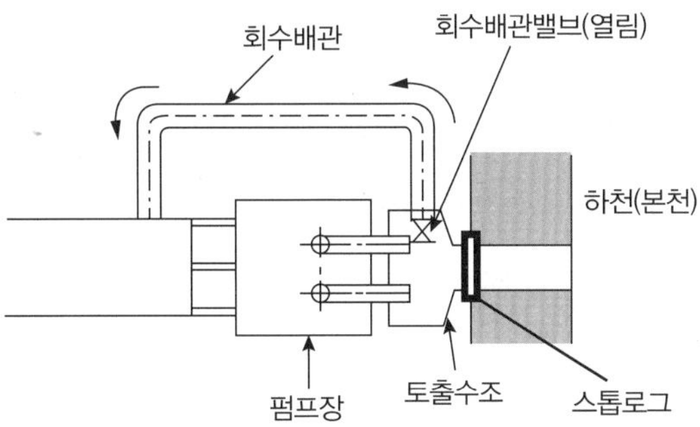

5) 바이패스관 순환운전방식

주펌프 토출배관에 바이패스배관을 설치하여 토출수의 일부를 흡입수조로 바이패스 순환하는 운전방식이다. 하천의 수위가 낮고 흡입수조로의 유입량이 작으며 시설용지와 토목구조물의 제약이 있고 전수량 운전방식의 채용이 곤란한 경우에 적용을 검토한다. 본 방식에서는 주펌프를 저유량 운전시키기 때문에 진동과 소음이 크게되고 진동에 따른 경향관리가 곤란한 경우가 있다.

주펌프가 축류펌프 및 Ns 1,300 이상의 사류펌프의 경우는 원동기가 과부하 될 우려가 있기 때문에 보통 이 방식을 채용하지 않는다. 또 주펌프 형식이 수평축인 경우는 프라이밍 운전을 위해 만수 바이패스관의 방류끝을 수몰시키거나, 바이패스밸브를 전폐해야 하며 축봉부 등으로부터 주펌프에 유입된 공기가 바이패스관에서 배출되지 않고 체류할 우려가 있어 그 대책을 검토한다. 바이패스관

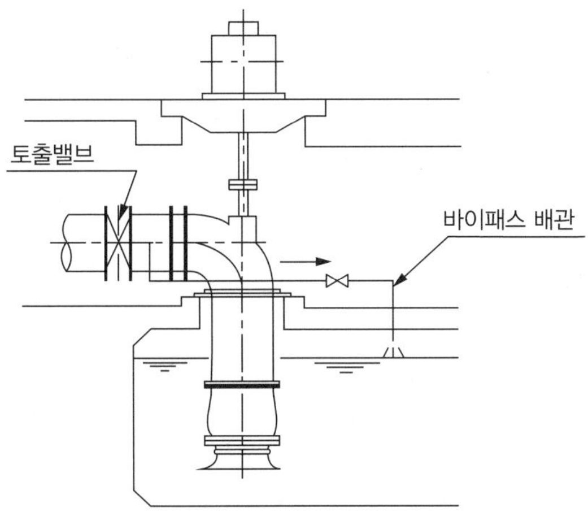

구경은 주펌프 구경의 20% 이상으로 한다. 바이패스관 재질은 수질에 따라 강관, 스테인리스강관, 덕타일주철관에서 선정하고 바이패스관은 주펌프 출구부 주배관 중심레벨에서 연결 설치한다. 바이패스관에서의 방류와 바이패스관 자체에 의해 흡입수조내에서 발생하는 소용돌이공기와 와류 등이 주펌프의 운전에 악영향을 끼치지 않도록 방류구는 주펌프의 흡입구에서 가능한 떨어진 위치에 설치한다.

6) 원동기 단독운전 방식

원동기와 펌프의 커플링을 단절시키고 원동기 단독의 무부하운전을 하는 방식이다. 흡입수조로 물의 유입이 거의 없고 바이패스관 순환운전방식에 따른 관리운전에서는 필요 수위를 확보하는데 장시간을 요하는 경우에 적용을 검토한다. 이 방식은 온도와 진동 등의 경향관리에는 적합하지 않다. 감속기가 설치되어 있는 경우는 원동기와 감속기 사이의 클러치를 단절한다. 이 방식은 [관리운전] 모드 혹은 기계측 현장제어반 운전에 의해 시행되며 흡입수조 수위 정상의 기동조건 회로를 해제하고 운전한다. 기타 토출밸브, 감속기 초기 윤활유펌프, 진공펌프 등 주펌프를 제외한 부속 설비는 단독 운전으로 동작 확인을 한다.

7) 무부하 운전 방식

무부하 운전 방식은 흡입수조에 물이 없는 상태에서 펌프를 운전하는 방식이다. 주원동기가 디젤기관의 경우 경부하 운전이 되기 때문에 원동기 단독운전방식과 같은 문제가 있고 온도와 진동 등의 상태감시에도 적합하지 않다. 또 주펌프를 무부하 운전하면 펌프 효율이 저하되기도 하고 축봉부와 수중베어링에 물을 주입해야 할 경우가 있다.

(3) 수선, 갱신, 개조 등의 설계

배수펌프 설비의 갱신 등에 있어서는 설비 진단 등을 근거로 하여 결정한 설비의 필요 기능에 대해 생애주기비용(LCC) 저감을 고려하고 설비 전체의 갱신, 부분 갱신, 개조, 수선 등의 실시내용을 결정한다.

갱신 등의 설계에 대해 기존 시설, 기기와의 조정을 도모하고 시설전체로서의 기능을 발휘할 수 있도록 한다.

1) 필요 기능 정리

수선, 갱신, 개조 등의 대상 설비에 대해서는 설비 진단에 의해 기능 적합성을 평가하고 필요기능을 정리한다.

여기서 기능의 적합성이라고 하는 것은 설비에 요구되는 기능에 대한 만족도이고 평가요소는 기본성능, 경제성, 신뢰성, 조작성, 유지관리성, 환경적합, 위기관리 등에 관한 것으로 그 예를 사회적 내용한계와 기능적 내용한계로 구분하여 〈표 2-5〉 및 〈표 2-6〉에 나타낸다.

〈표 2-5〉 사회적 내용한계의 평가 항목별 평가요소(예)

평가 항목	평가 요소	내 용
설비기능, 목적	기동 시간	홍수유출이 빠르게 되고, 운전개시까지 시간 단축이 필요하게 된다.
	운전 수위	운전개시수위를 낮출 필요가 있다. 계획 고수위를 재검토하여 외수위를 높게 한다.
설비 규모	토출량 부족	계획 조건 변경에 의해 배수능력을 증강할 필요가 생기고 있다.
개개의 기능, 성능 (안전성, 내진성, 공해대책, 경관)	내진 성능	지진동에 대한 내진보강이 필요하게 된다.
	내수 대책	펌프장으로 침수우려가 있고, 침수대책이 필요하게 된다.
	제진 성능	유입쓰레기가 많아지고 수동갈퀴제진으로는 충분하지 않게 된다.
	소음, 진동, 배출가스	펌프장 주변의 도시화에 의해 환경보전 대책이 필요하게 된다.

〈표 2-6〉 기능적 내용한계의 평가항목별 평가요소(예)

평가 항목	평가 요소	내 용
설비, 기기 기술의 진부화	신뢰성	하천에 쓰레기가 늘었기 때문에 하천수에 의한 냉각시스템의 고장이 자주 발생하고 있다.
	조작성	숙련운전원의 은퇴와 함께 구식 펌프장의 복잡한 운전조작을 할 수 있는 후계자가 없다.
	원격 감시 운전	상주 운전원을 확보할 수 없게 되고 긴급시의 운전이 어렵게 되고 있다.
설비, 기기 기술의 진부화	관리운전 가부	신뢰성 확보를 위한 관리운전에 따른 사전 기능 확인을 할 수 없는 구조로 되고 있다.
	유지관리성	노후화에 의해 점검과 부품 교환빈도가 높게 되어 오고 있다.
예비품, 교환부품의 조달	예비품 조달시간	형식번호가 오래되었기 때문에 부품 재고가 없고 긴급 시 수선을 맞출 수 없는 상태로 되고 있다.
기술기준 정리	법령 적합	법률, 조례 등 국가, 지방자치단체의 규정 내용에 적합하지 않는다.
	기술기준류의 적합	소관 관청 등이 정한 기준, 지침 등에 적합하지 않다.

2) 실시 내용의 결정

기능을 만족하는 설비로 하기 위해 개략설계를 하고 관련시설, 설비기기의 잔여 수명, 교체주기, 필요 유지비 등의 상황도 포함한 생애주기비용(LCC)의 검토를 근거로 하여 전 설비의 갱신, 부분 갱신, 개조, 수선 등의 실시 내용을 결정한다.

갱신에 대해서는 검토 시점에서 펌프장 구조물 등의 잔여 수명이 설비 수명 상당분 남아있는 반면, 설비기기의 대부분이 노후화되어 있기도 하고, 설비의 부분적 대응으로는 필요 기능을 확보할 수 없는 경우에는 구조물을 계속 사용하고 설비 전체를 갱신한다. 또 특정 기기만을 건전도나 기능 적합성에 문제가 있는 경우는 부분 갱신을 선택한다.

개조에 대해서 주로 기능의 적합성 평가에서 필요로 하는 기능향상을 위한 대응으로 선택한다. 수선에 대해서는 기기 건전도가 저하하여 수리가 필요한 경우에 선택한다.

3) 기존 시설 기기와의 조화

배수펌프장에서 시설 전체의 장수명화를 도모하기 위해 갱신, 개조, 수선에 대하여 기존 토목구조물이나 관련기기의 계속 사용을 전제로 한 설계가 필요하다. 이 경우 필요 기능과 설계조건이 건설 당시와 다르게 한 일이 있고, 대상으로 하는 설비, 기기에 관련한 토목구조물과 관련기기를 포함하여 조화를 이루고 시설 전체가 조화하여 기능을 발휘할 수 있도록 할 필요가 있다.

주요한 유의사항의 예로 다음에 나타낸다.

① 토목구조물

기존의 토목구조물에 대하여 형상치수, 기기 하중 등의 새로운 설계 조건에 적합한지를 확인한다.

(가) 기능향상 대응

배수량 증강을 위해 주 펌프의 고 유속화를 도모하는 경우는 펌프로의 공기흡입장애 및 방지를 위해 흡입수조 내에 와류방지판을 설치하는 등 흡입수조의 구조 변경을 한다.

내수 기능 향상을 위해 기기 설치 위치 변경, 구조물의 개구부 폐쇄 등의 구조 변경을 한다.

관리운전을 위해 순환용 바이패스 수로 설치 등의 구조 변경을 한다.

(나) 관련 기준 등의 준수

새로운 내진 설계를 기본으로 기기 설치 기초를 강화하는 등의 구조 변경을 한다. 소방법 등의 법개정에 적합하도록 방액둑, 배수구 설치, 개구부의 폐쇄 등의 구조 변경을 한다.

② 관련 기기

(가) 기기와 기기의 접속

경과한 토목구조물에 변위를 일으키는 경우나 설비기기의 일부만을 교환할 경우 등에 있어서 축심의 편차 등을 수정하고 필요로 따라 축커플링, 유동플랜지, 신축커플링 등을 이용하여 기기와 기기 접속을 한다.

(나) 기기 간소화

관련기기를 생략하는 것에 대한 영향을 확인하고 필요한 대책을 강구한다. 예를 들어 디젤기관의 냉각방식을 하천수에 의한 2차 냉각 방식에서 라디에이터 냉각방식으로 개조하여 운전 중의 냉각수 보급을 없애도 펌프가 축봉수를 필요로 하는 경우는 펌프도 동시에 물을 필요로 하지 않는 구조로 개량해야 한다.

(다) 운용변경의 영향

운전제어방식, 운전조건, 설계 수위 등을 변경하려는 경우에 기존 설비 기기가 대응 가능한지를 확인하고 필요한 경우는 개조나 부분 갱신을 실시한다.

2.2.5 관련시설

(1) 관련시설과 펌프설비

펌프장 구조물, 건축물, 부속시설 등의 관련시설은 펌프설비의 기능 발휘에 필요한 시설의 구조, 배치, 강도 등을 만족하도록 설계한다.

1) 관련 시설의 설계

펌프장 구조물, 건축물, 부속시설로 구성되는 관련 시설은 각각 토목구조물 등의 설계기준을 기초로 설계되지만 펌프설비의 기능 발휘를 위한 조건을 반영하여 상호 조정을 도모하여 설계할 필요가 있다.

2) 강도

각 시설의 강도는 설치하는 펌프설비의 하중 및 운전시의 수류 등에 의한 하중에도 견디는 것으로 한다. 설비 기기로부터 관련 시설에 작용하는 하중에 대하여 그 크기, 방향, 발생시 상태에 대응하여 다음에 따라 산출하고 관련시설의 설계에 반영한다.

① 하중의 크기

펌프설비 하중의 크기는 기기마다 자중과 수압 등의 정하중 및 운전 진동이나 펌프 정지시의 충격 하중 등의 동하중을 조합하는 것으로 하고 펌프 및 배관에 대해서는 물의 질량도 고려한다.

② 하중의 방향

연직방향, 수평방향(전후좌우)으로 움직이는 하중이 다르기 때문에 각 방향에 대해서는 최대하중을 검토한다.

③ 하중 발생시 상태

설비 기기의 운전상태(정지, 가동), 수위상태, 더욱이 지진발생의 유무 등 하중 발생시 설비 상태에 따라 하중을 조합시킨다.

3) 침수 대책

침수대책은 설비를 높은 장소에 설치하거나 물에 잘 견디는 기기를 선택하는 것만으로는 곤란한 경우와 관련시설과 맞는 대책이 효과적인 경우는 펌프장 구조물과 건축물의 수밀화와 지수벽의 설치 등의 대책을 검토한다. 시설에 있어 대응책과 대책의 예를 〈표 2-7〉에 나타낸다.

〈표 2-7〉 시설의 침수대책(예)

대응책	대책
펌프장 구조물의 수밀구조	벽체의 수밀화, 반출입구의 지수문, 배수구 등 바닥면 개구부의 폐쇄, 사람 다니는 곳의 수밀화
펌프장 개구부, 벽 관통구의 높은 곳 설치	반출입구, 창, 배기구, 배관 배선의 벽 관통구를 높은 곳에 설치
펌프장 개구부, 벽 관통구의 수밀	수직축펌프 베이스의 수밀화, 장래증설용 주펌프 개구부의 수밀덮개설치, 수위계 용 개구부의 수밀덮개설치, 펌프장 관통 배관, 배기관과 전선관 주위에 수지 등을 충전하는 차수 조치
	배수관을 사이폰현상에 의한 역류가 되지 않도록 역류방지밸브를 삽입하는 등의 조치
기기의 주변 벽(주변 턱)	옥외 설치기기 주변에 차수벽 설치

(2) 펌프장 구조물

펌프장 구조물의 흡입수조, 기계실(펌프실) 바닥(기계 설치 위치), 지하펌프실 등은 펌프의 용량, 형식, 원동기의 종류 등의 조건에 따라 설계한다.

1) 펌프장 구조물의 설계

펌프장 구조물은 흡입수조와 그 상부에 기계를 설치하는 기계실(펌프실) 바닥으로 구성한다. 펌프 설치 형식이 2상식의 경우는 펌프 구동용 원동기, 감속기 등을 설치하는 기계실바닥까지를 펌프장 구조물로 하고, 주펌프, 주배관을 설치하는 하부 바닥과의 공간이 지하에 있는 경우는 지하펌프실로 하여 펌프장 건축물과 구분한다.

펌프장 구조물의 설계는 흡입수조를 수리적으로 적절한 치수, 형상으로 하고 전체를 펌프 등의 기기배치, 운전조작, 점검 정비 등을 고려한 구조로 하며 건축물, 설치기기를 포함한 하중에 대해 안전한 것으로 한다.

2) 육상펌프의 흡입수조

수직·수평축 육상펌프의 흡입수조는 주펌프 기능 발휘에 유해한 흐름인 난류와 공기흡입와류 등이 발생하지 않도록 관리운전을 포함한 전 운전수위조건에 대해 운전 가능하도록 형상 및 치수를 결정한다.

① 흡입수조의 구조 형식

흡입수조의 구조 형식은 펌프계획 토출량에 따라 개방(open)형, 반개방(semi close)형, 폐쇄(close)형이 있고, 펌프 개별 용량, 흡입유속, 펌프 운전수위와 양정, 유입하천의 상황 등을 감안하여 최적 구조 형식을 선택한다. 흡입수조의 각 구조 형식과 흡입유속의 목표를 [그림 2-2]에 나타낸다.

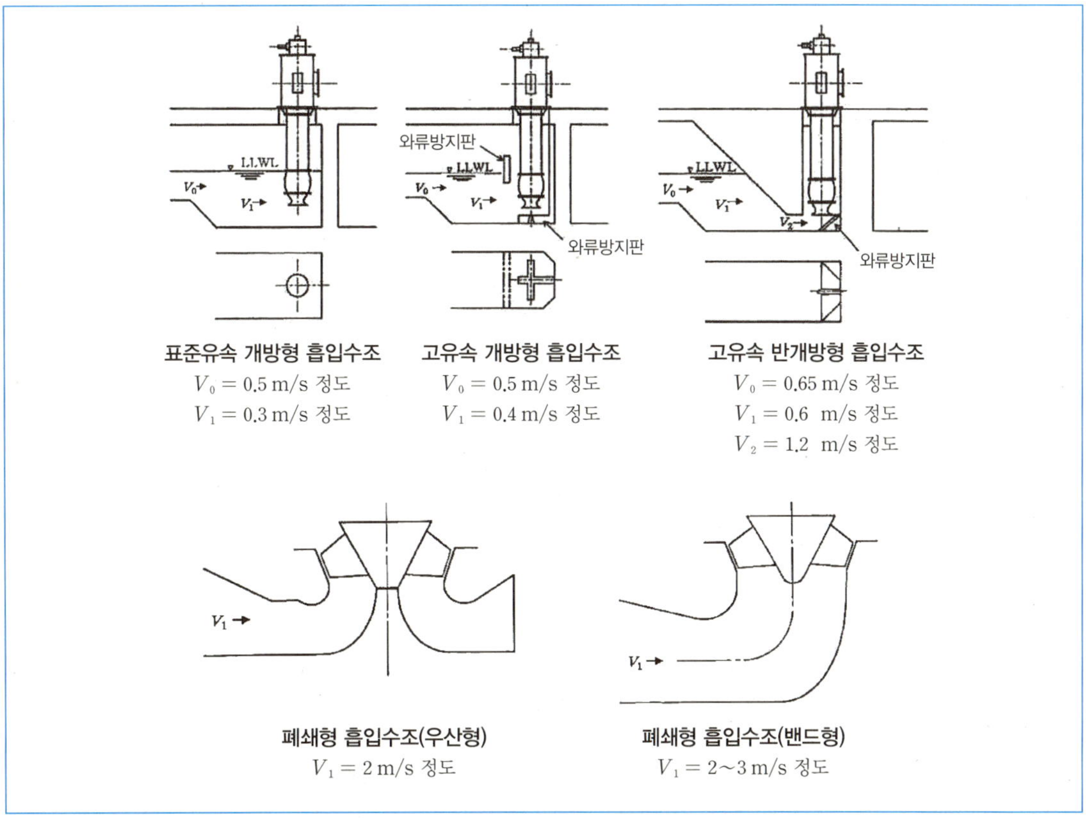

[그림 2-2] 흡입수조의 각 형식, 구조[3]

3) 揚排水ポンプ設備技術基準(平成 27年, 社団法人河川ポンプ施設技術協会)

② 흡입수조의 형상 및 치수

흡입수조의 형상 및 치수에 대한 유의사항을 다음에 나타낸다.

(가) 형상의 유의사항

- 유속의 급격한 변화가 일어나는 수로단면적의 변화를 피한다.
- 흐름 방향이 급히 변하는 형상을 피한다. 어쩔 수 없이 유속이나 흐름방향이 급격히 변화하는 경우는 펌프 흡입구까지 충분히 직선거리를 유지한다.
- 개방형 흡수로의 경우, 각 주 펌프 사이에는 상호 와류가 간섭하지 않도록 간벽을 설치한다.

(나) 치수결정에 대한 유의사항

흡입수조의 설계에 대하여 펌프 운전에 영향을 미치는 공기 흡입와류 발생의 지배적 요인은 펌프 흡입구와 수면과의 거리(잠수 깊이)와 흡수조내 유속에 있고, 잠수 깊이가 작을수록 유속이 클수록 공기흡입와류가 발생하기 쉽다. 따라서 흡입수조의 설계에는 펌프 운전범위 내에서 운전수위가 작고 토출량이 큰 조건에서 각부 치수를 결정한다.

흡입수조 형식별 치수 참고 예를 〈표 2-8〉에 나타낸다.

〈표 2-8〉 흡입수조 형식별 치수(참고예)[4]

단위 : mm

흡입수조 형식	개방형					
유량범위(m^3/s)	W	E	G2	G1	L	S
0.2~0.38	1,200	450	400	600 이상	1,200	700
0.39~0.60	1,500	600	500	800 이상	1,500	800
0.61~0.83	1,800	700	600	900 이상	1,800	1,000
0.84~1.17	2,100	800	700	1,100 이상	2,100	1,250
1.18~1.50	2,400	900	800	1,200 이상	2,400	1,400
1.51~1.92	2,700	1,000	900	1,400 이상	2,700	1,600
1.93~2.50	3,000	1,100	1,000	1,500 이상	3,000	1,800
2.51~3.33	3,600	1,300	1,200	1,800 이상	3,600	2,100
3.34~4.25	4,050	1,500	1,350	2,100 이상	4,050	2,400
4.26~5.42	4,500	1,650	1,500	2,300 이상	4,500	2,700
5.42~6.67	4,950	1,800	1,650	2,500 이상	4,950	2,900
6.67~8.00	5,400	2,000	1,800	2,700 이상	5,400	3,200
8.01~10.00	5,000	2,200	2,000	3,100 이상	6,000	3,500

4) 揚排水ポンプ設備技術基準(平成 27年, 社団法人河川ポンプ施設技術協会)

흡입수조 형식	개방형(와류방지판부착)					
유량범위(m^3/s)	W	E	G2	G1	L	S
0.84~1.17	1,900	800	500	1,050 이상	2,100	1,250
1.18~1.50	2,100	900	600	1,200 이상	2,400	1,400
1.51~1.92	2,400	1,000	650	1,350 이상	2,700	1,600
1.93~2.50	2,700	1,100	750	1,500 이상	3,000	1,800
2.51~ 3.33	3,200	1,300	900	1,800 이상	3,600	2,100
3.34~4.25	3,600	1,500	1,000	2,000 이상	4,050	2,400
4.26~5.42	4,000	1,650	1,100	2,250 이상	4,500	2,700
5.42~6.67	4,400	1,800	1,250	2,450 이상	4,950	2,900
6.67~8.00	4,800	2,000	1,400	2,700 이상	5,400	3,200
8.01~10.00	5,400	2,200	1,500	3,000 이상	6,000	3,500

흡입수조 형식	반개방형					
유량범위(m^3/s)	W	E	G2	G1	L	S
3.34~4.25	3,600	1,150	1,000	1,350 이상	6,100	2,000
4.26~5.42	4,000	1,300	1,100	1,500 이상	6,800	2,250
5.42~6.67	4,400	1,450	1,250	1,650 이상	7,400	2,450
6.67~8.00	4,800	1,550	1,400	1,800 이상	8,100	2,700
8.01~10.00	5,400	1,650	1,500	2,000 이상	9,000	3,000

표 중 각 치수 기호는 다음에 따른다.

기호	내용	치수
B	펌프 개별 흡입수조의 폭	$B \geqq 3D$
D	펌프 구경	
Db	펌프 벨마우스 구경	
E	흡입벨마우스 중심에서 흡입수조 후벽까지의 거리	$E > (1.1D \sim 1.2D)$
F	흡입수조에 격벽(분리벽)이 있는 경우 펌프에서 격벽까지의 거리	$F > 3D$
G1	펌프 운전 가능 최저수위에서 흡입벨마우스 하면까지의 거리(흡입벨마우스 잠수 깊이)	$G1 > 1.5D$
G2	흡입벨마우스 하면과 흡입수조 저면과의 간격	$G2 > 1D$
L	흡입수조 저면과 흡입수조 입구 사면의 교차점에서 흡입벨마우스 중심까지의 거리	$\theta = 30^\circ$ 이면 $L > 3D$ $\theta = 45^\circ$ 이면 $L > 4.5D$
S	흡입수조 입구 수심 (펌프 운전가능 최저수위 LLWL의 경우)	
W	흡입수조의 폭	

펌프 구경에 따른 흡입수조의 평면 단면 치수는 수직형 펌프 또는 수중컬럼형 펌프는 [그림 2-3], 수평형 펌프는 [그림 2-4]에 나타낸다.

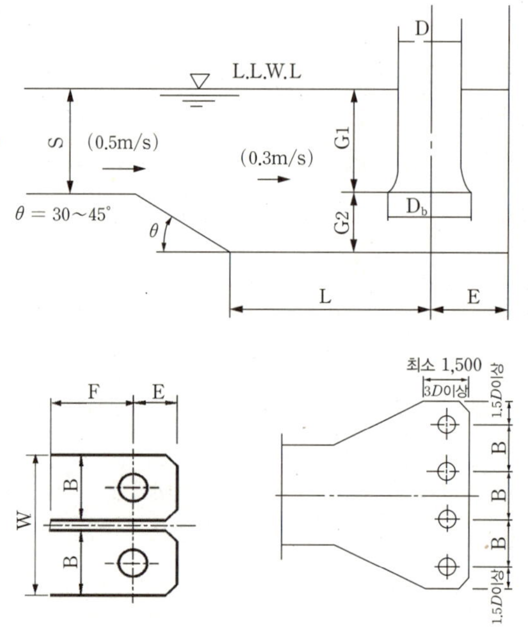

[그림 2-3] 흡입수조 평단면(수직형 펌프, 수중컬럼형 펌프)

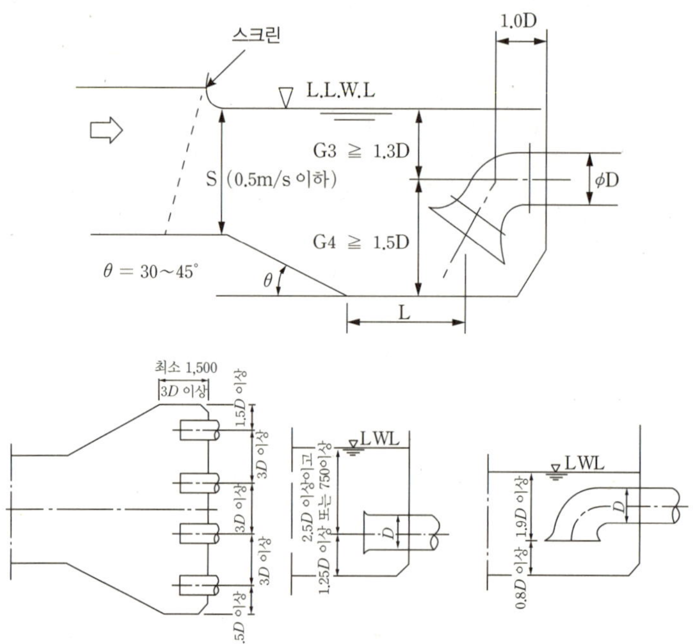

[그림 2-4] 흡입수조 평단면(수평형 펌프)[5)]

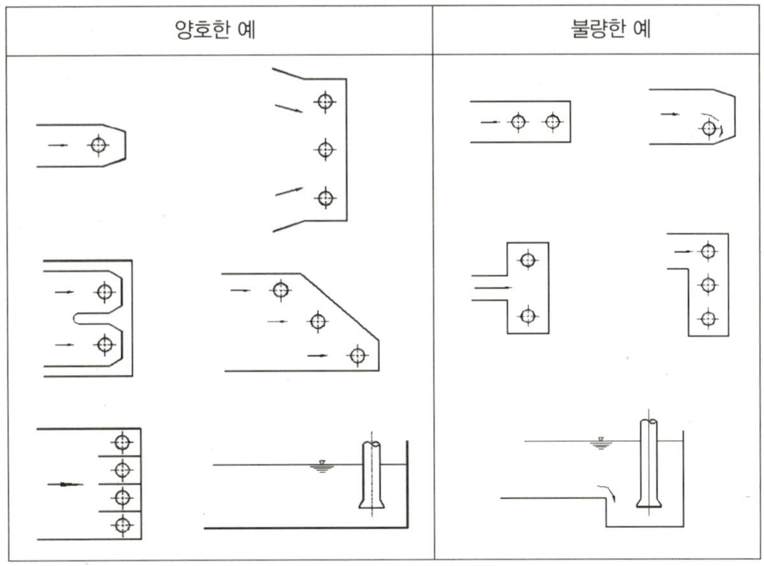

[그림 2-5] 펌프 흡입수조와 펌프배치 예

③ 운전 수위 조건

흡입수조 설계에 있어 주 펌프의 운전 정지에 관한 흡입수조 수위는 다음과 같다.

(가) 운전개시 흡입수조 수위(운전개시 수위, 펌프 초기가동수위)

주펌프를 시동하는 내수위(배수펌프장의 경우는 내수배제 계산에 사용된 주펌프 시동수위)를 흡입수조에서 본 수위이고, 운전하기 전 스크린 손실이 없는 유수지(하천)수위와 같게 한다.

(나) 운전가능 최저 흡입수조 수위(비상정지 수위 L.L.W.L)

유해한 공기 흡입와류를 발생하지 않는 조건으로 운전 할 수 있는 흡입수조의 최저수위이고 운전 중에 내수위에 대하여 스크린 손실분만 낮아지는 수위로 된다. 이 수위는 장래 예상 지반침하량, 내수 유출량이 작은 경우 간헐운전 방지, 주 펌프 기동 시 흡입수조의 서지현상, 관리운전 방식 등을 고려하여 결정하는 것으로 하고, 운전 개시 흡입수조 수위보다 1 m 이상 낮은 수위로 하는 것이 좋다.

펌프운전 중에 어떠한 이상에 의해 운전가능 최저흡입수조수위에 도달한 경우는 펌프설비의 보호장치를 작동시켜 주펌프를 비상 정지한다.

5) 하수도시설기준(2011, 환경부)

(다) 운전정지 흡입수조 수위(L.W.L)

주 펌프를 정지하는 내수위에 있는 흡입수조 수위에 있어 운전가능 최저흡입수조 수위(비상정지 수위)에 대해 0.3 m 정도 높은 수위로 하는 것이 일반적이다. 이것들의 수위 관계를 [그림 2-6]에 나타낸다.

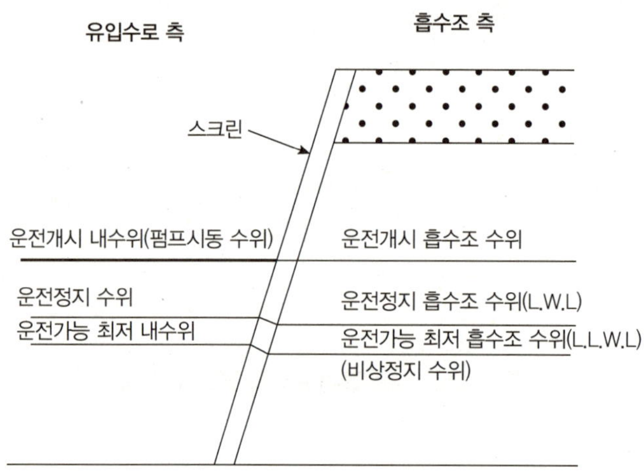

[그림 2-6] **펌프의 운전수위(예)**

④ 흡입수조 용량

흡입수조의 유효용적은 계획우수량, 펌프용량, 대수 등을 충분히 고려하여 정하여야 하며 충분한 용량이 아니면 흡입수위의 변동이 심하고 펌프를 자주 기동정지하게 되어 강우시에 펌프의 운전조작이 곤란하게 되고 또한 기기의 소모를 빠르게 하거나 펌프의 운전 및 유지보수상 좋지 않으므로 흡입수조 용량은 가능한 크게 하는 것이 좋지만 부득이한 경우도 총 펌프 토출량의 최소 5분 이상이 되도록 하여야 한다.

흡입수조의 요구용량은 다음과 같이 한다.

$$V \geq \theta \frac{Q}{4} \ (\mathrm{m^3})$$

여기서,

V = 흡입수조 요구용량($\mathrm{m^3}$)

Q = 펌프대당 토출량($\mathrm{m^3/min}$)

θ = 펌프 재가동 사이클(min)

펌프 재가동 사이클은 전동기인 경우 15~75 kW는 15분 이상, 100~200 kW는 20~30분 이상, 200 kW 초과는 제작사 시방에 따라야 한다.

⑤ 기타

- 2대 이상의 펌프를 설치하는 경우에는 각 펌프의 흡입조건이 대등하게 되도록 한다.
- 펌프 흡입수조 내의 난류를 방지하기 위하여 적당한 간벽이나 정류벽 등을 설치한다.
- 대용량의 펌프에 대해서는 펌프 흡입수조의 크기 및 형상이 건설비에 크게 영향을 미치므로 모형실험 등에 의해 경제적인 흡입수조의 형상, 치수를 정하는 것이 좋다.

⑥ 와류(vortex) 방지 계획

펌프 흡입 계획은 펌프 임펠러로의 흡입수의 흐름이 안정되고 원활하게 함을 목적으로 한다. 이러한 요구 조건이 만족되지 않으면 펌프유량과 효율 손실 진동 및 캐비테이션을 유발시키게 된다. 안정된 흡입을 하기위한 요구조건은 다음과 같다.

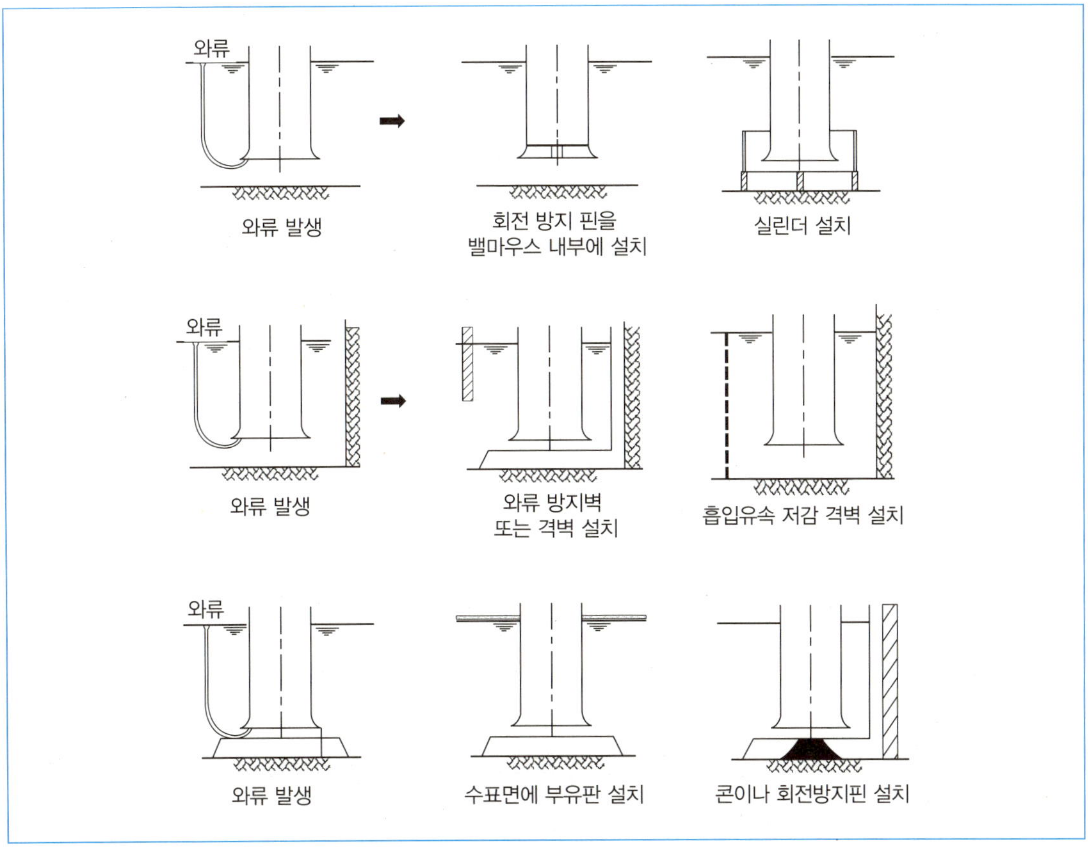

[그림 2-7] 와류방지 개선방안(예)[6]

(가) 속도분배

임펠러로의 흡입수 흐름은 가능한 한 안정되고 균일한 흐름이어야 한다. 흡입수조 및 임펠러로의 유입은 각각의 펌프에 균일하게 분배되어 일정속도로 분배되어져야 한다.

(나) 유효흡입수두(NPSH)

가용유효흡입수두(NPSHav)가 필요유효흡입수두(NPSHre) 보다 충분한 흡입수조 수위를 형성해야 한다.

(다) 와류(vortex) 구분

수표면으로부터 공기가 펌프흡입구로 빨려 들어가는 와류(hollow vortex), 유입수로부터 공기가 분리되어 유입되는 와류(bottom vortex)로 나누어지나 이러한 와류는 흡입수조의 형상 및 흡입구 설치조건 및 침수깊이 등의 계획을 적절히 세워 와류가 발생되지 않도록 하여야 한다.

(라) 수직축 펌프의 와류방지 계획

수직축 펌프의 흡입부 설계는 수리적인 면과 구조적인 측면을 고려하여야 한다. 펌프임펠러로의 안정된 유체 흐름을 위해서는 흡입수조 벨마우스 등의 계획을 적절히 세워야한다. 펌프 흡입부의 와류는 [그림 2-7]을 참조하여 개선책을 마련한다.

3) 수중펌프의 흡입수조

수중펌프 중에서 원심형 및 컬럼형 수중펌프는 육상펌프의 수직축펌프와 같은 흡입수조의 구조, 형상 및 치수를 따른다. 수중게이트펌프의 유입수로 등은 다음을 따른다.

① 게이트펌프의 기능

게이트펌프는 하천에 설치하여 지수 기능을 갖는 수문에 펌프를 일체화한 것으로 토출 수위가 높아지면 수문을 닫고 펌프를 가동시켜 배수 기능을 부가한 것이다. 게이트펌프장은 일반적으로 소규모 배수펌프장에 적용하고 있다.

② 게이트펌프의 적용조건

게이트펌프는 계획토출량으로 구한 펌프의 치수, 중량에 대하여 게이트의 치수 강도, 개폐력이 적합하고 하천의 수위와 유입수로 부지 높이로 결정된 수심에 있어서 펌프가 운전 가능한 상태에 있어야 한다.

유입수로 바닥은 하류측의 토출수조와 통문의 바닥 레벨 이상으로 하여 고인물이나 퇴사를 발생

6) 상수도시설기준(2010, 환경부)

되지 않도록 한다. 펌프는 구동부를 포함하여 게이트에 조립 가능한 수중펌프를 사용하며 펌프형식은 수직축형과 수평축형이 있으나 최근에는 수평축형을 많이 사용하고 있다. 또 게이트의 설치위치는 토출수조 외측과 내측이 있고 각각 역압(逆壓)설치, 정압설치로 구분하고 있다. 게이트지수는 수밀면에 대하여 문짝을 압력측(외수측)에 설치하는 것으로 수압을 이용하여 수밀고무를 수밀판에 눌러 붙여 지수하는 경우가 많고 이것을 정압으로 부르고 있다.

③ 게이트펌프의 유입수로, 토출수조의 형상, 치수

수평축형으로 역압설치 경우의 형상, 치수를 [그림 2-8] 및 〈표 2-9〉에 나타낸다. 정압설치의 경우도 각 기술에 상당하는 치수를 적용할 수 있다.

그림에서 각 기호는 다음과 같다.

S : 유입수로 입구 깊이. 가능한 깊은 것이 좋으나 수위를 연속운전 가능최저수위로 한 경우 계획토출량에 가깝게 평균유속 V_1은 0.65 m/s 이하로 한다.

So : 토출수로 높이

G_5 : 최소 필요 잠수깊이, 펌프축 중심까지의 치수로 한다.

G_6 : 게이트펌프 설치높이. 통문 내면높이 이상을 확보하고 수직축 펌프게이트의 경우 펌프토출부에 지장이 없는 높이를 확보한다.

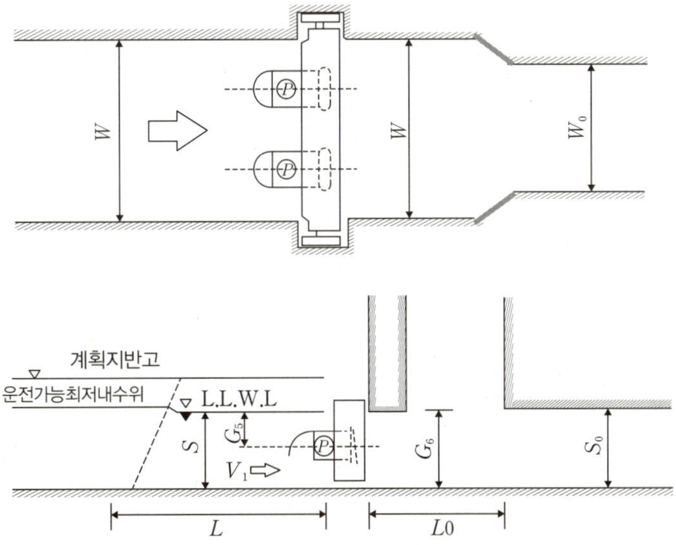

[그림 2-8] 게이트펌프 유입 토출수로의 형상 및 치수(수평축 펌프의 경우)

L : 최소한 확보 해야 할 유입수로 길이
본 치수 범위 내는 정류를 위해 저면 및 측면에는 단차를 두지 않는다.

L_0 : 최소한 확보해야 할 토출수조 길이

W : 유입수로 폭, 펌프 2대의 치수를 나타낸다. 자연유하 시의 유량을 확보할 수 있도록 W를 통문내 폭 이상으로 결정한다.

W_0 : 토출수로 폭

〈표 2-9〉 게이트펌프 유입수로 토출수조의 형상 및 치수(수평축 펌프의 경우)

펌프1대당 배수량(m^3/s)	주요 치수(mm)				
	S	G_5	L	L_0	W
0.20 이하	600	210	900	900	1,800
0.21～0.38 이하	700	260	1,200	1,200	2,400
0.39～0.60 이하	800	260	1,500	1,500	3,000
0.61～0.83 이하	900	260	1,800	1,800	3,600
0.83～1.17 이하	1,000	290	2,100	2,100	4,200
1.18～1.50 이하	1,100	330	2,400	2,400	4,800
1.51～1.92 이하	1,200	400	2,700	2,700	5,400

*표중의 각 치수 결정은 아래와 같다.
본 표에 나타낸 치수는 참고치이고 펌프흡입구 위치와 형상을 연구하는 등으로 S, G_5, W의 각 치수의 축소가 가능하고 평균 유속 V_1을 0.65 m/s 이상으로 하는 것이 가능하다. 단 S, G_5, W를 표의 수치보다 작게 하는 경우는 이상 소음 진동이 발생하지 않도록 한다.

4) 기계실 바닥 및 지하펌프실

① 기계실 바닥의 설계

펌프장 구조물에는 펌프설비기기를 설치하는 기계실 바닥을 계획한다. 배수펌프장에서는 기계실 바닥이 펌프장 구조물 주위의 계획 지반고보다 낮지 않도록 하는 것을 표준으로 한다.

기계실 바닥은 기기의 운전 시 하중, 지진 등의 외력을 받는 경우의 기기 하중에 견디는 것으로 한다. 기계실 바닥에는 2상식 펌프장 등과 같이 지하펌프실이 있는 경우와 설치할 기기의 반출입을 위해 반입구 및 점검 등을 위한 출입구, 계단 등을 계획한다.

기계실의 바닥이 지반면 이하인 경우에는 실내에 지하수가 침투하거나 침수하는 것을 막기 위해 바닥 및 주위벽은 모두 방수 구조로 하고, 필요에 따라 통기공을 지붕 높이까지 설치한다.

(가) 1상식 수직축펌프의 기계실(펌프실) 바닥의 높이(H_2)

1상식 수직축펌프의 기계실 바닥의 높이(H_2)는 [그림 2-9]에 나타낸 바와 같이 다음과 같이 결정한다.

기계실(펌프실) 바닥의 높이(H_2) $= LLWL - G + Lp - Lc$

여기서,

$LLWL$: 운전가능최저 흡수조수위

H_2 : 기기설치바닥레벨(펌프 토출곡관 설치레벨)

G : 펌프의 최소 잠수깊이

L_p : 펌프 토출곡관 설치 레벨에서 흡입벨 하단까지 길이

L_c : 펌프 배드 높이

(나) 2상식 수직축펌프의 기계실 바닥의 높이(H_3)

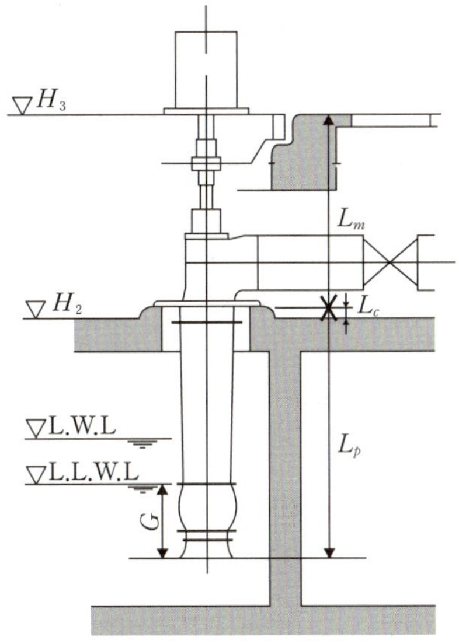

[그림 2-9] 수직축 펌프(2상식)의 기계실바닥(예)

기계실 바닥의 높이(H_3) $= LLWL - G + Lp + L_m$

여기서,

L_m : 원동기 설치배드 레벨에서 펌프 토출곡관 설치레벨까지 길이

(다) 수평축펌프(사류 및 축류펌프) 기계실 바닥의 높이($H_3=H_2$)

기기설치바닥레벨(=원동기설치바닥레벨)을 펌프장 주위의 계획지반고(지반고가 예정된 침수위보다 낮은 경우는 예정된 침수위) 이상이 되도록 가설정하고 흡입성능을 확인한다. 흡입성능을 확보할 수 없는 경우는 펌프형식을 수직축으로 하는 등의 대응을 한다.

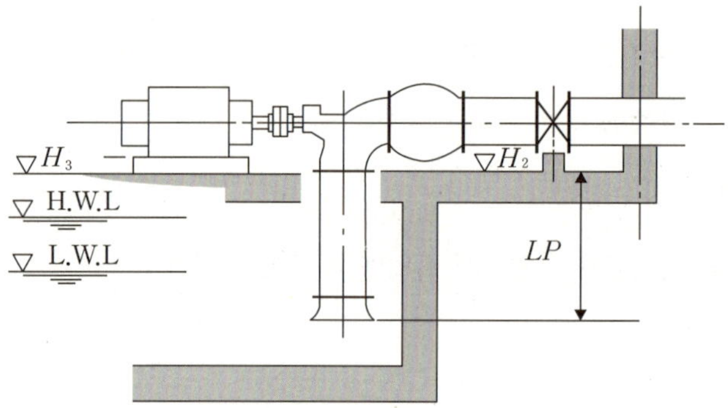

[그림 2-10] 수평축 펌프의 기계실바닥(예)

② 지하펌프실

지하펌프실은 상부 및 벽면에서 침수가 없도록 설치기기의 베이스, 배관 등의 관통부, 점검구멍 등을 수밀 구조로 한다. 지하펌프실은 환기, 조명을 확보하고 필요에 따라 방재 대책을 세운다.

펌프흡입수조의 상부바닥, 즉 지하펌프실 바닥 또는 흡입수조로 통하는 적당한 위치에 흡입부의 내부점검 및 준설 등을 위하여 맨홀을 설치한다. 맨홀은 필요에 따라 침수방지 및 방취 등을 위하여 수밀성 있는 구조로 한다.

③ 개구부 크기

기계실바닥 및 지하펌프실(2상식 펌프장)에는 기기 반출입구, 통기구, 유지관리를 위한 출입구, 점검구 등의 개구부 및 기기나 배관을 바닥과 벽을 관통하여 설치하기 위한 개구부를 계획한다. 개구부는 시공할 때나 사용할 때 작업성과 구조물에 미치는 영향을 고려하여 적절한 위치와 치수를 결정하고 필요에 따라 수밀성을 유지하거나 기기 하중의 지지 및 뚜껑의 해체구조와 추락방지 구조 등을 고려한 설계로 한다. 또 내연기관의 연료 등 위험물 취급량에 따라 건축물 구조에 관한 규정들도 적합하도록 결정한다. 점검 정비를 위한 통로 및 계단 등에는 추락 사고등의 안전을 위한 시설 계획한다.

(가) 주펌프 설치 개구부

수직축 펌프 설치에 필요한 개구부의 치수는 제작자 도면을 참고하여 결정한다. 제작자 도면이 없는 경우 참고 치수를 〈표 2-10〉에 나타낸다.

〈표 2-10〉 수직축펌프 개구부 치수(참고)[7)]

유량범위	펌프설치 개구부 치수		
	수직축		
	1상식	2상식	
m^3/s	(ϕE)	하부(ϕE)	상부(□J′)
0.2 이상	800	800	1,400
0.38 이하	800	800	1,400
0.6 이하	1,050	1,050	1,500
0.83 이하	1,100	1,100	1,700
1.17 이하	1,250	1,250	1,900
1.5 이하	1,400	1,400	2,100
1.92 이하	1,550	1,550	2,300
2.5 이하	1,750	1,750	2,400
3.33 이하	2,050	2,050	2,600
4.25 이하	2,300	2,300	2,900
5.42 이하	2,600	2,600	3,000
6.67 이하	2,900	2,900	3,300
8 이하	3,100	3,100	3,600
10 이하	3,300	3,300	4,000

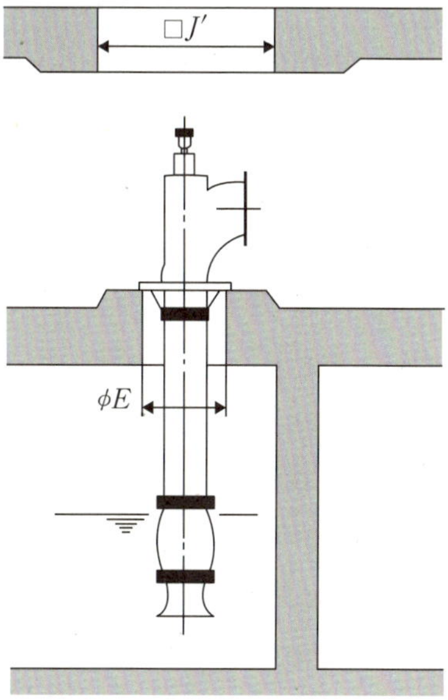

(나) 주펌프 토출배관 관통부 개구부 치수

주펌프 토출배관 관통부의 크기와 배관중심에서 바닥까지의 높이는 제작자 도면을 참고하여 결정한다. 제작자 도면이 없는 경우 참고 치수를 〈표 2-11〉에 나타낸다.

(다) 지하 펌프실로의 반입구

2상식 펌프장의 기계실바닥에는 지하펌프실내에 설치하는 기기의 반출입 등과 점검, 정비를 위한 계단 및 통기에 필요한 반입구를 계획한다. 반입구의 위치와 구조는 기계실바닥, 지하펌프실내의 기기 설치 위치와 운전 점검시 조작원, 점검원의 동선, 정비 수리시의 크레인의 위치, 기기의 수평이동을 고려하여 결정한다. 반입구의 크기는 분해 가능한 기기는 분할하여 반출입이 가능한 치수로 한다. 주펌프의 반출입구는 제작사의 치수를 참고하여 결정하고 제작사의 자료가 없는 경우 〈표 2-10〉의 □J'치수를 참고한다. 토출밸브의 반출입구는 제작사의 치수를

7) 揚排水ポンプ設備技術基準(平成 27年, 社団法人河川ポンプ施設技術協会)

참고하여 결정한다. 제작사의 자료가 없는 경우 관련 KS규격의 밸브 치수를 참고하여 결정한다. 각 반입구에는 추락 사고를 예방하기 위한 그레이팅 또는 뚜껑의 설치를 계획한다.

〈표 2-11〉 수직축펌프 토출배관 관통부 개구부 치수(참고)[8]

유량범위 (m^3/s)	관통부 중심 높이(Z)			관통부 크기(M)	
	수직 II형 (고 Ns)	수직 I, II형 (표준 Ns)	수평축	수직축 (고 Ns)	수평축 수직축 (표준 Ns)
0.2 이상	500	550		600	800
0.38 이하	500	550		600	800
0.6 이하	600	650		800	1,000
0.83 이하	650	700		1,000	1,100
1.17 이하	700	800		1,100	1,200
1.5 이하	800	900		1,200	1,300
1.92 이하	900	1,000		1,300	1,500
2.5 이하	1,000	1,200		1,500	1,700
3.33 이하	1,200	1,400		1,700	1,900
4.25 이하	1,400	1,550		1,900	2,100
5.42 이하	1,550	1,700		2,100	2,200
6.67 이하	1,700	1,850		2,200	2,400
8 이하	1,850	2,000		2,400	2,600
10 이하	2,000	2,200		2,600	2,800

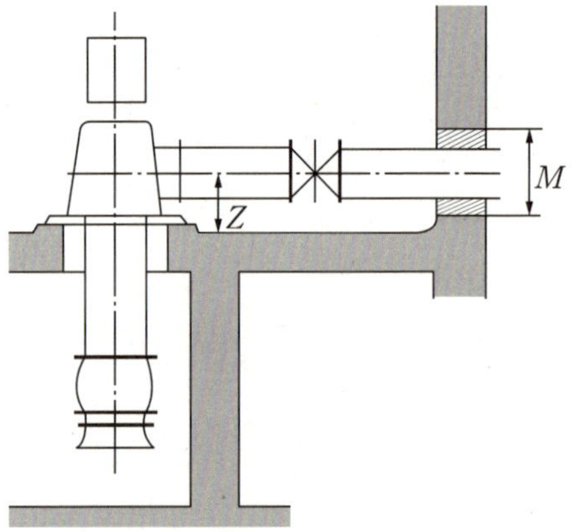

Z : 치수는 바닥마감면에서 관중심까지 높이
M : 치수는 원형의 경우 직경, 팔각형의 경우 대변간 거리.

(3) 펌프장 건축물

펌프장 건물은 설비의 보호, 운전조작, 점검 정비 등을 위해 필요에 따라 펌프실, 운전실, 제어기기실, 관리실 등을 합리적으로 배치한다. 특히 침수 피해 영향이 큰 전기실, 운전실 등은 침수 되지 않는 2층에 설치하는 것이 좋다.

1) 건축물 설계

펌프장 건물은 펌프설비의 규모 및 감시제어방식과 펌프의 형식, 원동기의 종류 등에 의해 합리적

8) 揚排水ポンプ設備技術基準(平成 27年. 社団法人河川ポンプ施設技術協会)

으로 계획한다. 펌프실, 운전실, 제어기기실, 관리실 외에 전기실, 발전기실 등을 기능별로 구분시켜 베이스를 계획하는 경우도 있지만, 펌프장으로서의 필요성과 경제성을 고려하여 적절하게 배치하고, 설비의 운전조작, 점검 정비 등이 용이하고 확실하게 할 수 있는 구조 및 규모로 한다.

즉, 연료나 윤활유 등의 소방법에 규정한 위험물을 취급하는 펌프장에서는 저장, 취급 장소나 취급량에 의한 저장소와 취급소에 따른 요건을 만족시킬 필요가 있다. 이 경우는 법에 따라 바닥이나 건물의 구조설계를 해야 한다.

펌프실에 천정크레인을 계획하지 않고 천정에서 기기를 반출입 할 경우는 천정 반입구를 설치하고 방수를 고려한 구조로 한다.

2) 펌프실

펌프실은 주펌프 및 관련기기를 풍우, 침수 등으로부터 보호하기 위해 혹은 점검 정비나 수선을 용이하고 확실하게 하기위해 계획한다. 또 주 펌프의 구조에 따라서는 펌프실을 생략하는 경우도 있다. 펌프설비를 고려한 펌프실의 설계에 대하여 유의사항을 다음에 나타낸다.

① 펌프실의 크기

펌프실의 크기는 펌프설비의 배치 및 펌프장 구조물의 크기를 기본으로 하고 설비의 운전, 점검 정비, 수선 등의 운용을 고려하여 결정하지만, 특히 펌프장 컴팩트화를 도모하는 경우에는 운용상 필요한 스페이스를 확보할 수 있는지를 확인한다.

(가) 펌프실의 길이

펌프실 공간의 길이(수류방향의 길이)는 주펌프, 주펌프 구동용 원동기, 감속기, 클러치, 토출밸브, 관내 쿨러 등의 설치 기기의 배치 치수에 통로 등의 치수 등을 고려하여 결정한다. 또한, 2상식의 펌프장에서는 바닥의 지지 구조물이나 개구부 치수의 영향도 고려한다.

컬럼형 수중모터펌프의 펌프실 길이는 다음과 같이 계산한다.

a) 펌프 축 중심에서 토출측 기둥 중심까지의 치수

$$K+c = J+a+b+c$$

여기서,

J : 펌프 축 중심에서 토출프랜지까지의 치수

a : 펌프 토출프랜지에서 토출밸브 중심까지의 치수

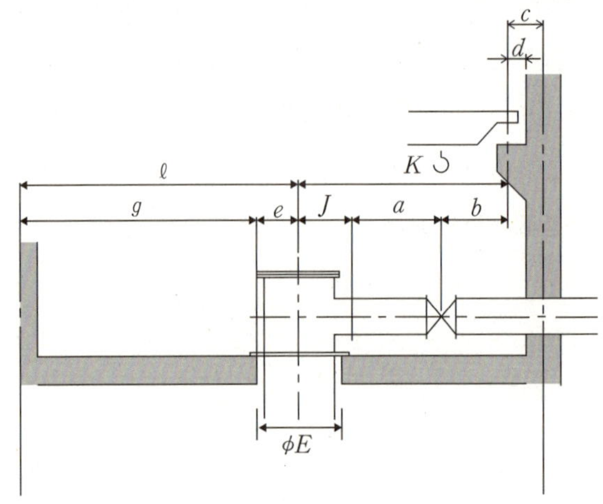

[그림 2-11] 컬럼형 수중모터펌프의 바닥면길이

b : 크레인 스팬 방향의 크레인 레일 중심에서 밸브 중심까지의 치수

c : d+기둥두께의 1/2

d : 크레인 레일 중심에서 벽면까지의 치수

b) 펌프 축 중심에서 흡입측 기둥 중심까지의 치수

$\ell = e + g$

여기서,

e : $E/2$, E : 펌프개구부 치수

g : 흡입측 개구단에서 기둥 중심까지의 치수

(나) 펌프실의 폭

펌프실공간의 폭(수류 직각방향의 길이)은 흡입수조의 폭과 펌프 대수, 관련기기의 배치, 점검 정비 및 기기 반입 스페이스 등을 고려하여 결정한다. 또한, 주펌프의 구경이나 배치에 따라 흡입수조의 폭이 작은 펌프장에서는 설비기기의 배치에 필요한 공간을 확보할 수 있는 지를 확인한다.

흡입수조에 3개의 수로가 계획되고 3대의 컬럼형 수중모터펌프를 설치하는 경우의 펌프실 폭은 다음과 같이 계산한다.

$L = L_p + L_E + L_1$

여기서,

L : 펌프실 바닥면 폭

L_p : 펌프 설치 폭, $L_p \geq N(A+B)$

L_E : 현장제어반 또는 기기설치 공간 폭, $L_E \geq (A+B)$, 단 $L_E \geq 4m$

L_1 : 기기반입 및 점검공간 폭, $L_1 \geq (A+B)$

N : 펌프 대수

A : 흡입수조 유효폭

B : 흡입수조 격벽의 두께

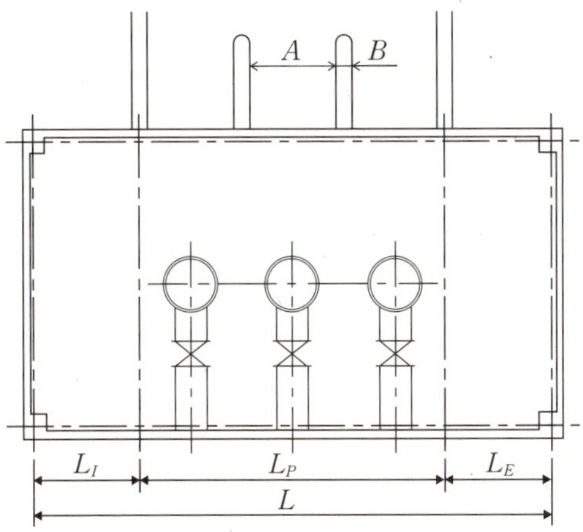

[그림 2-12] 컬럼형 수중모터펌프의 펌프실 폭

(다) 펌프실의 높이

펌프실의 높이는 펌프실의 바닥면에서 천정 보 아래까지의 높이로써 설치하는 기기의 배치, 점검 정비나 수선시의 작업에 필요한 높이를 고려하여 결정한다.

천장크레인이 있는 펌프실은 펌프실 바닥 레벨에서 천정 보 하부까지의 높이는 천장크레인의 인양높이에 후크에서 보 아래까지의 치수를 더한 값 이상으로 한다.

천장크레인이 없는 펌프실은 펌프실 바닥 레벨에서 천장 보 하부까지의 높이는 수직축펌프의 유지관리가 가능한 높이로 하고 원동기가 가스터빈인 경우 수직축 가스터빈의 배기덕트의 배치 높이에 유지관리 높이를 더하여 결정하고, 원동기가 디젤기관인 경우 피스톤 인출 높이 및 조명기기와의 간섭 등을 고려하고 이동식 크레인의 작업성을 고려하여 결정한다.

② 펌프실 바닥면 레벨

펌프실 바닥은 펌프장 구조물의 기기 설치바닥이고 그 높이는 주위의 지반고 이상으로 하는 것을 표준으로 한다. 주위의 지반고가 예상된 침수위보다 낮은 경우는 펌프실 및 펌프실에 설치하는 설비기기의 침수대책을 검토한다.

③ 펌프배치

유수지가 없는 펌프장일 경우 유입량의 변화가 잦으면 펌프의 연속운전이 곤란하게 되며, 특히 대형 펌프는 무부하 공회전 빈도가 잦아 기계의 성능에 막대한 지장을 초래하게 되므로 펌프 규격을 2~3단계로 차등을 두어 설치하는 것이 바람직하다. (예 : 250 HP, 500 HP, 1000 HP, 1500 HP)

유수지가 있을 경우 동일용량의 펌프를 배치하는 것이 유리하나, 유입량 변화가 심한 곳은 적정용량 펌프를 1~2대 설치하는 편이 유지관리 차원에서 바람직하다.

④ 주배관

주배관은 주펌프의 흡입관 및 토출배관을 말한다. 흡입관 단말부는 흡입손실이 적게 되도록 벨마우스 형상으로 한다. 토출측에는 잔류속도가 되는 에너지손실을 적게 하기 위하여 확대관을 설치한다.

펌프와 토출밸브 사이에는 보수 유지관리 및 진동방지를 위하여 플랜지형 신축관을 설치한다. 단 유효 유동량은 5~10 mm 정도로 하고 유동 부분은 수압이나 진동으로 인한 이탈현상이 생기지 않도록 한다.

⑤ 토출관로

자연방류관로와 강제토출관로를 각각 분리하여 시설하여야 한다. 다만 부득이 현장여건상 공사비 과대로 인해 통합시킬 경우에는 관거의 구조 안전성, 수리 안전성 등을 검토하는데 특히 수밀 시공이 되도록 주의하여야 하며, 하천의 유수흐름 방향과 직각이 되지 않도록 하고 에이프런, 날개벽 시설 등이 수압에 충분히 견딜 수 있도록 설계하여야 한다.

3) 펌프장 운전실(중앙제어반)

펌프장 운전실은 펌프장의 중앙제어실이라고도 하며 배수펌프장 설비를 관리하기 쉬운 위치에 계획하고 감시운전제어기기의 배치는 감시, 운전, 점검하기 쉬운 공간을 확보하며 환기, 방음, 공조 등을 고려한 것으로 한다.

① 운전실의 위치

펌프설비 운전을 하는 경우에 가능한 펌프실 및 펌프장 주위 상황을 확인하기 쉽도록 펌프장 건물내에 배치 위치를 검토한다.

② 감시운전제어기기의 배치

감시운전제어반 등의 기기는 운전이나 유지관리에 필요한 공간을 고려하여 배치하고 그 설치공간은 다음을 고려하여 결정한다.

- 기기의 치수
- 점검 정비 공간
- 기기의 반출입
- 환기 공조설비의 설치

③ 공조 등

운전실은 감시운전제어반 등의 전자 기기를 설치하고 사용 환경을 유지하기 위해 환기, 공조 시설을 한다.

4) 제어기기실

제어기기실은 침수 염려가 없고 건조한 장소에서 부식성 또는 가연성 가스의 발생, 침입 우려가 없는 위치에 계획한다. 따라서 제어기기실은 펌프장 운전실에 설치하여 운영자의 관리동선을 축소할 수 있다. 또 전자기기를 설치하기 위해 사용 환경을 유지하기 위한 환기, 공조 시설을 한다.

5) 전기실, 발전기실

펌프 운전에 필요한 수변전 설비 및 자가 발전설비에 대하여 각각 전용실에 설치하는 경우가 있다. 전기실 및 발전기실은 기기에서의 방열에 대해 실온이 상승하기 때문에 환기를 충분히 한다. 또 기기 주위에는 운전, 점검 정비 등을 위해 충분한 공간을 확보한다.

6) 반출입구

펌프장 건물의 펌프실, 운전실, 관리실 등에는 설치 할 각 기기의 반출입을 위한 반출입구를 계획한다. 반출입구의 설치 방향은 건물 평면 계획 및 부지의 상황에 따라 건물의 종방향(기둥 사이) 또는 횡방향으로 계획하고, 반출입을 원활하게 할 필요가 있어 차량의 방향전환이나 대피할 공간을 확보하는 것이 바람직하다. 반입구 부근은 차량의 진입과 기기의 가설치를 고려한 내하중과 공간을 계획할 필요가 있다.

반출입구의 크기는 반출입하는 기기를 용이하게 출입할 수 있는 높이와 폭으로 한다. 특히 대형 펌프는 분할한 최대치수의 기기를 차량에 적재한 채 기계실 또는 펌프실로 진입할 수 있도록 하고 차량의 적재 질량, 차종, 진입도로 상황 등을 고려하여 결정한다. 즉, 펌프실의 높이가 반입구의 높이에 영향을 미치는 경우는 펌프실 밖에서 기기를 하역시켜 끌고 들어오는 방법도 검토할 필요가 있다.

반출입구 설계에 있어 다음 사항을 유의한다.

① 펌프실로의 반출입

(가) 차량에 의한 반출입

차량의 크기에 따라 펌프장입구에서 펌프실내까지 동선을 확보하고 차량과 기기의 가설치를 고려한 내하중 공간의 확보한다.

(나) 이동식 크레인에 의한 반출입

운반 차량과 크레인의 설치위치를 확보하고 반입구의 개폐 용이성, 빗물 누수 방지를 계획한다.

② 운전제어실로의 반출입

판넬 등의 반출입에 필요한 개구부 치수를 확인하고 인양고리(훅)의 설치, 난간의 착탈에 의한 반출입 등을 고려한다.(운전실을 2층에 설치하는 경우)

③ 반출입문(셔터)

반출입구에는 일반적으로 반출입문(셔터)을 계획한다. 셔터케이스는 천장크레인 주행레일지지용 보와 간섭이 되기 때문에 주의한다. 셔터케이스의 높이는 제작사나 형식에 따라 다소 차이가 있지만 펌프실의 높이 결정을 위해 사용하는 경우 약 1 m 정도를 확보한다.

④ 펌프설치 바닥이 낮은 경우의 반입 방법

펌프 바닥이 지하로 깊게 되는 경우는 주위 지반고와 같은 높이로 반입 바닥을 계획하면 건물 천장이 높게 되어 지반에서 경사로 계획하여 반입할 수 있도록 계획하거나 2단 크레인 형식으로 계획하여 기계실에서 하차하고 지하펌프실로 반입할 수 있도록 한다.

(4) 토출수조

펌프시설과 배수통문, 통관의 사이에는 압력조절용 수조를 겸한 토출수조 설치를 검토한다. 토출수조는 원칙적으로 철근 콘크리트 구조로 하고, 앞뒤의 구조물과 절연된 구조로 하며 관리운전을 위한 바이패스 배관 등의 설치를 검토한다.

배수펌프는 보통 1대씩 순차 기동하므로 기동 시 수면 상승은 문제되지 않지만, 전 대수 운전 시 정전 등에 의해 급정지를 하면 큰 다운서지가 발생하고 그 반사파로 업서지가 발생하기 때문에 수면 상승에 의해 토출수조로부터 토출수가 넘치지 않는지 검토한다.

1) 토출수조의 형상

토출수조는 배수통문을 갖는 배수펌프장의 조압부의 하나로써 필요한 경우에 설치되는 것으로 수조면적과 동등의 자유수면을 갖는 일반적인 토출수조와 수조 상부에 조압부를 계획한 자유수면 면적이 작은 구조의 것이 있어, 후자를 조압수조로 하여 구분한다.

토출수조는 역류방지밸브에서의 유수를 충분히 감속시킨 후 수류를 배수 통문으로 인도하는 것으로 하고 부분적으로 수면 상승을 일으키기도 하고 토출 관 끝의 측벽 반사파에 의해 역류방지밸브가 열림과 닫힘을 반복하는 채터링(chattering) 현상이 일어나지 않는 형상 및 치수로 한다.

2) 역류방지밸브와 토출수조 구조

수평축 펌프에서는 만수조작을 위해 관리운전을 포함한 운전 개시 수위에서 역류방지밸브 전체가 물에 잠기도록 토출수조의 깊이를 결정한다.

토출수조의 구조는 역류방지밸브의 고장 시 대응 및 점검 정비 등의 유지관리를 고려한다. 개구부에 낙하방지를 위해 그레이팅 등으로 덮개를 설치하는 경우는 외부로 꺼내기 쉬운 구조로 한다.

3) 토출배관과 토출수조

물이 토출관내 유속 그대로 토출수조에 배출되면 관내유속은 그대로 손실에너지가 된다. 저양정 펌프는 실양정에 비해 속도수두의 비율이 커서 토출유속에 따라 효율에 크게 영향을 미치므로 토출관 끝의 수몰치수는 사이펀 배관의 경우에는 특히 중요하며 공기를 빨아들이지 않도록 [그림 2-13]의 S치수를 최저수위에 대해 적어도 20 cm 이상으로 할 필요가 있다. 또 관끝의 방향은 수평이 좋고 수류가 토출수조의 밑변이나 앞면에 충격을 주지 않도록 계획하여야 한다. [그림 2-13]의 치수 a는 20 cm 이상으로 하는 것이 바람직하나 너무 크면 비경제적으로 될 때가 많으므로 주의한다. 토출수로도 급격한 방향변화나 심한 유속변화를 피하지 않으면 토출된 물이 파도를 일으켜 손실을 증가 시키게 된다.

그러므로 배수펌프의 토출수조 형상은 배수가 용이하고 배수관 유도에 있어서 유해한 반사파를 발생시키지 않아야 하며 토출수조 상단 높이는 계획 외수위 이상 1~3 m의 여유를 두며, 맨홀 또는 그레이팅 설치 시 완전 고정될 수 있도록 내식성 볼트를 사용한다.

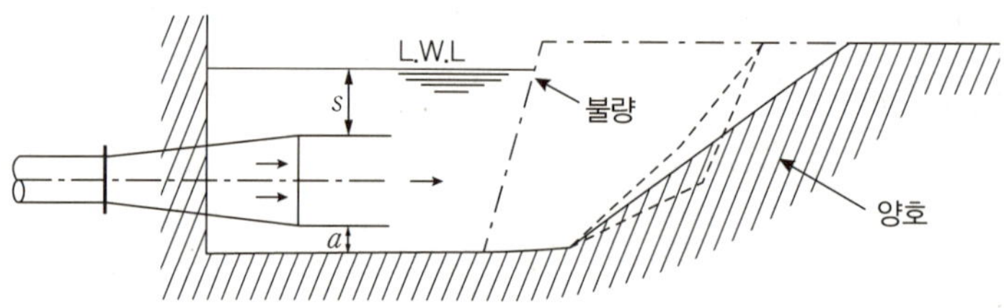

[그림 2-13] **토출관 끝과 토출수조(예)**

토출수조는 주펌프 토출수의 맥동이나 펌프장 구조물의 진동이 토출관, 통문에 전달되는 것을 방지하고 제방의 안전성이 확보되도록 설치한다. 토출수조의 크기가 작다든지 형상이 적합하지 않으면 부분적인 수면의 상승을 일으키고 토출관 끝 측면의 반사파에 의해 역류방지밸브의 파손을 일으킬 수 있으므로 주의가 필요하다. 토출수조의 천단(天端) 레벨은 계획제방높이나 현황제방높이(계획제방높이보다 높을 경우)로 한다. 또 펌프 급정지 시 다운서지의 반사파나 업서지를 계산하여 상승수면이 천단(天端) 레벨을 초과하는지 여부를 확인한다.

① 펌프장과 토출수조의 간격(L)

펌프장 토출관 관통부와 토출수조의 토출관 관통부의 치수는 토출배관을 계획하여 결정한다. 이 경우 토출배관의 곡관 각도 θ는 45°~60°로 하고 확대관은 토출수조부의 수평관부분에서 하는 것이 바람직하다.

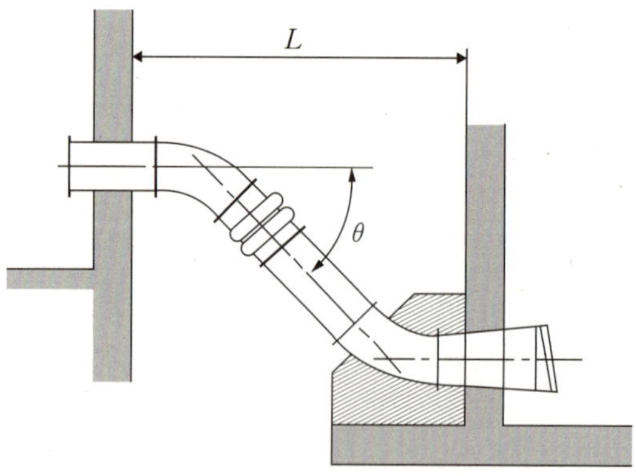

[그림 2-14] **펌프장과 토출수조의 간격**

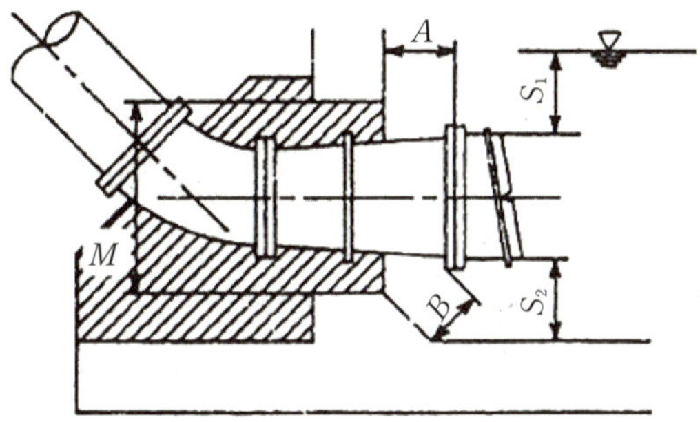

[그림 2-15] 토출관 및 플랩밸브 설치 치수

② 토출관과 플랩밸브 설치 치수

토출관의 플랩밸브 설치 치수에 대해서는 펌프 기동 시 토출관 충수와 플랩밸브의 설치 작업 공간에 따라 정한다. 밸브의 플랜지 볼트 너트를 작업할 때 필요한 치수와 펌프가 양호한 사이폰 상태를 형성하여 계획 토출량과 전양정 특성으로 운전하기위한 잠수깊이(S_1)를 확보하는 치수를 [그림 2-15]에 표시하고, 플랩밸브 구경에 따른 각 부 치수는 〈표 2-12〉에 나타낸다.

〈표 2-12〉 플랩밸브 설치 치수(참고)[9] 단위 : mm

플랩밸브 구경	S_1	S_2	A	B	M
600 이하	300	400 이상	300	200이상	1,100
700~1,200	300	400 이상	300	200이상	1,200~1,800
1,350~1,650	400	400 이상	350	200이상	2,000~2,300
1,800~2,000	500	500 이상	400	200이상	2,400~2,600

③ 토출수조의 평면치수

토출수조의 형상은 토출관로의 위치에 따른 흐름 방향, 펌프장과의 상대 위치 등에 의해 고려되어지고 토출관로가 중앙부에 있는 경우는 [그림 2-16], 토출관로가 한쪽 측면에 있는 경우는 [그림 2-17]에 나타낸다.

9) 揚排水ポンプ設備技術基準(平成 27年, 社団法人河川ポンプ施設技術協会)

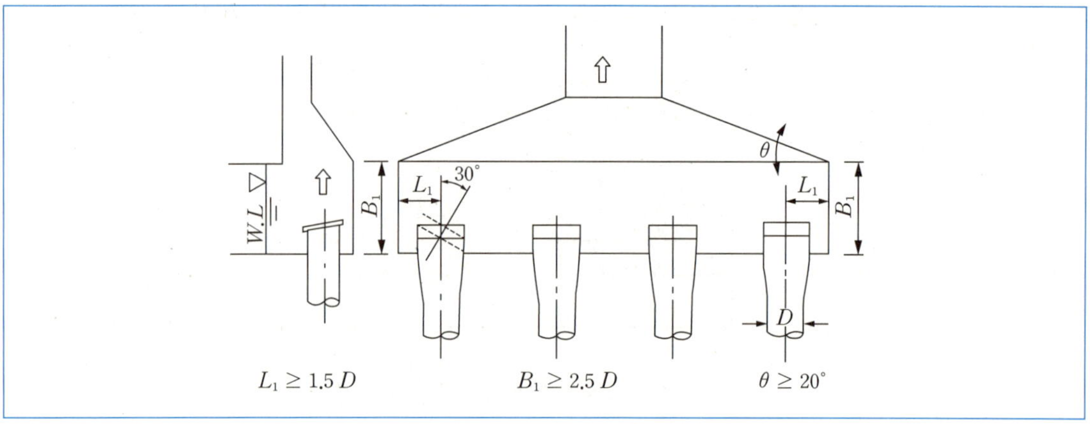

[그림 2-16] 토출관로가 중앙부에 있는 경우(예)

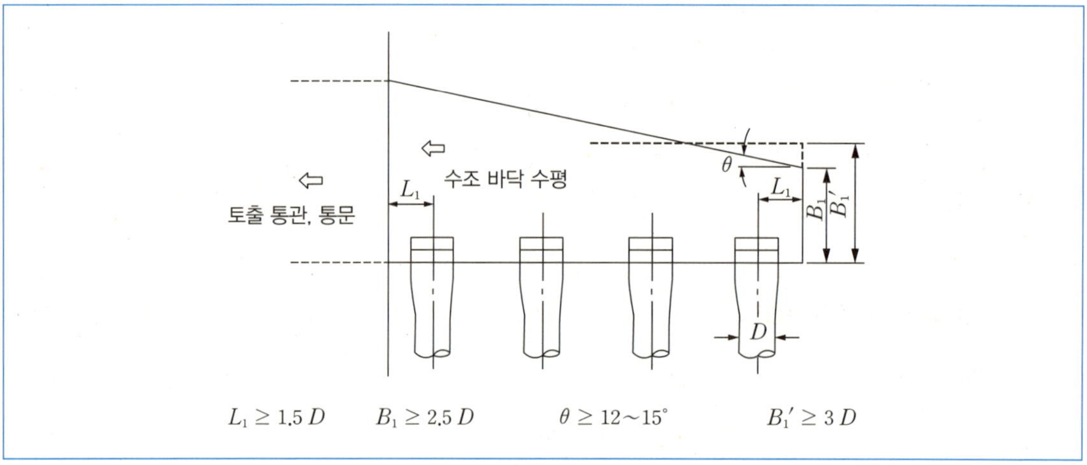

[그림 2-17] 토출관로가 한쪽 측면에 있는 경우(예)

2.3 기계설비

2.3.1 주펌프설비

(1) 주펌프의 기본 설계

주펌프는 설치조건에 적합한 형식으로 시동성, 신뢰성, 유지관리성이 뛰어나고, 관리운전을 포함한 운전조건에 적절한 운전성능을 갖는 것으로 한다.

1) 주펌프의 설치 조건

주펌프의 설치조건에는 배수펌프장의 구조(지상 펌프장, 지하 펌프장), 펌프의 설치 위치(실내,

실외), 수질 등이 있으며, 펌프의 형식, 구조, 재료 등을 설계에 반영한다.

2) 주펌프의 형식

육상 펌프는 축 형식에 따라 수직축, 수평축으로 분류되고, 비속도에 따라 축류형, 사류형, 원심형 펌프로 분류되며 설치 형식은 1상식과 2상식이 있다. 수중펌프는 일반적인 수중 모터펌프 외에 컬럼형 수중 모터펌프, 게이트펌프 등이 있다.

3) 주펌프의 시동성

주펌프의 시동성은 펌프의 만수조작(마중물)이 필요한지 여부 이외에, 운전 전원 확립, 구동용 원동기의 시동, 송배수 시작까지의 밸브 조작 등 펌프 설비 전체로서 펌프 시동 준비부터 배수(송수) 시작까지의 관련 기기 운전을 포함하여 평가할 필요가 있다.

배수 펌프장에서는 긴급하게 배수 운전을 해야 하는 경우가 있으므로 조작 체계를 고려하여 펌프 형식, 설비 구성을 선택한다. 그러나 양수 펌프장에서는 펌프 시동에 배수 펌프장과 같은 긴급성이 없는 반면, 송수관이 긴 경우는 시동시의 유량 제어가 필요한 경우가 있기 때문에 원활하게 시동 조작할 수 있는 설비로 구성한다.

4) 주펌프의 신뢰성과 유지관리성

펌프설비의 신뢰성과 유지관리성은 서로 관련이 있으며, 보수성이 뛰어난 펌프는 이상을 발견하기 쉽기 때문에 신뢰성 확보에 유리하다.

유지관리성에 대해서는, 점검 및 정비가 쉬운 구조뿐만 아니라, 설치 조건을 반영한 관리운전 방식에 적합한 주펌프 형식으로 할 필요가 있다.

5) 운전성능

주펌프는 양정, 토출량을 확보하는 것과 동시에, 관리운전을 포함한 흡입수위, 전양정, 토출량 등 모든 운전조건에 있어서 캐비테이션이 발생하지 않고, 안정된 운전을 할 수 있는 것으로 한다.

(2) 주펌프 성능 제원

주펌프 계획토출량은 펌프장 계획배수량과 펌프 설치 대수, 펌프용량의 조합에 의해 결정한다. 주펌프 계획 전양정은 수리조건에 따라 정해지는 펌프장의 계획실양정에 스크린, 주배관, 밸브, 통문 등의 손실수두를 더하여 결정한다.

1) 주펌프 계획 토출량

주펌프 1대 당 계획토출량은 펌프장 계획배수량과 주펌프 대수와 용량이 다른 펌프의 조합에 의해 각각의 토출량으로 한다. 또한 주펌프는 설계할 때 기준이 되는 토출량(설계 토출량)과 양정(설계 양정)으로 정해지는 점을 설계점(시방점)으로 하고, 일반적으로 이 점이 최고효율점이 되는 경우가 많지만, 주 펌프를 설계 할 때는 펌프효율이 최고가 되는 토출량을 운전 빈도가 높은 점으로 옮겨 놓는 경우가 있으며, 이 경우 본 항목의 계획토출량과 펌프 설계토출량은 일치하지 않는다. 따라서, 최고효율점(BEP)이 설계점이 아닐 경우도 있다.

2) 주펌프 계획 전양정

배수 펌프에 사용되는 터보펌프는 운전시 양정이 높게 되면 토출량은 작아지고 양정이 낮아지면, 토출량이 커지는 운전 특성이 있다. 주 펌프 계획 전양정을 펌프장의 최고 실양정에 맞춰 설정하면 주 펌프의 운전 범위가 계획 점보다 저 양정 측이 되기 때문에, 항상 계획 토출량 이상을 토출하는 과대한 설비가 된다. 따라서 주 펌프 계획 토출량에 대한 계획 전 양정을 적절한 값으로 정하여 효율적인 설비로 할 필요가 있다.

3) 주펌프 계획전양정과 펌프장 계획실양정의 관계

주 펌프 계획 전양정은 다음 식에 의해 펌프장 계획 실양정에 제반 손실을 더하여 결정한다.

$$H = H_a + hl_i + hl_e + hl_{s1} + hl_{s2} + hl_d + V_d^2/2g \tag{2-1}$$

여기서,

- H : 주펌프의 계획전양정(m)
- H_a : 펌프장 계획실양정 = 외수위(m)−내수위(m)
- hl_i : 펌프장의 흡입측 손실수두 = 유입수로 및 스크린 등 손실수두(m)
- hl_e : 펌프장의 토출측 손실수두 = 토출통문 손실수두(m)
  (통문에서 토출수의 속도손실수두를 포함)
- hl_{s1} : 주펌프 흡입 측 배관 손실수두(m), 수직축 펌프의 경우 0 m
- hl_{s2} : 흡입수조 손실수두(m) (반 개방형 수조 손실 등), 개방형 수조 수직축펌프의 경우 0 m, 반개방형수조 수직축 펌프의 경우 0.1 m
- hl_d : 주펌프 토출측 배관 등 손실수두(m), 밸브의 손실 수두를 포함
- $V_d^2/2g$: 잔류 속도 수두(토출 수조로 토출시의 손실)

V_d : 토출 수조로의 토출시 속도(m/s)

g : 중력 가속도(9.8 m/s^2)

전양정과 실양정의 관계는 [그림 2-18]과 같다.

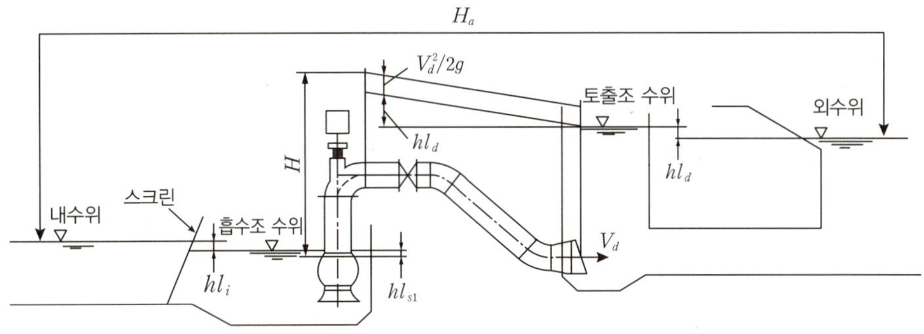

[그림 2-18] **전양정과 실양정의 관계(예)**

배수펌프의 계획 전양정은 과잉설비가 되지 않도록, 일반적으로 외수위의 계획최고수위와 내수위의 허용 담수위의 차(펌프장 계획 실양정)의 80% 정도로 잠정 결정한 값에 제반 손실(스크린, 관 손실 등)을 더한 것으로 결정한다. 잠정결정한 실양정은 펌프장의 계획배수량을 결정하는 수리데이터로 내수배제체크계산을 하여, 내수의 담수위와 담수시간이 허용되지 않는 경우는 계획 실양정을 높이고, 반대로 여유가 지나치게 많으면 계획실양정을 내리는 검토를 하여 결정한다. 내수배제체크 계산방법은 홍수시를 상정하여 내수의 유입량과 수위, 외수위의 변화, 잠정 결정된 시방으로 선정된 펌프 성능곡선도에 따른 유량으로 각 시각의 내수위를 계산한다.

빗물펌프장의 경우는 방류수면의 수위가 홍수시와 청천시의 차이가 크므로 홍수시에는 외수위 최고수위를 기준으로 하고, 청천시에는 평균외수위와 토출배관의 최고상단부 높이를 비교하여 높은 수위를 기준으로 하는 것이 좋다. 그러나 청천시 배수펌프를 운전할 경우가 거의 없기 때문에 최고 홍수위를 기준 배출수위로 정한다.

또한, 배수펌프에 있어서는 펌프 토출량의 합계가 평균 필요 배수량을 모든 수위 조건에 있어서 확보하면 안전하지만, 펌프의 평균 토출량의 합계가 평균 필요 배수량을 상회하면 비경제적이다.

배수시의 수위 변동에 따른 펌프 토출량의 증감에 대해서는 펌프 계획 전양정을 최적치로 하여 펌프의 평균 토출량의 합계와 평균 필요 배수량을 일치시키도록 하고 있다.

전양정을 계산하기 위한 손실수두는 수로 형상이나 각부의 치수에 따라 다르고, 다음의 식으로 구한다.

① 일반 손실

$$hl = f \cdot \frac{V^2}{2g} \tag{2-2}$$

여기에서,

f : 손실 계수

V : 관내 평균 유속(m/s)

② 직관부 손실

주펌프 주변의 배관과 같이 비교적 관로가 짧은 경우는 달시-와이즈바흐(Darcy-Weisbach) 식을 사용한다.

$$hl = \lambda \cdot \frac{L}{D} \cdot \frac{V^2}{2g} \tag{2-3}$$

여기에서,

λ : 마찰 손실 계수

$$\lambda = 1.5 \times \left(0.02 + \frac{0.0005}{D} \right) \quad \text{(신주철관인 경우)}$$

$$\lambda = 1.5 \times \left(0.04 + \frac{0.001}{D} \right) \quad \text{(낡은 주철관인 경우)}$$

마찰 손실 계수는 배관이 오래되어 마찰이 증가하는 것을 예견하고 1.5배로 한다.

L : 관 길이(m)

D : 관 직경(m)

V : 관내 평균 유속(m/s)

펌프 토출관이 비교적 긴 배관의 경우는 하젠윌리엄(Hazen-Williams) 식을 적용한다. 하젠윌리엄 식에 따른 직관 손실수두는 다음의 식으로 나타낸다.

$$h_l = \frac{10.666\, Q^{1.85}}{C^{1.85}\, D^{4.87}} L$$

여기에서,

h_l : 마찰손실수두(m)

Q : 유량(m^3/sec)

L : 관 길이(m)

D : 관 직경(m)

C : 유속계수

관의 종류(내면상태)	C
주철관(신관)	130
강관(부설 후 20년)	100
콜탈도장관(주철)	100
타르에폭시도장관(강관)	130
몰탈라이닝관(강, 주철)	130
콘크리트관	130
경질염화비닐관	130
경질폴리에틸렌관	130
강화플라스틱복합관	150

③ 개수로 및 통문내의 손실

개수로 및 통문내의 손실은 매닝(Manning)의 식을 적용한다.

$$hl = n^2 \cdot \frac{V^2}{R^{\frac{4}{3}}} \cdot L \qquad (2-4)$$

n : 수로 조도계수, 오래된 콘크리트면(0.018), 평탄한 강제(0.012)

R : 수력 반경(m)

L : 수로 길이(m)

H : 수심(m)

B : 수로폭(m)

D : 수로직경(m)

θ : 자유표면 각도(rad)

$R = \frac{H \cdot B}{2H+B}$ (각형 자유표면의 경우), $R = \frac{H \cdot B}{2(H+B)}$ (각형 만관의 경우)

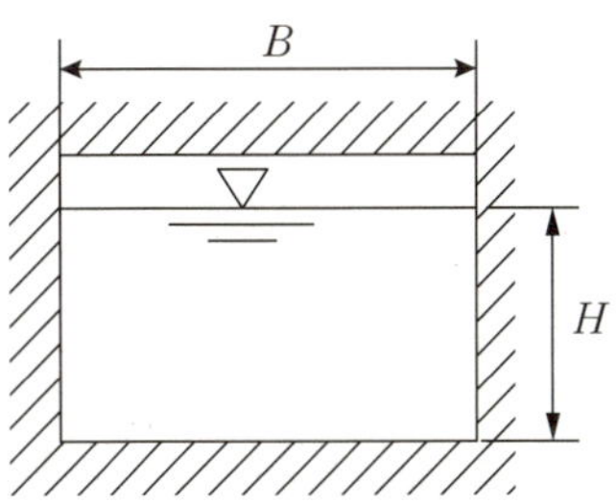

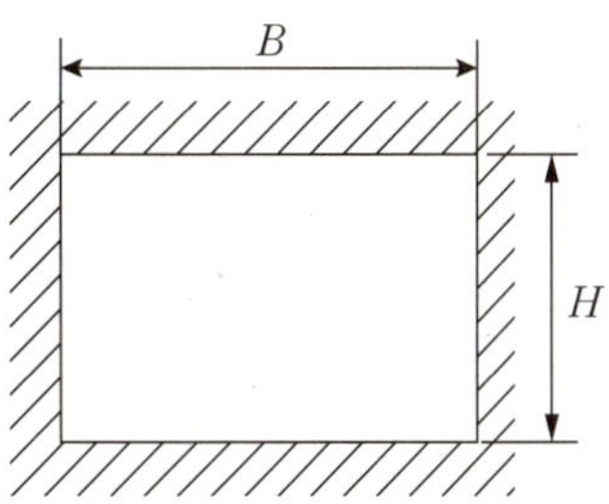

$$R = \frac{D}{4}\left(1 - \frac{sin\theta}{\theta}\right)$$ (원관 자유표면의 경우), $$R = \frac{D}{4}$$ (원관 만관의 경우)

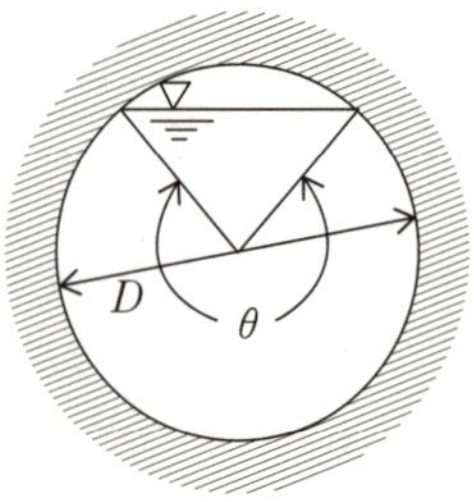

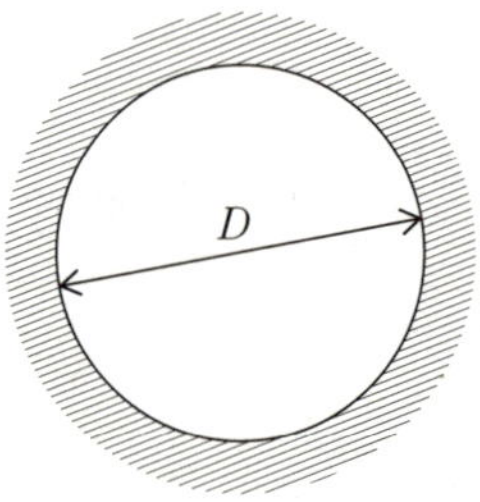

④ 제진설비 손실수두

- 고정식 기계제진기 0.10 m
- 이동식 기계제진기 0.15 m
- 수동식 갈퀴식 제진기 0.30 m

⑤ 흡입 벨마우스 손실수두

$$hl = f \cdot \frac{V^2}{2g}$$

여기에서,

f : 손실 계수(0.2)
V : 벨마우스 입구 평균 유속(m/s)

⑥ 버터플라이밸브 손실수두

$$hl = f \cdot \frac{V^2}{2g}$$

여기에서,

f : 손실 계수
V : 버터플라이밸브 입구부 평균 유속(m/s)

구경(mm)	350	400~500	600~900	1,000~1,500	1,650~2,000
f	0.75	0.6	0.4	0.3	0.2

⑦ 제수밸브 또는 콘밸브 손실수두

제수밸브 또는 콘밸브의 구경이 300 mm 이상인 경우는 면간거리의 직관으로 계산한다.

$$hl = \lambda \cdot \frac{L}{D} \cdot \frac{V^2}{2g}$$

여기에서,

$$\lambda = 1.5 \times \left(0.02 + \frac{0.0005}{D}\right)$$

여기서,

L : 면간거리(m)

D : 밸브 구경(m)

V : 밸브 입구부 평균유속(m/s)

⑧ 역류방지밸브 손실수두

$$hl = f \cdot \frac{V^2}{2g}$$

여기에서,

f : 손실 계수

V : 밸브 입구부 평균유속(m/s)

구경(mm)	350	400	500	600	700	800	900	1,000	1,200
f	1.11	1.0	0.98	0.96	0.94	0.92	0.90	0.88	0.86

⑨ 곡관의 손실수두

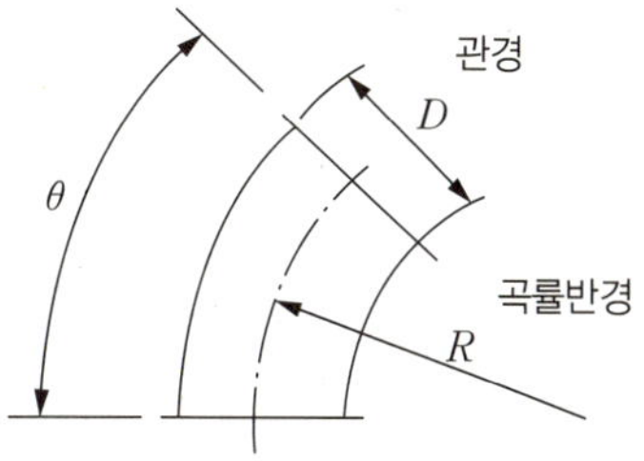

$$hl = f \cdot \frac{V^2}{2g}$$

여기에서,

f : 손실 계수

V : 관내 평균유속(m/s)

f : $0.131 + 1.847\left(\frac{D}{2R}\right)^{3.5} \cdot \left(\frac{\theta}{90}\right)^{0.5}$

⑩ 확대관의 손실수두

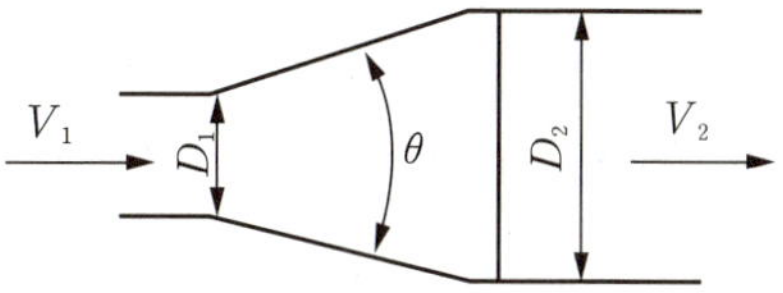

$$hl = f \cdot \frac{(V_1 - V_2)^2}{2g}$$

여기에서,

f : 손실 계수

V_1 : 소구경측 배관내 평균유속(m/s)

V_2 : 대구경측 배관내 평균유속(m/s)

θ	6°	7°	8°	9°	10°	11°	12°	13°	14°	15°
f	0.15	0.15	0.16	0.17	0.19	0.21	0.23	0.25	0.28	0.30

⑪ 플랩밸브 손실수두

$$hl = f \cdot \frac{V^2}{2g}$$

여기에서,

f : 손실 계수

V : 플랩밸브부 평균유속(m/s)

구경(mm)	450~ 500	600~ 700	800~ 1,000	1,200	1,350~ 1,500	1,650~ 1,800	2,000	1,800× 2,600	2,000× 2,900
f	1.1	1.0	0.9	0.8	0.7	0.6	0.5	0.5	0.5

⑫ 방류 손실수두

$$hl = f \cdot \frac{V^2}{2g}$$

여기에서,

f : 손실 계수(1.0)

V : 방류부 평균유속(m/s)

(3) 주펌프 형식

주펌프의 형식은 건축인허가, 용지매수, 인근 민가에 미치는 영향 등의 설치 조건과 자동운전을 포함한 펌프의 성능, 유지관리성, 경제성 등을 종합적으로 평가하여 결정한다.

1) 비속도와 펌프형식

펌프는 비속도의 값에 따라 그 형식이 변한다. 비속도는 펌프형식을 나타내는 지수로서 비속도가 동일하면 펌프의 크기에 관계없이 같은 형식의 펌프로 되고 특성도 대체로 같게 된다.

주펌프의 기종형식은 계획 토출량, 계획 전양정 및 회전수로부터 구한 비속도 Ns에 따라 분류할 수 있으며, 이 비속도는 식 (2–5)에 의해 구한다.

$$N_S = \frac{Q^{\frac{1}{2}}}{H^{\frac{3}{4}}} \times N \tag{2–5}$$

여기서,

N_S : 비속도

Q : 계획 토출량(m^3/min) (양흡입 펌프의 경우 $\frac{Q}{2}$)

N : 계획 전양정(m) (다단펌프인 경우 1단의 양정)

N : 펌프 회전수(rpm)

비속도와 임펠러의 형상은 [그림 2–19]와 같다.

[그림 2–19] 비속도(N_S)와 임펠러의 형상[10]

〈표 2–13〉 펌프형식별 비속도(N_S) 범위[10]

형식		N_S	설계비속도
터빈펌프	한쪽흡입 및 양쪽흡입형	100~250	
원심펌프	단단식 한쪽흡입형	100~450	
	단단식 양쪽흡입형	100~750	
	다단식	100~200	
사류펌프		700~1,200	900
축류펌프		1,100~2,000	1,500

10) 하수도시설기준(2011, 환경부)

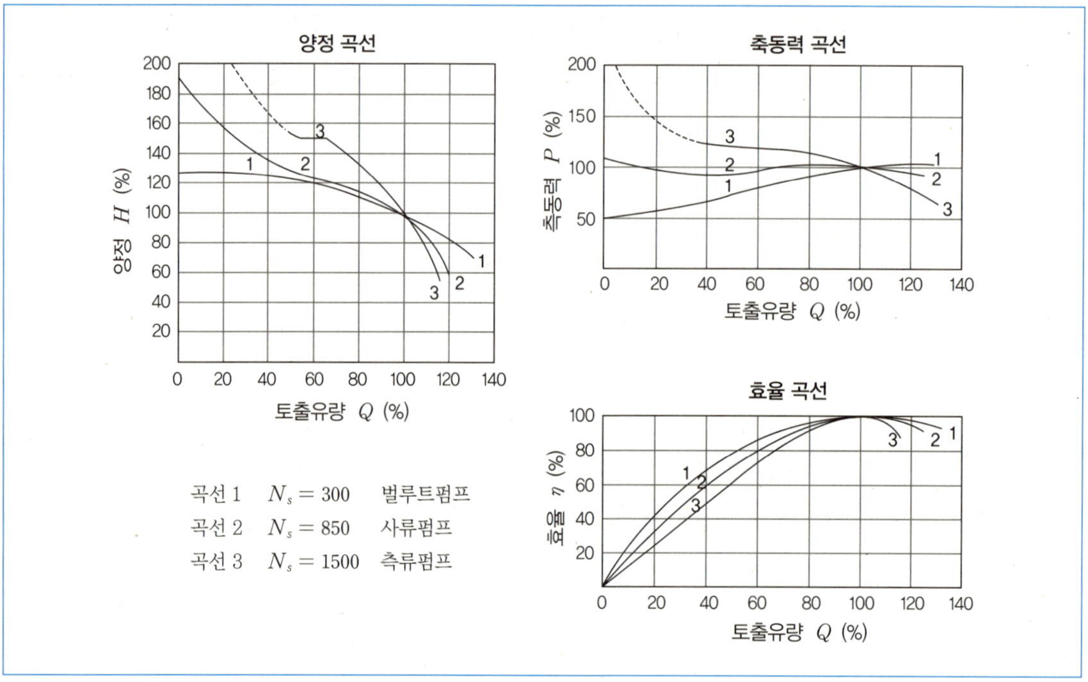

[그림 2-20] 펌프의 형식과 특성곡선[11)]

비속도가 커지면 축류형으로 되고 저양정용에 적합하며, 작아지면 원심형으로 되고 고양정용으로 사용된다. 또한, 축류형과 원심형의 중간이 되는 것이 사류형이며, 기종형식의 일반적인 특성을 비교한 것을 〈표 2-14〉에 나타낸다. 이러한 특성을 잘 이해한 후, 기종형식을 선정하여야 한다.

〈표 2-14〉 기종의 특성 비교(참고)

종류	원심펌프	사류펌프	축류펌프
흡입 성능	가장 좋음. 유량의 사용가능 범위가 넓음	축류보다 약간 좋음	사류보다 약간 안 좋음
설계점 효율	가장 좋음	축류보다 약간 좋음	사류보다 약간 낮음
설계점 이외의 효율	성능저하가 완만함	원심과 축류의 중간	성능저하가 급격함
Q-H 특성	Q에 대한 H의 변화는 적음	원심과 축류의 중간	Q에 대한 H의 변화가 가장 큼
축동력 특성	차단점 축동력은 설계점에 비해 매우 작으며 점차 증가하고 설계점을 지나면 약간 낮아짐	Q의 변화에 관계없이 거의 일정	차단점 축동력은 설계점의 2배 이상에서 점차 저하
차단점 기동	가능	가능(Ns=900정도 까지는 가능하지만 고비속도에서는 불가능할 경우도 있음)	불가능

11) 하수도시설기준(2011, 환경부)

2) 펌프의 설계 조건과 형식의 결정 요소

주펌프 설계 조건의 요소들에 대한 각종 형식의 특성은 다음과 같다.

① 축 형식

펌프 주축 방향에 따라 수평축 형과 수직축 형이 있다. 각각의 일반적인 특성 비교를 〈표 2-15〉에 나타낸다.

〈표 2-15〉 축 형식 비교

항목		수평축 형	수직축 형
설치 조건	펌프장 부지면적	수직축 형보다 큼	수평축 형보다 작음
	부식성	임펠러, 수중 베어링이 대기 중에 공기 중에 있어 유리	임펠러, 수중 베어링이 항상 수중에 있어 불리
펌프 성능	토출량(펌프 구경)	소~중(~2,000 mm)	소~대(~4,600 mm)
	흡입 성능	임펠러가 흡입 수위보다 위에 있으므로, 수직축 형에 비해 불리	임펠러가 흡입 수위보다 아래에 있기 때문에 수평축 형에 비해 유리
조작성	시동성	임펠러가 흡입 수위보다 위에 있기 때문에 만수조작이 필요. 시동성 늦음	임펠러가 흡입 수위보다 아래에 있기 때문에 만수조작이 필요 없음. 시동성 빠름
유지관리성	정비성	상부 케이싱을 분리하고 내부 점검·정비가 가능하기 때문에 비교적 쉬움	구동기, 감속기 등을 분리하고, 양수관과 일체로 끌어 올려서 내부 점검·정비를 해야 하므로 대규모 작업
	내구성	임펠러와 베어링이 물 밖에 있으므로 수직축 형 보다 우수	임펠러와 베어링이 항상 물 속에 있으므로 수평축 형태 보다 낮음
경제성	가격	수직축 형보다 저렴	수평축 형보다 고가
	사용 가능 년수	수직축 형보다 길다	수평축 형보다 짧다

② 펌프 형식

펌프 형식은 필요한 운전 성능을 확보할 수 있도록, 임펠러 형식으로 원심형, 사류형, 축류형 중 하나를 선택한다. 펌프 형식에 대한 일반적인 특성 비교를 〈표 2-16〉에 나타낸다.

③ 설치 형식

수직축 펌프의 경우, 펌프를 지지하는 본체의 구조에 따라 '1상식'과 '2상식'이 있고, 시공성, 내구성, 경제성 등을 고려하여 결정한다. 설치 형식에 대한 일반적인 특성 비교를 〈표 2-17〉에 보인다.

〈표 2-16〉 펌프 형식의 비교

항목		원심형	사류형	축류형
펌프성능	전양정	중~고	저~중	저
	흡입 성능	최고	양호	보통
유지관리성	관리 운전	차단 운전 가능		차단 운전 불가

〈표 2-17〉 설치 형식의 비교

항목		1상식	2상식
설치 조건	흡입 수위와 장비 설치 높이와의 차	원동기 설치 높이와 흡입 수위의 차이가 작은 경우에 적합	원동기 설치 높이와 흡입 수위의 차이가 큰 경우에 적합
	펌프장 구조물구조	2상식에 비해 구조가 간단	1상식에 비해 구조가 복잡
		기기 하중이 1상에 집중	기기 하중을 2상에 분산
펌프 성능	토출량(펌프 구경)	소~중(~2,000 mm)	소~대(~4,600 mm)
	진동 대책	원동기 설치 위치가 높아지기 때문에 진동에 유의한 설계가 필요	진동에 대해서는 1상식에 비해 유리

④ 구조 형식

펌프의 구조를 나타내는 형식으로 육상 펌프와 수중 펌프가 있고, 수중 펌프에는 원심형 수중 모터펌프, 컬럼형 수중 모터펌프(사류형, 축류형), 게이트펌프(사류형, 축류형)이 있다. 구조 형식에 대한 펌프의 일반적인 특성 비교를 〈표 2-18〉에 나타낸다.

〈표 2-18〉 구조 형식별 특징

항목		육상펌프	수중펌프		
			원심형	컬럼형	게이트펌프
설치 조건	펌프설치 장소	실내 설치, 원동기를 보호	실외 가능, 동력 설비와 분산 설치 가능		
	부식성	수평축 형태는 수중 펌프에 비해 유리	육상 펌프에 비해 불리 (원동기 포함 상시 수중에 있다)		대기 중에는 공기 중에 있어 수중 펌프에 비해 유리
펌프성능	토출량	소~대	소~대		
펌프성능	전양정	저~고	중~고	저~중	저
조작성	시동성	수평축 형태는 만수조작 때문에 떨어짐	만수조작이 필요 없기 때문에 육상형에 비해 우수		
유지 관리성	정비성	축 형식 별로 정비 특성이 있음	수중 모터의 방수, 절연 유지가 필요하지만, 펌프 본체를 끌어 올려 분해 정비 할 수 있음		

항목		육상펌프	수중펌프		
			원심형	컬럼형	게이트펌프
유지 관리성	내구성	원동기는 육상에 있으므로, 수중 펌프에 비해 우수	원동기도 수중에 있기 때문에 육상 펌프에 비해 내구성이 떨어짐		
경제성	사용가능 년수	수중 펌프에 비해 길다	육상 펌프에 비해 짧음		
관련설비	발전설비	계통기기설비의 동력으로 소용량	배수 펌프장의 경우, 주 원동기 등의 동력원이므로 대용량		
	제진설비	일반적인 구조			제진 스크린 인상 장치가 필요

(가) 수중 모터 펌프

수중 모터 펌프는 전동기의 축단에 임펠러를 설치하고, 수중에 설치되는 펌프로 토목 구조물이나 건축 공간을 줄일 수 있는 이점이 있기 때문에 부지가 좁은 경우에 용이하다.

• 수중 모터 펌프의 특징은 〈표 2-19〉와 같으며, 다른 육상용 펌프와 비교하여 장점은 다음과 같다.

- 설치, 취급이 용이하다.
- 계통기기가 필요 없기 때문에 운전 조작도 간단하다.
- 비교적 작은 공간에 배치 할 수 있다.
- 중간 축이 없기 때문에 장치의 분해 조립이 쉽다.
- 기동시 만수조작이 필요 없기 때문에 자동운전이 쉽게 된다.
- 소음과 진동이 적다.
- 가격이 저렴하여 경제적이다.

〈표 2-19〉 수중 모터 펌프의 특징

구분		특징
설치 조건	펌프장 부지면적	수직축·수평축형 보다 작음
	흡입 수위와 장비 설치 높이와의 차	원동기 설치 높이와 흡입 수위의 차이와 상관없이 적합
	펌프장 구조물구조	지상용에 비해 구조가 간단하고, 기기 하중을 바닥에 분산
	부식성	임펠러, 수중 베어링이 항상 수중에 있어 불리
펌프 성능	토출량(펌프 구경)	소~대(~3,000mm)
	흡입 성능	흡입 수위보다 임펠러가 아래에 있기 때문에 수평축형에 비해 유리

구분		특징
펌프 성능	진동 대책	원동기와 펌프가 일체형으로 축거리가 최단거리로 진동에 유리하고, 수중에 있어서 진동과 소음이 비교적 적음
조작성	시동성	임펠러가 흡입 수위보다 아래에 있어서 만수조작이 필요 없기 때문에 우수
유지관리성	정비성	펌프를 분리하여 끌어 올려서 내부 점검·정비를 하므로 비교적 쉬움
	내구성	모터의 누수감지, 온도감지 등으로 사전점검이 용이함으로 내구성이 양호
경제성	가격	토목 및 건축비의 절감 및 전동기 일체제작으로 저렴

• 배수펌프 설비의 경우, 연간 가동 시간이 매우 짧은데다가 정해진 시기에 확실히 운전할 수 있다는 절대적인 신뢰성이 요구되므로 다음 사항에 유의할 필요가 있다.
  - 수중에 설치되어 있기 때문에, 축 밀봉부로 부터의 침수에 의해 절연 불량을 일으키는 경우가 있으므로 유지관리에 주의한다.
  - 구조적 문제로부터 일반적으로 수명은 수직축, 수평축 형에 비해 짧아지는 경향이 있다.
  - 이런 점에서 배수펌프로 사용하는 경우에는 교체 가능한 예비기를 검토한다.
  - 수중 모터 펌프를 언제든지 교체 또는 끌어 올려 분해 점검할 수 있도록 끌어 올릴 수 있는 인양장치를 설치한다.

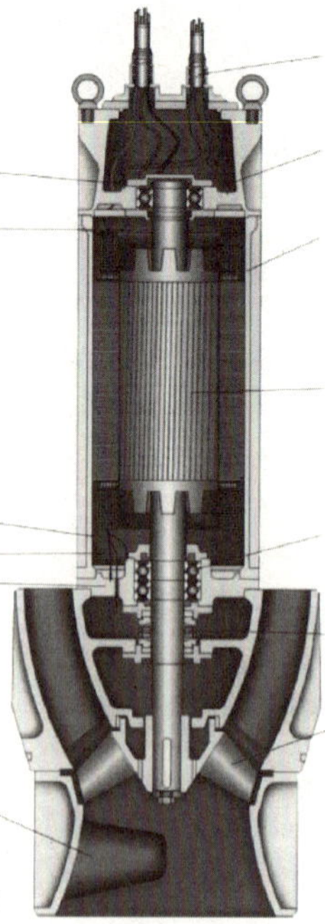

[그림 2-21] 수중사류펌프 구조 예(DJ사 제공)

• 수중 모터 펌프의 축 밀봉방식은 충수식과 유봉입식이 있으며 그 특징을 〈표 2-20〉에 나타내었었다.

〈표 2-20〉 충수식과 유봉입식의 특징[12)]

구분	충수식		유봉입식	
모터권선 절연처리	특수 내수절연으로 한다.		일반 육상용에 준한다.	
모터 방청	모터 내부의 방청이 필요		모터 내부의 방청이 불필요	
모터 내부 베어링	카본계 혹은 합성수지계 베어링(부하용량 소)		감마베어링 혹은 화이트메탈(부하용량 대)	
축봉 장치	상축형	하축형	상축형	하축형
	메커니컬 실	메커니컬 실	메커니컬 실	메커니컬 실
모터 봉수, 봉유	외부 보급식	외부보급식, 관류식, 밀폐식	외부 보급식	외부 보급식
보호장치	수중 모터전용의 과부하 릴레이가 필요. 외부 탱크의 수면 감시가 필요	수중 모터전용의 과부하 릴레이가 필요. 외부 보급식에서는 탱크의 수면 감시가 필요	과부하 릴레이는 일반 육상용과 같아도 된다. 외부 탱크의 유면 감시가 필요	과부하 릴레이는 일반 육상용과 같아도 된다. 외부 탱크의 유면 감시가 필요
용도	상하수도 등 기름기가 없어야 하는 장소		기름이 다소 양수 중에 혼입되어도 지장이 없는 장소	

(나) 게이트펌프

게이트펌프는 수문과 펌프를 일체화시킨 설비로서 도심지 또는 하천 제방에 빗물펌프장으로 대체 설치되고 있다. 게이트펌프장은 지형조건, 유출계수, 유달시간 등을 종합적으로 검토하고 진동 및 구조 검토를 하여야 하며, 동일 용량으로 설치하는 것을 원칙으로 한다. 또한, 펌프 운전시 수위 조건 등을 면밀히 검토함은 물론 내수 배제 효율성을 판단하여야 한다. 게이트펌프의 외형을 [그림 2-22]에 나타내었고 설치사례를 [그림 2-23]에 표시하였다.

[그림 2-22] 게이트펌프 구조(DJ사 제공)

12) 농업생산정비사업계획 설계기준(양배수편) (2005. 농림부 농업기반공사)

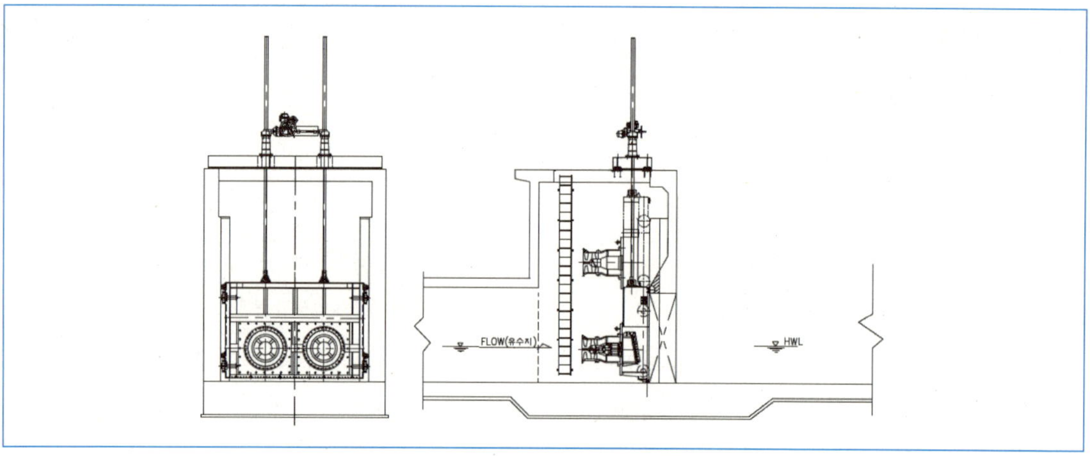

[그림 2-23] 게이트펌프 설치도(HS사 제공)

게이트펌프의 특징은 설치하거나 취급이 용이하고 계통기기가 적기 때문에 운전조작도 간단하며 육상펌프나 다른 수중모터펌프에 비해 비교적 적은공간에 배치가 가능하다. 또 펌프본체와 수문이 일체로 승강하므로 분해점검이 용이하다. 보통은 수문이 개방되어 수로 상부에 올려져 있으므로 수명은 항상 수중에 설치되어 있는 수중모터 펌프에 비해 유리하다. 그러나 펌프 운전 중에는 펌프본체가 수중에 잠기므로 일반 수중 펌프와 같이 축봉부로의 침수에 따른 절연불량이 생길 수 있으므로 일상의 유지관리에 주의하고 구조상의 문제로 일반적인 수명은 육상펌프에 비해 짧아질 수 있다. 펌프가 설치되는 수문은 펌프중량, 축 스러스트하중, 진동 및 저수위 운전으로 인한 와류와 캐비테이션 등을 고려할 필요가 있다.

게이트펌프의 배수운전에 필요한 수심을 확보하기 위해 게이트펌프 설치를 유입수로 바닥보다 더 낮게 설정하면 토사 쌓임의 원인이 되므로 설치 위치를 충분히 고려해야 한다.

게이트펌프의 구조는 과거의 실적, 제작한계, 시공성 등을 충분히 검토해서 결정한다.

3) 형식 결정의 유의 사항

펌프 설계 조건과 펌프 형식에 따른 특성의 적합성 평가의 유의점은 다음과 같다.

① 설치 조건

(가) 펌프장의 부지 면적

펌프장의 부지가 좁고(형상에 따른 제약을 포함), 펌프장 구조물을 단순화하는 경우는 수직축형 또는 수중형으로 하고, 가능한 한 대구경 펌프를 선정한다.

(나) 흡입 수위와 기기 설치 높이와의 차

배수펌프장처럼 기기를 흡입 수위 위에 설치하는 경우는 흡입 높이(흡입 양정)가 높아지면 캐비테이션이 발생하기 쉽게 되기 때문에 흡입 성능 검토를 실시한다.

(다) 수질(부식성)

취급하는 수질이 부식에 영향을 주는 경우는, 평상시에 펌프가 공기 중에 있는 수평축 형태를 우선적으로 검토한다.

② 펌프 성능

(가) 계획 전양정

펌프 계획 전양정에 의해 설계 대상이 되는 펌프의 축 형식, 펌프기종 형식의 후보를 선정한다. 필요한 성능과 운영 조건을 만족하는 펌프의 시방은 계획 전양정 외에 토출량, 흡입 성능, 시동성, 관리운전방식 등에 대한 구체적인 데이터를 바탕으로 검토하여 결정한다.

펌프 계획 전양정에서 펌프 형식의 후보를 선정할 때 참고가 되는 조합을 〈표 2-21〉에 나타낸다.

〈표 2-21〉 **계획 전양정과 펌프 형식 적용 범위(참고)**[13)]

양정 구분	저양정 펌프		고양정 펌프	
축형식 / 펌프형식	수직축펌프	수평축펌프	수직축펌프	수평축펌프
원심	–	–	15 m 이상	15 m 이상
사류	9 m 이하	7 m 이하	20 m 이하	–
축류	5 m 이하	3 m 이하	–	–

(나) 계획 토출량(펌프 구경)

펌프 1대당 계획 토출량이 큰 경우에는, 펌프가 대구경이 되기 때문에 펌프 흡입 성능에 따라 수평축형, 수직축형을 선정하고, 펌프 하중에 따라 1상식, 2상식을 선정한다.

특히, 계획 토출량이 10 m^3/s를 넘는 대용량 펌프는 펌프의 수송 한계, 경제성 등으로 부터 흡입 케이싱(흡입 수로)과 토출 케이싱(토출 수로)를 토목 구조와 일체화 한 형상(콘크리트 케이싱)으로 하는 것을 고려한다.

(다) 흡입 성능

펌프의 운전 범위(양정과 토출량의 조합)에서 흡입 양정이 높은 경우 외에도 전양정이 낮은 운전점에 있어서도 캐비테이션이 발생하기 쉽게 되기 때문에 흡입 성능 검토를 실시한다.

13) 揚排水ポンプ設備技術基準(平成 27年, 社団法人河川ポンプ施設技術協会)

(라) 시동성

펌프 시동 준비 작업으로 만수 조작, 윤활수 송수, 밸브의 열림 조작 등의 필요 여부와 그 시간에 따라 수평축, 수직축을 선정한다. 주 펌프의 시동성은 펌프 설비 전체로 펌프 시동 준비에서 배수(송수) 시작까지의 관련 장비 조작을 포함한 시간으로 평가할 필요가 있다.

③ 유지관리성

(가) 정비성

육상 펌프에서 수평축펌프는 수직축펌프와 비교하여 펌프 내부의 점검이나 분해정비시의 분해가 용이하다. 수중 펌프에서는 베어링, 전동기가 펌프 내부에 있기 때문에 항상 수중에 있는 경우에는 물의 침입에 의한 고장의 가능성이 있지만, 펌프 전체를 올려 상세하게 점검·정비를 하는 것은 비교적 용이하다.

(나) 내구성

육상 펌프의 수평축 펌프는 평상시는 펌프 본체가 수중에 있지 않기 때문에 부식 등에 의한 노후화가 진행하기 어려운 이점이 있다. 또한 수중 펌프 중 게이트펌프는 육상의 수평축 펌프와 마찬가지로 평상시는 펌프 본체가 수중에 있지 않기 때문에 노후화가 진행하기 어려운 이점이 있다.

(다) 관리운전

관리운전에 있어서, 수위조건이나 수량 확보의 제약으로 전 수량 운전이 불가능한 경우 사류형 펌프나 원심형 펌프이면 짧은 시간 동안의 차단운전이나 저유량 운전이 가능하다.

④ 경제성

(가) 펌프의 비용

펌프 본체의 제작, 설치비용 및 점검·정비 비용에 대하여 제작, 설치비용은 육상 펌프의 경우 수평축형이 수직축형 보다 적고, 펌프 형식으로는 원심형, 사류형, 축류형 순으로 적어진다. 수중 펌프는 전동기가 내장되어 있고 설치 형식도 다르기 때문에 육상 펌프와의 비교는 설비 전체로서의 평가가 필요하다.

점검·정비 비용은 분해 정비 비용에 대해서 육상 펌프에서는 수평축형은 수직축형 보다 작고, 수중 펌프는 분해하지 않고 펌프 전체를 끌어 올려 정비하기 때문에 육상 펌프의 수직축형보다 작다.

(나) 펌프의 사용 가능 년수

생애주기비용 평가에 영향을 주는 사용 가능 년수에 대하여, 육상 펌프는 수평축형이 수직축

형과 비교하여 부식성 등에 따른 열화가 진행되기 어렵기 때문에 사용가능 연수가 길다. 수중 펌프는 베어링, 전동기가 펌프 내부에 있기 때문에 육상펌프와 비교하여 사용년수가 짧다.

원심펌프 및 수중펌프의 내용년수는 11년으로 한다(조달청고시(2016-40호)). 이후 계속 사용 여부는 펌프의 상태진단에 따라 결정한다.

(4) 회전수 및 흡입성능(캐비테이션 발생 방지 방법)

주펌프의 회전수는 주펌프의 흡입 성능의 검토를 실시하여, 운전 범위 내에서 유해한 캐비테이션이 발생하지 않도록 결정한다. 주펌프 운전 중 캐비테이션이 발생하면 성능 저하, 진동, 소음 등을 일으키고 심지어 배수 불능이 된다.

캐비테이션을 방지하려면, NPSHav(가용유효흡입수두) ≥ NPSHre(필요유효흡입수두)의 조건이 성립할 것이 필요하며, 회전수 외에 주펌프의 설치 높이가 크게 영향을 준다.

주펌프 설치 높이를 낮게 한 만큼 캐비테이션 방지에 유리하다. 주펌프의 설치 높이와 회전수는 다음의 사항을 고려하여 안전하고 경제적이 되도록 결정한다.

1) 주펌프 설치 높이

주펌프 설치 높이에 의한 주펌프 기준면(토출수두, 흡입수두 등을 계산할 때 위치수두의 기준이 되는 수평면)으로 이것은 임펠러 날개 입구 외주끝을 지나는 원의 중심점을 포함한 수평면으로 규정된다([그림 2-24] 참조). 펌프가 흡입수위보다 더 높은 위치에 있는 경우를 흡상(吸上)이라고 하고,

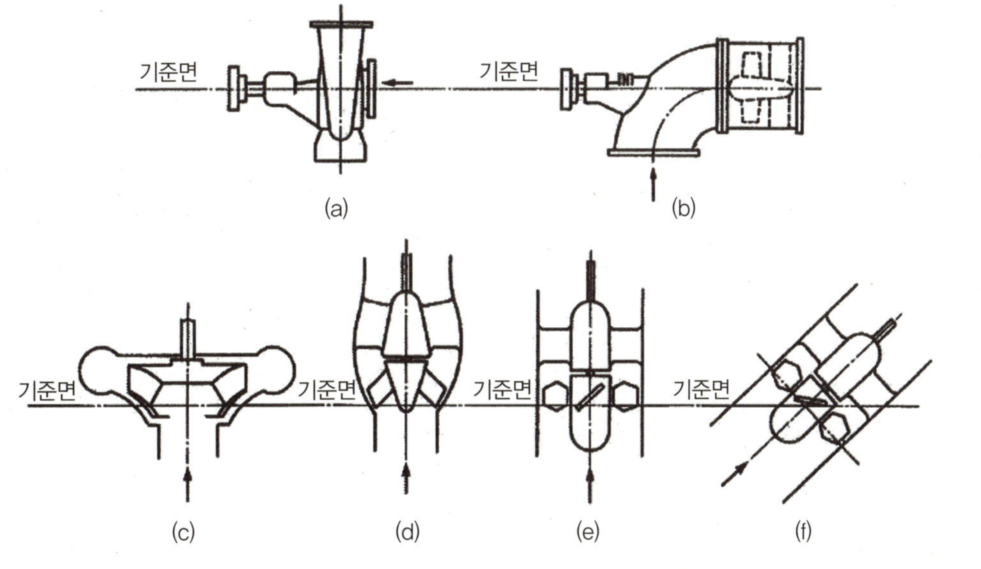

[그림 2-24] 펌프 기준면

낮은 위치에 있는 경우를 압입(가압)이라고 한다.

흡상(吸上)으로 할 것인지, 압입(가압)으로 할 것인지는 시동성, 유지 관리성, 경제성 등을 고려하여 종합적으로 결정한다. 예를 들어, 수평축 펌프의 경우, 주펌프를 흡입수위 이상의 높이에 설치하여 흡입 성능에 지장이 없으면 이것에 의해 주펌프 설치 높이를 결정한다. 또한, 흡입 성능에 문제가 있는 경우에는 토목 건축 구조를 수밀 구조로 하여 주펌프 설치 높이를 낮게 하는 등 토목 건축 구조면도 포함하여 검토한다.

2) 저양정 펌프와 고양정 펌프

저양정 펌프는 배수용으로 사용되는 경우가 많으며, 주펌프로 축류 펌프, 사류 펌프, 튜블러 펌프, 수중 모터 펌프가 해당한다. 저양정 펌프는 배수 특유의 실양정 0 m 운전시에도 캐비테이션을 일으키지 않도록 전양정을 9 m 이하로 하고 있다.

또한, 고양정 펌프는 주로 양수용으로 사용되기 때문에 일반적으로 전양정이 높고, 펌프 형식으로 원심펌프 또는 수직축 사류펌프가 해당한다.

3) 주펌프의 회전수와 흡입 성능 검토

주펌프가 캐비테이션을 일으키지 않기 위해서는 전운전 범위 내에서 식 (2–6)를 만족해야 한다.

$$\text{NPSHav(가용유효흡입수두)} \geq \text{NPSHre(필요유효흡입수두)} \tag{2–6}$$

① NPSH는 Net Positive Suction Head의 약자이며, 유효흡입수두라고 부른다.

② 가용유효흡입수두(NPSHav)는 펌프가 이용할 수 있는 NPSH로 임펠러 입구(수평축펌프의 경우에는 임펠러 입구 상단)의 압력(절대압력)에서 물의 포화 증기압을 뺀 수두(m)를 말한다.

③ 필요유효흡입수두(NPSHre)는 주펌프가 캐비테이션을 일으키지 않는 데 필요한 NPSH로 각각의 주펌프 고유값으로 정해진다. 이 값은 시험에 의해서만 구할수 있다. 다만 설비계획 단계에서 흡입비속도로 대략 추정해 볼 수 있지만 참고 수치로 이용한다.

(가) 가용유효흡입수두(NPSHav)

가용유효흡입수두는 흡입수위(흡입수조 수위) 및 주펌프 설치 높이 등으로부터 정해지고, 설계점에 있어서의 값은 식 (2–7)으로부터 구해진다.

$$\text{NPSHav} = H_o - H_p \pm H_a - H_l \tag{2–7}$$

여기서,

NPSHav : 설계점에 있어서의 가용유효흡입수두(m)

H_o : 대기압을 수두로 표시한 것(m) (해발고도 0 m에서는 10.3 m)

H_p : 그 수온에서의 포화증기압을 수두로 나타낸 것(m)

H_a : 흡입실양정, 수직축펌프에서는 [그림 2-25] hso, 부호 (+) 수평축펌프의 경우, 흡입수위에서 임펠러 입구 상단까지의 높이 [그림 2-26] hso 부호 (−)

H_l : 설계점에서 흡입 측 배관 손실 수두(m)

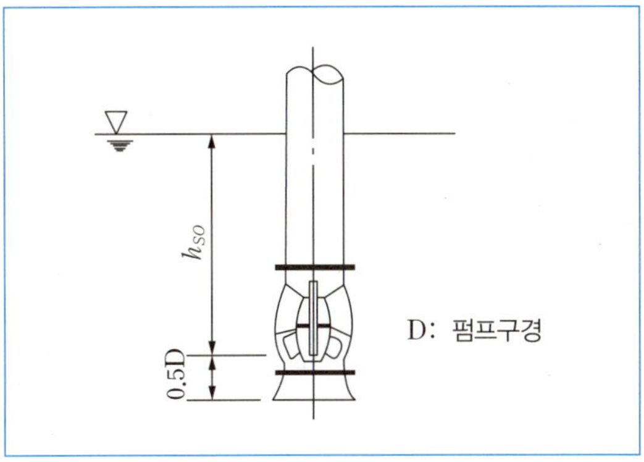

[그림 2-25] **수직축 펌프** h_{SO}

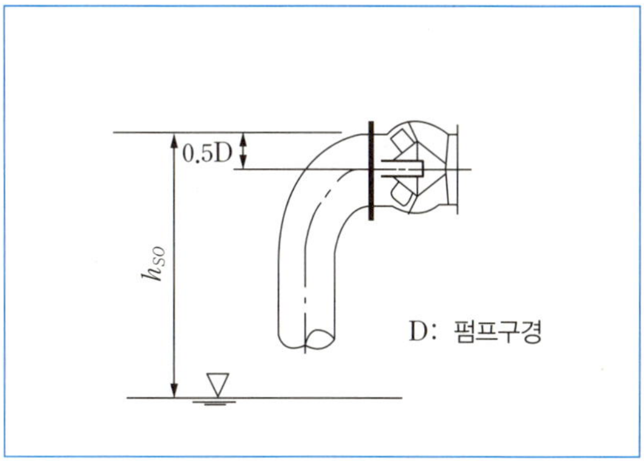

[그림 2-26] **수평축 펌프** h_{SO}

(나) 필요유효흡입수두(NPSHre)

필요유효흡입수두(NPSHre)는 주펌프의 임펠러에서 일어나는 압력 강하 값이며, 정확한 값은 제작사의 확인이 원칙이다. 참고로 설계점에서 주펌프가 요구하는 필요유효흡입수두는 식 (2−8)에 의해 구하여 참고자료로 활용할 수 있다.

$$\text{NPSHre} = \left(\frac{N\sqrt{Q}}{S} \right)^{\frac{4}{3}} \tag{2-8}$$

여기서,

NPSHre : 설계점에서 주펌프가 요구하는 필요유효흡입수두(m)

Q : 설계점에서 유량(m^3/min)

S : 흡입 비속도[14)]

사류 펌프의 경우 : 1,300(최고효율점 유량), 1,000(120%점 유량)

축류 펌프의 경우 : 1,200(최고효율점 유량), 900(120%점 유량)

14) 하수도시설기준(2011, 환경부)

원심 펌프의 경우: 1,400(최고효율점 유량), 1,050(120%점 유량)

N : 주펌프의 회전수(min^{-1})

이 회전수는 식 (2−9)에 의해 산출한다.

(다) 주펌프의 회전수

주펌프의 회전수 (N)는 식 (2−9)에 의해 산출한다.

$$N = N_s \cdot \frac{H^{\frac{3}{4}}}{Q^{\frac{1}{2}}} \tag{2-9}$$

여기서,

N_s : 비속도($min^{-1} \cdot m^3/ min$)

사류 펌프의 경우 $N_s = 900$(튜블러 펌프, 수중 모터 펌프도 동일)

축류 펌프의 경우 $N_s = 1{,}500$(튜블러 펌프, 수중 모터 펌프도 동일)

*위의 값은, 펌프의 회전수를 설정하는 경우의 기준이기 때문에, 실시설계에 있어서는 상세한 자료를 통해 검토한다. N_s의 범위는 〈표 2−13〉를 참고한다.

H : 주펌프 계획 전양정(m)

Q : 주펌프 계획 토출량(m^3/min)

(라) 흡입 성능의 판정

- 설계점의 경우 식 (2−7)과 식 (2−8)에 의한 NPSHav과 NPSHre을 비교해서
  NPSHav $\geq$ NPSHre $\times$ 1.3 이면 캐비테이션에 대해 안전
  NPSHav $<$ NPSHre 이면 캐비테이션 발생
- 전 운전 범위의 경우 NPSHav $\geq$ NPSHre$+$1 m 정도로 하여 캐비테이션 발생이 없도록 하여야 한다.

(마) 주펌프의 운전 범위

토출배관에 여러 대의 주펌프의 토출량이 합류하는 경우의 주펌프 운전 범위는 주펌프 운전 대수와 실양정의 변동에 따라 [그림 2−27, 2−28]에 보이는 바와 같이 다르게 된다. 주펌프는 최대 토출량 점에서의 운전이 가장 격심하므로 이 점에서도 캐비테이션 발생유무와 전동기에서의 과부하 여부도 검토하는 것이 필요하다.

4) 펌프의 회전수변경에 따른 성능변화

회전수를 변화시키면 펌프성능은 일정한 법칙에 따라서 변화한다. 펌프효율도 어느 정도 변화하지만 일반적으로 기준회전수의 ±20% 정도의 변동 범위에서는 그 효율 변화는 미소한 것으로 무시하

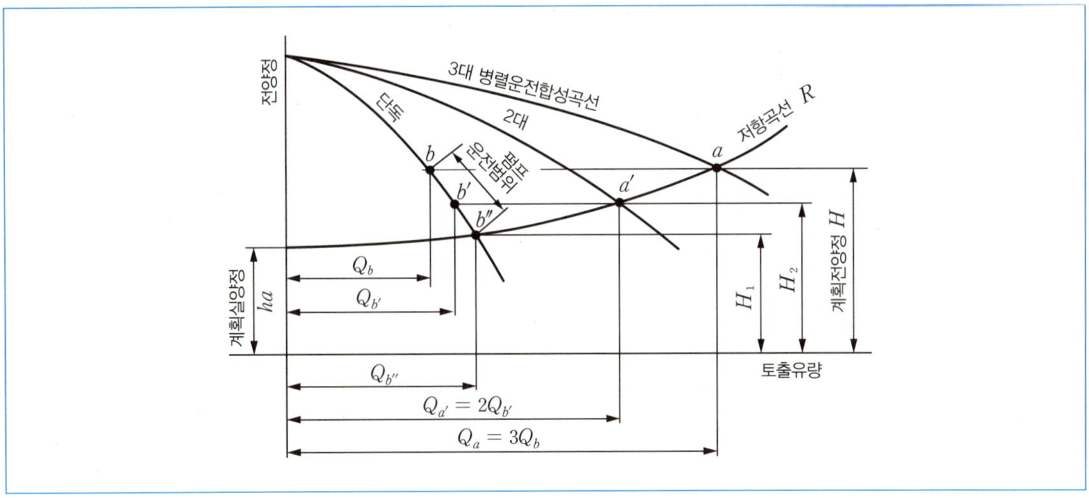

[그림 2-27] 주펌프 병렬운전 합성곡선도

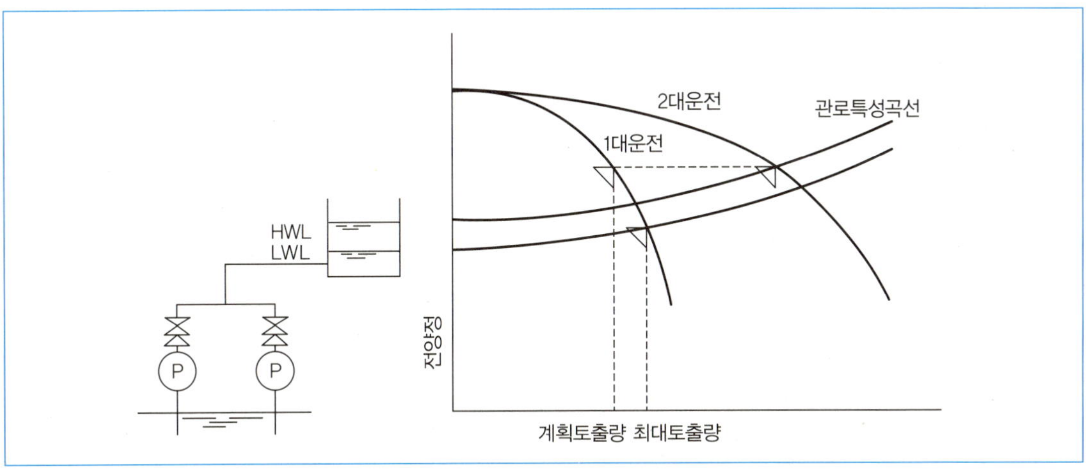

[그림 2-28] 수위변동 운전시의 병렬운전 합성곡선도

여도 좋다. 회전수가 n에서 n'로 변화하면 전양정 및 동력곡선은 [그림 2-29, 2-30]와 같이(Ⅰ), (Ⅱ)에서 (Ⅰ'), (Ⅱ')로 변화하고, 회전수 n의 경우의 특성곡선도 상의 상태점을 전양정 H, 토출량 Q, 소요동력 L 및 필요유효흡입수두를 NPSHre라고 하면 이것에 대응하는 n'의 경우의 상태점 H', Q', L' 및 NPSHre'는 펌프의 상사법칙에 의하여 다음과 같다.

- 토출량 $Q' = Q \times (n'/n)$
- 전양정 $H' = H \times (n'/n)^2$
- 동력 $L' = L \times (n'/n)^3$
- 필요흡입수두 $\mathrm{NPSHre}' = \mathrm{NPSHre} \times (n'/n)^2$

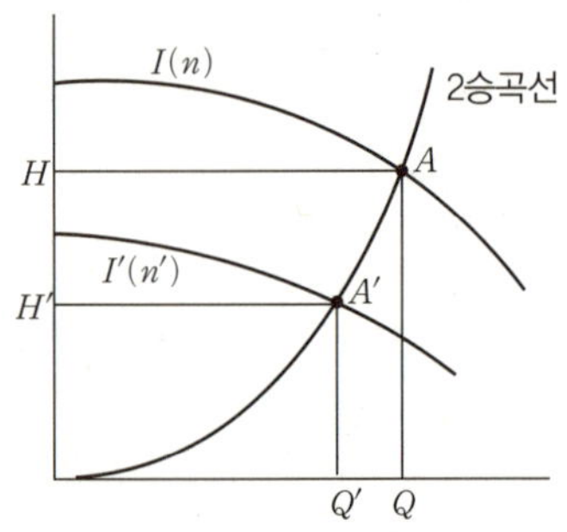

[그림 2-29] 전양정특성

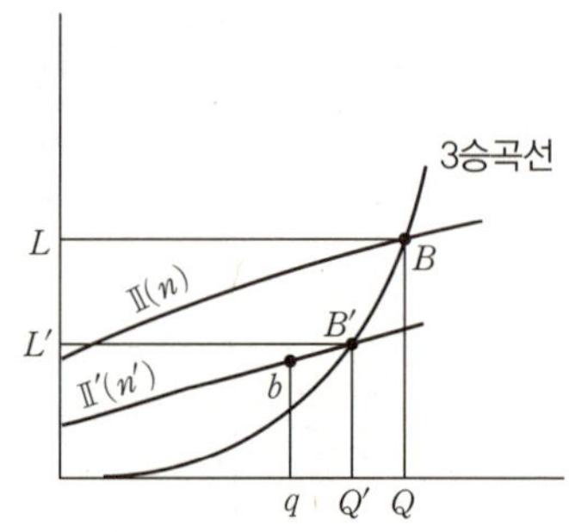

[그림 2-30] 동력특성

위의 식은 KS B 6301 원심펌프, 사류펌프 및 축류펌프의 시험 및 검사 방법에도 규정되어 있으며, 최고 효율점 뿐만 아니라 성능곡선도상의 어느 점에서도 적용할 수가 있다. 단, 회전수의 변동이 큰 경우에는 다소 오차가 있으므로 주의하지 않으면 안된다.

또한, 펌프 자체의 성능환산을 나타내는 것으로 실제 운전조건에 적용시켜보면 [그림 2-31] 운전특성과 같이 되고, 시스템에서의 토출량은 관로 저항곡선과 펌프의 양정-유량 곡선($H-Q$곡선)과의 교점으로 결정된다. 처음에는 펌프성능(Ⅰ)과 관로 저항곡선(Ⅲ)과의 교점 A(토출유량 Q)에서 운전되며, 회전수 변경에 의해 펌프성능이(Ⅰ′)로 변화하면 성능상의 대응점은 A'(토출량 Q')로 되지만, 실제의 토출량은 관로 저항곡선(Ⅲ)과 펌프성능(I')의 교점 a(토출량 q)로 된다. 소요동력도 이것에 준하는 [그림 2-30]의 동력곡선(Ⅱ‘)상에서 토출량 q에 대한 값 b로 된다. 즉 운전점에서의 토출량 또는 동력은 회전수비로 계산되며 대응 값보다도 현저히 변화된 값으로 된다.

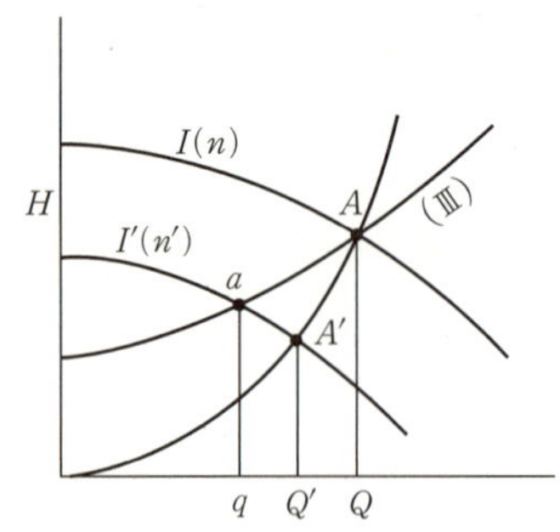

[그림 2-31] 운전특성

(5) 정격동력

1) 수동력

펌프에 의하여 단위 시간에 액체로 주어진 유효 에너지로서, 다음 식으로 표시된다.

$$P_w = \frac{1}{60\times10^3}\rho gQH, \qquad P_w = 0.163\gamma QH$$

여기에서,

P_w : 수동력(kW)

ρ : 유체의 밀도(kg/m^3)

g : 중력 가속도(m/s^2)

Q : 토출량(m^3/min)

H : 전 양정(m)

γ : 유체의 비중량(kgf/L)

2) 펌프 축동력

펌프 운전에 필요한 축동력은 펌프 내에 생기는 손실 동력량 만큼 수동력 보다 크게 되고, 다음식으로 표시된다.

$$P_s = \frac{P_w}{\eta_p} = \frac{0.163\gamma QH}{\eta_p} \text{ (kW)}$$

여기서,

P_s : 펌프 축동력(kW), η_p : 펌프효율

〈표 2-22〉 주펌프 효율(참고자료)[15)]

저양정 펌프							고양정 펌프		
구경(mm)	수평축		수직축		수중펌프		구경(mm)	원심	수직축 사류
	축류	사류	축류	사류	축류	사류			
400	0.71	0.73	0.70	0.72	0.74	0.75	50		–
500	0.76	0.78	0.75	0.77	0.75	0.76	80		–
600	0.77	0.80	0.76	0.79	0.76	0.78	100	주4)	–
700	0.79	0.81	0.77	0.80	0.77	0.79	125		–
800	0.80	0.82	0.79	0.81	0.78	0.80	150		–
900	0.80	0.82	0.79	0.82	0.79	0.81	200	0.66	–
1,000	0.82	0.84	0.81	0.83	0.80	0.82	250	0.69	–
1,200	0.83	0.85	0.82	0.84	0.81	0.83	300	0.72	–
1,350	0.83	0.85	0.82	0.84	0.815	0.835	350	0.75	0.72

저양정 펌프							고양정 펌프		
구경 (mm)	수평축		수직축		수중펌프		구경 (mm)	원심	수직축 사류
	축류	사류	축류	사류	축류	사류			
1,500	0.83	0.86	0.83	0.85	0.82	0.84	400	0.77	0.72
1,650	0.84	0.86	0.83	0.85	0.825	0.845	450	0.79	0.75
1,800	0.84	0.86	0.83	0.86			500	0.81	0.78
2,000	0.84	0.86	0.83	0.86			600	0.83	0.80
2,200	–	–	0.85	0.87			700	0.84	0.81
2,400	–	–	0.85	0.87			800	0.84	0.82
2,600	–	–	0.86	0.88			900	0.85	0.83
2,800	–	–	0.86	0.88			1,000	0.86	–
–	–	–	–	–			1,200	0.87	–

주) 1. 이 표의 효율은 보증효율로서 취급할 경우의 보증조건은 KS 표준에 따른다.
2. 고양정펌프의 구경 500 mm 이하는 표준품의 효율을 나타낸다.
3. 수직축펌프의 효율은 설치바닥으로부터 벨마우스 선단까지 4 m(펌프구경 2,000 mm에서는 4.5 m) 이하인 조건에서 표시된 것으로 이를 초과할 경우에는 1%(=0.01) 감한 값으로 한다.
4. 고양정펌프로 구경 200 mm 미만인 펌프의 효율은 KS표준에 따라서 적당한 값으로 결정한다.

펌프의 효율은 펌프의 형식과 토출량에 의해 다르지만 〈표 2-22〉를 참고한다. 하지만 대구경의 펌프에서는 그 형식(축형식, 임펠러 형식)에 의해 다소 변하기 때문에 주의를 하여야 한다. 저양정 펌프의 경우 최고효율점을 운전 빈도가 많은 운전점으로 옮길 수 있고, 계획설계점에서의 효율은 〈표 2-22〉의 값보다 작은 경우도 있다.

3) 원동기 출력

펌프의 구동에 사용하는 원동기 정격출력은 아래에 따라 결정된다.

$$P_m = \frac{P_s(1+\alpha)}{\eta_c} \ \text{(kW)}$$

여기서,

P_m : 원동기의 정격출력(kW)

P_s : 펌프 축동력(kW)

α : 여유율(〈표 2-23, 2-24〉 참조)

η_c : 전달효율(직결의 경우 1.0) (〈표 2-25〉 참조)

15) 농업생산정비사업계획 설계기준(양배수편)(2005. 농림부 농업기반공사)

여유율 α는 전압 및 주파수의 변동, 연료의 적합여부, 설계, 제작상의 여유 등을 고려한 값이다. 펌프의 운전점이 어떤 폭으로 변화할 때가 있을 때에는 일반적으로 축동력도 변화하므로 사용운전 범위 내의 최대 축동력에 대해서 여유를 예상할 필요가 있으며 〈표 2-23〉, 〈표 2-24〉은 펌프의 형식, 비속도 및 양정의 변동에 따른 여유율이다.

〈표 2-23〉 저양정 펌프의 여유율(참고치)[16]

펌프 형식	비속도(n_s)	여유율(α)	
		A[주1)]	B[주2)]
사류 펌프	900	0.10	0.10
	1,300	0.15	0.20
축류 펌프	1,500	0.15	0.20
	2,000	0.20	0.25

주) 1. 조건 A는 운전시의 최대 전양정이 계획 전양정의 120% 미만인 경우에 적용한다.
2. 조건 B는 운전시의 최대 전양정이 계획 전양정의 120% 이상인 경우에 적용한다.

〈표 2-24〉 고양정 펌프의 여유율(참고치)[16]

펌프 형식	비속도(n_s)	여유율(α)	
		A[주1)]	B[주2)]
원심 펌프	250 이상	0.10	0.15
	250 미만	0.15	0.20
수직축 사류 펌프	–	0.10	0.10

주) 1. 조건 A는 운전시의 최대 토출량이 계획 토출량의 120% 미만인 경우에 적용한다.
2. 조건 B는 운전시의 최대 토출량이 계획 토출량의 120% 이상, 130% 미만인 경우에 적용한다.

〈표 2-25〉 전달효율(η_c)

전달 형식	기어변속 및 유체이음					벨트이음	
	평 기어 1단	헬리컬 기어 1단	베벨 기어 1단	유성 기어 1단	유체 커플링	평벨트	V 벨트
효율(η_c)	0.92~0.95	0.95~0.98	0.92~0.96	0.95~0.98	0.95~0.97	0.90~0.93	0.95

16) 揚排水ポンプ設備技術基準(平成 27年, 社団法人河川ポンプ施設技術協会)

(6) 펌프배치계획 및 설치 형식, 주펌프 케이싱

1) 배치계획

① 배치상의 주의

펌프실은 기계 반입구, 펌프를 분해·조립하는 장소, 공사기간, 보수점검 시에 필요한 작업 통로, 배전반, 배관, 배관지지구, 배수구, 전선구, 실내배수, 환기, 조명, 분해용 호이스트 등을 고려하여 결정한다.

특히 여러 대의 펌프를 같은 실내에 설치할 경우 상호간의 간격이 너무 넓으면 비경제적이고, 좁으면 흡입측 와류 때문에 펌프성능을 해치거나 운전이나 분해에 불편을 느끼게 된다. 따라서 기기 주위의 통로는 최소 1 m 보통은 1.5 m 이상이 좋다.

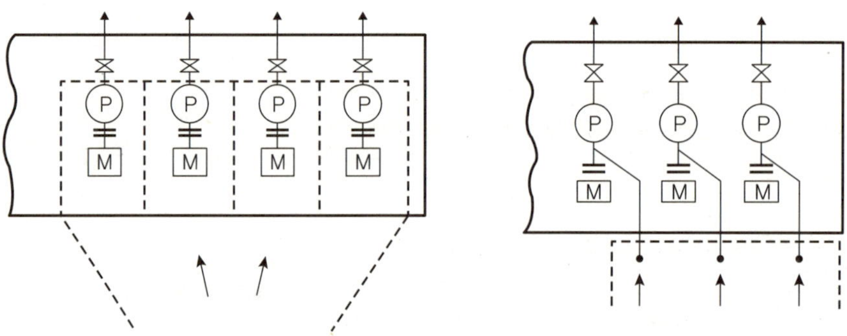

수평축 축류, 사류펌프의 설치(예)

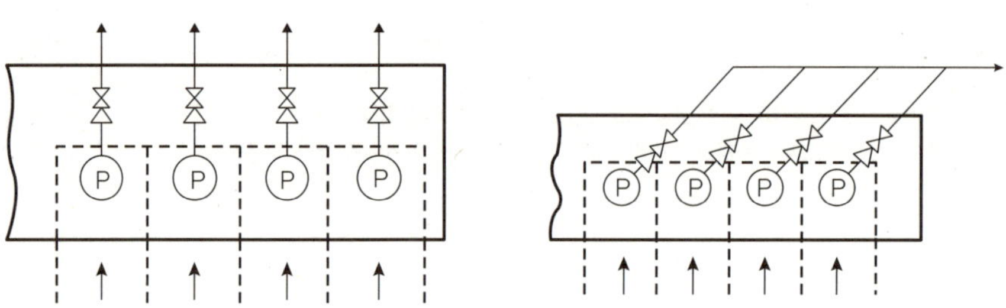

수직축 축류, 사류펌프의 설치(예)

펌프설비를 배치할 경우 "2.2.5 관련시설, (2)펌프장 구조물"항을 고려한다.

2) 주펌프 케이싱 및 구조

① 구경 2,000 mm 이하의 주펌프 케이싱은 개방형 흡입수조에서 흡입하는 방식으로 케이싱은 일반적으로 주물 구조로 제작한다.

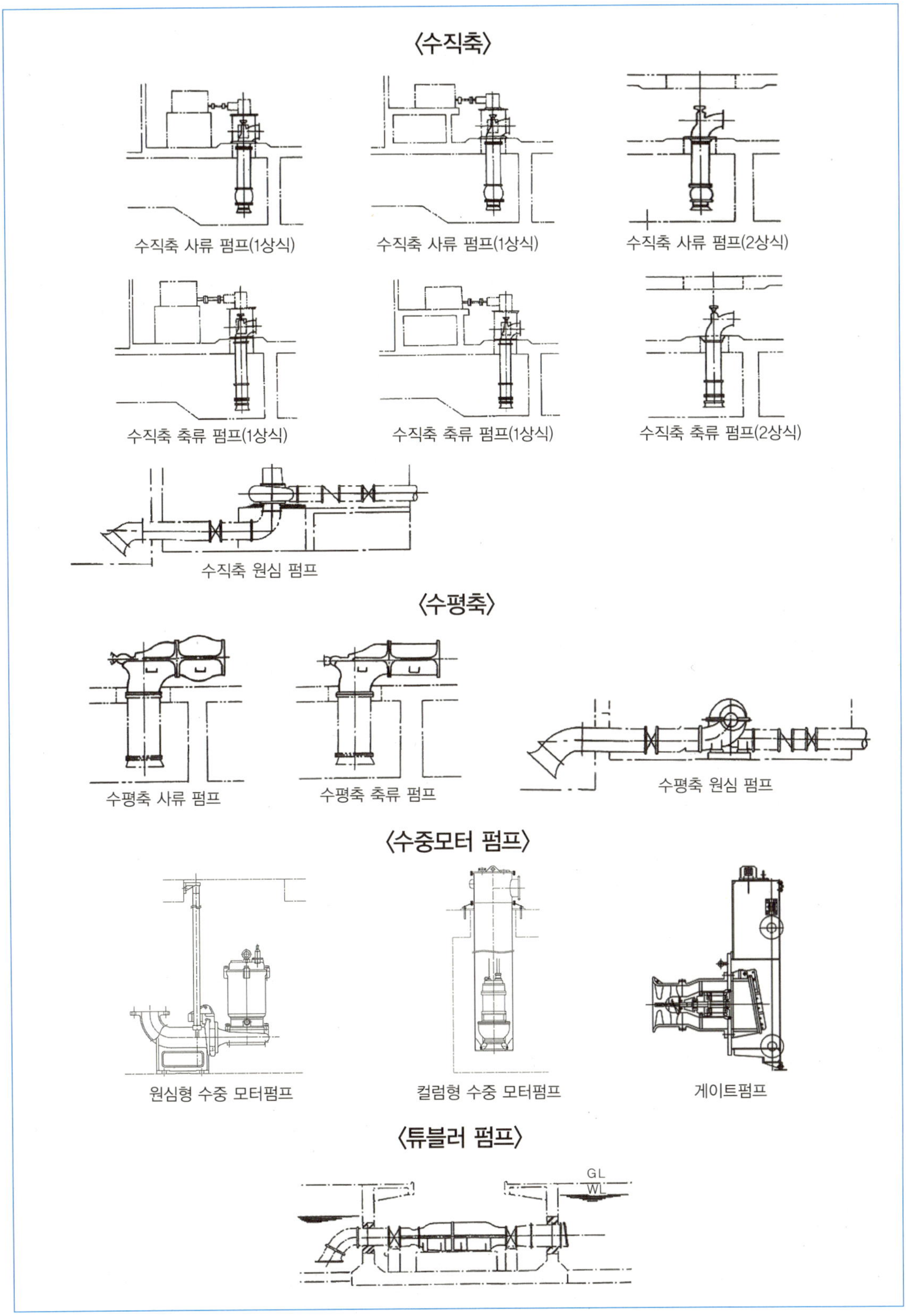

[그림 2-32] 흡입수조와 펌프 설치(예)

② 구경 2,000 mm를 넘는 주펌프 케이싱은 펌프장 구조물의 축소를 목적으로 흡입수조 구조를 밀폐형으로 한다. 축류펌프의 토출 게이싱은 밴드형 또는 우산형으로 하고 사류펌프의 토출 케이싱은 밴드형 또는 벌루트 형상으로 한다. 케이싱 구조는 주물 구조, 강판 용접 구조 및 콘크리트 구조 중 최적의 것을 선정한다.

③ 구경 2,000 mm 정도까지 주펌프는 토목 구조가 간단한 개방 피트형 흡입수조의 바로 위나 바로 옆에 설치하고, 흡입 케이싱(또는 벨 마우스) 또는 흡입관에 의한 흡입 방식으로 한다. 흡입수조와 펌프 설치 관계를 [그림 2-32]에 나타낸다. 또한, 그림 중 실선으로 나타내는 범위가 펌프 본체이다. 또한 주펌프 케이싱은 기종 형식, 축 형식에 따라 형상이 다양하지만, 내구성, 복잡한 형상에 대한 시공성에 의해 주물 구조를 표준으로 한다.

④ 각 펌프의 표준구조 예

- 각 펌프의 표준 구조 예를 [그림 2-33~2-41]에 나타내었다.
- 사류, 축류에 대해서는 주펌프 구경 2,000 mm까지를 나타내고 있다.

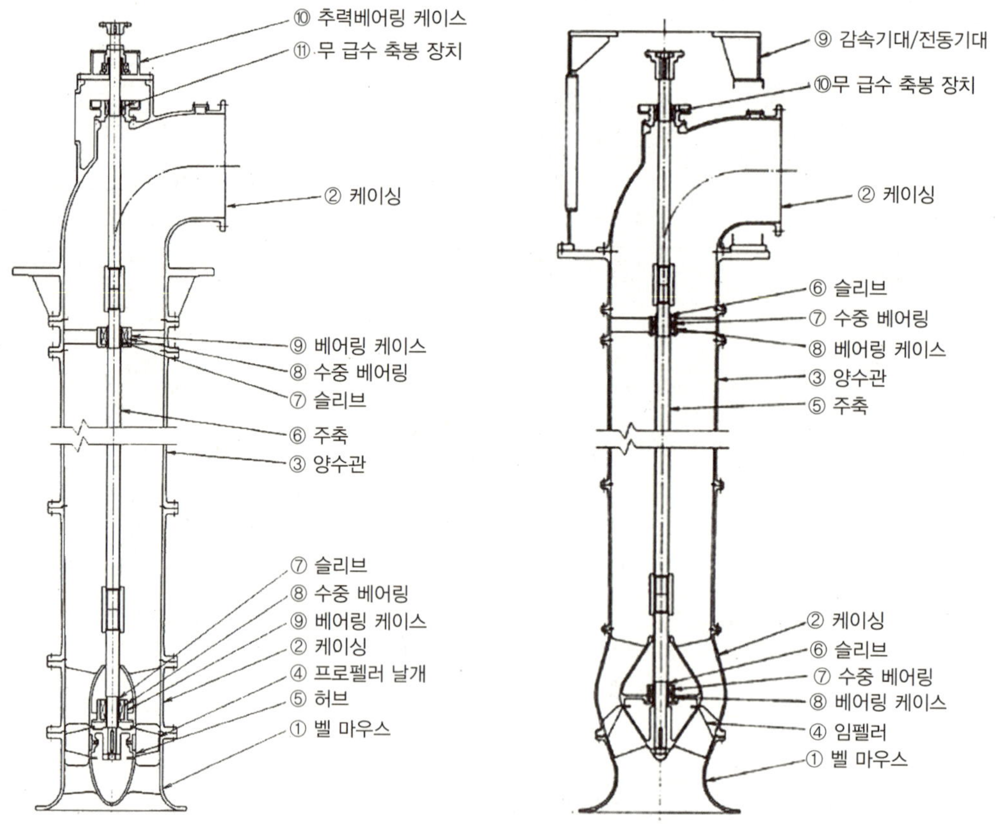

(a) 수직축 축류 펌프(2상식, 추력-펌프 설치) (b) 수직축 사류 펌프(1상식, 추력-감속기 또는 전동기 설치)

[그림 2-33] 수직축 축류 펌프/수직축 사류 펌프 구조도(예)

- 원심식에 대해서는 주펌프 구경 1,200 mm까지를 나타내고 있다.
- 펌프 본체는 회전 기계로서 필요한 강도를 갖도록 설계되므로 충분한 내진 강도가 있고, 따라서 지진에 대한 고려로 케이싱 고정용 기초 볼트의 강도 검토를 실시한다.

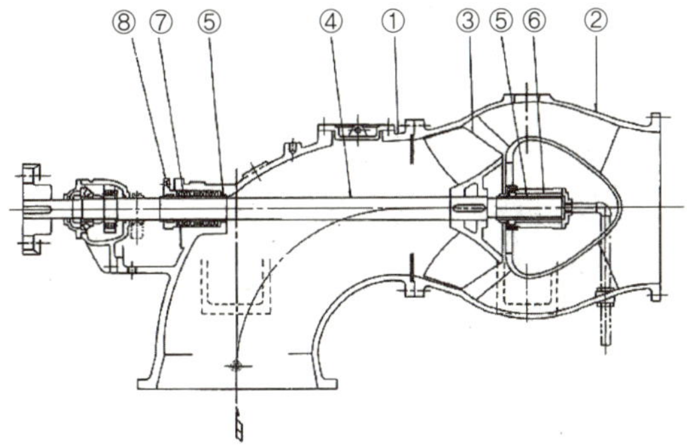

부품번호	부품 이름
①	흡입케이싱
②	토출케이싱
③	임펠러
④	주축
⑤	슬리브
⑥	수중 베어링
⑦	그랜드 패킹
⑧	패킹 누르개

[그림 2-34] 수평축 사류펌프 구조도(예)

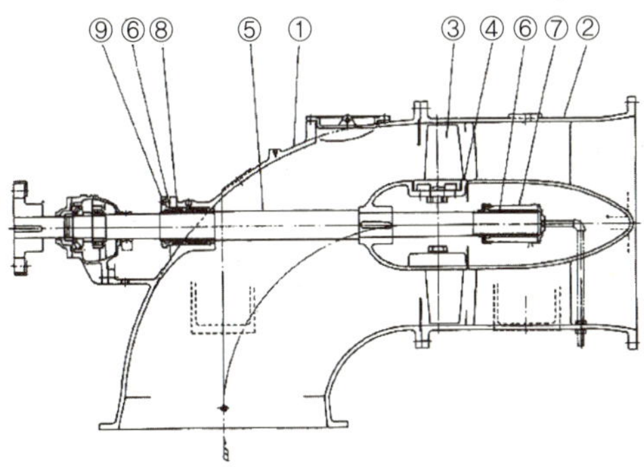

부품번호	부품 이름
①	흡입케이싱
②	토출케이싱
③	프로펠러 날개
④	허브
⑤	주축
⑥	슬리브
⑦	수중 베어링
⑧	그랜드 패킹
⑨	패킹 누르개

[그림 2-35] 수평축 축류펌프 구조도(예)

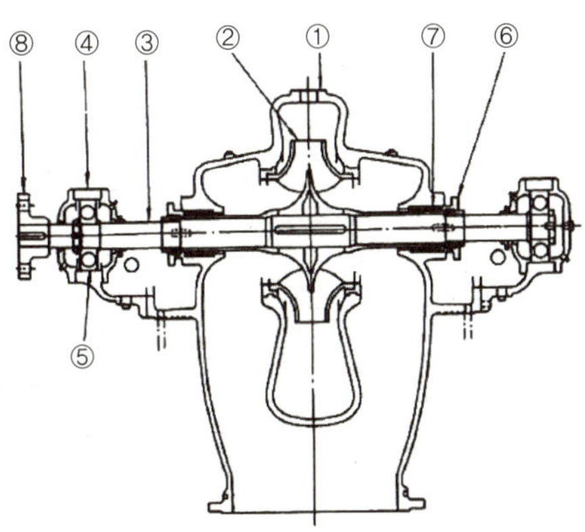

부품번호	부품 이름
①	케이싱
②	임펠러
③	주축
④	베어링 케이스
⑤	볼 베어링
⑥	패킹 누르개
⑦	그랜드 패킹
⑧	커플링

[그림 2-36] 수평축 원심펌프 구조도(예)

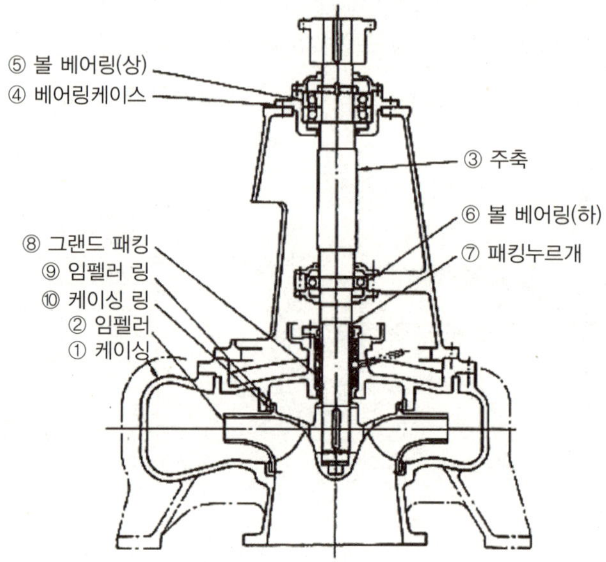

[그림 2-37] 수직축 원심펌프 구조도(예)

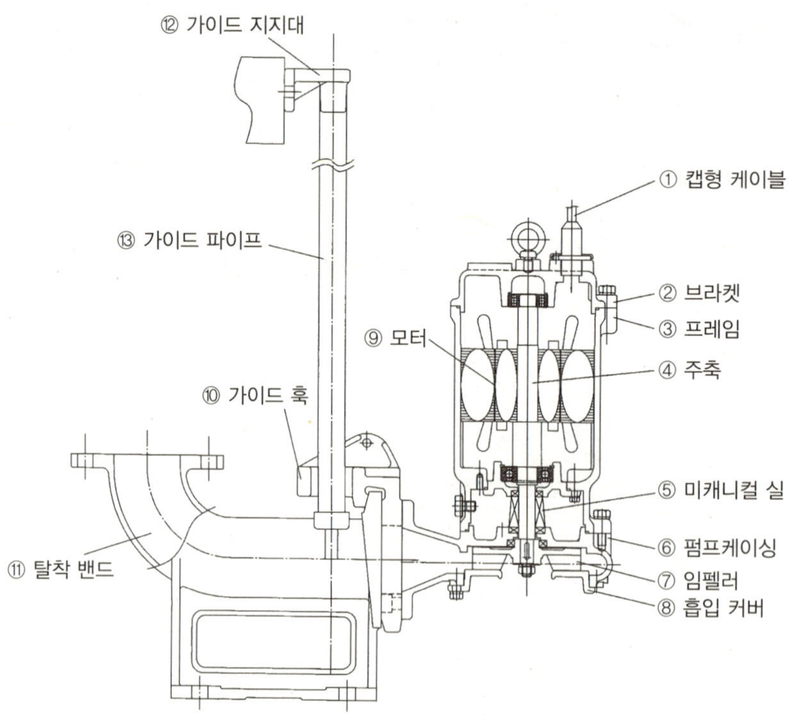

[그림 2-38] 원심형 수중 모터 펌프 구조도(예)

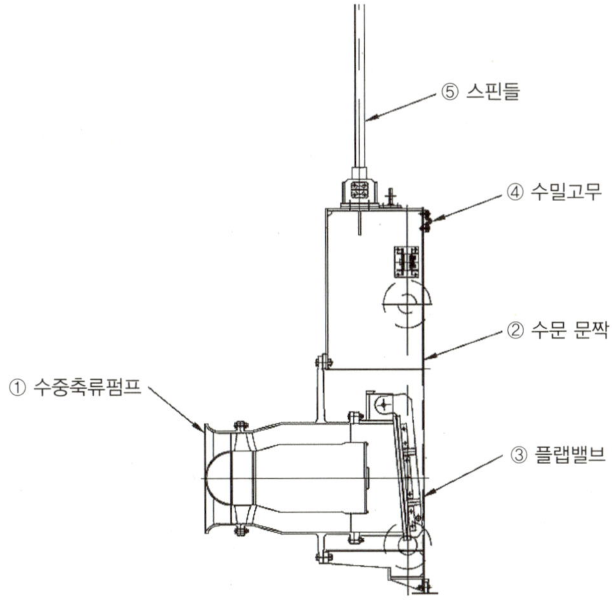

[그림 2-39] 게이트펌프 구조도(예)

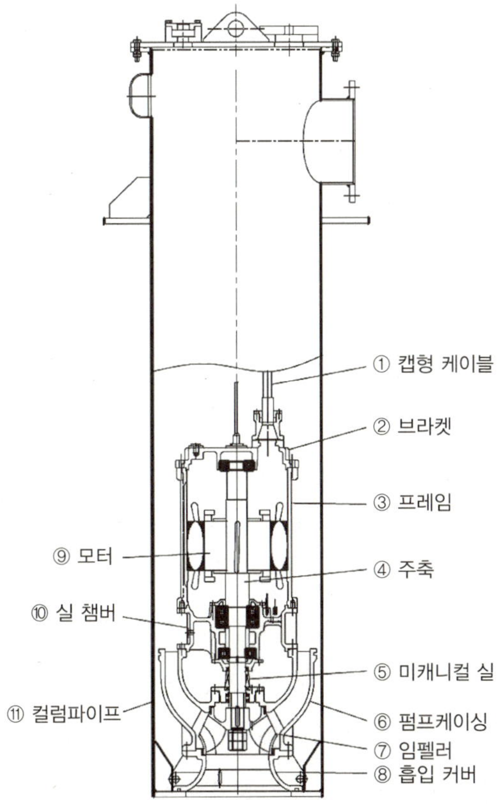

[그림 2-40] 컬럼형 수중 모터 펌프 구조도(예)

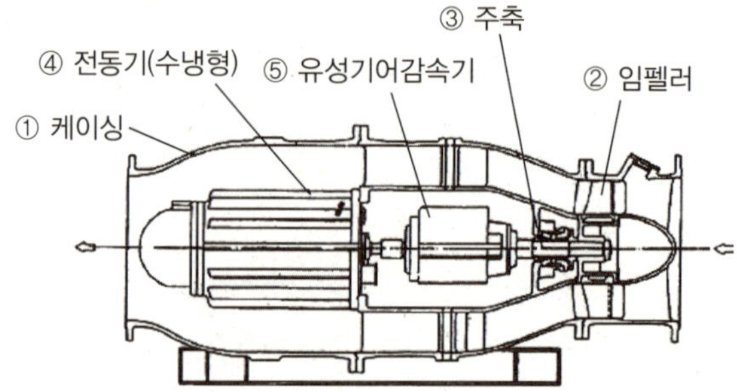

[그림 2-41] 튜블러 펌프 구조도(예)

⑤ 토목구조의 케이싱

펌프의 계획 토출량이 커지고 펌프 구경이 커지면, 수송 한계, 경제성, 주조능력, 시공성 등으로부터 흡입 케이싱(흡입 수로)과 토출 케이싱(토출 수로)을 토목 구조와 일체화하는 것을 검토한다. 흡입 케이싱과 토출 케이싱에는 각각 다른 크기, 형상이 있으며 획일적으로 특정할 수 없는 대신 각각의 특징에 유의하여 선정한다. 또한, 특징은 다음과 같다.

(가) 흡입 케이싱(흡입 수로)

표준적인 개방 피트형(흡입 직관형이라고도 함) 외에 폐쇄 피트형이 있다. 개방 피트형은 자유 수면을 갖는 흡입수조로, 구경 2,000 mm까지 사용되는 경우가 많으며, 토목 구조는 단순하지만 깊게 된다. 2,000 mm 이상의 펌프는 개방 피트형에서는 구경의 크기에 비례하여 흡입수조가 깊어지거나 펌프장 면적도 넓어지는 등 굴착량이 증가한다. 따라서 기계 장치 본체의 크기를 축소시키는 방법으로 토목 구조와 일체화 한 폐쇄 피트형의 채용을 검토한다. 흡입수조의 폐쇄 피트화의 형상은 우산형과 밴드형의 2종류가 있다.

각각의 특징은 다음과 같다. 밴드형은 우산형보다 약간 깊게 되지만 물 흐름의 방해가 적기 때문에 효율이 좋다. 또한 우산형은 깊이가 얕지만 유로의 손실이 커져 효율이 나빠진다. 배수펌프처럼 운전시간이 짧은 경우는 효율의 좋고 나쁨보다 토목 굴착 깊이가 경제성에 큰 영향을 미치는 것을 중시하고, 대형화 한 배수펌프 흡입 수로는 우산형을 채택하는 경우가 많다. 〈표 2-26〉에 흡입 수로 형상의 비교를 나타낸다.

(나) 토출 케이싱(토출 수로)

펌프 구경이 2,600 mm 정도까지는 밴드형 토출 케이싱으로 하고, 토출 측 관로는 제관 구조로 하는 경우가 많다. 이 구경을 초과하는 경우에는, 토목 구조와 일체화한 형상의 채용을 검토한다. 이 경우, 토출 수로는 주펌프의 기종 형식에 의해 제한을 받는 것이 있으므로 선정 시 충분한 주의를 요한다. 〈표 2-27〉에 각종 토출 케이싱 형상의 비교를 보인다.

주물 구조의 밴드형은 토출 케이싱이 바닥에 노출되어, 대구경이 되면 기계적 강도와 강성이 필요하기 때문에 무게가 커져 구경 2,600 mm 이하에 적용하는 경우가 많다.

원심형은 사류 펌프와의 조합으로 사용하고, 구경 2,600 mm 이상의 경우에 적용하는 경우가 많다. 밴드형에 비해 높이 방향의 치수를 작게 취할 수 있기 때문에 원동기 바닥 위치를

〈표 2-26〉 **각종 흡입 케이싱 형상 비교(참고)**

형상 항목	개방형 (흡입 직관형)	폐쇄형	
		우산형	밴드형
개략도	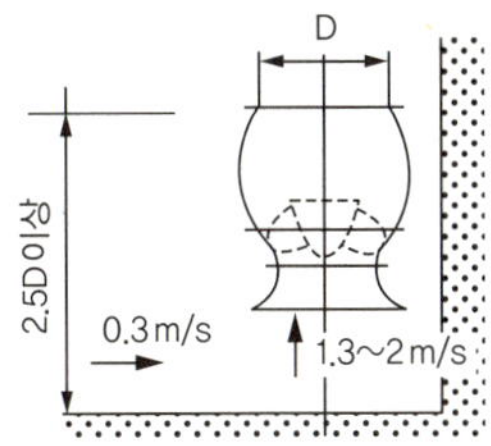	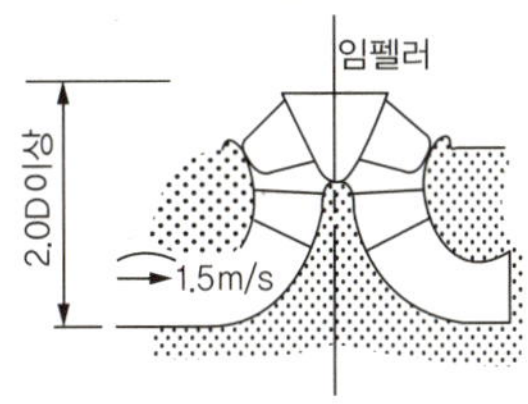	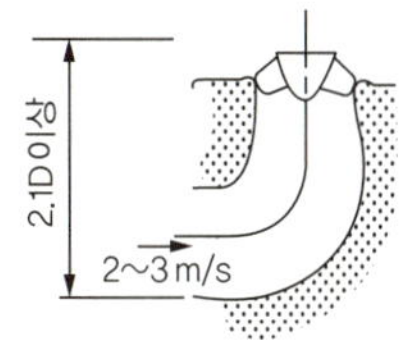
잠수 깊이	2.5D 이상	2.0D 이상	2.1D 이상
굴삭 깊이	깊어진다.	가장 얕게 된다.	길고, 짧고, 단형의 종류에 따라 다르지만 얕게 된다.
토목 구조	간단하다.	다소 복잡하다.	우산형보다 단순하다.
펌프성능에 미치는 영향	좋다.	다소 떨어진다.	가장 좋다.

〈표 2-27〉 **각종 토출 케이싱 형상 비교(참고)**

형상 항목	밴드형	원심형	우산형	사이펀형
개략도	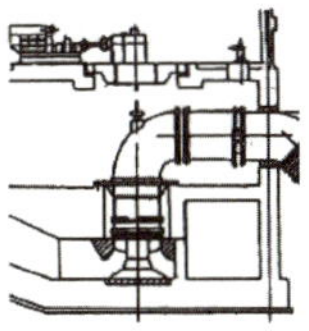	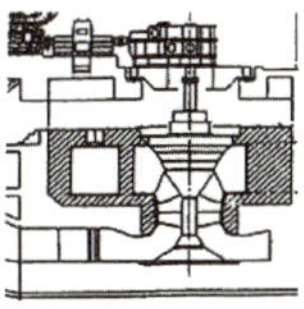	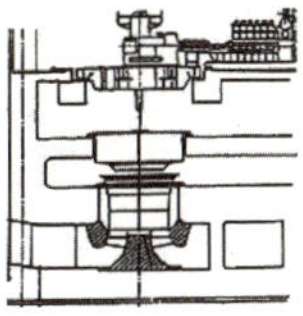	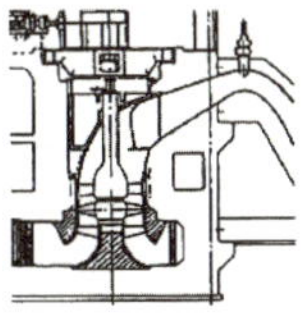
높이	높게 된다.	낮게 된다.	약간 낮게 된다.	가장 높게 된다.
평면 공간	좁게 된다.	넓게 된다.	약간 좁게 된다.	가장 좁게 된다.
토목 구조	단순하다.	약간 복잡하다. 단, 2차 콘 시공 있음.	복잡하다.	약간 복잡 하다.
펌프 성능에 미치는 영향	좋다.	좋다.	다소 떨어진다.	좋다.
기타		사류펌프용	축류펌프용	토출 밸브류가 필요 없음

낮출 수 있다.

우산형은 축류 펌프와의 조합으로 사용하고, 구경 2,600 mm 이상인 경우에 적용하는 경우가 많다. 우산형은 원심형과 마찬가지로 원동기 바닥 위치를 낮출 수 있다.

또한, 사이펀형은 밴드형의 일종이지만, 토출 배관 최고부의 관 바닥 레벨을 최고 외 수위 이상으로 한 것으로, 원동기 바닥 위치는 높아지지만 토출 밸브 및 플랩 밸브를 생략할 수 있고, 길이 방향의 공간을 작게 하고 싶은 경우에 이점이 있어 구경 2,600 mm 이상에 적용하는 경우가 많다.

(다) 흡입 케이싱과 토출 케이싱의 조합

전항의 각각의 특징을 살리면서 대구경에 적합한 조합을 선택하면, 배수펌프의 경우, 〈표 2-28〉과 같다. 이러한 조합에 대해 충분히 검토하고 최적의 것을 선정한다.

〈표 2-28〉 흡입 케이싱과 토출 케이싱의 조합(참고)

형식	흡입 케이싱	토출 케이싱
사류 펌프	우산형	원심형
	우산형	밴드형
	우산형	사이펀형
축류 펌프	우산형	우산형
	우산형	밴드형
	우산형	사이펀형

(라) 펌프 구경이 2,600 mm 이상의 케이싱 구조의 선정에 있어서는 수송 한계, 경제성, 주조 능력, 시공성 등에 유의하여 주물 구조, 강판 용접 구조, 콘크리트 구조 중에서 최적의 것을 선정한다.

(7) 펌프의 구경

펌프의 구경은 펌프의 성능설계에 따라 다르고, 토출량과 양정이 결정되어도 일률적으로 정해지지 않고 흡입성능에 영향을 미치는 주 배관(양수관, 토출관)외에 밸브, 펌프장 구조물, 건축물의 설계에 영향을 주기 때문에 계획상은 펌프의 토출량, 양정, 형식에 따라 결정한다.

일반적으로 펌프의 개략적인 구경은 다음 식으로 나타낸다.

$$D = 146\sqrt{\frac{Q}{v}}$$

여기서,

D : 펌프의 구경(mm)

Q : 펌프의 토출량(m^3/min)

v : 흡입구 또는 토출구의 유속(m/s)

단, 펌프의 회전수 및 흡입실양정을 고려하여 흡입구의 유속은 1.0~2.0 m/sec으로 하고, 토출구의 유속은 1.5~3.0 m/sec를 표준으로 한다.

펌프 구경의 참고치를 〈표 2-29〉에 나타낸다. 여기서, 펌프구경은, 육상펌프의 사류펌프 또는 축류펌프의 경우에는 토출구의 직경, 원심펌프의 경우에는 흡입구의 직경이다. 또한 수중펌프에 있어서는 토출구의 직경으로 나타낸다.

〈표 2-29〉 펌프구경(참고치)[17]

단위 : mm

용량구분		육상펌프						수중펌프						
		저양정펌프				고양정펌프		수중 모터펌프	컬럼형 펌프				게이트 펌프
토출량 m^3/s		축류형 전양정 2.5 m 초과 ~5 m 이하		사류형 전양정 3.2 m 초과 ~9 m 이하		사류형 전양정 9 m 초과 ~ 20 m 이하	원심형 전양정 15 m 초과 ~ 80 m 이하	원심형 전양정 3m 초과 ~ 9m 이하	축류형 전양정 3 m 초과~ 5 m 이하		사류형 전양정 3.6 m 초과~ 9 m 이하		전양정 1.5 m 초과 ~ 5 m 이하
초과	이하	I형	II형	I형	II형				I형	II형	I형	II형	
0.08	0.20	–	–	–	–	–	–	300	–	–	–	–	300
0.20	0.38	400	350	400	350	400	400	400	–	–	–	–	400
0.38	0.60	500	450	500	450	500	500	500	–	–	–	–	500
0.60	0.83	600	500	600	500	600	600	–	600	500	600	500	600
0.83	1.17	700	600	700	600	700	700	–	700	600	700	600	700
1.17	1.50	800	700	800	700	800	800	–	800	700	800	700	800
1.50	1.92	900	800	900	800	900	900	–	900	800	900	800	900
1.92	2.50	1000	900	1000	900	1000	1000	–	–	–	–	–	–
2.50	3.33	1200	1000	1200	1000	1200	1200	–	–	–	–	–	–

17) 揚排水ポンプ設備技術基準(平成 27年, 社団法人河川ポンプ施設技術協会)

용량구분		육상펌프						수중펌프					
		저양정펌프				고양정펌프		수중 모터펌프	컬럼형 펌프				게이트 펌프
토출량 m^3/s		축류형 전양정 2.5 m 초과 ~5 m 이하		사류형 전양정 3.2 m 초과 ~9 m 이하		사류형 전양정 9 m 초과 ~ 20 m 이하	원심형 전양정 15 m 초과 ~ 80 m 이하	원심형 전양정 3m 초과 ~ 9m 이하	축류형 전양정 3 m 초과~ 5 m 이하		사류형 전양정 3.6 m 초과~ 9 m 이하		전양정 1.5 m 초과~ 5 m 이하
초과	이하	I형	II형	I형	II형				I형	II형	I형	II형	
3.33	4.25	1350	1200	1350	1200	–	–	–	–	–	–	–	–
4.25	5.42	1500	1350	1500	1350	–	–	–	–	–	–	–	–
5.42	6.67	1650	1500	1650	1500	–	–	–	–	–	–	–	–
6.67	8.00	1800	1650	1800	1650	–	–	–	–	–	–	–	–
8.00	10.00	2000	1800	2000	1800	–	–	–	–	–	–	–	–

※ Ⅰ형은 표준 N_s기준이고 Ⅱ형은 고유속(고N_s)펌프이며, 수직축 펌프에 적용한다.

- 축류펌프 Ⅰ형은 N_s=1,500, Ⅱ형은 N_s=2,000
- 사류펌프 Ⅰ형은 N_s= 900, Ⅱ형은 N_s=1,300

계획 토출량이 10 m^3/s (구경 2,000 mm 상당) 이상의 주펌프에 대해서는 표준 호칭 구경과 펌프 계획 토출량의 관계는 〈표 2-30〉에 따른다.

대구경 펌프는 토출 부의 형상이 반드시 원형 단면이 아닌 경우가 많고, 따라서 펌프의 계획 토출량이 유속 3 m/s 정도 통과하는 원형 단면을 가정하고, 그 직경을 호칭 구경으로 하고 있다.

〈표 2-30〉 호칭 구경과 펌프 계획 토출량[18]

단위 : mm

주펌프계획토출량	12.5 m^3/s	15 m^3/s	20 m^3/s	25 m^3/s	30 m^3/s	40m^3/s	50 m^3/s
호칭 구경 D(mm)	2,400	2,600	3,000	3,300	3,600	4,100	4,600

주펌프 구경은 최대 유속 3 m/s 정도를 기준으로 산정하고 있으나, 기술 개발에 의해 주펌프를 고속·소형화하는 경우에는 수리 해석을 실시하고 실험 등에 의해 검증해야 할 필요가 있는 경우도 있다. 주펌프 구경은 제작사의 의견에 따른다.

18) 揚排水ポンプ設備設計指針(案)同解說(平成 8年, 社団法人河川ポンプ施設技術協会)

(8) 펌프의 주요부 재질

주펌프의 주요 부분에 사용하는 재료는 다음 각 호에 나타내는 것을 표준으로 한다. 주펌프의 주요부분의 재질은 시공성, 내구성 등이 우수한 것으로 한다.

1) 펌프형식별 일반적 재료

① 사류펌프, 축류펌프

(가) 수직축 펌프

부품이름	재료명	재료 기호
케이싱	주철 제품	GC250
임펠러	탄소강 주강품, 스테인리스 주강품, 청동주물	SC450, SC480, SSC13, CAC406
주축	스테인리스 강봉	STS403, STS410, STS304
수중 베어링	세라믹, 수지	–
중간 축	기계 구조용 탄소강 강재, 스테인리스 강봉	SM45C, STS403, STS410, STS304
슬리브	초경합금, 스테인리스강봉, 스테인리스 주강품	–
감속기 받침	일반 구조용 압연 강재, 주철 제품	SS400, GC250

(나) 수평축 펌프

부품이름	재료명	재료 기호
케이싱	주철 제품	GC250
임펠러	탄소강 주강품, 스테인리스 주강품, 청동주물	SC450, SC480, SSC13, CAC406
주축	기계 구조용 탄소강 강재, 스테인리스 강봉	SM45C, STS304, STS410
수중 베어링	연입청동 주물, 화이트메탈	PbBrc, WM
슬리브	스테인리스 강봉, 스테인리스 주강품, 청동주물	STS403, STS304, SSC1, SSC2, SSC13, CAC406

주) 1. 수직축 펌프의 수중 베어링은 세라믹 베어링 외에 고무 베어링, 무급유 자기윤활 베어링을 이용하는 경우도 있다.
2. 튜블러 펌프의 주요부 재질은 수평축 펌프에 준한다.

② 원심 펌프

부품이름	재료명	재료 기호
케이싱	회주철 제품	GC250
임펠러	청동 주물, 탄소강 주강품, 스테인리스 주강품	CAC402, CAC406, SC450, SC480, SSC13

부품이름	재료명	재료 기호
주축	기계 구조용 탄소강 강재, 스테인리스 강봉	SM45C, STS304, STS410
슬리브	청동 주물, 스테인리스 주강품, 스테인리스 강봉	CAC402, CAC406, SSC1, SSC2, SSC13, STS403, STS304
베드	일반구조용 압연 강재	SS400

③ 수중 모터 펌프

부품 이름	재료명	재료 기호	적용
케이싱, 모터프레임	회주철 제품	GC250	
임펠러	탄소강 주강품, 스테인리스 주강품, 청동주물	SC450, SC480, SSC13, CAC406	
주축	스테인리스 강봉	STS403, 304, 410, STS420J2	
단자함	회주철	GC250	
마운트 브래킷	스테인리스 강봉	STS304	
탈착 곡관	회주철 제품	GC250	착탈식 원심형
컬럼 케이싱	회주철 제품, 일반구조용 압연강재	GC250, SS400	컬럼형
가이드	구상 흑연 주철 품	GCD450	착탈식 원심형
가이드 파이프	배관용 스테인리스 강관	SSP	착탈식 원심형

주) 펌프 주요 부분의 재료는 모양, 크기와 작용하는 힘의 크기, 취급수의 수질 등에 따라 선정하지만, 일반적으로 바닷물이 포함된 하천수(희석 해수)를 제외하고 위 표의 조합재료를 표준으로 한다.

④ 수중베어링의 선정

수중베어링	세라믹	고무(카트리지)	수지	화이트메탈	청동계특수합금
윤활방식	○ (무급수)	△ (급수)	○ (무급수)	△ (그리스)	△ (그리스)
주 적용기종	수직축	수직축	수직축	수평축	수평축
부하조건	경하중	경하중	경하중	중하중	중하중
내마모성	○	○	△ (모래가 있으면 마모진전)	○	○
내충격성	△ (수지등에 비해 약함)	○	○	○	○
내희석해수	슬리브재질을 내식성있는 재질선택	접액되지 않아 문제없다.	양호	접액되지 않아 문제없다	접액되지 않아 문제없다.

홍수대책용 수직축펌프의 수중베어링은 윤활수 계통의 간략화가 필요하므로 무급수형 베어링 사용을 표준으로 한다. 또한 세라믹 베어링은 토사 등에 대해 내마모성이 있어 최근 배수펌프에 많이 사용되고 있다. 희석해수(염소이온농도 200 ppm정도 이상)에 사용되는 수중베어링의 경우는 베어링용 슬리브의 재질은 내식성이 우수한 것으로 하며 수지 사용 무급수 베어링인 경우 내마모성에 주의하고 운전시간의 조건을 고려한다. 수중베어링 선정 시 이러한 사항과 비교표를 참고하여 최적의 것을 선정한다.

2) 부식을 고려한 재료

배수에 바닷물 등 부식을 일으키는 쉬운 성분이 혼입하는 경우에는, 그 경우에 적합한 재료를 선정한다. 희석 해수 등 부식을 일으키기 쉬운 수질을 다룰 때에는, 일반 하천수에 비해 염소 이온이 많이 포함되므로 부식성이 크게 증가할 수 있다.

배수펌프와 같이 운전시간이 짧은 펌프는 정지 중의 부식이 지배적인 형태가 된다. 전면 부식(general corrosion)에 대해서는 스테인리스강이면 양호하고, 주철, 강판은 부식이 진행된다.

또한, 스테인리스강은 전면 부식에 대해 양호한 내식성을 가지고 있지만, 그 반면 점식(pitting corrosion), 틈새 부식(crevice corrosion)을 일으키기 쉽기 때문에 염소 이온이 많아지는 경우에는 충분한 주의가 필요하다.

양수 펌프처럼 상시 운전하여 흐름이 있는 경우 점식은 거의 발생하지 않는다. 따라서 흐름이 있는 희석 해수 중에서의 부식은 사실상 전면 부식만이 문제가 된다. 희석 해수 등 염소 이온이 많을 경우의 주요 부분의 재료 선정에 대해서는 다음 항목을 검토한다.

- 임펠러, 주축, 슬리브 등 구분 1 〈표 2-31〉로 분류되는 주요 부품으로 습동부가 있기 때문에 도장하여 대처할 수 없는 경우 스테인리스강의 채용을 검토한다.
- 케이싱, 양수관 등은 구분 2 〈표 2-31〉로 분류되어 경제성, 실적면에서 보통 주철(GC250 상당)로 하고, 운전시의 전면 부식이나 휴지시의 점식에 대해서는 기존의 방식 외에 타르 에폭시 도장 또는 그 이상의 내구성이 있는 에폭시 코팅의 채용과 전기 방식에 대해 검토한다.
- 수중 모터 펌프는 희석 해수를 취급하는 경우에는 적용하지 않는다.

〈표 2-31〉 주요 부품의 분류

구분	1	2
적용 부품	임펠러, 주축(수중 부), 케이싱 라이너, 슬리브 등	벨 마우스, 케이싱, 양수관 등

(9) 펌프모터 시험 검사

펌프모터 시험 및 검사는 제작공장에서 KS표준에 의해서 시행하고, 필요에 따라 공인기관이나 전문기관에 의뢰하여 실시할 수도 있다. 또한 현장에서 현장 조건에 따라 설치완료 및 시운전 후 준공검사를 시행한다.

1) 공장검사

① 재질검사

펌프의 주요 부재는 재질검사를 시행하고 기록을 보관하여야 한다. 재질검사는 크게 재료의 화학적 성분시험과 기계적 성질시험으로 나누어지고 시험방법이나 허용기준치는 KS표준에 따른다.

② 외관 치수검사

펌프설비의 주요기기는 외관 및 주요치수를 검사하여 기록 보관한다.

- 토목구조물이나 그 밖의 각 기기와 관련해 수치적으로 부조화가 생기지 않도록 하여 장래에 기기의 부분적 교환을 할 때에도 수치적인 요소가 필요하여 이 사항을 고려하여 실시한다.
- 허용치수차는 각 기기의 중요성이나 가공방법에 따라 정해지며 KS표준에 따르고 외관치수검사는 아래의 개소에 대해서 실시한다.

품명	특히 확인이 필요한 부분	비고
주펌프	1. 회전방향 2. 감속기, 전동기 및 흡토출관 관련 치수 3. 설치치수, 축심높이	
감속기	1. 회전방향 2. 펌프등 접속기기 관련 치수 3. 외형치수, 축심높이, 축의진동 4. 치면 상태 및 빽러쉬	
클러치류	1. 회전방향 2. 주원동기, 감속기 등과의 관련 치수 3. 외형치수, 축심높이	
디젤기관	1. 회전방향 2. 감속기, 클러치와의 관련 치수	소음기, 시동공기 탱크의 외형치수
토출밸브	1. 면간치수, 토출관 관련치수, 플랜지 규격 치수 2. 외형치수, 축심높이 3. 개폐기구의 설치 위치	
흡토출관	1. 면간치수, 접속관과의 관련 치수 2. 내경	

품명	특히 확인이 필요한 부분	비고
후렉시블 조인트	1. 면간치수, 접속관과의 관련 치수 2. 내경	
플랩밸브	1. 토출관 관련 치수, 플랜지 규격 치수 2. 내경	
현장조작반류	1. 외형치수, 철판두께 2. 외관(판넬면에 설치된 기기)	
자가 발전설비	1. 외형치수	
연료탱크	1. 외형치수, 노즐치수	
보조기기류	1. 외형치수	
천정크레인	1. 외형치수(구조물 관련 치수) 2. 용접상태	
제진설비	1. 외형치수 2. 용접상태	가조립 가능부품에 대해서 행한다.

③ 육안검사

육안으로 확인할 수 있는 펌프의 이상 유무를 검사한다.

- 주조품 : 주조품은 눈으로 보아 안팎 면이 매끈하고, 두께가 균일하여야 하며, 기공 또는 균열이 없어야 한다.
- 방식처리 : 펌프 몸체 안팎 면에는 오일 프라이머를 칠하고, 마감칠에는 프탈산 수지 에나멜, KS M 6030에서 규정하는 타르 에폭시 수지 도료 또는 이와 동등 이상의 방식 처리를 한다. 다만, 수중에서 녹슬 염려가 없는 재료를 사용했을 때는 이를 생략하여도 좋다.

④ 온도시험

KS표준에 따라 온도시험을 수행한다.

⑤ 절연저항시험(내전압 시험)

KS표준에 따라 절연저항시험(내전압 시험)을 수행한다.

⑥ 내수압시험

수중펌프용 전동기 완성품의 내부에 다음표의 압력을 3분간 가한다.

단위 : kPa

조정 장치가 있는 경우	축의 실 부분		50
	몸체 및 인출선 인출부	압력이 걸리지 않는 것	50
		압력이 걸리는 것	400
조정 장치가 없는 경우	축의 실 부분		200
	몸체 및 인출선 인출부	압력이 걸리지 않는 것	200
		압력이 걸리는 것	400
비고 : 수압 시험이 불가능한 경우에는 공기압의 이용도 가능하다.			

⑦ 진동시험

전동기를 정격 전압, 정격 주파수에서 무부하 운전했을 경우의 진동을 측정하며, KS표준을 따른다.

⑧ 소음시험

전동기를 정격 전압, 정격 주파수에서 무부하 운전했을 경우의 소음을 측정하며, KS표준을 따른다.

⑨ 펌프 성능검사

(가) 개요

배수펌프장은 현장 특성상 토출유량계를 설치하지 않기 때문에 현장에서 펌프의 성능검사가 어렵다. 따라서 공장에서 KS표준에 의하여 성능검사를 실시한다.

회전수, 토출량, 토출압력, 흡입압력, 전압, 전류, 전력, 축동력, 효율, 그랜드패킹부의 온도, 윤활유압력, 각 부의 진동, 각부의 소음 등을 측정하여 성능검사를 시행한다.

(나) 시험항목

전양정, 토출량, 축동력, 펌프효율, 종합효율 등

⑩ 전동기 특성시험

KS표준에 의하여 전동기의 특성시험을 실시하며 저항 시험, 무부하 시험, 부하 특성시험, 전부하 특성시험 및 구속시험 등을 시행한다.

2) 현장검사

① 설치검사

기기들의 설치작업은 충분한 주의를 요하며, 설치검사를 시행한 후에 기기를 고정한다.

② 준공검사

(가) 서류에 의한 확인검사

- 설계도서, 승인도서, 제품검사, 제품성능 시험 성적표등에 의한 제반 사항과 성능 등 확인
- 조작시험, 시운전에서 측정된 데이터 등의 이상여부 확인
- 준공도면에 제작 시방서, 각종 검토서, 기기도면, 공사도면, 취급설명서, 검사기록 등이 기록되었는가 확인
- 준공사진 및 공사일보 확인

(나) 조립, 설치상태 검사

- 각 기기간의 설치상태 확인
- 배관류의 시공 상태 확인
- 각 기기의 외관, 도장검사
- 판넬류의 설치 상태 확인
- 전기배선 및 배선 시공 상태 확인
- 도통시험, 접지저항, 절연저항 측정시험
- 기타 마무리 시공, 공사 잔류물 처리, 청소상태 등 확인

(다) 조작시험, 시운전

부하상태에서 측정을 하며 회전수, 진동, 소음, 크랭크부 온도, 유압, 각부 베어링 온도, 윤활유 온도 등을 측정하며 신뢰성을 확보하기 위하여 국가공인 기관에 의뢰하여 성적서를 제출받는 것도 검토하여 차후 시설물 유지관리의 기준이 되도록 한다.

③ 성능검사

현장의 상황이 토출량, 전양정, 전기입력 등을 측정할 계측기를 설치조건에 맞게 설치가 가능한 경우 KS표준에 따라 성능시험을 시행한다.

(10) 수격현상

펌프 설비에 있어서 관로가 긴 경우, 실양정이 큰 경우, 관로의 관 단면형상이 특수한 경우에 펌프의 기동 정지나 동력 상실 시, 수격 현상이 발생할 수 있으며, 펌프 및 배관 계통에 손상을 줄 수 있다.

따라서 다음의 경우에는 사전에 수격 현상을 분석하고 필요한 경감 대책을 실시하는 것이 좋다.

- 실 양정이 대략 10 m 이상으로 관로의 길이가 실양정의 약 20배 이상인 경우
- 관로의 유속이 약 1m/s 이상인 경우
- 관로의 설치부에 돌출부가 있는 경우
- 관로의 마찰 손실 수두가 주펌프 토출 양정의 30~40% 이상인 경우

1) 배수펌프 설비의 수격현상 방지방법

배수펌프 설비의 관로 길이는 양수펌프 설비의 관로에 비하여 매우 짧으며, 양정도 낮은 경우가 대부분이다. 이러한 이유로 수격에 대한 대책을 세우지 않는 경우가 많다.

펌프를 통수 또는 운휴 중에 있는 펌프를 재가동 시에는 관로에 비어 있는 공기가 잔존하여 배수하는데 장애를 초래하거나, 배수펌프를 가동 중에도 배수관로의 종단도상의 최상단부에는 물속에 용존된 공기가 유리되고 축적되어 에어포켓을 형성하게 된다. 형성된 에어포켓은 제거하지 않으면 통수단면적을 감소시켜서 유체의 흐름을 방해하여 원활한 배수가 이루어지지 않으며, 진동과 소음을 동반하기도 하여 때로는 관로사고를 유발하는 경우도 있으므로 적절하게 자동적으로 배제시켜야 한다. 이를 방지하기 위하여 관로의 정점부에는 급속공기밸브를 설치하여 관로에 잔존하는 공기를 배출 또는 유입이 되도록 하여 원활한 배수가 이루어지게 하여야 한다. 배수배관에 설치하는 공기밸브는 밸브실을 [그림 2-42]와 같이 설치하며, 밸브실의 구조는 견고하고 밸브를 유지관리하기 위한 공간이 확보되는 규모로 한다.

또한 관로 말단에 설치되는 플랩밸브가 급격히 폐쇄되는 경우에는 관로에 진공이 발생되어 관로에 좌굴을 일으키거나 진동이 발생하게 되므로 플랩밸브 설치 전단에 공기배관을 [그림 2-43]과 같이 설치하여 진공을 제거함으로써 안정적인 배수와 관로를 보호할 수 있도록 한다. 공기배관을 설치할

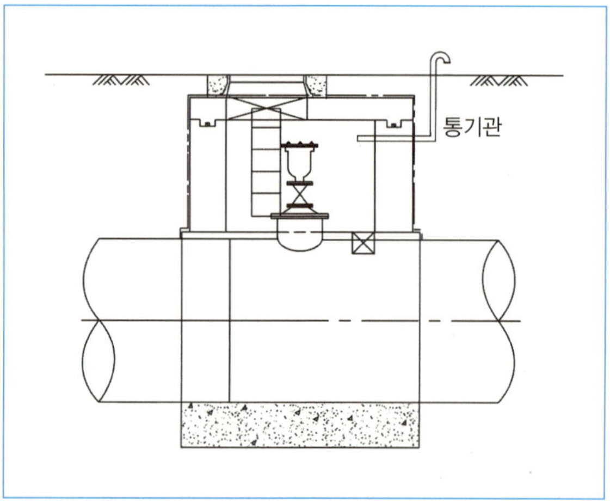

[그림 2-42] 급속공기밸브 설치 예

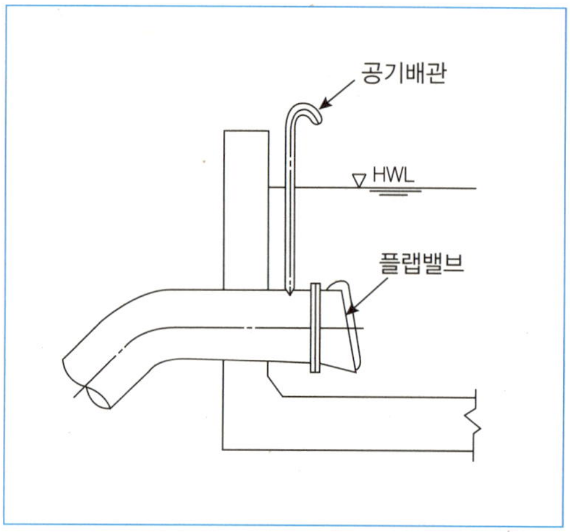

[그림 2-43] 에어벤트배관 설치 예

때에는 공기배관의 상단이 최고수위(HWL) 이상에서 공기를 흡입 또는 배출하도록 주의하여 설치하여야 한다.

펌프 설비 계통의 수격현상은 관내의 압력 강하와 압력 상승이 있으며, 그 경감 방법은 다음과 같다.

1) 부압 발생의 경감 방법

① 기본 서지 탱크

기본 서지 탱크는 송수관의 중간에 [그림 2-44]에 보이는 바와 같이, 비교적 단면적이 큰 수조를 설치하고, 송수 관내의 압력 강하시에 수조의 물을 공급하여 압력 강하를 완화시킴과 동시에 압력 상승을 흡수하는 것이다. 수조의 높이는 동 수위 이상으로 할 필요가 있기 때문에 설치 장소의 조건에 따라 제한될 수 있다.

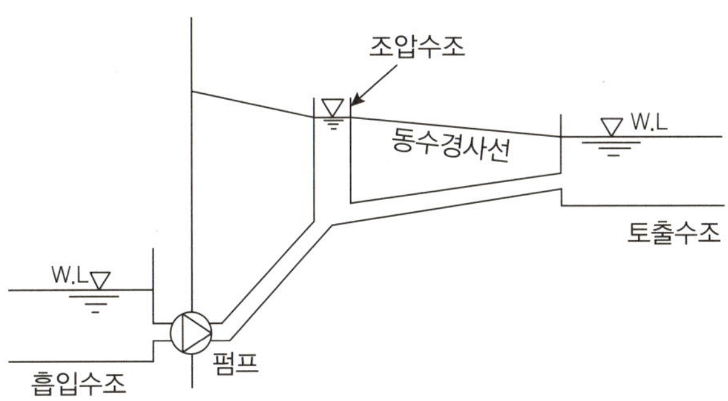

[그림 2-44] 기본 서지 탱크

② 공기 밸브 또는 공기관

공기 밸브 또는 공기관은 압력 강하시에 물을 보급하는 것이 불가능한 경우나 송수 관로의 부압 발생 지점보다 하류 측이 자연유하 하는 경우로, 보급 수량이 매우 많아질 것 같은 경우에 사용한다. [그림 2-45]에 그 개요를 보인다.

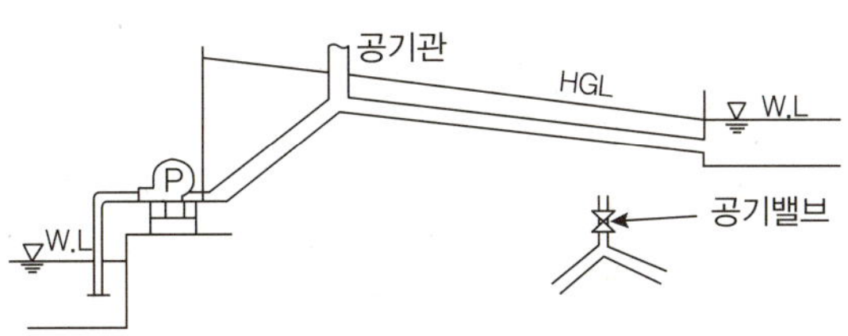

[그림 2-45] 공기 밸브 또는 공기관

2) 압력 상승의 경감 방법

① 완폐식 체크밸브

완폐식 체크밸브는 밸브 축에 유압식 대시 포트를 갖추고 있으며, 주펌프가 급정지하고 역류가 시작된 후 역류에 대항하여 밸브 본체를 자동 완폐하는 방법으로 먼저 메인 밸브가 자체 중량으로 닫히고 대부분의 역류가 멎은 후에 보조밸브 또는 바이패스식 부밸브가 유압 대시 포트에 의해 자동 완폐하는 방법이다.

② 급폐식 체크밸브

급폐식 체크밸브는 역류가 커지고 체크밸브가 폐쇄하면 높은 압력 상승이 생기므로 역류가 시작되기 직전에 밸브 본체를 갑자기 닫는 방법이다. 송수 관로가 짧고 실양정이 높은 경우에 유효하다.

3) 펌프 시스템의 수격 현상 계산

① 펌프 시스템의 수격 현상 계산에는 다음의 데이터가 필요하다.

- 주펌프의 형식, 토출량, 전양정, 회전수, 축동력, 회전체의 관성 효과, 펌프 성능 곡선
- 펌프 대수와 운전 상태(직렬 또는 최대 병렬 대수), 최대 토출량
- 실양정 및 송수관 말단 압력
- 전동기 형식(농형, 권선형), 출력, 회전수, 주파수, 전압, 회전체의 관성 효과(GD^2)
- 송수 관로의 종단도면, 관저고, 표고, 관 종류, 관 직경, 관 두께
- 주펌프의 토출 밸브, 체크 밸브의 형식, 개폐 속도, 저항 특성

② 분석 방법은 축차 계산법, 도식 해법, 특성곡선법 등이 있고, 단순 배관계의 최저 압력값 및 수주 분리의 여부를 검토하려면 파머키안(Parmakian)의 간이 계산도표를 이용할 수 있다. 최근에는 SIMDRU, SURGE PIPE, LIQT 등 수충격 전문 프로그램을 이용하여 정확한 해석을 하고 대책을 강구하고 있다.

(11) 주펌프의 구동설비

주펌프의 구동설비는 주펌프 용량, 사용목적, 연간가동시간 또는 운전조작 및 보수의 용이성, 안정성, 경제성 등을 고려하여 선정한다. 또한 예상치 못한 운전정지는 배수구역에 크게 영향을 주므로 비상용 또는 예비의 동력원을 갖추는 것이 필요하다. 주펌프 구동설비는 안정성, 운전의 용이성 및 저렴한 동력비 등의 관점으로 볼 때 주로 전동기를 사용하며, 정전사고에 대비하여 2회선 수전을 원칙으로 한다. 그리고 정전에 대비하여 엔진펌프나 비상발전 시설을 갖추는 것도 고려한다.

1) 주원동기 형식의 결정

배수펌프용 주원동기는 주펌프의 특성에 적합한 시동성, 운전 성능, 신뢰성, 내구성, 유지관리성을 갖춘 것으로 한다.

① 전동기 선정

전동기의 종류로는 유도전동기, 동기전동기, 직류전동기 및 교류정류자전동기로 크게 나누어진다. 그 중에서 유도전동기가 가장 많이 사용되고 있다. 전동기를 선정할 때에는 기동방식과 보호방식을 포함한 신뢰성, 내구성, 제어성, 보수성, 설비비 및 운전경비 등을 고려하고 펌프의 부하특성 및 운전방법에 알맞은 것으로 선정한다.

(가) 전동기의 형식

펌프용 전동기로는 여러 가지 종류가 있지만 구조가 견고하고 가격이 저렴하며 운전과 보수가 용이하므로 가장 일반적으로 사용되는 3상유도전동기를 표준으로 한다. 3상유도전동기는 회전자의 구조에 따라 농형과 권선형으로 분류된다.

농형유도전동기는 회전자의 슬로트(slot) 중에 들어있는 막대형상의 도체를 철심의 양쪽에서 단락한 단락환으로 이루어지는 전동기이다. 구조가 간단하고 견고하며 가격이 저렴하고 보수성도 좋지만, 기동전류가 커서 소용량의 것을 제외하고는 기동전류를 저감시키기 위한 기동장치가 필요하다.

권선형 유도전동기는 회전자에 고정자와 같은 삼상권선을 가지고 있으며 슬립링(slipring)을 통하여 2차측에 외부저항을 접속하며 이 저항을 조정하여 기동토크를 감소시키지 않고 기동전류를 저감시킬 수 있는 전동기이다. 또한 이 2차저항 또는 2차여자제어에 의하여 회전속도를 제어할 수 있다. 수중모터펌프용 전동기는 펌프의 외경, 접속배관 및 사용전압 등 여러 가지 제약을 받기 때문에 그 형상과 구조 등에 일정한 기준을 정하여 제작해야 하며 선정할 때에 신중을 기해야 한다.

보호방식은 회전기기 외함의 보호등급 분류(KS C IEC 60034-5)에서 인체 및 고형이물질에 대한 보호형식과 물의 침입에 대한 보호형식과의 조합에 의하여 분류되고 있다.

냉각방식은 냉각매체의 종류에 의한 형식, 냉매의 통로 및 열방산 형식, 냉매를 보내는 쪽의 형식과의 조합에 의한 냉각방법(KS C IEC 60034-6)으로 분류되고 있다.

전동기에 사용되는 각종 절연의 종별 최고온도는 한국산업규격(KS)에 규정되어 있다.

3상유도전동기는 그 특징으로 소용량의 저압용에는 농형유도전동기를 사용한다. 고압용으로는 전원용량, 기동방식이나 제어방식으로부터 특히 권선형을 필요로 하지 않는 경우에 농형유도전동기를 사용한다. 대·중용량에는 기동토크를 저하시키지 않고 기동전류를 정격전류의

100~125%로 저감시킬 수 있는 권선형 유도전동기를 사용 하는 것이 일반적이다. 권선형은 전원용량의 제약으로부터 기동전류를 작게 해야 하는 경우나 기동·정지 빈도가 높은 경우, 또한 회전속도제어가 필요한 경우에 사용한다. 형식을 선정할 때에는 설치장소의 상황에 적합한 형식의 것을 선정한다. 또한 설치장소의 주위환경에 따라 소음방지대책이 필요한 경우에는 소음장치를 부착시킨 저소음 설계의 전동기를 사용하거나 펌프실에 흡음재를 사용하는 방법 등을 고려해야 한다.

최근에는 효율이 높은 고효율전동기가 개발되고 있으며 장시간 운전하는 전동기는 생애주기비용(life cycle cost)을 고려하여 이러한 전동기를 채택 하는 것을 검토해야 한다.

(나) 기동방식

〈표 2-32〉 3상 유도전동기의 기동방식[19]

전동기 종별	기동방식
농형 유도전동기	전전압기동, 스타델타기동, 기동보상기기동, 리액터기동, 소프트스타트
권선형 유도전동기	2차저항기동

• 농형 유도전동기의 기동

– 전전압기동(직입기동) : 고정자권선에 직접 전원전압을 가하여 기동하는 방식으로 정격출력 3.7 kW 이하의 전동기나 특수농형 전동기로 11 kW 미만 또는 11 kW 이상의 것으로 전원전압에 심한 변동을 줄 우려가 없는 경우에 사용하며 기동전류는 전부하전류의 450~700%가 일반적이다. 그러나 최근에는 전원용량이 큰 경우에 수백 kW 정도의 고압전동기에도 적용하는 경우가 있다.

– 스타델타(star delta : Y–△)기동 : 전동기의 고정자권선을 기동할 때에 스타(Y)형로 접속하여 고정자코일의 각상에 인가되는 전압을 전원전압의 $1/\sqrt{3}$로 하는 것에 의하여 기동전류를 전전압기동시의 1/3(기동토크도 1/3로 된다)로 하는 방식으로 회전속도가 높아졌을 때에 델타(△)형으로 전환하고 정격전압을 가하여 운전하는 방식이다.

– 기동보상기 기동 : 기동할 때만 3상단권변압기를 사용하여 전동기의 단자전압을 정격의 60~80% 정도로 내려서 기동하는 방식이다. 이 방식에서는 가속 후 전전압으로 절체 하였을 때 큰돌입 전류가 생길우려가 있으므로 가속 후 단권변압기의 중성점을 열어서 변압기코일의 일부를 리액터로 기능하여 전류를 제한하고 다음에 리액터 부분을 단락하는 콘돌파(condorfa)방식이 사용된다.

– 리액터 기동 : 기동할 때에 고정자권선에 직렬로 리액터를 접속하여 기동전류를 제한하면서 가속한 후에 이 리액터를 단락시키는 방식으로 앞의 각 방식에 비하여 기동 전류가

큰 비율만큼 기동토크가 작아진다.

– 소프트스타터(soft starter) : 전력전자장치에 의하여 기동시 인가전압을 서서히 증가시키는 방식으로 저압전동기에 주로 사용되어 왔으며 최근에는 고압의 대용량기에도 적용하고 있으나 시설비용이 많이 소요되고 유지보수가 어렵다.

• 권선형 유도전동기의 기동 : 회전자 권선에 슬립링(slip ring)을 통하여 저항을 접속하여 기동하며 어느 범위내에서 기동전류를 작게하면서 동시에 기동토크를 비교적 크게하는 기동방식이다.

• 기동방식의 비교 : 〈표 2-33〉는 각 기동방식의 기동전류와 기동토크를 비교한 것이다. 기동방식을 선정할 때에는 이들의 특성을 충분히 고려해야 한다.

〈표 2-33〉 **기동방식 · 전류–토크의 비교(예)**[19]

기동방식		기동전압(%) (전원전압에 대한 비율)	기동전류(%) (직입에 대한 비율)	기동토크(%) (직입에 대한 비율)
농형전동기	전전압(직입) 기동	100	100	100
	스타델타	57.7	33.3	33.3
	기동보상기	50	25	25
		65	42	42
		80	64	64
	리액터	50	50	25
		65	65	42
		80	80	64
권선형전동기 2차저항기동		100	전부하전류로 기동가능	100

주) 1. 전전압 기동시 기동전류는 전부하시의 450~700%
2. 전전압 기동시 기동토크는 전부하시의 100~150%

(다) 수중펌프용 전동기의 선정

배수펌프에 사용되는 수중펌프의 전동기는 수중 건식 농형 3상 유도전동기(저압)을 표준으로 하지만, 펌프의 기동특성, 전동기 기동방식, 전원 설비 용량, 케이블 직경 등을 검토 후 기종 선정을 한다.

19) 상수도시설기준(2010, 환경부)

② 내연기관의 선정

(가) 디젤엔진과 가스터빈

주펌프 구동 용 내연기관은 디젤기관과 가스터빈을 대상으로 하여 기종별 특성, 필요 출력, 설치 공간 등에 대해 비교 검토하여 기종 선정을 실시하는 것으로 한다.

검토 항목 별 각 기종의 일반적인 특징에 대하여 참고로 〈표 2-34〉에 나타낸다.

〈표 2-34〉 디젤기관과 가스터빈의 특성 비교(참고)[20]

기종(냉각 방식)		디젤기관			가스터빈	
		수냉식 (관내 쿨러 방식, 별도설치 라디에이터 방식)	수냉식 (부착 라디에이터 방식)	공냉식	수평축 가스터빈(공냉)	수직축 가스터빈(공냉)
적용이 많은 펌프장 (기관 출력)		중대규모 펌프장용 (2,000 kW 이하)	소규모 펌프장용 (400 kW 이하)	소규모 펌프장용 (265 kW 이하)	중대규모 펌프장용 (400~2,000 kW)	중대규모 펌프장용 (400~2,000 kW)
경제성	건설비 (설비+토목건축)	공랭식보다 약간 큼	가장 작음	부착 라디에이터 방식보다 큼	출력이 크면 디젤기관 동등	수평축 가스터빈 보다 작음
	유지비	가스터빈과 비교하여 작음			디젤기관과 비교하여 큼	
	생애주기비용 (LCC)	가스터빈과 비교하여 낮음			디젤기관과 비교하여 높음	
조작성	배수량의 조정 (회전속도 제어)	2단계 정도	일정		연속 가변(2축식)	
	저온 시동	저온시 착화 불량 위험 있음			보통의 외기 온도에는 영향 없음	
조작성	재시동까지의 시간	짧음			각부 온도가 안정될 때 까지 재시동 되지 않음(일부 기종 제외)	
유지 관리	점검 정비	지역 업체 대응		전문 업체	전문 업체	
	수선	현장 수리 가능한 범위가 넓다			공장 반입이 필요한 경우가 많다	
환경 보전	소음, 진동 NOX	대책이 어렵다			대책이 용이	
	CO_2	연료 소비가 가스 터빈의 절반			연료 소비가 디젤기관의 2배	
위기 대응	긴급 수선	제조업체 이외의 대응 가능		제조업체 이외의 대응 곤란	제조업체 이외의 대응 곤란	
	부품 공급	노후 기계가 아니면 안정		해외 부품이 있음	해외 부품의 기종이 있음	

20) 揚排水ポンプ設備技術基準(平成 27年, 社団法人河川ポンプ施設技術協会)

(나) 디젤기관 선정 시 유의 사항

- 기동 방식 : 기동 방식은 중·대형 기종에서는 분배 밸브 방식(압축 공기를 직접 실린더 내로 보내 기동하는 방식)을 소형 기종에서는 분배 밸브 방식, 스타트모터 방식 또는 에어모터 방식을 채용한다. 스타트모터 방식이나 에어모터 방식은 비교적 작은 출력의 고속 디젤기관에 사용되는 일반적인 방식이지만, 펌프와 직결 기동은 기동 토크가 부족한 경우가 있다. 기동 토크가 부족한 경우에는 클러치와 조합하여 설계한다.
- 냉각 방식 : 공냉 방식은 시장성으로부터 비교적 소형 기종으로 적용이 한정된다. 수냉 방식은 운전 시 외부에서 보급수를 필요로 하지 않는 시스템으로 하는 것을 표준으로 하고, 냉각장치는 부착 라디에이터, 별도설치 라디에이터, 관내 쿨러, 수조내 쿨러를 기본으로 한다. 냉각 방식의 선정에 있어서, 적용 가능한 원동기 출력 외에 설치조건, 원동기 이외의 동력의 필요 여부를 검토한다.
- 사용 연료 : 사용 연료는 디젤기관용의 A중유가 일반적이지만, 소규모 펌프장에서는 원동기 특성과 환경에 대한 배려, 저온시의 시동성을 고려하여 경유의 사용도 검토한다.
- 저온 시동 대책 : 디젤기관을 저온 시에 시동하는 경우는 문제없이 착화 가능한 대책이 필요하다. 연료 유종에 의한 대책은 상기 사용연료에 따르지만, 대용량 기관에서 A중유로 하는 경우는 터빈에 의해 예열하는 등의 대책을 실시한다. 또한, 착화 실패에 따른 배기 계통 설비에 충만한 미연소 가스가 착화 성공과 함께 인화하여 폭발을 일으킨 사례도 있고, 사고를 방지하기 위해 충분한 대책을 취할 필요가 있다.

(다) 가스터빈 선정 시 유의 사항

- 수직축형과 수평축형 : 펌프 구동용 가스터빈은 수직축 가스터빈과 수평축 가스터빈이 있고, 설치 면적의 컴팩트화를 도모할 경우 수직축형을 채용한다. 또한, 수평축형은 1축형과 2축형이 있으며, 1축형은 클러치와 함께 사용할 필요가 있다.
- 기동 방식 : 기동 방식은 스타트모터 방식을 표준으로 하고, 대출력의 경우 유압 모터 방식과 비교 검토한다.
- 사용 연료 : 가스터빈의 연료 유종은 등유, 경유, A중유가 사용되지만, 펌프 증설에 있어서 이미 설치된 원동기의 연료와 같은 유종을 선택 하는 경우를 제외하고 환경 대책을 고려하여 등유를 표준으로 한다.
- 정전시 운전 계속 : 가스터빈은 운전 중에 발전 설비의 절환 등에 의해 동력 전원이 일시적으로 끊겨도 문제없이 운전을 계속할 수 있는 것으로 한다. 예를 들면, 환기팬이나 연료 가압 펌프에 있어서는 가스터빈의 동력을 이용한 유압구동 소형 발전기나 무정전 전원 설비에 의한 전동기 구동, 또는 환기에 대해서는 가스터빈 이젝터 효과를 이용하는 방법 등 최적의

것을 선정한다.

(라) 내연기관의 부속기기

내연기관에 부속되는 기기는 냉각수 펌프, 초기 윤활유펌프, 연료 펌프 등이 있으며, 원동기 시방에 적합한 것을 장비한다.

2) 주 원동기의 출력

주 원동기의 출력은 운전시의 기상 조건에서 주 펌프의 기동, 가속을 포함한 전 영역에서의 운전에 충분한 것으로 한다.

① 펌프 구동용 모터의 출력 특성

펌프를 구동하는 원동기는 다음의 출력 특성을 만족하는 출력, 토크를 갖는 것으로 한다.

- 펌프 운전점의 변화에 대응하는 출력 : 주 원동기 출력은 펌프가 일정한 회전 속도로 운전하고 있을 때, 양정과 토출량으로 결정되는 운전점이 변화하는 범위에 있어서 펌프가 필요로 하는 축동력을 만족하는 것으로 한다.
- 운전시의 기상 조건에 대응하는 출력 : 내연기관에서는 표준 상태에 비해 기온이 높은 경우나 대기압이 낮은 경우 출력 저하가 발생하므로 실제 운전 조건 하에서 펌프가 필요로 하는 축동력을 만족하는 것으로 한다.
- 펌프의 기동, 가속에 필요한 출력 토크 : 펌프를 기동하기 위해 필요한 축 토크와 규정 속도까지 가속하는데 필요한 축 토크를 만족하는 것으로 한다.

② 주 원동기의 정격 출력

주 원동기의 정격 출력은 정격 회전 속도, 펌프 운전시의 제반 조건 하에서 출력으로 하고, 펌프운전 점의 변화에 대응한 여유를 포함한 출력으로 다음 식에 의해 산출한다.

$$P_m = \frac{P_s(1+\alpha)}{\eta_c} \ (\text{kW})$$

여기서,

P_m : 원동기의 정격출력(kW)

P_s : 펌프 축동력(kW)

α : 여유율(〈표 2-23, 표 2-24〉 참조)

η_c : 전달효율(직결의 경우 1.0)

③ 펌프 운전시의 기상 조건 등

내연기관의 출력은 다음의 조건 하에서 확보하여야 하고, 조건을 벗어나는 경우에는 출력을 보정하여 필요출력을 설정한다.

- 디젤기관
  대기압 : 920 hPa, 상대 습도 : 85%, 주위 온도 : 37 ℃
- 가스 터빈
  대기압 : 920 hPa, 주위 온도 : 37 ℃

④ 원동기 기동 토크 확인

원동기의 정격출력에서 산출한 정격출력을 만족하는 원동기에 대하여, 그 기동 토크 특성으로부터 펌프 기동, 가속 시에 필요한 토크에 대해 충분한 토크가 있음을 확인한다. 기동 시에 토크가 부족한 경우에는 원심 클러치, 유압 클러치, 유체 커플링 등의 설치도 함께 검토한다.

(12) 동력전달장치

동력 전달 장치는 주 원동기의 동력을 확실하게 주 펌프에 전달하는 것으로 하며, 감속 기능, 축 방향 변환 기능, 클러치 기능, 처짐 및 진동 흡수 기능, 역전 방지 기능 등의 필요 기능에 대응한 기기 구성으로 한다.

1) 감속기

주 펌프와 주 원동기의 정격 회전 속도가 다른 경우는 감속기를 설치한다. 펌프 축과 주 원동기 축 방향이 다른 경우에는, 감속기 회전축을 변환하는 직교축 기어 감속기를 선택한다.

토출수의 역류 등에 의한 주 원동기, 감속기 또는 주 펌프의 역전을 방지할 필요가 있는 경우에는 감속기에 역전 방지 장치를 설치한다.

① 기어 감속기의 전달 용량

기어 감속기의 필요 전달 용량은 다음 식에 의해 산출한다.

전달 용량(kW) = (하중 계수/수명 계수)×주 원동기 정격 출력(kW)

여기에서, 주 원동기 정격 출력은 주 원동기의 출력에서 산출한 출력이다.

② 기어 감속기의 효율

원동기 출력 계산에 사용되는 감속기 효율 (ηG)의 참고치를 〈표 2-35〉에 나타내었다.

〈표 2-35〉 기어 감속기의 전달 효율(참고치)[21]

기어 감속기의 종류	75 kW 미만	75 kW 이상 220 kW 미만	220 kW 이상
직교축 기어 감속기(1단)	0.95	0.96	0.97
직교축 기어 감속기(2단)	0.93	0.94	0.95
평행축 기어 감속기(1단)	0.95	0.96	0.97
평행축 기어 감속기(2단)	0.93	0.94	0.95
유성 기어 감속기	0.95	0.96	0.975

주) 1. 유압 클러치를 내장하는 경우에는 0.98을 곱한 값으로 한다.
2. 유체 커플링을 내장하는 경우에는 0.96을 곱한 값으로 한다.
3. 기계에 부착된 팬 냉각 방식의 경우에는 0.005를 뺀 값으로 한다.

2) 클러치

클러치는 주 원동기의 기동 토크가 펌프의 필요 기동 토크보다 부족한 경우나, 관리 운전 등으로 주 원동기 단독 운전을 필요로 하는 경우에 설치를 검토한다.

기동 토크가 작은 스타트 모터나 에어 모터 기동의 디젤기관 또는 1축식 가스터빈을 원동기로 하는 경우는 클러치가 필요하다.

클러치는 원심 클러치, 유압 클러치, 유체 커플링 등에 대해 전달 동력, 연결 시간의 설정 가능 범위, 설치 공간 등을 검토하여 단독 설치 또는 감속기 내장형을 선택한다.

3) 축 커플링

기기의 회전축과 동력 전달 축의 연결을 위해 커플링을 설치한다. 축 커플링은 스러스트 하중의 전달이나 축의 위치 조정, 고정용에는 고정축 커플링을 설치하고, 축심의 어긋남이나 축 편향을 흡수하는 경우에는 편향축 커플링이나 유니버설 커플링을 설치하며, 원동기 축계의 비틀림 진동을 흡수하는 경우에는 고탄성 커플링이나 유체 커플링을 선정한다.

21) 揚排水ポンプ設備技術基準(平成 27年. 社団法人河川ポンプ施設技術協会)

2.3.2 제진설비

(1) 개요

제진설비는 수원지 또는 배수유역의 협잡물과 처리방법 등을 검토하여 적절한 형식과 규모를 가진 것으로 설치한다.

배수펌프장에 적용되는 제진설비에는 스크린(screen)과 제진기가 있으나 그 사용목적이 펌프의 운전에 지장을 주지 않도록 하기 위한 것으로써 유착되는 협잡물의 량과 질에 적합한 시설로 결정할 필요가 있다. 또한 보수점검, 내구성, 조작의 난이성 등을 충분히 검토하고 발생된 협잡물의 처리방법도 함께 고려할 필요가 있다.

(2) 스크린

스크린은 일반적으로 펌프의 폐쇄나 손상을 방지하기 위하여 배수펌프장 흡입수조 입구에 설치하고 협잡물이나 부유물을 제거하는 설비이다. 스크린에 걸리는 협잡물이나 부유물을 인력 또는 기계제거할 필요가 있다. 스크린의 유효 목폭은 협잡물의 량과 질에 따라 결정할 필요가 있으나, 펌프구경의 1/10～1/30의 범위로 하며 참고 유효 목폭을 〈표 2-36〉에 표시한다.

〈표 2-36〉 스크린 유효 목폭[22]　　　　단위 : mm

펌프구경	스크린 유효 목폭	펌프구경	스크린 유효 목폭	펌프구경	스크린 유효 목폭	펌프구경	스크린 유효목폭
200	20	600	60	1,350	80	2,400	100
250	25	700	60	1,500	90	2,600	100
300	30	800	60	1,650	90	2,800	100
350	35	900	70	1,800	100	3,000	100
400	40	1,000	70	2,000	100		
500	50	1,100	70	2,200	100		

3,000 mm 이상의 펌프에 대해서는 펌프구경의 1/35～1/40 정도를 표준으로 하고, 2,000 mm 이하의 가동익 펌프의 경우에는 위의 값보다 다소 적게 할 필요가 있다.

스크린을 2개소에 설치할 경우에는 상류측의 스크린의 목폭은 상기 항으로 하고, 제진기를 설치

22) 농업생산정비사업계획 설계기준(양배수편) (2005. 농림부 농업기반공사)

할 때에는 상류 측의 스크린에 설치한다. 또한 보안을 목적으로 하류측에 설치하는 스크린의 목폭은 150~200 mm로 한다.

스크린의 설치 각도는 기계제진방식의 경우에는 $\theta = 75^\circ$ 전후를 표준으로 하고, 수동제진방식의 경우에는 $\theta = 60^\circ$ 정도를 표준으로 하지만 유지관리를 위해 설치각도를 가능한 작게 하는 것이 좋다. 또한 스크린의 설치높이가 높은 경우 유지관리를 위해 다음 [그림 2-46]과 같이 스크린 중간에 점검 발판을 설치한다.

스크린 전면의 수로내의 평균유속 V는 계획 유량 내에서 운전가능 최저수위의 상태로서 수동식 제진방식일 때 $V = 0.3$ m/s 이하이며 기계식 제진방식일 때 $V = 0.5$ m/s 이하를 목표로 하고, 과대 유량일 때에는 최대 1 m/s 이하로 한다.

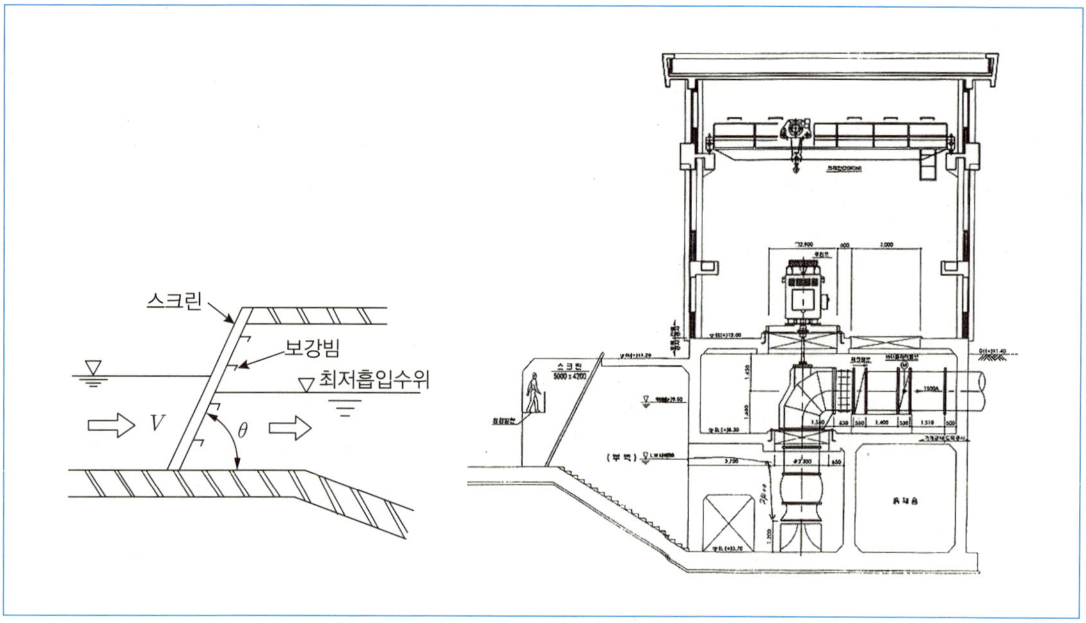

[그림 2-46] 스크린의 설치각도 및 점검발판 설치(예)

스크린의 형상은 일반적으로 평강을 이용한 평면 바 형상이 많고, 바의 두께는 부식을 고려하여야 한다. 수로 폭과 수로 깊이가 큰 경우 스크린 모양이 커지기 때문에 분할방식으로도 가능하다.

스크린 강도는 계획 최고수위에서 스크린 전후에 1 m 정도의 수위차가 발생하더라도 지장이 없어야 하며 필요에 따라서는 스크린 뒤에 보강 빔을 설치한다.

펌프의 전양정을 결정할 때의 스크린의 손실수두는 제진방식에 따라 〈표 2-37〉를 참고한다.

〈표 2-37〉 스크린의 손실수두[23)]

형식	스크린 손실수두
고정식 기계제진기	0.1 m
이동식 기계제진기	0.15 m
수동식 제진기	0.3 m

유입수로의 하류측(펌프흡입구 부근)에 보안용의 조목(粗目) 스크린이 있는 경우에는 스크린의 목폭, 협잡물의 양에 따라서 수위차가 생기므로 주의한다.

협잡물의 양이 특히 많은 경우 스크린 상류 측에 플로트형의 방진펜스(부상 스크린)를 설치할 필요가 있다.

(3) 제진기

1) 제진기의 종류

제진기는 수동식, 전동식, 유압식 및 복합식이 있다. 제진 방식에 따라 연속식과 간헐식이 있으며 연속식은 체인식이 있고, 간헐식은 유압실린더식, 핀레이크식과 트레쉬카식이 있다. 또한 협잡물을 스크린 전면에서 긁어 올리는 전면인양식과 스크린 후면에서 스크린사이로 갈퀴(레이크)가 협잡물을 들어 올리는 후면인양식이 있다.

① 체인식 제진기

체인식 제진기는 로터리식 제진기(rotary type screen)라고도 하며, 전면인양 배면하강형식과 전면인양 전면하강형식 두 종류가 있다. 전면인양 배면하강식의 구조는 레이크가 엔드리스 체인에 부착되어

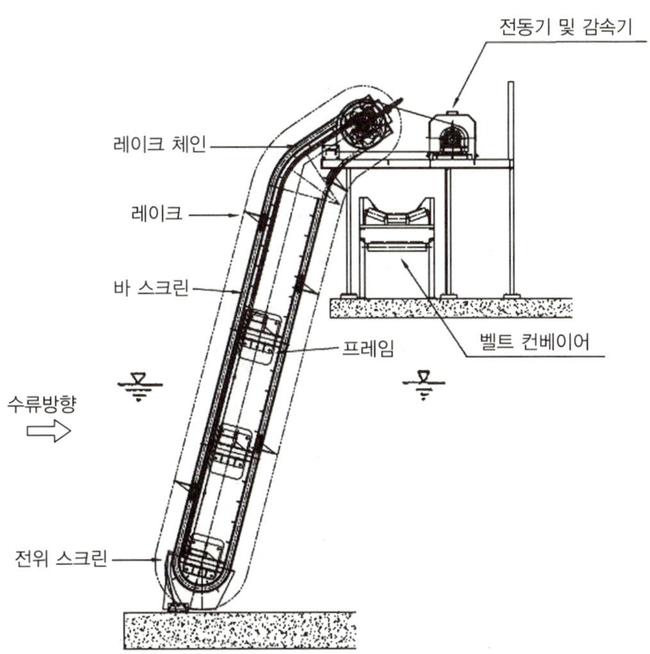

[그림 2-47] 체인식 제진기

23) 농업생산정비사업계획 설계기준(양배수편) (2005. 농림부 농업기반공사)

있고 체인은 스크린 양측면에 있는 가이드 레일에 따라 움직이면서 스크린면의 협잡물을 연속적으로 걷어 올리며, 스크린의 하부에는 전위 스크린을 설치하여 협잡물이 스크린 하부로 통과하는 것을 방지하고, 스크린 상부에는 에이프런(apron)을 설치하여 협잡물 낙하 시 협잡물이 벨트 컨베이어에 안전하게 떨어지도록 한다. 구동부에는 토크 리미트 스위치와 스프로킷에 시어핀(shear pin)을 장착하여 과부하에 대하여 보호할 수 있는 구조로 한다. 원격제어 및 무인운전이 가능하며 연속조작이 가능하므로 처리능력이 크다.

전면인양 전면하강형식은 레이크가 스크린 전면에서 권상하면서 협잡물을 제거하고 난 후 전면으로 하강하는 형식으로 구조상 커다란 레이크를 취부하는 경우가 없으므로 작은 협잡물 처리에 적당하며 하부 수중에 전위스크린이 없는 형식이다.

② 유압식 제진기

유압식 제진기는 전면인양 전면하강형식으로써 구조는 바 스크린, 레이크, 유압 작동식 암, 레이크 실린더, 유압유닛 등으로 구성되며, 유압 작동식 암에 부착된 레이크가 스크린을 접촉하지 않고 스크린 하부에 도달하면 레이크는 레이크 실린더의 힘에 의해 스크린에 결합하고, 유압 작동식 암에 의해 스크린을 따라 협잡물을 긁어 올린다. 레이크가 스크린 상부에 도달하면 인양 실린더에 의하여 협잡물 이송용 벨트 컨베이어로 협잡물을 떨어뜨리고 이송한다. 레이크가 스크린의 상하한 위치에서 자동적으로 정지되도록 리미트 수위치를 설치하고 유압유닛은 과부하 보호장치가 있어

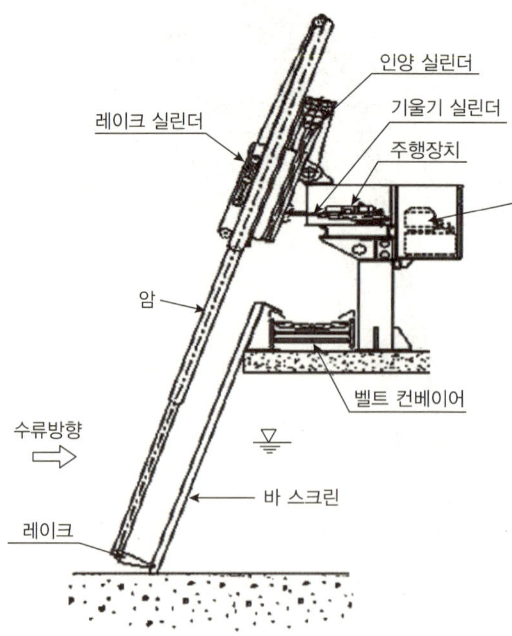

[그림 2-48] 유압식 제진기

야 한다. 주행 장치는 전동기와 감속기를 사용하고 구동축으로 전달은 기어로 한다. 원격제어 및 무인운전이 가능하며 연속조작이 가능하다.

③ 핀 레이크식 제진기

핀 레이크식(pin-rack type) 제진기의 구조는 스크린 양측면의 프레임 상단에 스프로킷이 있으나 하부에는 스프로킷이 없으며, 엔드리스 체인을 각각 매달아서 이것에 일정 간격으로 카운터웨이트를 붙인 레이크를 설비하여 스크린면의 쓰레기를 연속적으로 제거한다. 수중으로 하강한 레이크는 주 스크린 하부에서 체인의 자중에 의한 현수선에서 협잡물을 누르면서 반전하여 주 스크린 앞에 저지된 협잡물을 제거한다. 상당한 크기의 협잡물도 제거한다. 원격제어 및 무인운전이 가능하며 연속조작이 가능하므로 처리능력이 크다.

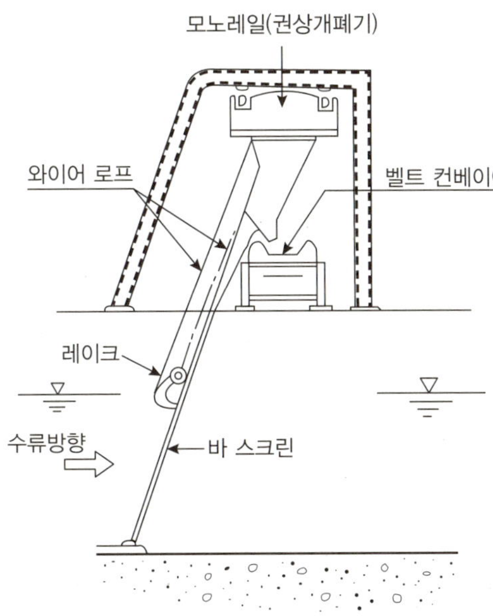

[그림 2-49] 핀 레이크식 제진기

④ 트래쉬 카식 제진기

트래쉬 카식(trash car type) 제진기([그림 2-50])는 주행형 로프식 자동제진기라고도 하며, 구조는 레이크에 가이드롤러를 붙여 와이어로프로 인양하는 왕복동형식으로 스크린면의 협잡물을 제거한다. 레이크는 전동식 이동차에 설치하여 여러개 수로의 스크린을 레일로 이동하면서 운전대에서 원격제진을 행한다. 운전대를 설치할 면적이 필요하며 고정형식도 가능하다.

레이크가 와이어로프에 의해 인양되므로 레이크의 크기보다 큰 협잡물에 대해서는 레이크가 풀어져 협잡물 인양이 불가능하게 된다. 왕복동형식이므로 연속적인 운전은 불가능하고 더욱이 한 개의 레이크로 여러 개의 스크린을 감당하므로 시간당 처리능력이 적다.

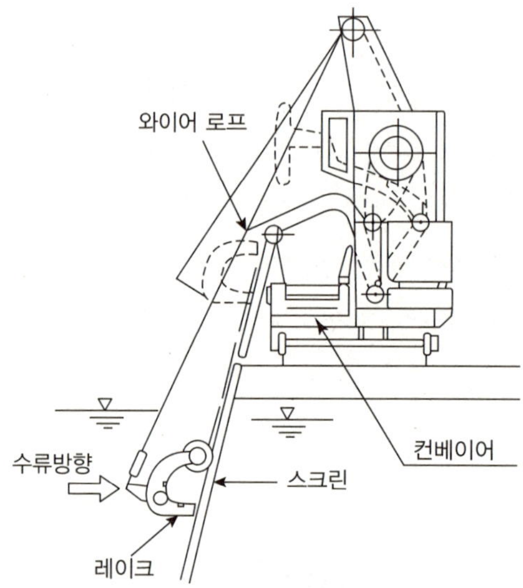

[그림 2-50] **트레쉬 카식 제진기**

2) 제진기 일반

- 스크린 전면에 체류하는 협잡물은 신속하게 제거할 필요가 있다. 협잡물이 체류하면 유체의 흐름을 막고 스크린 전후의 수위 차이가 커져 결국 흡입수조의 수위는 비정상적으로 낮아지고 펌프의 운전에 지장을 초래하게 된다.
- 제진기의 형식은 고정식을 주로 사용하고 있으나 배수펌프장의 규모와 협잡물의 량과 종류, 처리방법 및 유지관리조건 등을 고려하여 선정하여야 한다.
- 제진기의 형식이나 능력은 유입되는 협잡물의 량과 질을 고려하여 결정한다. 협잡물의 량은 주위의 조건에 따라 크게 다르지만, 홍수 시 최대 협잡물의 량에 의해 추정한다.
- 제진기의 형식은 고정식과 주행식으로 대별되고, 또한 레이크 기구나 구조 등으로 세분화되며, 배수용은 고정식을 주로 사용한다. 고정식은 레이크가 전면에 연속으로 긁어 올리는 것이 가능한 형식으로써 협잡물이 연속, 다량으로 유입되는 경우에 적합하여 흡입수조에 각 스팬에 설치한다. 또한 구경이 다른 펌프가 설치되는 경우에는 소구경의 펌프의 운전가능 최저수위와 수로 바닥의 수심은 일반적으로 낮아지고, 기계식 제진이 곤란해질 우려가 있기 때문에 주의를 요한다.
- 제진기는 협잡물에 의한 막힘 등으로 인양작업에 이상이 생길 수 있으므로 레이크는 정역 운전이 가능한 구조로 한다.

- 제진기 및 설비의 주요부 재질은 유입수질(해수 유입)과 염해 등에 의해 강재의 부식이 예상되는 경우에는 강재의 재질 및 아연 도금 처리 등을 포함한 부식대책이 필요하다.
- 협잡물을 끌어올리는 작업과 제진기의 설치 및 점검을 하기 위해서는 [그림 2-51]에서 표시한 슬래브 공간과 스크린 상류 측의 흡입수조 벽에는 스톱로그용 홈을 마련한다.
- 제진기 설치 바닥은 기계식 제진기의 형식별로 필요한 공간 또는 점검 공간이 확보되어야 하며 설치 바닥의 폭은 3.5 m 이상이 필요하다. 또한, 디젤엔진의 소음기 등을 설치하는 경우나 유목 등 큰 협잡물을 처리하는 경우에는 제진기 설치 바닥의 폭은 3.5 m 보다 커질 수 있다.
- 수동식 제진기의 경우는 스크린 설치각도가 작은 경우나 깊이가 깊은 경우에 설치 바닥의 폭은 2 m 보다 크게 한다.
- 제진기 스크린 뒤의 흡입수조를 점검하기 위한 점검용 맨홀과 수위계 설치를 위한 구멍을 주펌프 1대마다 설치하는 것이 좋다.

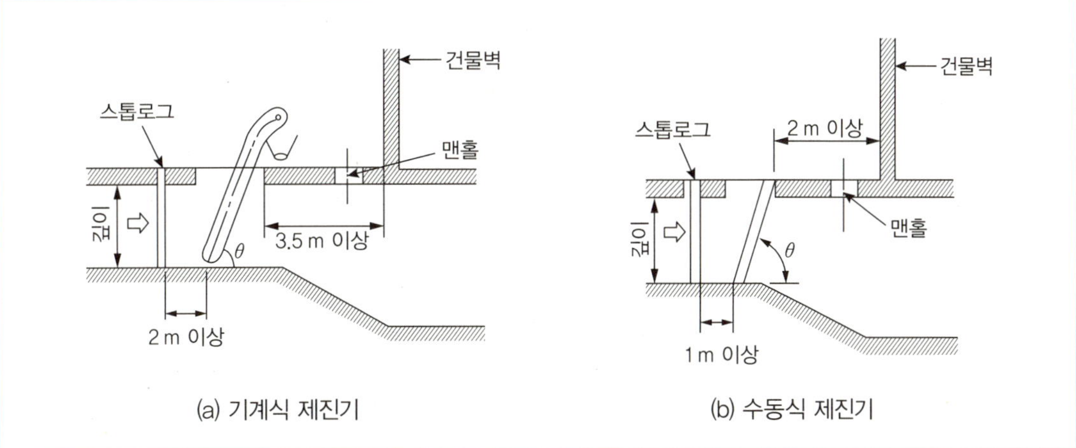

[그림 2-51] **제진기 설치 및 점검 공간**

(4) 이송 및 저장설비

제진기에서 수거된 각종 협잡물은 펌프장 밖으로 트럭 등에 의해서 반출될 수 있는 장치가 필요하다. 이송설비는 벨트 컨베이어를 주로 사용하고 협잡물 이송 작업공간 등을 고려하여 배치한다. 저장시설을 호퍼(hopper)로 설치하는 경우에는 협잡물량 및 저장 기간을 고려한 용량으로 하며 트럭에 의한 반출을 고려하여 높이를 확보하여야 한다. 또한 수거된 협잡물의 이송처리방법도 처음부터 충분한 대책을 수립하여야 한다. 이송설비를 구성하고 있는 설비에는 다음과 같은 것이 있다.

1) 벨트 컨베이어

벨트 컨베이어(belt conveyor)는 스크린에서 수거된 협잡물을 받아서 연속적으로 반출하는 장치를 말하며 일반적으로 가장 많이 사용되고 있다.

수평측 방향으로 반출하는 것을 수평 벨트 컨베이어라고 하고, 경사지게 설치하여 자동차에 적재하거나 호퍼에 담게 하는 것을 경사 벨트 컨베이어라고 한다. 특히 경사 벨트 컨베이어를 설치하는 경우에는 경사각을 수평으로부터 30°이내로 하여야 한다. 또한 경사벨트 컨베이어에는 미끄럼방지 시설이 되어있는 벨트를 사용하지만 수평벨트 컨베이어에도 미끄럼방지 시설을 갖춘 벨트를 사용하는 것이 좋다.

각종의 이송설비에 대해 사용되는 벨트 컨베이어는 [그림 2-52]와 같으며, 대형 배수펌프장에 설치되는 자동 바 스크린 형식의 자동제진기와 협잡물 이송설비의 설치도를 [그림 2-53]에 나타낸다.

(a) 가동식 벨트 컨베이어 (b) 경사 켄베이어와 호퍼

[그림 2-52] 벨트 컨베이어

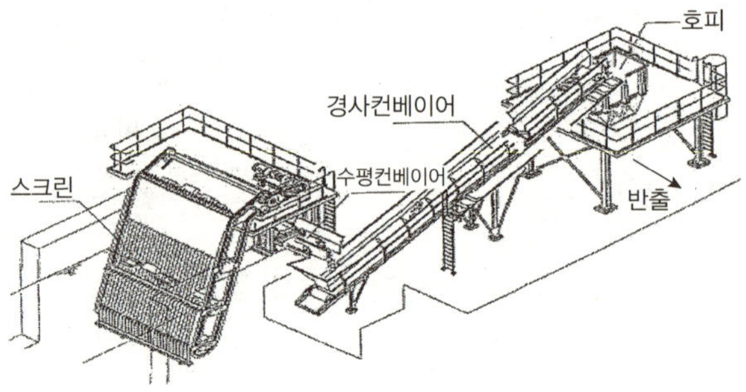

[그림 2-53] 자동제진기와 협잡물 이송설비의 설치도

2) 에이프런 컨베이어

에이프런 컨베이어(apron conveyor)는 양측에 엔드리스체인을 설치한 강판제 패널 위에 반출하는 것으로서 대형에 적합하고 체인의 가이드레일에 의해서 곡선운전도 가능하다.

3) 스킵 호이스트

스킵 호이스트(skip hoist)는 벨트 컨베이어나 트레쉬카로 운반되어 오는 협잡물을 대형의 버킷으로 받아 프레임을 따라 거의 수직으로 올려 호퍼에 투입하거나 트럭에 적재시키는 것으로서 경사컨베이어에 비하여 큰 부지를 필요로 하지 않으나 장대물의 처리에는 적당치 않다.

4) 호퍼

호퍼는 컨베이어로 운반된 협잡물을 모아서 트럭 등으로 장외 반출하기 위한 것으로 용량은 반출트럭 1대분의 용량으로 하는 것이 바람직하며, 호퍼하부 개폐문이 열렸을 때 트럭에 지장이 없도록 바닥에서 호퍼 하부까지의 높이는 트럭적재에 필요한 높이를 확보해야 한다. 호퍼에 달린 개폐문의 개폐는 공기압, 유압 또는 전동식으로 한다.

5) 협잡물 컨테이너

협잡물 컨테이너는 자동제진기에서 인양되고 협잡물 이송 컨베이어를 통해 이송된 협잡물을 일시 저장하는 용기로써 형식은 암롤트럭용 적재함으로 한다. 컨테이너는 적재 운반이 용이한 구조인 암롤(arm roll) 방식으로 적재용 트럭의 컨테이너 용적 크기로 하며 보통 용적이 5 m^3 이상으로 한다. 컨테이너 상부의 개구부는 개폐할 수 있도록 하며, 하부는 컨테이너 내부의 물이 배수될 수 있도록 하고, 뒷문은 덤프 시 열릴 수 있는 구조로 한다. 운반차에 적재 시 부드럽게 이동될 수 있도록 한다.

(5) 제진기의 설계

1) 설계기본

제진기는 유목, 수초 등 협잡물과 부유물이 유입되어 펌프, 수문, 밸브 등에 손상을 주거나 기능적 장애가 발생하는 것을 방지하기 위하여 도수로 유입구 및 취수구에 설치하는 설비로써 유목과 부유물 등을 확실하게 차단할 수 있어야 하며, 설계 하중을 견뎌낼 수 있는 강도와 내구성이 필요하다.

스크린은 유속, 형상, 치수, 지지조건 등을 고려하여 손실수두가 작고 유수에 의한 진동이 발생하지 않도록 설계, 제작하여야 한다.

제진기의 제진능력은 협잡물의 량과 질에 의해 결정하지만, 일반적으로 협잡물을 1회당 긁어 올리는 량은 200~300 kgf 정도로 설계한다. 제진기의 레이크 길이는 레이크의 강도, 휨 관계 등을 고려하여 보통 6 m 이하로 하며, 유입 협잡물의 량에 따른 레이크를 등 간격으로 배치하고 긁어 올리는 인양속도는 3~5 m/min을 표준으로 한다. 제진기(이송 및 저장시설 포함)의 기초볼트는 지진에 대한 하중을 고려한 강도로 한다.

2) 제진기 용량

상시운전의 배수펌프장이나 홍수 시에 운전하는 대용량의 배수펌프장에서는 스크린에 부착되는 협잡물을 제거하는데 각종의 제진기가 사용된다.

배수펌프장으로 유입하는 협잡물량은 취수 하천의 상황과 배수구역의 산업구조 등에 따라 양 및 종류가 크게 변화함으로 부근의 실태를 조사해서 결정한다. 일반적으로 홍수시의 최대 협잡물량은 식(2-10)으로 추정한다.

$$V = K \cdot Q \tag{2-10}$$

여기서,

V : 협잡물량(m^3/h)

Q : 배수량(m^3/s)

K : 계수(0.2~0.3)

제진기의 용량은 유착된 협잡물을 끌어올려 처리할 필요가 있지만 기기는 협잡물의 종류나 크기에 적합한 것으로 하여야 한다.

3) 스크린에 의한 손실수두 및 수면 저하량

스크린에 의한 손실수두 계산은 키르슈머(Kirschmer)의 식 (2-11)에 의한다.

$$h_r = f_r \cdot \frac{V_1^2}{2g} = \beta \sin\theta \left(\frac{t}{b}\right)^{\frac{4}{3}} \cdot \frac{V_1^2}{2g} \tag{2-11}$$

$$\Delta h_r = f_r \cdot \frac{V_1^2}{2g} + \left(\frac{V_2^2 - V_1^2}{2g}\right) \tag{2-12}$$

여기서,

h_r : 스크린에 의한 손실수두(m)

Δh_r : 스크린에 의한 수면 저하량(m)

V_1 : 스크린 상류부의 유속(m/s)

V_2 : 스크린 하류부의 유속(m/s)

f_r : 스크린 손실계수

g : 중력가속도(9.8 m/s^2)

θ : 스크린의 경사각도(deg)

t : 스크린 바(Bar)의 두께

b : 바와 바 간의 간격

β : 스크린 바의 형상계수 [그림 2-54]

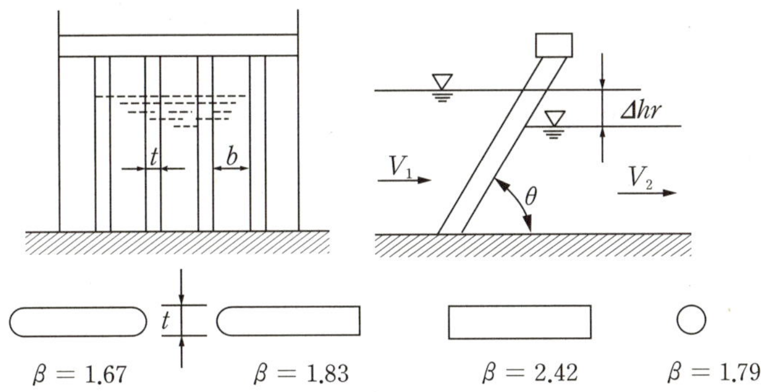

[그림 2-54] 스크린 바의 형상 및 계수[24)]

이 식은 스크린에 협잡물이 전혀 끼이지 않은 상태이다. 협잡물의 유입이 예상되는 경우에 스즈키(鈴木)의 식 (2-13)을 참고로 한다.

$$\Delta h_{r1} = 6.69 \cdot \sin\theta \left(\frac{t}{b}\right)^{\frac{4}{3}} \exp\left(0.074 \cdot r_w \cdot \frac{a}{H}\right)\frac{V_1^2}{2g} \tag{2-13}$$

여기서,

Δh_{r1} : 쓰레기에 의한 수면저하량(m)

a : 협잡물의 부착높이(m)

r_w : 습윤 협잡물의 단위중량(kg/m³), $r_w = 200$ kg/m³ 정도

H : 스크린 상류측 수심(m)

4) 스크린의 진동방지

스크린에 의해 하류영역에 카르만 와류가 발생하고 이로 인해 스크린 바에 수류 직각방향의 힘이 발생하여 진동을 유발하므로 카르만 와류와 공진발생에 대한 안전성을 검토하여야 한다.

$$\frac{f_n}{f} \geq 2.5 \tag{2-14}$$

$$f = S_t \times \frac{u}{t} \tag{2-15}$$

$$f_n = \left(\frac{\alpha}{2\pi}\right) \times \sqrt{\frac{E \times I \times g}{w \times l^3}} \tag{2-16}$$

여기서,

24) 농업생산정비사업계획 설계기준(양배수편) (2005, 농림부 농업기반공사)

f_n : 스크린 바의 고유 진동수(Hz)

f : 카르먼 와류에 의한 스크린 바의 진동수(Hz)

S_t : 스트로우홀 수(strouhal number) [그림 2-55]

u : 스크린 통과유속(cm/s)

t : 스크린 바의 두께(cm)

α : 스크린 바의 지지상태 계수

- 단순지지 경우 : 9.87
- 양단고정 경우 : 22.7
- B/t ≤ 10이고, 양단 가장자리만 용접한 경우 : 17

E : 탄성계수(kgf/cm^2)

I : 단면 2차 모멘트(cm^4)

g : 중력가속도($980\ cm/s^2$)

l : 스크린 바의 지지간격(cm)

w : 스크린 바의 중량과 물의 부가중량

$$\omega = Q\left(\omega_s + \frac{b}{t} \times \omega_o\right)$$

Q : 스크린 바의 체적($t \times B \times \ell$, cm^3)

ω_s : 스크린 바의 단위체적당 중량(kgf/cm^3)

ω_o : 물의 단위체적당 중량(kgf/cm^3)

b : 스크린 바의 유효간격(cm)

B : 스크린 바의 폭(cm)

스크린 바 단면 형상	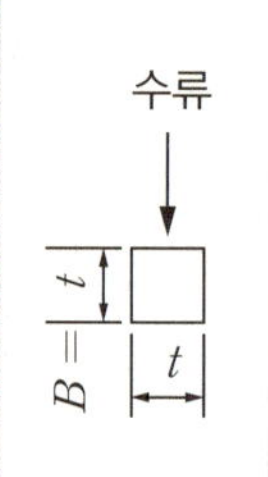	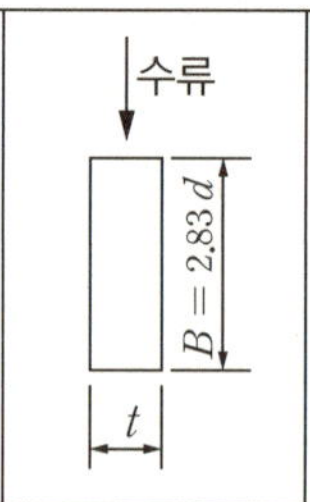	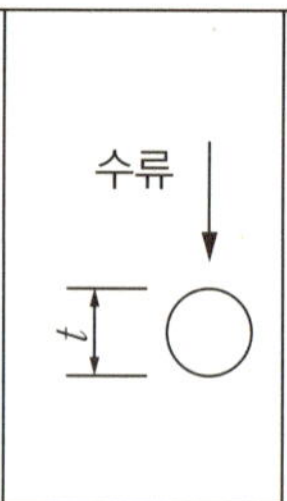	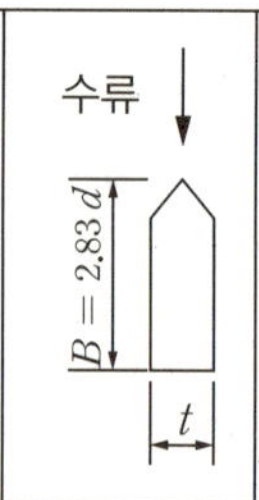	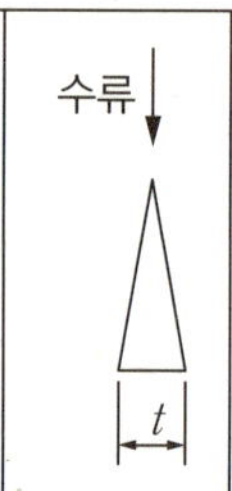	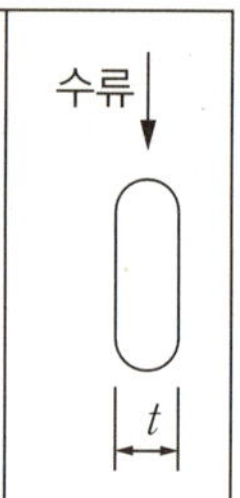
S_t	0.130	0.155	0.200	0.235	0.255	0.265

[그림 2-55] 스크린 바의 스트로우홀 수[25]

25) 농업생산정비사업계획 설계기준(양배수편)(2005, 농림부 농업기반공사)

5) 각 기기의 전동기 용량

고정식 자동 제진기, 수평 및 경사 컨베이어, 호퍼의 전동기 용량은 다음과 같다.

① 고정식 자동 제진기의 전동기 용량

배수펌프장이나 하천용으로 주로 사용되는 [그림 2-56]과 같은 전면인양 배면하강 고정식의 자동 제진기의 전동기 용량은 [그림 2-57]과 같다.

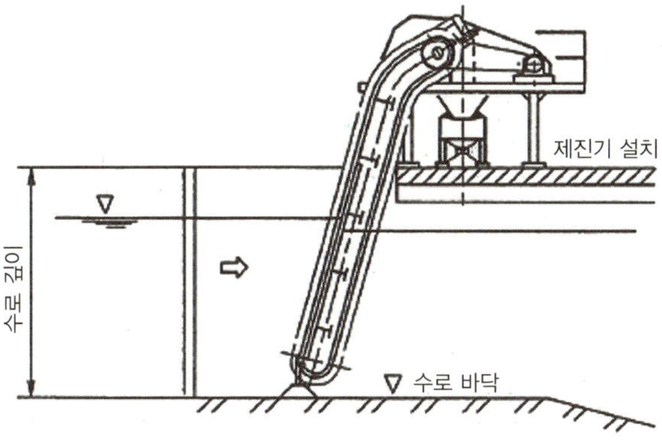

[그림 2-56] 고정식 자동제진기

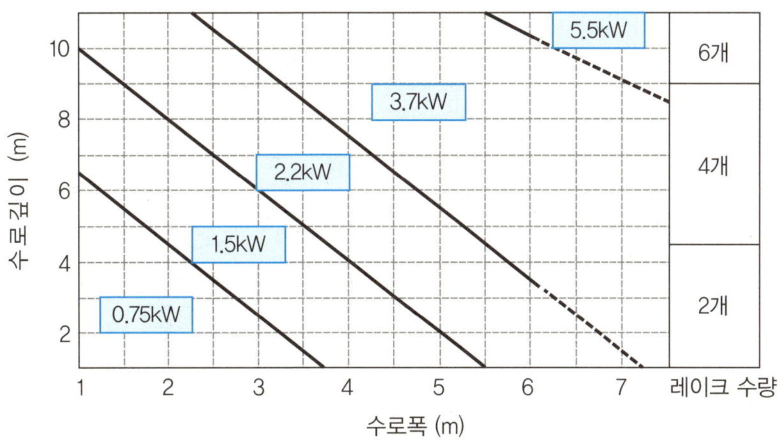

주) 레이크 속도는 5 m/min

[그림 2-57] 고정식 자동제진기 전동기 용량[26]

26) 揚排水ポンプ設備技術基準(平成 27年. 社団法人河川ポンプ施設技術協会)

② 수평 벨트 컨베이어의 전동기 용량

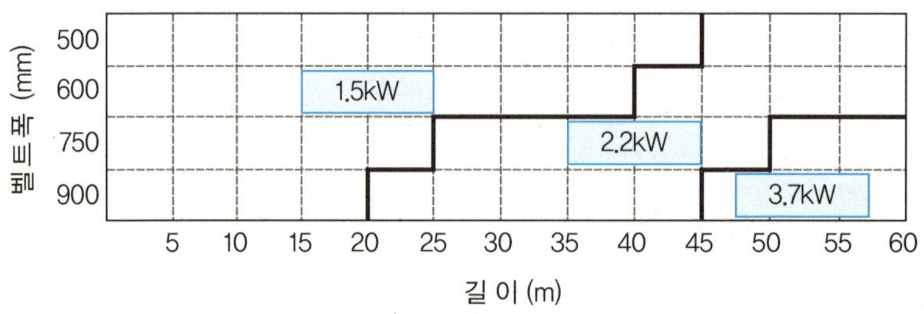

주) 1. 제진기 대수가 3대 이내의 쓰레기 이송
2. 벨트 속도는 20~25 m/min

[그림 2-58] 수평 벨트 컨베이어의 전동기 용량[27)]

③ 경사 벨트 컨베이어의 전동기 용량

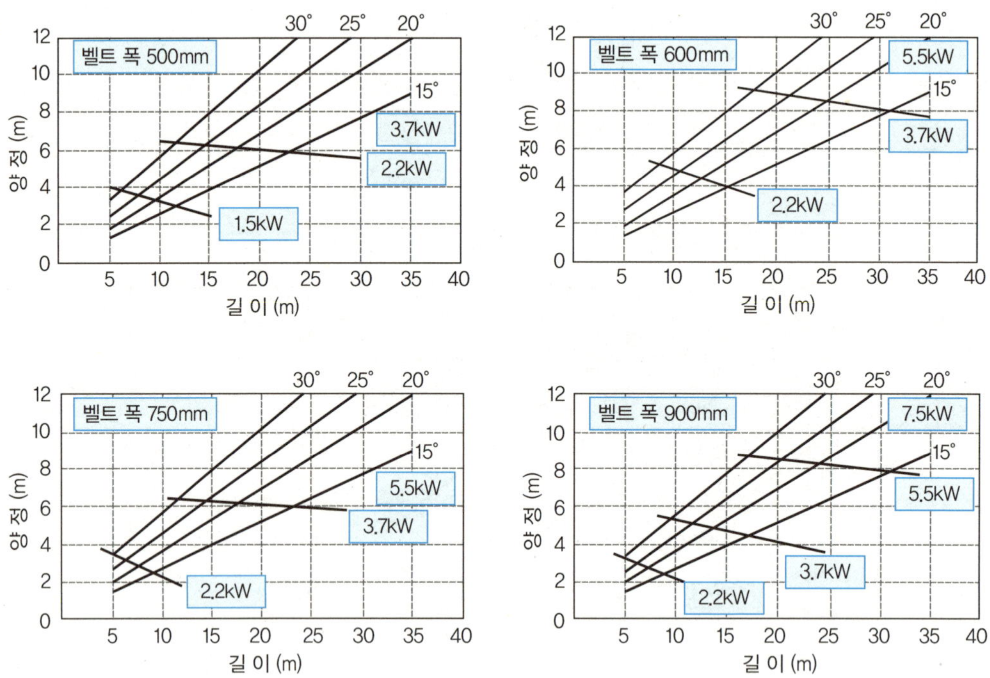

주) 1. 제진기 대수가 3대 이내의 쓰레기 이송
2. 벨트 속도는 20~25 m/min

[그림 2-59] 경사 벨트 컨베이어의 전동기 용량[27)]

27) 揚排水ポンプ設備技術基準(平成 27年. 社団法人河川ポンプ施設技術協会)

④ 호퍼의 전동기 용량

〈표 2-38〉 호퍼의 전동기 용량[28]

호퍼 용적(m^3)	전동기 출력(kW)×대수
2	0.4×2
3	
4	
5	
6	0.75×2
8	
10	1.5×2

6) 각 기기의 하중

① 고정식 자동 제진기

(가) 고정식 자동 제진기의 개략 중량

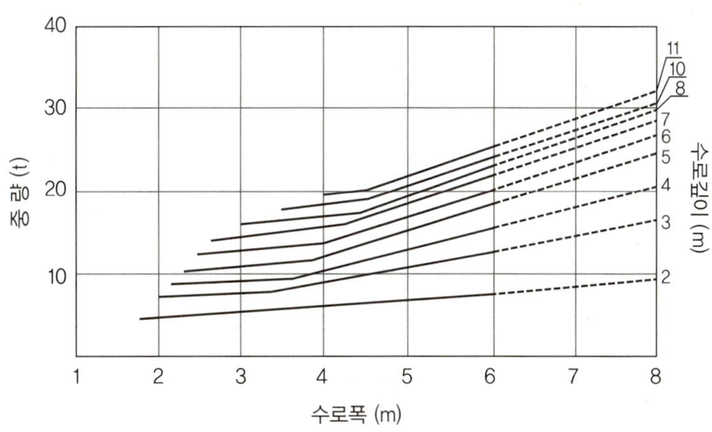

[그림 2-60] 고정식 자동 제진기의 개략 중량[28]

(나) 총 적재 용량 계산

개략 중량 W에 쓰레기 무게 등을 고려한 총 적재 용량 W_0를 산출한다.

$$W_0 = 1.5W$$

28) 揚排水ポンプ設備技術基準(平成 27年. 社団法人河川ポンプ施設技術協会)

(다) 제진기 설치바닥과 수로바닥의 하중 분할

총 적재 용량 W_0는 40%가 제진기 설치바닥에 60%가 수로바닥에서 작용하게 된다.

- 제진기 설치바닥 하중 $W_1 = 0.4\,W_0$
- 수로바닥 하중 $W_1 = 0.6\,W_0$

(라) 수로 측벽에 걸리는 하중

- 수위 차에 의한 하중 P

$$P = p \cdot l_1 \cdot l_2 \tag{2-17}$$

여기서,

p : 설계 수위 차에 의한 단위 면적당의 하중(kgf)

l_1 : 수로 폭(m)

l_2 : 수로 길이(m)

- 수로 한쪽에 걸리는 하중 F는 W_2와 P의 합력으로 산출한다.

$$F = \frac{1}{2} \cdot \sqrt{W_2^2 + P^2} \tag{2-18}$$

(마) 제진기 설치바닥 지지부 하중은 제진기 설치바닥 하중 W_1을 빔 길이의 비율로 나누어서 산출한다.

② 벨트 컨베이어

벨트 컨베이어의 하중은 식 (2-19)에 의해 산출하고, 등분포 하중은 각 지주의 하중을 식 (2-20)로 구한다.

$$\text{하중} = G + P \tag{2-19}$$

$$\text{등분포 하중} = \frac{W}{L} = \frac{G+P}{L} \tag{2-20}$$

여기서,

G : 고정중량(본체 및 부품 자중)

P : 적재중량

$P = A \cdot L \cdot \gamma \cdot 1{,}000$(kgf)

A : 적재면적(m^2)

L : 컨베이어 길이(m)

γ : 비중(0.8)

2.3.3 수문설비

(1) 수문의 종류

1) 수문의 종류

수문(gate)은 확실하게 개폐가 되고 필요한 수밀성 및 내구성을 가지며 언제나 예상되는 하중에 대하여 안전한 구조이어야 한다.

배수펌프장에 설치되는 수문은 주로 롤러게이트(roller gate), 슬라이드게이트(slide gate) 및 스톱로그(stop log)가 있고 그 사용목적에 따라 취수구용, 수로차단용, 배수통문용, 펌프점검 및 수리용 등이 있다. 또한 재질에 따라 금속재(주철제, 강판제), 비금속재(HDPE 등)로 분류한다. 수문의 설계는 사용목적에 적당한 형식을 선정하고 확실한 개폐, 수밀성 및 내구성을 가지고 언제나 예상되는 하중에 대하여 안전한 구조로 하여야 한다. 배수펌프장에 설치되는 수문의 특징을 〈표 2-39〉에 표시하였다.

〈표 2-39〉 배수펌프장에 설치되는 수문의 특징

형식	롤러게이트	슬라이드게이트	스톱로그
구조	수밀고무를 문짝에 붙이고 수개의 롤러를 부착해서 가이드의 슬라이드면을 상하로 이동한다.	가이드의 슬라이드면은 금속으로 하고 수밀고무를 문짝에 붙인다.	문짝을 강재로 사용하고 수밀고무를 붙인 것과 단순히 목재(각재)를 사용하는 것이 있다.
특징	조작 수심이 커도 비교적 작은 조작력으로 원활히 개폐된다.	조작시의 마찰력이 작용하여 비교적 큰 조작력을 요한다.	• 전후수위를 같게 하고 착탈장치를 사용하여 스톱로그를 오르내리게 한다. • 수로폭이 동일하면 스톱로그는 각 수로에 공통으로 사용이 가능하다.
용도	• 배수펌프장 전후의 수로 차단 • 대형 배수펌프의 배출측 차단 • 배수문의 출구 • 자연배수로의 전환	• 배수펌프장 전후의 수로 차단 • 수로 전환	• 배수펌프장의 펌프, 제진기, 플랩밸브 등의 점검·보수 • 흡입수조 등의 청소

배수펌프장 토출박스 끝단에는 동물 등의 진입을 방지하기 위한 목적으로 플랩게이트를 계획한다. 플랩게이트는 재질에 따라 금속 재질과 비금속 재질을 사용하며 장단점 비교를 〈표 2-40〉에 나타내었다.

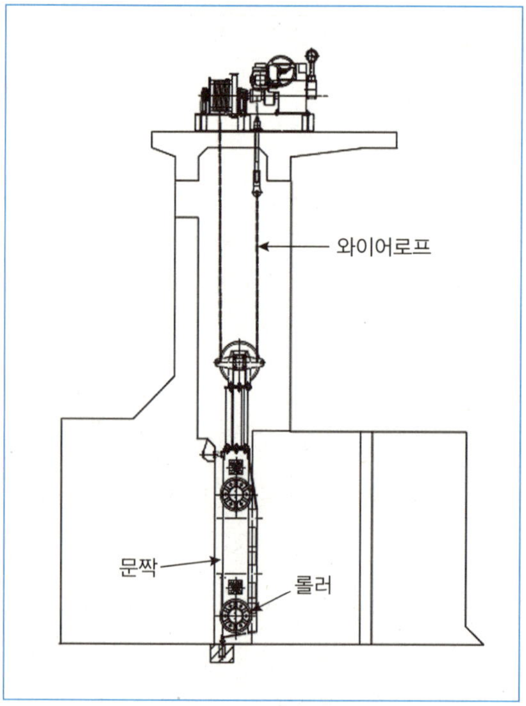

[그림 2-61] 롤러게이트

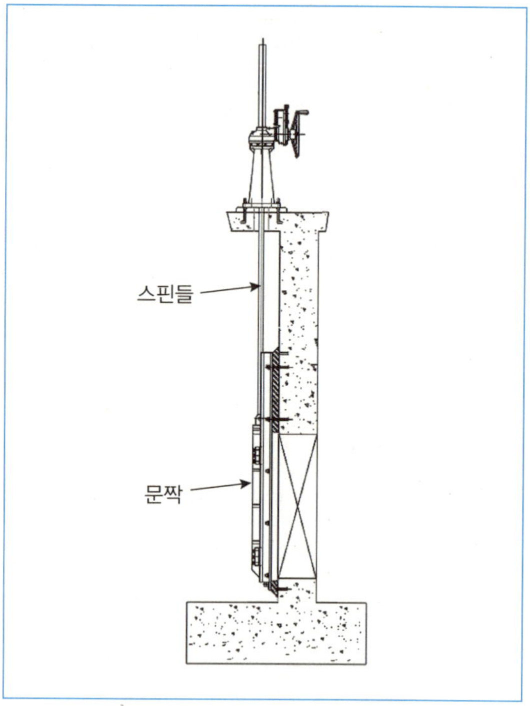

[그림 2-62] 슬라이드게이트

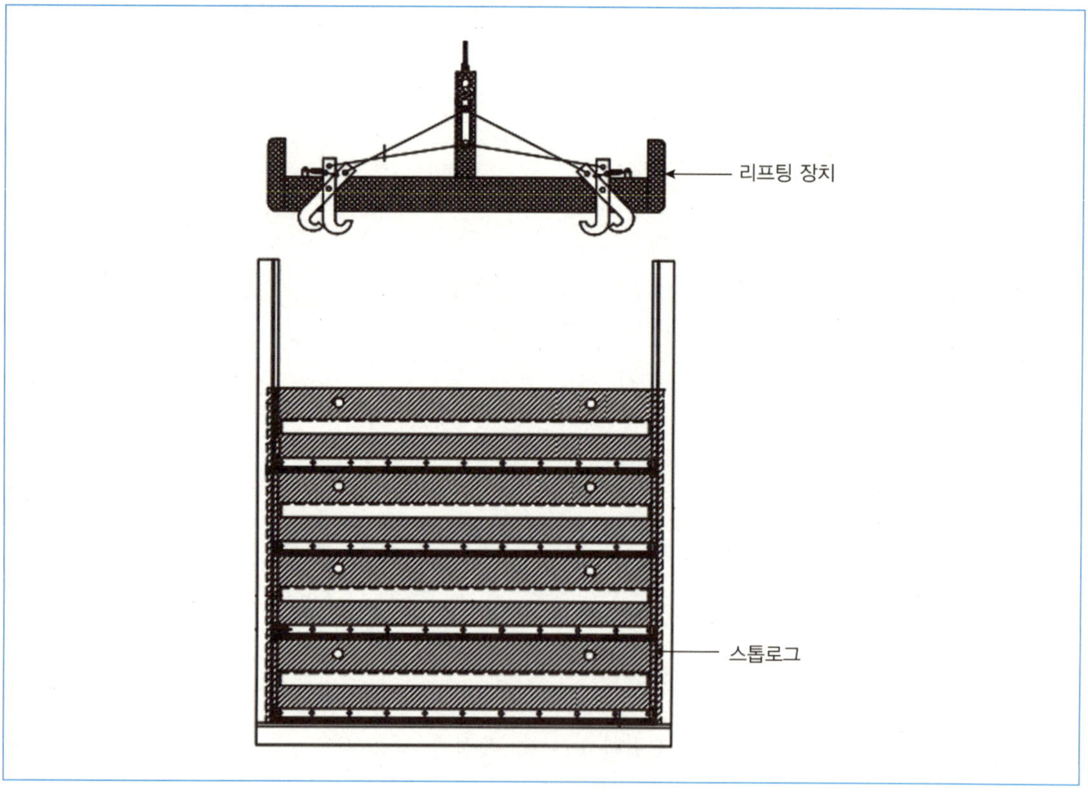

[그림 2-63] 스톱로그

2) 롤러게이트와 슬라이드게이트의 비교

롤러게이트 및 슬라이드게이트를 비교하면 다음과 같다.

- 문짝에 따라 크게 다른 점은 롤러게이트는 롤러에 의하여 수압하중을 문틀에 전달하며 슬라이드게이트는 슬라이드면에 직접 전달된다.
- 문틀은 롤러게이트의 경우는 롤러레일과 수밀판으로 구성되나 슬라이드게이트는 슬라이드면과 수밀판으로 구성된다.
- 게이트 규모는 소형게이트(문짝 면적이 대략 10 m^2 이하)에서는 슬라이드게이트가 많이 사용되고 그 이상에서는 롤러게이트가 사용된다.
- 개폐장치로서는 수동, 전동, 유압의 형식이 있다. 슬라이드게이트에서는 스핀들식 또는 래크식, 롤러게이트는 와이어로프식이 일반적이나, 배수펌프장 기기에 유압을 사용할 때는 유압실린더식이 사용된다. 개폐 속도는 일반적으로 0.3 m/min 정도로 한다.

〈표 2-40〉 플랩게이트 비교

구분	플랩게이트(비금속재)	플랩게이트(금속재)
개요도		
구조	• 비체는 스킨플레이트, 수평빔, 수직빔, 러버, 힌지로 구성 • 박스구조물인 배수로, 용수로, 하천 등의 수문	• 비체는 스킨플레이트, 수평빔, 수직빔, 러버, 힌지로 구성 • 박스구조물인 배수로, 용수로, 하천 등의 수문
구동방식	• 수위차에 의해 자동 개폐	• 수위차에 의해 자동 개폐
재질 및 수밀방식	• FRP, HDPE • 3방 또는 4방 수밀	• STS, SS • 3방 또는 4방 수밀
장점	• 유속변화에 따른 수압의 차이와 자중에 의해 자동개폐 가능, 역수방지 기능 • 부식의 염려가 없으며, P형지수고무 사용으로 지수효과 뛰어남	• 유속변화에 따른 수압의 차이와 자중에 의해 자동개폐 가능, 역수방지 기능 • 스테인리스 재질은 부식 및 외부 충격에 매우 강하며 도장 등 별도의 유지관리가 필요 없음 • 내구연한이 상대적으로 높다
단점	• 외부의 심한 충격에 파손 우려가 있다 • 마모, 깨짐 등 정기적인 유지관리가 필요	• 상대적으로 수문의 중량이 큼 • 스테인리스 재질로 초기공사비 고가

(2) 개폐장치의 종류

수문의 개폐장치 형식으로는 전동랙크식, 전동스핀들식, 와이어로프식, 유압실린더식 등이 사용되어진다.

〈표 2-41〉 개폐장치 비교(예)

구분	전동랙크식	전동스핀들식	유압실린더식
개요도			
구조	• 전동기, 수동조작기, 웜감속기, 감속 기어박스, 스프로킷 및 제어스위치로 구성 • 소형·중형수문에 널리 사용	• 전동기, 감속기, 일체형 조작반, 스위치 유닛으로 구성 • 소형·중형수문에 널리 사용	• 유압발생장치, 유압실린더, 조작반으로 구성 • 중형·대형수문에 널리 사용
장점	• 시공실적이 많고 조작이 간단 • 원격조작 및 자동운전이 가능 • 비상차단이 가능 • 유지관리가 용이	• 시공실적이 많고 조작이 간단 • 원격조작 및 자동운전이 가능 • 제작, 설치가 용이 • 유지관리가 용이	• 수문조작 시 소음 및 진동이 적다 • 원격조작 및 자동운전이 가능 • 비상차단이 가능 • 소형 경량으로 대출력이 가능 • 개폐장치 설치 면적이 작다
단점	• 개폐장치 설치 면적이 크다 • 인양하중이 제한적 (20 ton 이내) • 개폐장치 효율이 낮아 전동기 용량이 크다.	• 비상 차단 겸용으로 할 때 비용이 증가 • 권양기는 저렴하나 구조물 비용 증가	• 유압 유니트를 설치할 수 있는 별도의 구조물이 필요 • 유압배관 파손시 대처능력이 미흡 • 유압 유닛에 오일 점검이 필요.

(3) 수문의 설계

1) 수문 설계의 기본조건

수문은 다음 사항에 적합하도록 설계한다.

- 문짝이 원활하고 확실하게 작동할 것
- 필요한 수밀성 및 내구성을 갖는 구조로 할 것
- 예상되는 하중에 대하여 안전한 구조로 할 것
- 유해한 진동 및 공동현상이 발생하지 않을 것
- 조작 및 점검·정비가 용이하고 안전하게 수행될 수 있을 것

2) 하중계산

① 하중의 고려사항

문짝의 설계는 자중, 정수압, 이토압, 파압, 부력, 개폐력, 빙압, 지진시 동수압, 지진시 관성력, 풍하중, 설하중, 온도변화에 의한 영향, 흐르는 물에 의한 수압의 변화 및 이에 대한 원인으로 진동에 의한 하중증가 등을 고려할 필요가 있다.

일반적으로 각 하중은 다음에 표시하는 경우에 대하여 고려한다.

- 자중 : 경간(clear span)에 대하여 문짝의 높이가 약 1/10 이하의 문짝
- 이토압 : 퇴적, 이토가 있을 경우에 설치되는 수문
- 개폐력 : 개폐력의 전달부분에 대하여 검토
- 빙압 : 극한지에 있어 결빙 방지장치가 없는 경우
- 파압 : 파랑의 충돌에 의한 압력을 특히 고려할 필요가 있는 경우
- 유체의 흐름에 의한 수압변화 및 이의 원인으로 진동에 의한 하중증가 : 깊은 수심에서 조작하는 수문, 비교적 수심이 깊은 대형 수문의 저부 부근, 장경간의 수문, 배면에 물이 있는 상태로 방류하는 수문. 단, 진동억제를 고려한 고압게이트는 여기에서 제외한다.
- 온도변화에 의한 영향 : 특히 장경간 게이트 등의 경우
- 풍하중 : 수면위로 달아 올리는 문짝의 경우
- 설하중 : 눈이 많은 지역에 있어서 문짝의 수평 주빔 및 각주 등에 적설하중을 고려할 필요가 있는 경우

② 하중의 조합

하중의 조합은 수문의 용도, 종류, 설치장소에 따라 정할 필요가 있으나 일반적으로 다음 사항을 조합한다.

- 상시 : 자중, 정수압, 이토압, 파압, 부력, 풍하중, 설하중, 온도변화에 의한 영향, 유체의 흐름에 의한 수압변화 및 이의 원인으로 진동에 의한 하중증가, 개폐력 및 빙압 등
- 지진시 : 자중, 정수압, 이토압, 파압, 부력, 빙압, 설하중, 지진시 동수압, 지진시 관성력 등

③ 주요 하중 계산식

(가) 정수압

$$P = w_0 \cdot H_0 \tag{2-21}$$

여기서,

P : 접촉면상 임의의 점에서의 정수압(ton/m^2)

w_0 : 물의 단위체적중량(ton/m^3)

H_0 : 문짝의 직상류의 수위에 파랑고를 가산한 것으로부터 접촉면상 임의의 점까지의 수심(m)

(나) 이토압

$$P_e = C_e \cdot w_1 \cdot d \tag{2-22}$$

여기서,

P_e : 접촉면상 임의의 점에 있어서 이토압의 수평력(ton/m^2)

C_e : 이토압계수(일반적으로 0.4~0.6을 사용한다)

w_1 : 퇴적 이토의 수중에 있어서의 단위체적중량(ton/m^3)

d : 퇴적 이토면부터 접촉면상의 임의의 점까지의 깊이(m)

(다) 지진시 동수압

$$P_d = \frac{7}{8} \cdot w_0 \cdot k \cdot \sqrt{H \cdot h} \tag{2-23}$$

여기서,

P_d : 지진시 동수압(ton/m^2)

w_0 : 물의 단위체적중량(ton/m^3)

k : 설계수평진도

H : 수심(m), 저수면부터 기초지반까지의 높이(바람 및 지진에 의한 파랑고는 포함하지 않음)

h : 저수면부터 임의의 점까지의 수심(m)

3) 문짝·문틀·고정부의 설계

① 문짝

- 문짝은 수압부, 구조부, 롤러와 힌지부 및 수밀부 등으로 구성되며 예상되는 하중에 대하여 필요한 강성, 강도 및 수밀성을 갖는 구조로 한다.
- 수압을 받는 부위는 스킨플레이트와 스킨플레이트의 보강재인 보조 거더로 구성한다.
- 구조부는 수압을 받는 부위에서의 하중을 롤러와 힌지부로 확실히 전달하도록 한다.

- 문짝의 강도설계는 구조에 따른 해석에 의해 계산된 응력이 허용응력 이하가 되도록 한다.
- 문짝은 점검·정비가 고려된 구조·재질로 하며 필요에 따라 점검·정비를 위한 설비를 설치한다.

② 스킨플레이트

- 스킨플레이트의 배치는 게이트의 설치목적, 기능, 문짝의 구조, 형상, 수리특성, 보수관리 및 경제성 등을 고려하여 결정한다.
- 스킨플레이트에서 누수가 되지 않도록 한다.
- 스킨플레이트의 강도는 작용 수압하중 및 문짝의 구조, 형상, 역학적 거동에 따라 해석하고 안전성을 갖도록 한다.

③ 롤러와 힌지부

- 롤러와 힌지부는 문짝 등에 작용하는 하중을 안전하게 문틀 또는 고정부에 전달하는 것으로 충분한 강도 및 강성을 갖는 것으로 한다.
- 롤러와 힌지부는 문짝이 원활히 조작되고 점검·정비가 용이한 형식·구조로 한다.
- 롤러와 힌지부의 베어링재는 고하중, 내마모성, 내부식성에 대해 강한 베어링을 사용하며 축의 방청효과, 윤활성능의 향상을 고려하여 일반적인 베어링과 같은 종류로 급유하도록 한다.
- 롤러는 마모에 의한 교체를 고려하여 롤러의 경도를 롤러 접촉면의 경도보다 낮게 하고 부시에 대해서는 축의 경도를 높게 한다. 또한, 미끄럼형 롤러에는 문틀, 고정부의 스테인리스강에 대해서 문짝 롤러부 접촉면을 청동주물로 한다.

④ 수밀부

- 수밀부는 유수 및 이물질에 의해 손상을 받아 유해한 진동 및 침식 등을 일으키지 않는 구조로 교환 및 조정이 용이한 구조로 한다.
- 수밀재는 수밀이 유지되도록 적절한 형상을 갖고 요구되는 내구성을 갖는 것으로 한다.
- 수문에 있어 수밀형식으로는 3방향, 4방향 각각에 대하여 전면, 후면 및 양면수밀이 있고 이들 형식은 수문의 형식, 설치목적, 용도 등에 의해 결정되며 통상 하천의 둑 등 개수로에 설치된 수문은 전면 3방 수밀방식으로 하고, 취수구, 방수로 수문에는 전면 또는 후면 4방 수밀방식으로 한다.
- 수밀고무의 형상은 평형(판고무), L형, Y형, P형, 케이슨(caisson)형 등이 있으며 각각 수문비의 형식, 사용조건 및 설계수심 등에 따라 선정한다.

일반적으로 평형은 하부의 수밀고무로 많이 사용되고, L형은 10 m 정도 이하의 저수심인 경우의 3방 수밀방식의 측부 수밀용으로 사용되며, 수밀효과를 기대하기 위하여 문틀과 접촉하는 부분의 고무형상을 P형으로 사용한다. 또한 Y형은 저수심인 경우의 양면 수밀고무로 사용되고 P형은 저수심에서 고수심까지 넓은 범위의 수밀고무로 많이 사용된다.

수밀고무는 어느 경우든 고무에 작용하는 수압을 이용하여 수밀을 꾀하는 것이 바람직하지만 저수심의 경우 수압에 의한 수밀효과를 기대할 수 없을 때는 문짝과 문틀사이에 설치한 쐐기(wedge)에 의해 측부 수밀고무를 문틀에 강제적으로 누르게 하는 등의 배려가 필요하다. 또한, 와이어로프(wire rope)식 개폐장치에서 하부 수밀고무의 압착력이 부족한 경우에는 문짝에 밸러스트(ballast)을 싣는 등의 대책을 강구한다.

- 수밀부는 수밀고무를 분사나 흐르는 모래 등에 대하여 적절하게 보호되는 구조로 하고 또한, 클램프 플레이트(clamping plate), 볼트, 너트는 수밀고무의 교체를 고려하여 스테인리스강으로 하여 부식을 방지한다.

  고무를 누르는 볼트 구멍의 간격이 크면 고무를 누르는 힘이 부족하여 누수의 원인이 된다. 이것을 고려하여 클램프 플레이트 볼트 구멍의 간격은 10 cm 정도로 하는 것이 일반적이다.
- 금속수밀의 수밀부는 갈바닉부식(galvanic corrosion)이 발생되지 않도록 재질 선택에 유의하여야 하며, 수밀성 확보를 위해 제작 및 시공성을 고려하여야 한다.

⑤ 문틀 및 고정부

- 문틀 및 고정부는 문짝의 롤러와 힌지부에서의 하중을 안전하게 전달하도록 치수, 강도 및 강성을 갖는 것으로 한다.
- 문틀 및 고정부의 형상은 수문설비의 형식에 적합한 것으로 수밀 및 개폐조작에 필요한 치수 및 정도를 갖는 것으로 한다.
- 문틀 및 고정부는 거치시의 시공법, 문짝의 점검·정비를 고려한 구조 및 치수로 한다.
- 앵커리지(anchorage)는 스킨플레이트 서포트(support)로 부터의 전수압하중을 집중해서 받는 중요한 부분이므로 이 하중을 안전하고 확실하게 콘크리트 피어(concrete pier)내에 널리 분산시키는 구조로 하고 사용목적에 적합한 형식을 선정해야 한다.

⑥ 윤활

- 문짝의 롤러와 힌지부 및 고정부의 회전·접동부에는 윤활을 한다.
- 윤활방법은 설비의 목적, 사용조건 및 윤활관리를 고려하여 적절한 것을 선정한다.

⑦ 접합부의 설계

- 접합부는 전달하는 하중의 종류(축력, 휨모멘트, 전단력 등)와 접합부의 구조에 맞는 확실한 접합방법으로 설계한다.
- 접합 위치는 원칙적으로 최대응력 발생부와 응력 집중부를 피한다.
- 접합의 종류는 부재간의 하중전달이 원활하고 안전한 방법을 채용한다.

4) 문짝의 휨에 의한 처짐

문짝의 휨에 의한 처짐은 수밀부가 고무수밀의 경우 경간(clear span)의 1/800 이하로 한다. 또한, 수밀부가 금속접촉 수밀은 수밀성을 확보하기 위하여 경간의 1/1,000 이하로 한다.

5) 개폐동력장치의 용량과 시간정격

- 전동기용량은 계산된 개폐력에 대하여 100% 이상의 용량으로 하고 전동기 정격토크에 대해 기동토크는 200% 이상, 최대토크가 300% 이하로 한다.
- 전동기의 시간정격은 전양정을 운전하는데 필요한 시간 이상으로 한다. 다만, 1회당의 운전계속시간 이상으로 한다.
- 자동제어 등에서 기동, 정지를 빈번하게 되풀이하는 경우는 장시간의 반복운전을 해도 지장이 없는 것으로 하여야 한다.
- 개폐장치에 직결해서 사용하는 내연기관의 용량은 계산 개폐력의 150% 이상의 용량의 것이어야 한다.

6) 제동기

개폐장치에는 제동기구를 설치하여야 한다. 브레이크 용량이 과대하면 정지시의 충격력이 크게 되므로 전동기의 경우에는 정격토크, 엔진인 경우는 최대토크에 대하여 각각 150% 정도로 함이 바람직하다.

7) 개폐장치의 안전장치 및 부속 설비

개폐장치에는 필요에 따라서 아래와 같은 장치를 설치한다.

- 제한개폐기
- 비상용 제한개폐기
- 과부하방지장치

- 문짝 휴지장치
- 문짝 경사 조정장치
- 문짝 개도지시장치
- 와이어로프 이완방지장치
- 와이어로프 이탈방지장치
- 와이어로프 단말조정장치
- 인터록(interlock)장치

8) 유압장치

① 유압펌프 및 원동기용량

설계압력 및 설계유량은 일반적으로 각각 유압펌프의 정격배출압력의 80%, 정격 배출량의 90% 이하로 한다. 한랭지처럼 저온 때문에 손실압력이 정격압력의 20%를 초과하여 실린더 작동압력이 부족한 경우도 있으므로 이러한 경우에는 식 (2–24)로 산정한다.

$$P_d = \frac{1}{0.9} \cdot (P_0 + P_1 + P_2 + P_3) \tag{2–24}$$

여기서,

P_d : 정격압력(kgf/cm^2)

P_0 : 개폐하중에 대한 유압실린더내의 압력(kgf/cm^2)

P_1 : 유압실린더 무부하 작동압력(kgf/cm^2)

P_2 : 유압관 손실압력(kgf/cm^2)

P_3 : 유압유니트 손실압력(kgf/cm^2)

유압펌프의 구동원동기의 출력은 설정펌프의 성능에 대하여 충분한 것으로 할 필요가 있다.

② 유압실린더

유압실린더의 소요 내경은 개폐력과 정격압력에 따라서 결정한다. 또한 유압실린더의 튜브두께를 산정할 때의 허용응력은 인장강도의 1/5로서 부식대를 가산하여 결정한다.

③ 유압배관

- 유압배관은 KS D 3562 압력배관용 탄소강관 또는 KS D 3564 고압배관용 탄소강관을 사용하고 접합부는 기름유출이 없도록 완전히 접합한다.

- 토목구조물의 신축부나 온도변화에 따른 신축에 대해서는 신축이음을 사용하는 등 적절한 조치를 강구해야 한다.
- 유압배관내의 유속이 과대하게 되지 않도록 그 내경을 결정한다. 관내유속은 유압배관의 계통내에서는 다음의 값이 일반적이다.
  - 펌프의 흡입 회로측 1.5 m/s 이하
  - 펌프의 압력 회로측 4.0 m/s 이하
  - 한랭지에서는 압력측 관로내 유속은 1~2 m/s 범위로 사용한다.
- 유압배관을 시행한 후에는 플러싱 오일(flushing oil) 등으로 청소를 해야 한다.
- 수문의 문짝에 복수의 유압실린더를 설치하는 경우는 각 유압실린더가 동조하도록 배려해야 한다.

④ 작동유

작동유는 펌프의 사용압력, 사용온도 범위, 내구성 등을 고려하여 적당한 것을 선정한다. 한랭지에서는 저온유동성이 양호한 것으로서 사용최저온도 보다 적어도 10℃ 낮은 유동점의 작동유를 사용할 필요가 있다.

작동유의 사용온도 범위가 넓은 경우는 점도지수가 높은 것을 사용할 필요가 있지만 일반적으로 90~150 정도가 적당하다.

2.3.4 밸브설비

(1) 밸브의 종류

1) 밸브의 종류 및 용도

- 배수펌프장에 사용되는 밸브의 종류는 차수용, 유량조절용, 역류방지용 등의 용도에 적합한 밸브를 〈표 2-42〉과 같이 설치하여야 한다.
- 차수용 밸브는 펌프의 토출 배관에 설치하여 펌프 기동시에 열고, 펌프 정지시에 닫고, 펌프 정지 중에는 닫힌 상태에서 물을 차단한다.
- 펌프가 압송식의 경우에는 펌프 흡입 측에도 설치하여 상시 열린상태로 하고 펌프 보수시에는 폐쇄상태로 하여 물을 차단한다.
- 플랩밸브 및 체크밸브는 차수용 밸브가 열린 상태에서 펌프가 정지했을 때 역류하는 것을 방지하기 위한 것이다. 플랩밸브는 토출 관 끝에, 체크밸브에서는 펌프 토출구 직후에 설치한다.
- 유량조절용 밸브는 펌프의 토출 배관에 설치하여 펌프 운전 중에 밸브를 임의의 개도로 유체에

저항을 주어 유량을 조절하는 것이다. 일반적으로 차수의 기능도 있으므로 차단용 밸브와 겸용하는 경우가 많다.

〈표 2-42〉 밸브의 종류 및 용도

밸브의 형식	설치위치	용 도				조작방식			
		차수용	유량조절용	역류방지용	수격방지용	자동	수동	전동	유압
버터플라이밸브	흡입측	○					○	○	○
	토출측	○	○	○			○	○	○
게이트밸브	흡입측	○					○	○	
	토출측	○					○	○	
콘밸브	토출측	○	○	○	○		○	○	○
체크밸브	토출측			○	○	○			
긴급차단밸브 (혼합체크밸브)	토출측	○	○	○	○		○	○	○
플랩밸브	토출관단			○		○			

2) 밸브의 형식과 특징

배수펌프장용 밸브의 형식과 특징 등에 대해 〈표 2-43〉에 나타내었다.

〈표 2-43〉 밸브의 형식과 특징

밸브의 형식		구조	특징
버터플라이밸브	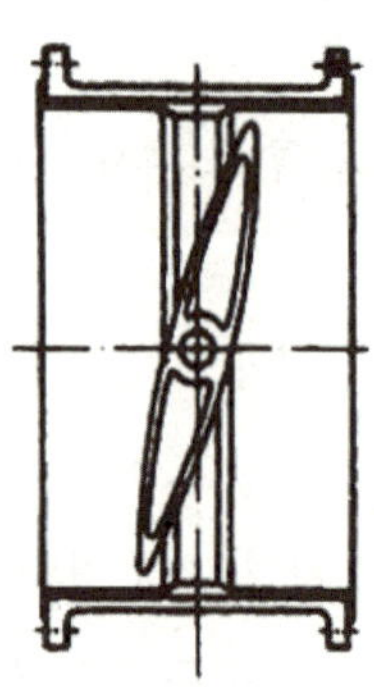	• 밸브몸통에서 밸브디스크를 90° 회전하여 개폐를 실시하는 것으로, 수직형과 수평형이 있다. • 밸브시트는 고무와 금속제를 사용하는 것이 일반적이다.	• 밸브의 개폐 시간이 비교적 빠르며, 밸브의 조작력이 작다. • 유량제어 특성은 비교적 양호하며 중간 개도에서는 사용할 수 있으나 상대적으로 손실계수가 크다.

밸브의 형식		구조	특징
게이트밸브	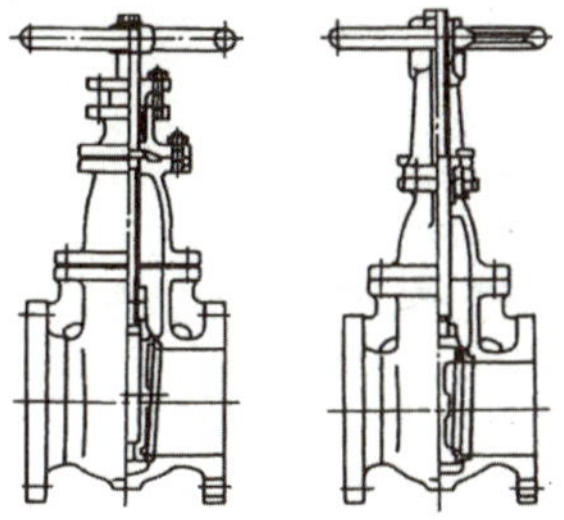 안나사식 바깥나사식	밸브대의 회전에 의해 밸브디스크가 상하로 슬라이드하여 개폐를 실시하는 것으로, 안나사식과 바깥나사식이 있다.	• 밸브가 완전히 열리면 구경과 동일한 면적으로 손실계수가 작다. • 밸브를 완전히 닫히면 쐐기 모양의 밸브디스크가 밸브시트 표면을 밀착시켜 수밀성이 좋다. • 바깥나사식은 나사부가 외부에 있어 마모가 안나사식 보다 뛰어나기 때문에 토사 등이 혼입된 배수펌프용으로는 바깥나사식을 사용한다. • 밸브의 전고가 높으며, 조작력이 크고, 개폐속도가 느리다. 전동조작의 경우 편구배식으로 하는 것이 일반적이다.
콘밸브	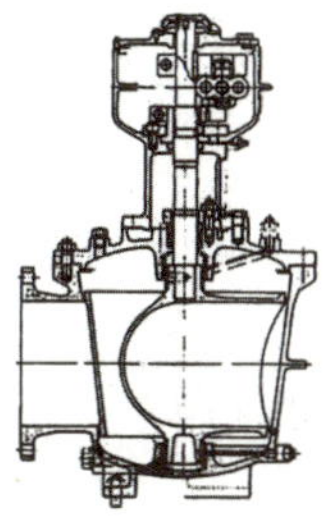	원추형 밸브디스크를 들어올리고 90° 회전 시킨후 개폐한다.	• 밸브 전개시는 밸브디스크 통로가 완전한 파이프 모양이 되어 손실계수가 작다. 또한 밸브 구경은 유속을 6 m/s로 할 수 있기 때문에 작아진다. • 밸브 완전히 닫힐 때 원추형 밸브디스크를 밸브시트면에 밀착하기 때문에 수밀성이 좋다. • 전동 또는 유압으로 조작하며, 수격현상의 압력상승 제어에 사용한다.
체크밸브	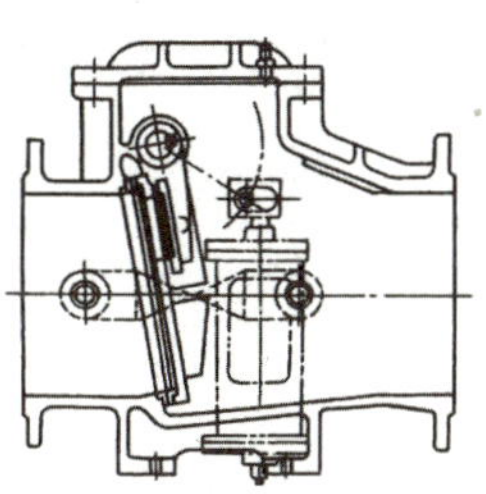	관내의 유체를 밸브디스크가 개폐한다.	• 마찰 손실이 비교적 크다. • 수격방지용의 경우 밸브디스크의 폐쇄속도에는 급폐형과 완폐형이 있다. 급폐형은 밸브대의 레버에 웨이트를 장착하여 역류 시작 직전 또는 동시에 폐쇄시키며 밸브디스크의 폐쇄를 지연시켜 압력상승을 방지한다. 완폐형은 역류 시작시에 상승압력을 완화시키면서 밸브디스크를 폐쇄하는 구조로 밸브의 면적, 폐쇄속도는 사용 조건에 따라 달라진다.
긴급차단밸브	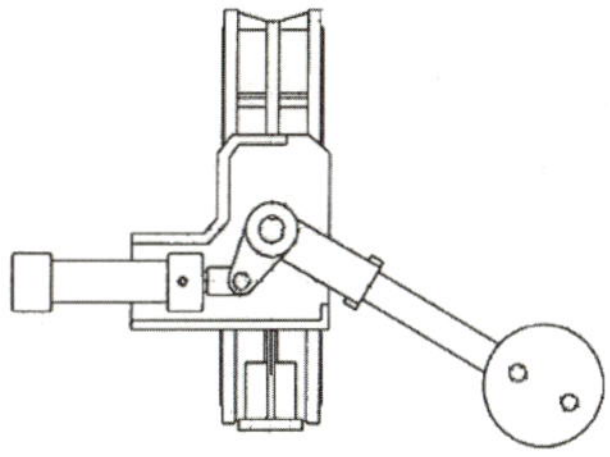	밸브몸통에서 밸브디스크를 90° 회전하여 개폐를 실시하는 것으로, 밸브 대의 레버와 웨이트가 동시에 작동하여 개폐한다.	• 밸브의 몸통은 버터플라이밸브와 같으며 밸브대의 레버에 웨이트를 장착하고 유압실린더와 유압발생장치로 구성되어, 정상적인 작동의 경우에는 일반밸브처럼 사용하다가 정전이나 비상시에는 일반 체크밸브와 같이 자동으로 폐쇄된다. • 유량제어 특성은 비교적 양호하며 중간 개도에서는 사용할 수 있으나 상대적으로 손실계수가 크다.
플랩밸브	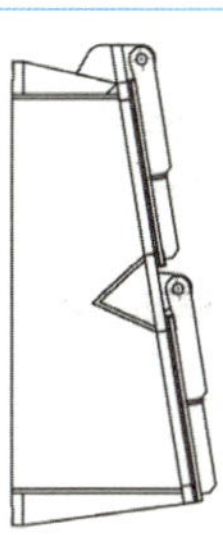	관내 유체의 흐름에 의해 밸브디스크가 개폐한다.	• 체크밸브에 비해 손실계수가 작고 경량이다. • 수밀성은 일반적으로 기대할 수 없다. • 전양정이 8 m를 넘는 경우, 토출 관로 연장이 30 m를 넘는 경우에는 충격완화를 위해 밸브 근처에 공기 흡입관을 세운다.

3) 펌프의 형식과 밸브의 설치 위치

펌프의 형식에 따라 밸브의 설치위치와 밸브의 형식의 사용 예를 〈표 2-44〉에 나타내었다.

〈표 2-44〉 밸브의 설치 위치

<table>
<tr><th>용도</th><th>펌프의 형식</th><th>밸브의 설치 위치 및 형식</th></tr>
<tr><td rowspan="4">배수</td><td>수평축 축류·사류펌프</td><td>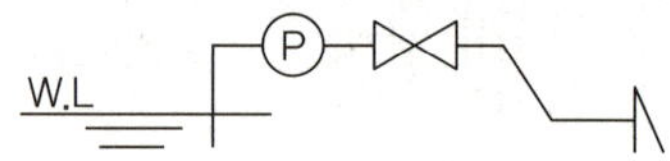</td></tr>
<tr><td>수직축 축류·사류펌프</td><td>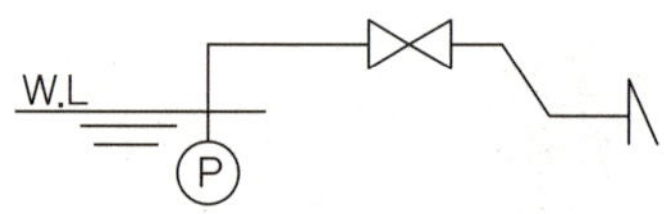</td></tr>
<tr><td>튜블러펌프</td><td>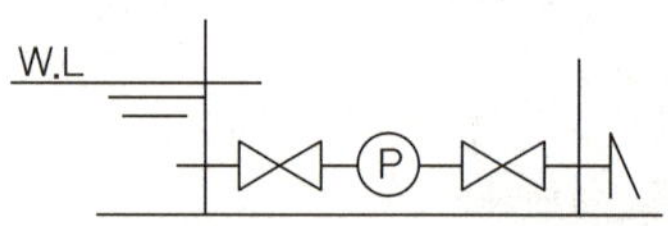</td></tr>
<tr><td>수중펌프</td><td>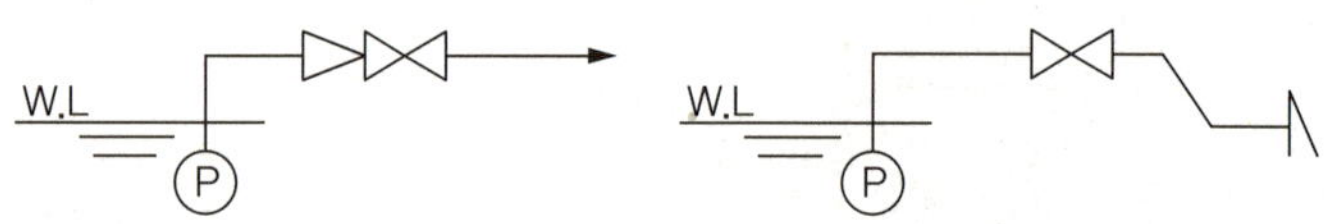</td></tr>
</table>

주) 보수 관리용의 차수 밸브는 필요에 따라 적재적소에 설치한다.

【비고】 주펌프 : Ⓟ 차수용밸브 : ⋈ 체크밸브 : ▷| 플랩밸브 : |\

4) 밸브의 조작방식

밸브의 구경, 사용압력 및 밸브의 형식에 따라 밸브의 수동조작 한계는 다르지만, 수동조작 방식의 한계를 넘는 것은 전기 또는 유압구동 조작방식의 채용을 검토한다. 밸브의 조작방식과 그에 적합한 설치 예를 〈표 2-45〉에 나타내었다.

〈표 2-45〉 밸브의 조작 방식과 설치

조작방식	적합한 설치
수동	• 토출밸브를 전개하면서 기동하고, 밸브 전개 상태로 펌프를 정지하는 소구경 펌프의 경우 • 펌프의 흡입측에 설치하는 차수밸브, 토출측 차수밸브 또는 유량조절밸브의 수리시의 차수용 밸브
전동	• 펌프 기동 시 열림과 정지 시 폐쇄조작을 하고, 필요에 따라 펌프 운전 중에도 임의의 개도로 조작하는 경우
유압구동	• 전동식 운전 조작에 더하여 정전시 역류방지를 위하여 자동폐쇄할 경우 • 체크밸브 및 플랩밸브에는 없는 설비임

(2) 밸브의 설계

1) 밸브의 선정

- 밸브의 구경은 펌프 계획 토출량에서 있어서 밸브의 통과 유속은 설계유속의 범위가 되도록 선정한다. 또한 배수펌프용 토출측 차수밸브의 구경은 펌프의 구경에 맞추는 것으로 한다.
- 흡입 측 차수용으로 설치하는 밸브는 밸브의 저항계수 및 이물질의 유입 가능성이 높다. 구경 500 mm 이하는 게이트 밸브를 사용하고, 구경 600 mm 넘는 것에 대해서는 버터플라이밸브를 사용하는 것이 좋다. 또한 구경 2,600 mm 이상 주 펌프의 토출측에는 롤러게이트가 사용될 수 있다.
- 긴급차단밸브(혼합체크밸브)는 차수기능과 역류방지 기능을 갖는 밸브로서 설치면적이 작아 유리하나 고장 발생 시 두 기능을 동시에 잃을 수 있는 단점도 있다.
- 관로 말단에는 안전성이나 위생상 비금속 플랩밸브 설치를 검토한다.

2) 밸브의 설계 유속

- 밸브의 각 형식마다 설계 유속은 펌프 계획 토출량에서의 유속을 의미한다.

〈표 2-46〉 플랩밸브의 구경[29]

단위 : mm

펌프 구경	밸브 구경	
	원형	각형
300	450	–
400	600	–
500	700	–
600	800	–
700	900	–
800	1,000	–
900	1,200	–
1,000	1,350	–
1,200	1,500	–
1,350	1,650	–
1,500	1,800	–
1,650	2,000	–
1,800	–	1,800×2,600
2,000	–	2,000×2,900

- 차수용 밸브와 유량조절밸브의 유속
  - 게이트밸브 : 약 3 m/s 이하
  - 버터플라이밸브 : 약 3 m/s 이하
  - 콘밸브 : 약 6 m/s 이하
- 역류방지용 밸브의 유속
  - 체크밸브 : 약 3 m/s 이하
  - 플랩밸브 : 약 2 m/s 이하
- 게이트밸브, 버터플라이밸브 및 체크밸브는 주펌프 구경의 유속과 동일하게 한다.
- 콘 밸브는 그 구조상 밸브 전개 시에 유로가 밸브 구경과 동일하므로 밸브가 전개시의 유속이 빨라지는 것을 고려한다.
- 플랩밸브는 속도수두손실을 줄이기 위해 주펌프 구경의 유속보다 작은 유속으로 한다. 그러나 펌프 구경이 2,000 mm 이하의 배수펌프설비에 설치하는 플랩밸브의 구경은 〈표 2-46〉에 의해 선정한다.

(3) 밸브의 재료

1) 밸브 재료의 표준

밸브몸통 및 밸브디스크의 재료는 유체의 압력 등에 따라 선택한다. 밸브몸통은 압력용기를 형성하기 때문에 사용압력에 대응한 내압을 유지하기 위해 필요한 응력을 제공하고 사용실적도 충분히 있으며, 제작이 용이하고 경제성이 높은 재료를 선정한다. 배수시에 해수 등 부식이 쉬운 성분이 혼입하는 경우에는 적합한 재료를 선정한다. 차수용 유량조절용 및 역류방지용으로 사용하는 각 밸브의 주요부 재료는 다음 내용을 표준으로 한다.

① 차수용, 유량조절용 밸브

(가) 버터플라이밸브

부품명칭	재료	재료기호
밸브몸통, 밸브디스크	회 주철품, 구상 흑연 주철품, 일반 구조용 압연 강재, 용접 구조용 압연 강재	GC 200, GCD 450, SWS 400, SS400
밸브대	스테인리스 강봉	STS 304, STS 420J2
밸브시트	합성고무, 천연고무	–

29) 揚排水ポンプ設備技術基準(平成 27年, 社団法人河川ポンプ施設技術協会)

(나) 게이트밸브

부품명칭	재료	재료기호
밸브몸통, 밸브디스크	회 주철품, 구상 흑연 주철품	GC 200, GCD 400, GCD 450
밸브대	스테인리스 강봉	STS 304, STS 403, STS 420J2
밸브시트	청동주물, 스테인리스강	CAC 406, STS 304, STS 403

(다) 콘밸브

부품명칭	재료	재료기호
밸브몸통, 밸브디스크	회 주철품, 구상 흑연 주철품, 일반 구조용 압연 강재	GC 200, GCD 450, SS 400
밸브대	크롬 몰리브덴 강, 니켈 크롬강	SCM, SNC
밸브시트	모넬 메탈	–

② 역류방지용 밸브

(가) 체크밸브

부품명칭	재료	재료기호
밸브몸통, 밸브디스크	회 주철품, 구상 흑연 주철품	GC 200, GCD 450
밸브대	스테인리스 강봉	STS 304, STS 403,STS 420J2
밸브시트	청동주물, 스테인리스강	CAC 406, STS 304, STS 403

(나) 플랩밸브

부품명칭	재료	재료기호
밸브몸통	회 주철품, 구상 흑연 주철품, 일반 구조용 압연 강재, 고밀도 폴리에틸렌	GC 200, GCD 450, SS 400, HDPE
밸브디스크	일반 구조용 압연 강재, 고밀도 폴리에틸렌	SS 400, HDPE
밸브대	청동주물, 스테인리스강	CAC 406, STS 304, STS 403

2) 밸브 재료의 선정

- 버터플라이밸브, 게이트밸브와 체크밸브의 밸브몸통, 밸브디스크 재료의 선정기준을 〈그림 2-64〉에 나타내었다.
- 콘밸브의 밸브몸통, 밸브디스크 재료는 밸브 구경이 1,000 mm 이상의 경우 강도상 및 경제성을

고려하여 일반 구조용 압연 강재를 사용한다.

- 플랩밸브의 밸브몸통 재료는 각형 밸브 구경이 1,800×2,600 mm 이상의 경우 강도상 및 경제성을 고려하여 일반 구조용 압연 강재를 사용하거나, 내구성을 필요로 할때는 고밀도 폴리에틸렌 HDPE와 스테인리스강 STS 304를 조합하여 사용한다.
- 밸브대의 재료는 밸브디스크 하중 및 재료의 경도나 베어링 재질과의 미끄럼 특성 등을 고려하여 선정하되, 스테인리스 강봉은 STS 403이 많이 사용되고 있다.
- 밸브시트는 펌프시설에서 양수 중에 토사 등 이물질이 없는 경우나 소구경 밸브는 청동주물 CAC 406을 사용한다. 내구성 등을 필요로 할 때의 게이트밸브의 밸브시트는 스테인리스강 STS 304와 STS 403을 조합하여 사용하며, 체크밸브는 스테인리스강 STS 304를 사용하는 것이 일반적이다.
- 밸브의 재료는 일반적인 수질의 경우를 나타낸 것이며, 부식성 액체 등의 경우 다른 적절한 재료를 검토하여 사용한다.

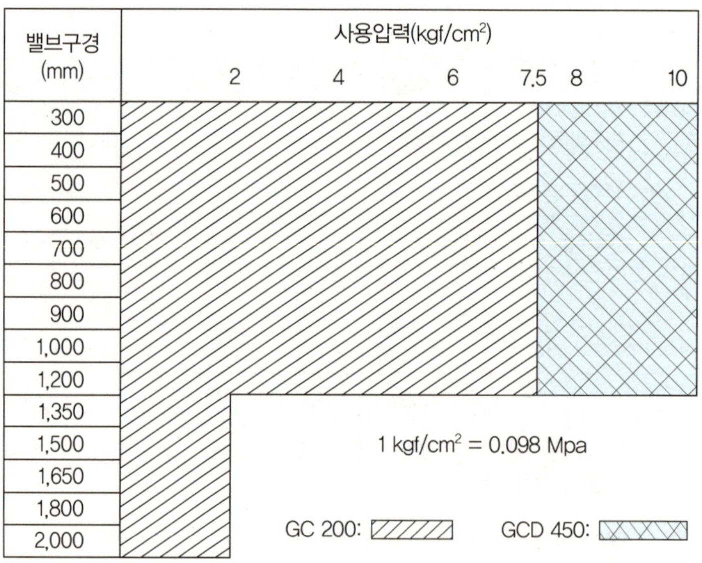

*사용압력은 통상의 사용 상태에서 유체의 압력(상용압력)을 말한다.

[그림 2-64] 버터플라이밸브, 게이트밸브, 체크밸브의 주요부 재질의 선정기준[30)]

30) 揚排水ポンプ設備技術基準(平成 27年, 社団法人河川ポンプ施設技術協会)

2.3.5 배관설비

(1) 배관의 종류

배수펌프장에 사용되는 배관은 수도용 도복장 강관, 폴리에틸렌 피복 강관 또는 덕타일 주철관 등이 주로 사용된다. 배관은 설치가 되면 교체가 어려울 뿐만 아니라, 지하 등에 매설되는 부분도 많아 유지관리가 어렵기 때문에 내구성, 시공성, 유지관리성 및 경제성 등을 고려하여 선정하여야 한다.

1) 강관의 종류

강관의 종류는 배관용 탄소 강관, 배관용 아크용접 탄소 강관, 수도용 도복장 강관, 폴리에틸렌 피복 강관 등이 있으며, 강관의 규격 및 적용범위는 〈표 2-47〉과 같다.

〈표 2-47〉 강관의 규격 및 적용범위

규격번호	규격명	적용범위
KS D 3507	배관용 탄소강관	사용압력이 비교적 낮은 호칭지름 6A에서 600A 배관에 사용하는 탄소강관에 대하여 규정한다.
KS D 3583	배관용 아크 용접 탄소강 강관	사용압력이 비교적 낮은 호칭지름 6A에서 2,000A 배관에 사용하는 아크 용접 탄소강 강관에 대하여 규정한다.
KS D 3565	수도용 도복장 강관	상수도에 사용하는 호칭지름 80A에서 3,000A의 도복장 강관에 규정한다.
KS D 3578	상수도용 도복장 강관 이형관	상수도에 사용하는 호칭지름 80A에서 3,000A의 도복장 강관 이형관에 규정한다.
KS D 3589	압출식 폴리에틸렌 피복 강관	주로 지중매설용의 바깥면 폴리에틸렌 피복 강관에 대하여 호칭지름 15A에서 3,000A까지 규정한다.
KS D 3607	분말 용착식 폴리에틸렌 피복 강관	사용온도 60℃ 이하의 지중매설용 강관의 바깥면을 보호하기 위하여 강관 바깥면에 분말 용착법으로 폴리에틸렌을 피복한 강관과 폴리에틸렌을 피복한 관 이음쇠에 대하여 호칭지름 15A에서 3,000A까지 규정한다.

2) 주철관의 종류

주철관의 종류는 덕타일 주철관과 덕타일 주철 이형관 등이 있으며, 주철관의 규격 및 적용범위는 〈표 2-48〉과 같다.

〈표 2-48〉 주철관의 규격 및 적용범위

규격번호	규격명	적용범위
KS D 4311	덕타일 주철관	땅속 또는 지상에 배관하여 물을 수송하는 사용하는 덕타일 주철관에 대하여 호칭지름 80A에서 2,600A까지 규정한다.
KS D 4308	덕타일 주철 이형관	땅속 또는 지상에 배관하여 물을 수송하는 사용하는 덕타일 주철 이형관 및 조인트용 부속에 대하여 호칭지름 80A에서 2,600A까지 규정한다.

3) 주배관 재질 비교

배수펌프의 주배관은 관로손실이 적고 공기 누설 및 고임이 없어야 하고 내마모성, 내식성이 우수한 재질로서 진동과 부등침하에 잘 견디는 것으로 선정해야 한다. 주배관의 재질은 일반구조용 압연강재(SS)를 주로 사용하나, 내식성이나 내구성이 요구되는 곳은 폴리에틸렌피복강관을 선정하기도 한다.

〈표 2-49〉 주배관 재질 비교

구분	폴리에틸렌 피복강관	덕타일 주철관	유리섬유 복합관
사진			
개요	강관의 외면에 에폭시와 폴리에틸렌을 코팅하고 내면에는 강화폴리우레탄을 도장하는 피복방식	덕타일 주철을 원심주조로 관을 만들어 내부에 시멘트 라이닝을한 관	불포화 폴리에스테르 수지를 기반으로 중심부의 모래를 사용하여 강화하고 내외층에 유리섬유로 제작한 관
장점	• 내압 및 외압에 가장 양호 • 내충격에 강함 • 부식에 강하고 방식, 방습효과 우수 • 현장 가공성 우수, 보수 용이 • 관접합에 의해 관체가 연속성을 가지므로 안전성이 뛰어남 • 부등침하에 적응성이 좋음	• 내압 및 외압에 양호 • 온도변화 적음 • 접합방식이 단순하여 시공 양호 • 분기관 설치가 비교적 용이 • 내식성 우수 • 상수관 및 공업용수관으로 주로 사용	• 중량이 가벼워 운반이 용이 • 부등침하에 강함 • 접합 및 수밀성 양호 • 부식 우려가 없음 • 접합이 용이하고 인력절감 및 공기단축 가능
단점	• 소구경은 경제성이 떨어짐 • 현장용접 후 유지관리 곤란 • 분기관 설치가 어려움	• 부등침하에 의한 탈관 우려 • 중량이 무거워 운반 및 취급에 어려움 • 라이닝 이탈 및 절단부 부식 우려 • 급격한 압력이 작용할 때 균열의 우려가 있음	• 날카로운 부분에 의해 피복 약함 • 시공 시 파손 우려 • 분기관 설치가 어려움 • 중량이 가벼워 부력에 의한 관부상 우려

(2) 관이음의 종류

1) 관이음의 종류

관이음에는 용접이음, 플랜지이음, 나사이음, 유니온이음이 있으며, 관이음의 개략적인 형상을 [그림 2-65~그림 2-68]에 나타내었고, 관이음의 종류와 특징은 〈표 2-50〉과 같다.

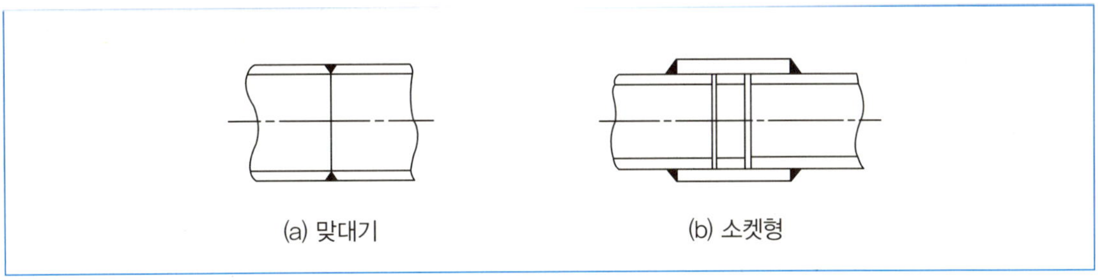

[그림 2-65] 용접이음

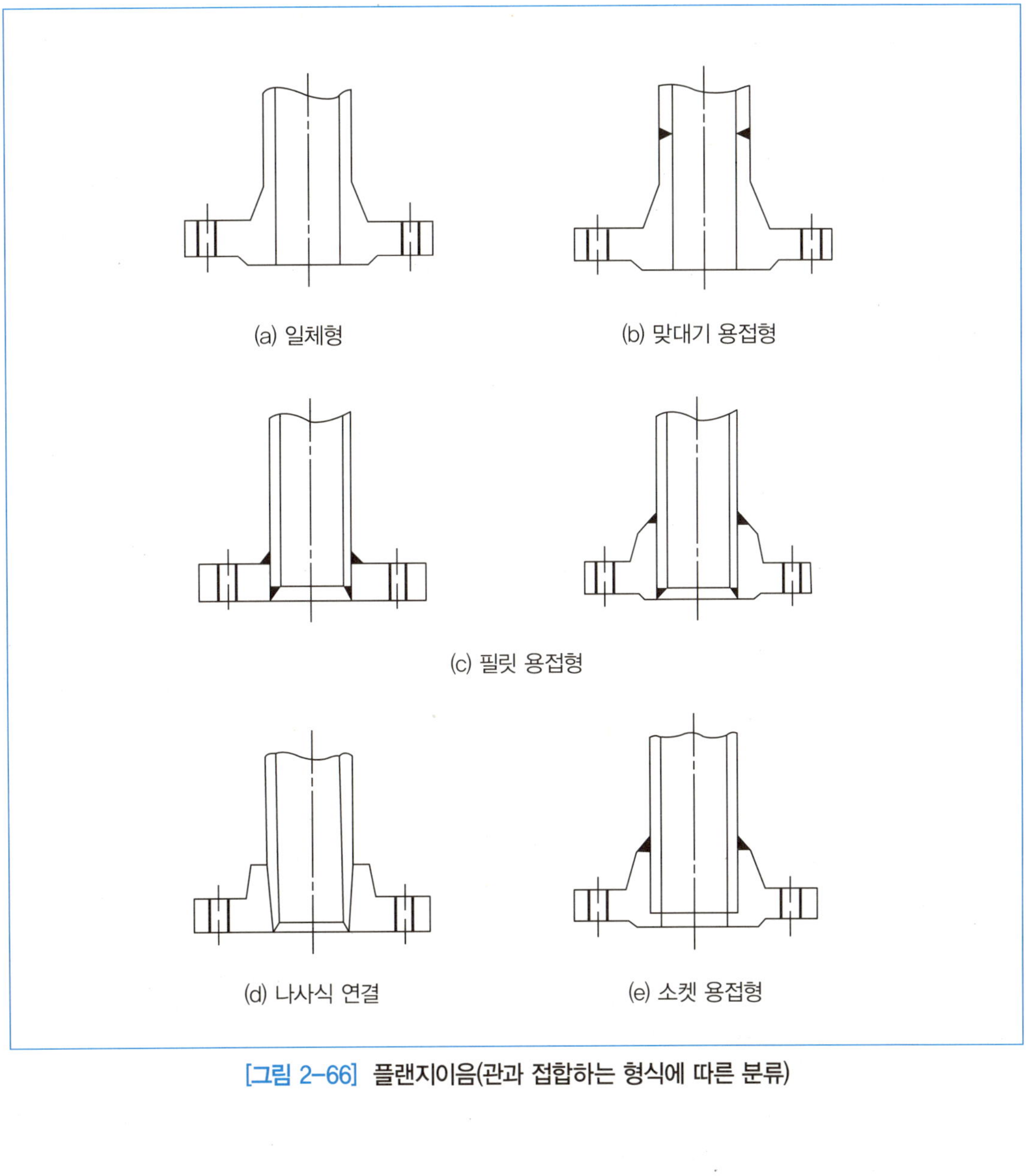

[그림 2-66] 플랜지이음(관과 접합하는 형식에 따른 분류)

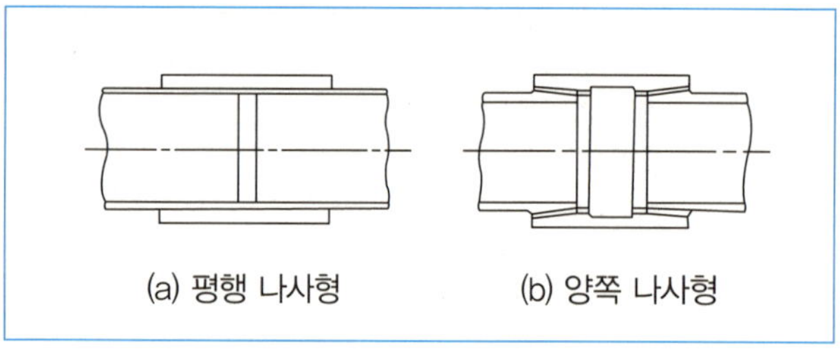

[그림 2-67] 나사이음

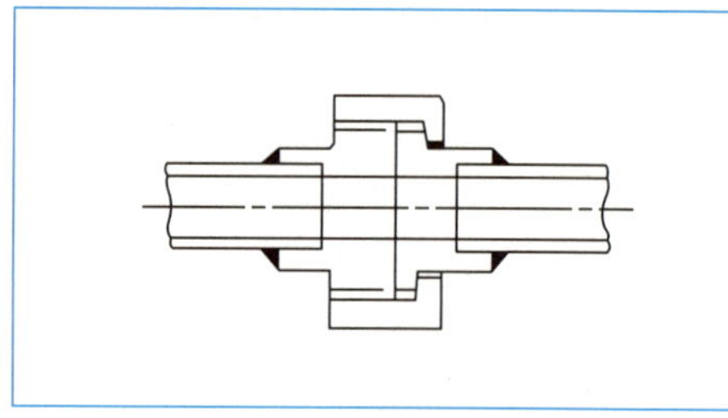

[그림 2-68] 유니온이음

〈표 2-50〉 관이음의 종류와 특징

관이음의 종류		적용관		장점	단점
플랜지 이음	일체형의 플랜지	• 강관 • 강철관 • 합성수지관 • 라이닝관	• 재질이 주조품 또는 단조품 • 중·대구경 고압 배관에 적용	플랜지면의 정도를 기대할 수 있다.	현장에서 치수조정이 불가능하다.
	맞대기 용접형의 플랜지		중·대구경의 고압 배관에 적용	용접에 수반하는 열변형이 개스킷에 영향이 미치지 않는다.	플랜지의 제작공정이 많아 판 플랜지보다 값이 비싸다.
	필릿 용접형의 플랜지		중·대구경의 저압 배관에 적용	재료비가 저렴하여 중심을 바로 잡는 것이 용이하다.	용접에 따른 열변형이 가스켓에 영향을 미치기 쉬우며 고압에서는 약간의 누수가능성이 있다.
나사 이음	나사식 플랜지		소구경 배관에 적용	• 용접이 불가능한 재료(도장관, 라이닝관 등)에 적합하다. • 작은 구경의 관은 시공이 간단하다.	시공상 대구경관에는 적합지 않다.
용접 이음	맞대기 용접이음	• 강관 • 동관 및 동합금관 • 기타 용접 가능한 금속관	중·대구경 배관에 적용	• 이음부의 강도가 모재와 비슷하다. •흐름에 따른 손실수두가 작다.	
	소켓 용접이음		소구경 배관에 적용	• 용접부위를 다듬기가 용이하다. • 고압에 사용할 수 있다.	
유니온 이음	유니온	• 강관 • 강관 및 동합금관	소구경 배관의 분해용으로 이용	분해와 연결이 용이하다.	고온, 고압 배관에는 적합지 않다.

2) 신축이음의 종류

신축이음은 주로 펌프, 밸브류 등의 기기와 배관사이에 설치하여 기기의 보수를 고려하여 적용되며 다음과 같은 경우에 사용한다.

- 배관의 지지 및 구조물에 부등침하가 예상되는 경우
- 유체의 온도가 높은 경우
- 기기 제거, 교체 등의 사유로 관의 이음을 해체할 필요가 있는 경우
- 배관을 넣어 기기의 진동이 전달되지 못하도록 하는 경우
- 설치시기의 조정 등의 사유로 시공성에 여유를 갖고자 하는 경우

① 드레서형 신축이음

드레서(dresser)형 신축이음은 관이음 본체의 양단에 기밀부를 가지며, 쐐기형의 링 모양의 패킹을 양측의 패킹누르개로 밀어 넣음으로써 기밀성을 유지하는 관이음으로 관의 휨과 신축을 흡수할 수 있다. 가장 널리 일반적으로 사용되는 형으로서 관의 굴절에 대한 허용량이 큰 편이며, 신축 허용량도 90~140 mm 정도로서 강관의 관로에 매우 적합하다. 또한 구조가 간단하여 취급 및 시공이 용이하다.

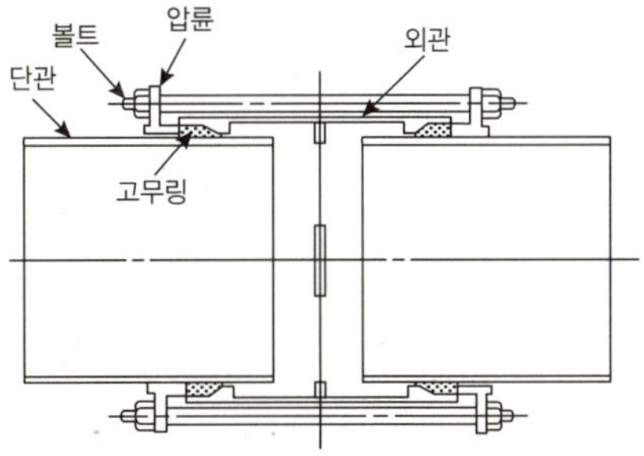

[그림 2-69] 드레서형 신축이음

② 텔레스코픽형 신축이음

텔레스코픽(telescopic)형 신축이음은 강관의 접합부를 수구로 하여 신축관과의 사이에 넣고 볼트로 조여 접합하는 형식의 것으로서 신축 허용량은 120~200 mm에 달하나 굴절에 대한 허용량은 적다.

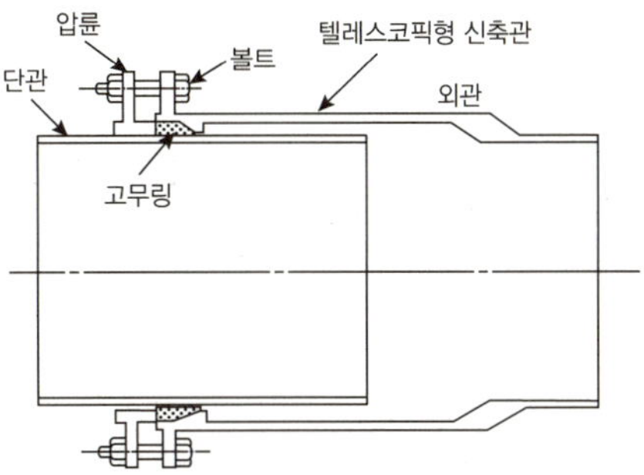

[그림 2-70] 텔레스코픽형 신축이음

③ 빅토릭형 신축이음

빅토릭(victaulic)형 신축이음은 신축이음관의 굴곡에 대한 허용량은 매우 크나 신축 허용길이가 1~6 mm로서 작은 편이며 플랜지 접합법과 같이 항구나 해상에서 용접이 불가능한 경우 및 공사용 배관으로 단기간에 관을 철거하는 경우의 접합용으로 사용된다.

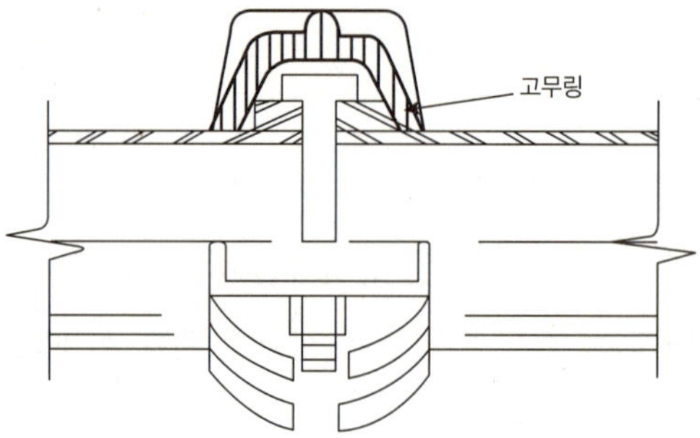

[그림 2-71] 빅토릭형 신축이음

④ 벨로우즈형 신축이음

벨로우즈형(bellows)형 신축이음은 열팽창이나 축방향 변형에 대비하여 미리 주름형태로 관을 가공하여 신축, 굴곡을 흡수할 수 있다. 특히 관의 축방향과 상하, 좌우의 3방향의 유동이 가능하다. 따라서 수관교, 기타 지반이 연약하여 부등침하의 위험이 큰 곳 등에 사용되면 효과적이나 가격이 비싸다. 신축량은 벨로우즈의 피치, 산수 등에 따라 보통 6~12 mm 정도이다.

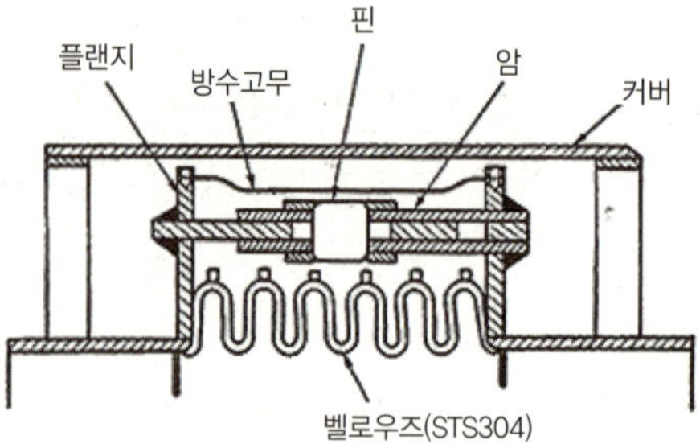

[그림 2-72] 벨로우즈형 신축이음

(3) 배관설비의 설계

1) 배관의 설계

배관은 펌프의 유체를 원활하게 송수하고, 공기가 고이지 않는 형태로 밸브를 포함한 배관계통을 형성한다.

- 배관의 종류는 배관용 강관 또는 덕타일 주철관으로 한다.
- 배관의 이음은 원칙적으로 플랜지이음으로 하고 기기의 접속부에는 신축플랜지이음을 설치한다.
- 펌프 본체와 토출수조 등 부등침하가 일어나기 쉬운 구조물의 배관에는 가요신축이음을 설치한다.
- 배수펌프시설에서 배수관로가 긴 경우와 실제 양정이 큰 경우에는 관로 내에서 발생하는 수격현상을 분석하고 필요한 경우 경감 대책을 강구하여야 한다.

① 배관의 재료

(가) 배관용 강관

배관용 강관의 재료에 요구되는 특성은 기본적으로 덕타일 주철관과 유사하다. 배수펌프를 여러 대 설치하는 경우의 토출관은 합류 송수하는 경우가 많다. 이 경우 배관 시공은 현장 맞춤을 필요로 하고 현장용접이 필수적이므로 시공방법에 적합한 재료로 배관용 강관이 일반적으로 사용된다.

배관용 강관의 관내면은 에폭시 수지도료, 폴리에틸렌 피복(액상, 분말 등)에 의한 라이닝 피복으로 부식방지 대책을 실시하는 것이 일반적이다. 또한 강관은 압축강도에서 안전하지 않아 관 지름에 굴곡이 발생하면 관의 내 외면 코팅의 이탈이나 균열이 생길 수 있으므로 시공법과 함께 충분히 검토한다.

- 도복장강관은 KS D 3565(수도용 도복장 강관)과 KS D 3578(상수도용 도복장 강관 이형관), KS D 3589(압출식 폴리에틸렌 피복 강관)과 KS D 3607(분말 용착식 폴리에틸렌 피복 강관)에 따른다. 관의 외부 도복장은 부설토양의 여건, 공사비(전식 및 부식방지시설비 포함)의 경제성, 내구성 및 유지관리의 용이성, 생산성 등을 고려하여 선정하여야 한다.
- 도복장강관 내면 도장재 규격은 도복장 강관과 KS D 8502(수도용 액상에폭시 수지도료 및 도장 방법)에 따른다.

(나) 덕타일 주철관

배수펌프용 주배관 재료는 부식이나 마모 등에 대하여 내구성이 있어야 하고, 외부로부터의 진동과 소음에 대한 감쇠 능력이 좋아야 하는 등의 특성이 요구된다. 덕타일 주철관은 강관에 비해 관 두께가 두꺼우며, 내마모성 및 내식성이 뛰어나 표면 도장을 무보수로 장기 사용실적이 있기 때문에 일반적으로 사용되고 있다. 강관 사용 시 부식방지 대책, 관의 변형에 대한 강도 등을 고려하여야 한다.

- 원관은 KS D 4311(덕타일 주철관) 및 KS D 4308(덕타일 주철이형관)에 따른다.

- 내부라이닝은 KS D 4311에 의한 덕타일주철관의 경우 KS D 4316(덕타일주철관의 모르타르 라이닝) 또는 KS D 4317(덕타일주철관 내면 에폭시 수지분체 도장)을 따르고, KS D 4308에 의한 덕타일 주철이형관의 경우에는 KS D 4317(덕타일주철관 내면 에폭시 수지분체 도장)에 따른다.
- 접합부속품은 SPS-KFCA-D4302-5016(구상 흑연 주철품) 및 KS M 6613(수도용 고무)에 따른다.

② 배관의 구경

- 배수펌프 설비용 주배관의 구경은 펌프구경과 동일하게 하고, 토출관 끝은 플랩밸브의 구경에 맞춘다.
- 펌프설비의 흡입관 구경은 일반적으로 펌프의 흡입 구경과 동일하게 하고, 또한 토출관 구경은 밸브의 구경에 맞추는 것이 일반적이다. 또한 합류부의 구경은 합류 전의 관내 유속과 동일한 유속이거나 더 느린 유속이 되도록 순차적으로 확대하는 것이 일반적이다.
- 배수관 구경의 선정에 있어서는 설계에 채택하는 관내의 유속은 손실수두와 관련하여 관로의 경제성에 영향을 준다. 또한 관종 및 관경 등에 의해 설계 유속이 다르므로 일률적으로 결정할 수 없기 때문에 각각의 경우의 건설비와 유지비를 종합적으로 비교하여 송수관의 구경을 정한다.

③ 관의 이음

배관의 이음은 제조, 운반은 현지 시공성 등을 고려하여 적당한 길이로 분할하는 것이 일반적이다. 주배관의 연결은 관이음에 의해 실시하며 완전한 수밀성과 기밀성 현지 시공성, 관의 이탈방지 및 내구성을 위해서 원칙적으로 플랜지 이음을 사용한다.

(가) 플랜지 이음

플랜지 이음은 주배관이 강관의 경우는 관과 별도로 제작하여 용접에 의해 관 본체에 부착하고 덕타일 주철관의 경우 관과 일체형으로 한다. 플랜지 이음의 종류를 〈표 2-51〉에 나타내었다. 또한, 플랜지 이음은 유연성과 신축성이 없기 때문에 플랜지부에 무리한 부하가 걸리지 않도록 시공하여야 한다.

(나) 신축 플랜지

신축 플랜지는 주로 펌프, 밸브류 등 배관사이에 있는 기기의 보수관리를 고려하여 펌프와 토출밸브 사이에 설치한다. 신축 플랜지의 유효 신축량은 5~10 mm 정도로, 신축 부분은 수압에 의한 이탈현상을 일으키지 않아야 한다. 신축 플랜지의 예를 [그림 2-73]에 나타내었다.

〈표 2-51〉 플랜지 이음의 종류

종류		형상	호칭압력(기호)	규격	주배관
일체형 플랜지		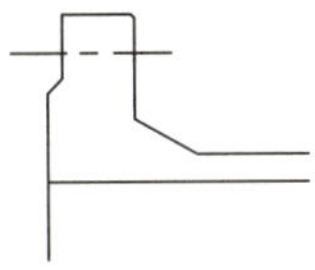	7.5K 10K 16K	KS D 4311 KS D 4308	• 덕타일 주철관 • 덕타일 주철관이형관
강판용 접식	판 플랜지	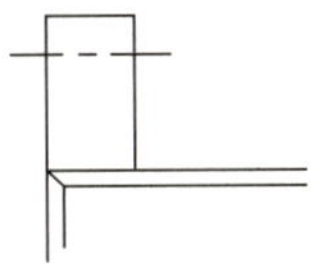	5K 7.5K 10K	KS D 3507 KS D 3578	• 배관용 탄소강 강관 • 상수도용 도복장 강관 이형관 • 배관용 탄소강 강관 • 상수도용 도복장 강관 이형관
	허브 플랜지	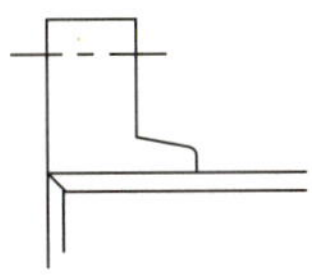	10 K 16 K		

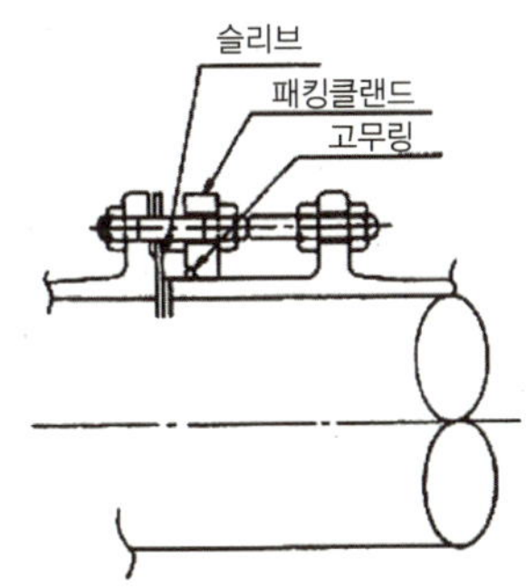

[그림 2-73] 신축 플랜지

(다) 미캐니컬 이음

관로가 긴 경우 또는 설치조건 등으로 이음이 가요성과 신축성이 요구되는 경우에는 덕타일 주철관의 미캐니컬 이음를 선정한다. 대표적인 미캐니컬 이음는 [그림 2-74] (a)에 나타내었다. 또한 내진성을 고려하는 경우에는 [그림 2-74] (b), (c)와 같은 내진용을 사용한다.

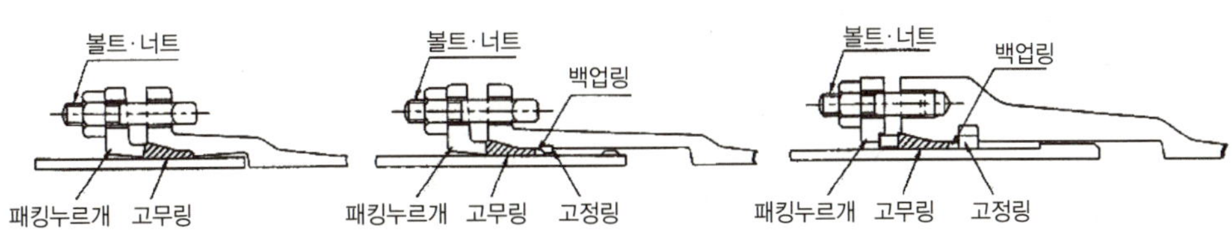

(a) 일반 관로용　(b) 내진용 Ⅰ형　(c) 내진용 Ⅱ형

[그림 2-74] 미캐니컬 이음

(라) 가요신축이음

- 가요신축이음은 온도 변화, 지진에 의한 변위 펌프설비의 진동, 부등침하 등을 흡수하여 배관에 무리한 부담을 주지 않기 위해 마련하며, 허용 신축량이나 허용 침하량을 고려하여 적절한 종류를 선정한다. 또한 가요신축이음 자체의 신축성과 침하의 허용치는 한계가 있으므로 필요에 따라 설치 각도를 고려한다.
- 가요신축이음의 종류는 신축성과 침하를 흡수하고, 비교적 그 허용치가 큰 고무 벨로우즈형, 고무 스트레이트형 및 폐쇄형이 일반적으로 적용되고 있으며, 허용 신축량, 허용 침하량, 재질, 구조, 안정성을 검토 후 선정한다. 가요신축이음을 [그림 2-75]에 나타내었다.

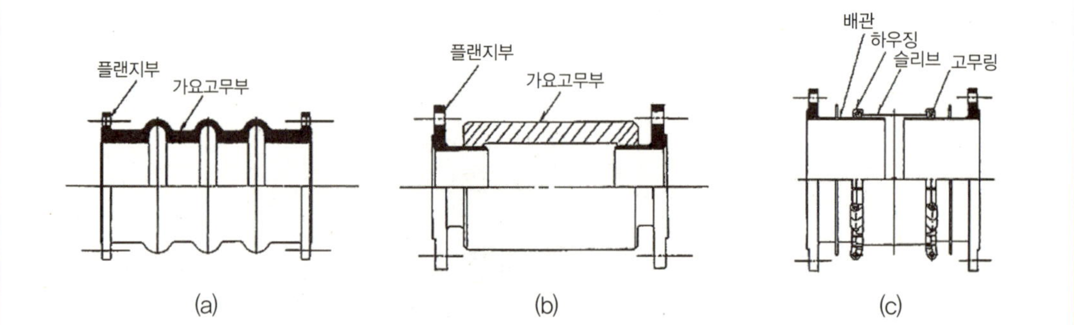

[그림 2-75] 가요신축이음

- 가요신축이음의 설치 예를 [그림 2-76]에 나타내었다. 배관의 지지는 가요신축이음의 반력에 충분히 견딜 수 있는 구조로 한다.

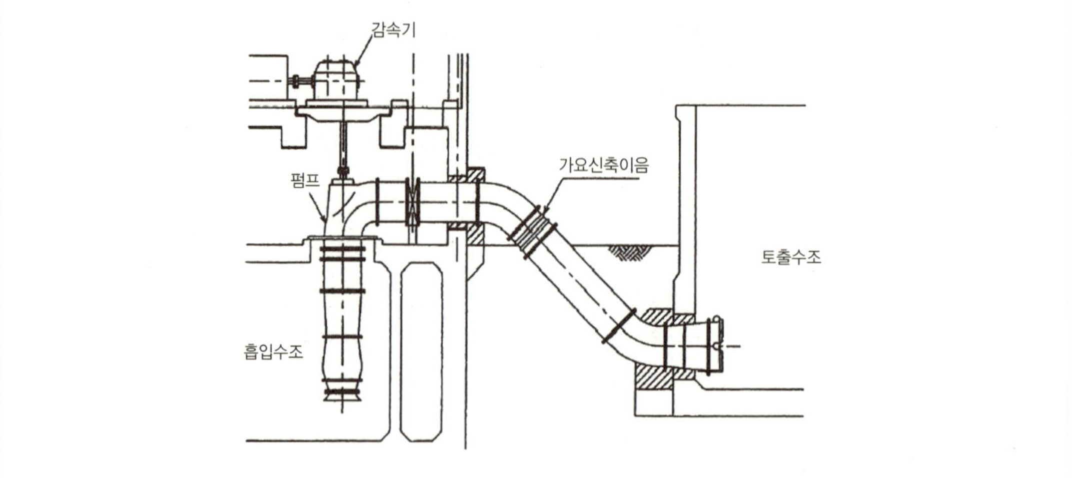

[그림 2-76] 가요신축이음의 설치 예

2) 흡입관의 설계

흡입관의 이음부에서 공기를 유입시키거나 흡입관에 공기를 정체하게 해서는 안된다. 흡입관이 공기를 흡입하면 펌프의 성능이 저하된다. 심할 때는 양수가 불가능하다. 이러한 것은 흡입관이 길고 흡입양정이 클 때 특히 주의하여야 한다. 또 흡입관에 공기가 고인 채 펌프를 운전하게 되면 보통 흡입측은 진공이 되기 때문에 공기가 팽창하여 물의 흐름을 방해한다. 이와 같은 현상을 방지하기 위하여 다음 사항을 유의하여야 한다.

- 펌프의 흡입구에서 편류나 선회류가 일어나지 않는 구조로 하여야 하며 곡관에 의한 편류 방지법을 [그림 2-77]에 나타내었다.
- 관 길이는 가급적 짧게 하고, 곡관의 수는 될 수 있으면 줄이고 손실수두가 작게 되도록 한다.
- 공기가 고이지 않도록 펌프로 향하여 1/50~1/100 정도의 상향 기울기가 되도록 한다.
- 배관할 때 펌프보다 높게 될 경우에는 기동시는 물론, 운전 중에도 고인 공기를 빼기 위하여 진공펌프를 가동시켜야 하므로, 흡입 배관의 설치예를 [그림 2-78]에 나타낸다.
- 펌프 흡입구에 부득이 곡관을 사용할 때는 관내유속을 작게 하고, 곡률반경이 큰 것을 선정하여야 한다.
- 관경이 변화하는 부분은 편심편락관을 사용한다.
- 관내 압력은 보통대기압 이하가 되므로 공기가 새지 않는 관이음을 선정해야 한다.

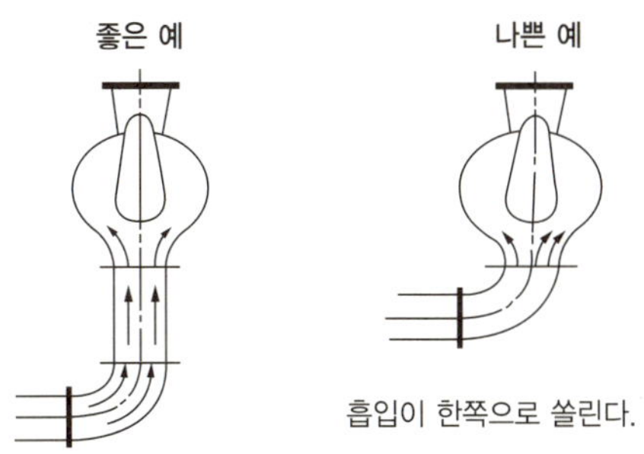

[그림 2-77] 곡관에 의한 편류 방지법

3) 토출관의 설계

- 토출관은 공기 체류 등에 의한 서징현상이 발생되지 않도록 한다.
- 토출관의 관경은 재료비 시설비 및 유지비를 포함시켜 경제적인 배관이 되도록 한다.
- 관 이음이나 점검구는 수밀구조로 하고 누수가 발생되지 않도록 한다.

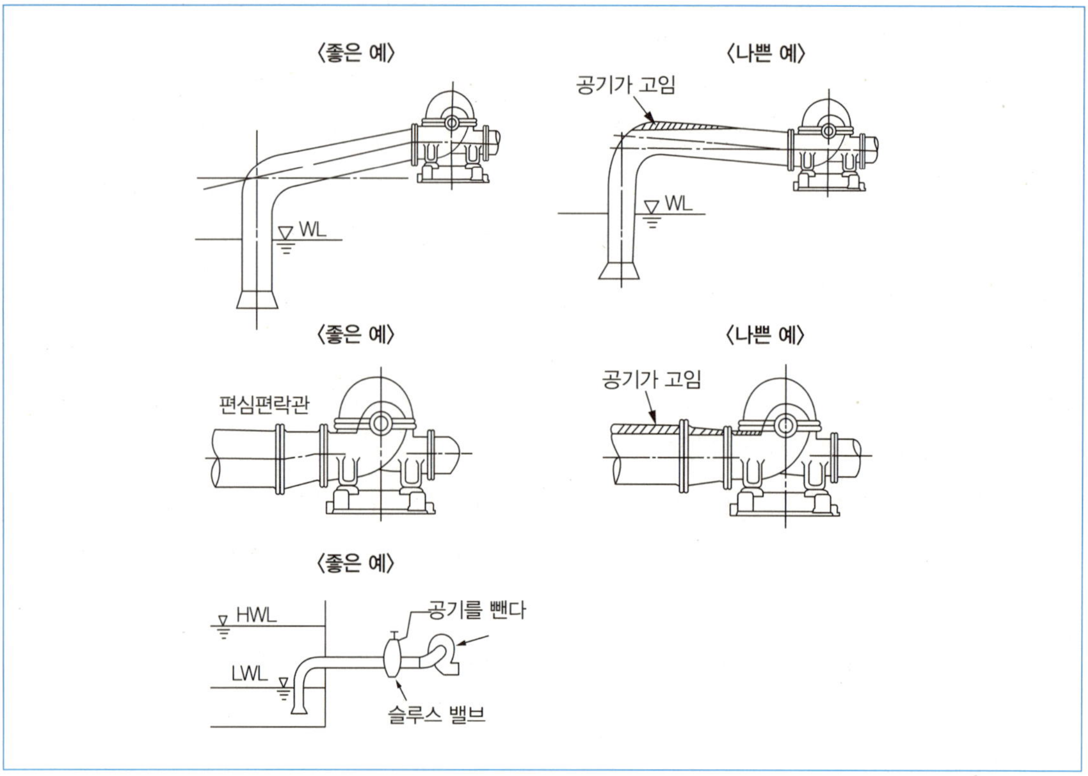

[그림 2-78] **펌프 흡입관의 설치**

- 토목구조물의 관통부에는 차수를 위한 지수판이나 지수링 등을 설치한다.
- 배수펌프의 토출배관은 토출수조나 방류구까지 개별배관으로 하는 것이 좋고, 부득이 합류배관으로 하는 경우는 병렬운전에 따른 합성곡선도를 작성하여 계획토출량과 계획전양정을 확인한다.
- 단거리 배수인 경우에는 배관으로 인한 마찰손실이 실양정에 비하여 비교적 작으므로 펌프구경과 동일 구경의 배수관을 사용해도 좋다. 그러나 관내 유속을 그대로 토출수조 등에 토출하게 되면 속도에너지를 손실하게 되므로 토출관 말단에는 확대관을 설치하여 관내 유속을 차차 낮추어서 작은 유속으로 토출하도록 한다. 확대관 표준 치수는 〈표 2-52〉와 같다.

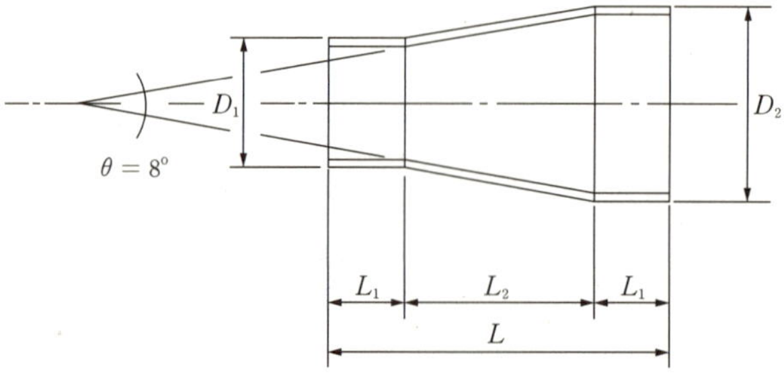

〈표 2-52〉 확대관 표준치수 단위 : mm

호칭	D_1	D_2	L_1	L_2	L
600×800	609.6	812.8	250	700	1,200
700×900	711.2	914.4	250	700	1,200
800×1,000	812.8	1,016.0	250	700	1,200
900×1,200	914.4	1,219.2	250	800	1,300
1,000×1,350	1,016.0	1,371.6	250	800	1,300
1,200×1,500	1,219.2	1,524.0	250	800	1,300
1,500×1,800	1,526.0	1,832.0	400	1,200	2,000

4) 배관의 지지

배관에는 관이 유체에서 받는 힘이나 자중(유체 포함)을 지탱하기 위해 적당한 위치에 지지대를 둘 필요가 있다. 수평관의 지지대는 물이 채워졌을 때 관의 휨이 크게 되지 않도록 그 간격을 정한다. 경사면에 따른 배관에서는 관 축방향의 분력이 생기므로 단순한 지지로서는 축방향에 대한 미끄럼막이도 고려해 둔다. 어느 경우에도 관로가 길 때에는 온도변화에 따른 배관의 신축을 고려해서 적당한 장소에 신축관을 써서 그 사이에 관 축 방향에도 고정할 장소에는 앵커블록 혹은 링 거더 등을 써서 단순히 중량을 지탱하고 관의 신축시에는 미끄러지지 않게 지지대에는 이것에 적합한 것을 쓴다.

① 배관 지지구조물의 형식

배관의 지지구조물은 노출배관형식과 매설배관형식으로 구분할 수 있으며, 지지대, 고정대 및 콘크리트 보호공이 지지구조물의 대부분이며 노출관의 지지대는 세들 지지(saddle support)형식과 링 거더(ring girder)가 주로 사용하며 배관의 지지형식은 [그림 2-79]와 같다. 세들 지지형식의 관에서는 주로 원주방향 응력만을 고려하고 있으나 링 거더 지지형식의 관에서는 길이방향 응력도 고려하고

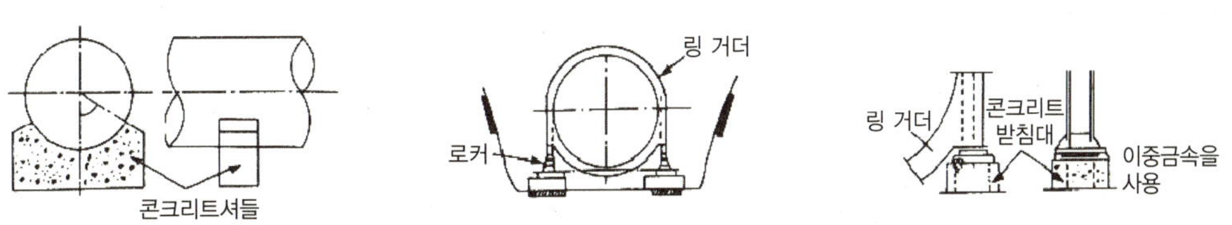

콘크리트 셔들 지지형식 링 거더 지지형식(로커받침대) 링 거더 지지형식(슬라이드식)

[그림 2-79] 배관의 지지형식

관을 빔(beam)으로 생각하여 자중을 지지하도록 설계할 수 있어 비교적 긴 지지 가로길이를 취할 수 있다. 긴 수직관은 관이 진동이나 휨응력을 받지 않도록 중간의 적당한 위치에 진동막이가 필요하다. 또 곡관부, 밸브 전후 및 관끝단부는 관이 유체의 힘을 받으므로 이 힘의 지지를 고려한다.

② 곡관부의 지지

곡관의 지지대가 받는 힘은 관의 중량(유체포함) 외에 흐름이 방향변화(운동량변화)를 하기 때문에 힘을 받는다. [그림 2-80]과 같이 곡관전후의 속도백터차를 ΔV로 하면 유체의 방향변화 때문에 생기는 힘 F(kgf)는 식 (2-25)과 같다.

$$F = \frac{\gamma}{g} Q \Delta V \tag{2-25}$$

여기서,

γ : 유체의 비중량(kgf/m^3)

g : 중력의 가속도(m/sec^2)

Q : 유량(m^2/sec)

ΔV : 속도차(m/sec)

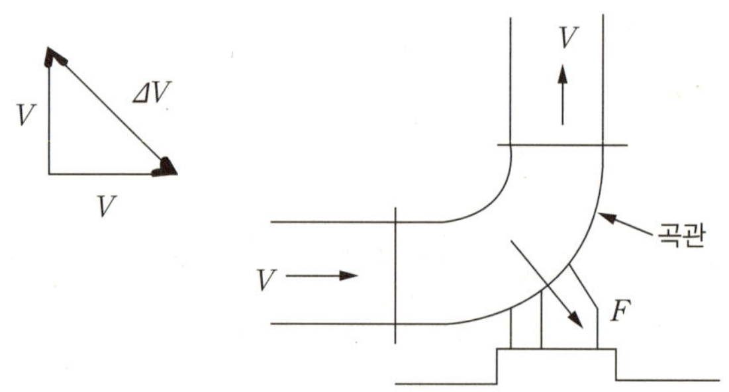

[그림 2-80] 곡관에 작용하는 힘

③ 밸브 전후의 관지지

체크밸브 및 플랩밸브가 폐쇄할 때 생기는 힘 F(kgf)는 대략 식 (2-26)와 (2-27)과 같다.

체크밸브 $$F \fallingdotseq 2 \frac{\pi}{4} D^2 \gamma H \tag{2-26}$$

플랩밸브 $$F \fallingdotseq 2 \frac{\pi}{4} D^2 \gamma H a \tag{2-27}$$

여기서,

D : 밸브구경(m)

H : 펌프의 전양정(m)

Ha : 펌프의 실양정(m)

γ : 물의 비중량(kg/m^2)

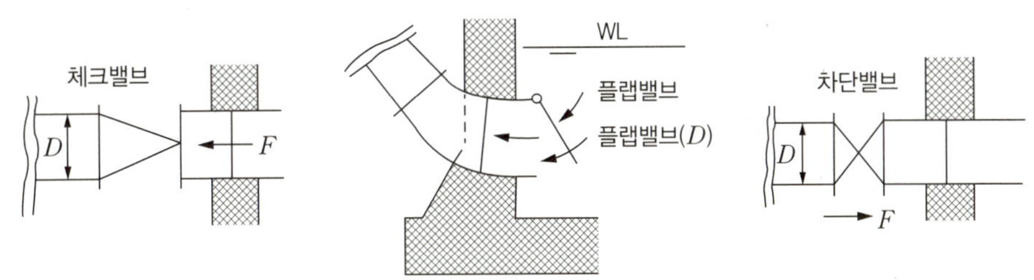

[그림 2-81] 밸브에 작용하는 힘

또한 차단밸브가 폐쇄되어 있고 그 한쪽에 펌프의 차단압력이 걸려 있을 때에 생기는 힘 F(kgf)는 식 (2-28)와 같다.

$$F \fallingdotseq \frac{\pi}{4} D^2 \gamma Hsh \qquad (2\text{-}28)$$

여기서

Hsh : 펌프의 차단압력헤드(m)

차단밸브와 펌프사이의 관이 플랜지이음과 같이 관축방향의 힘을 받는 이음으로 접속될 경우에는 그 힘은 관으로 지탱되므로 외부에 나타나지 않는다.

2.3.6 크레인설비

(1) 천장크레인 형식

1) 천장크레인의 형식

- 천장크레인은 정격하중에 따라 〈표 2-53〉에 나타낸 형식을 선정하는 것을 표준으로 한다.
- 〈표 2-53〉에 표시된 체인블록형은 체인블록을 주 거더에 매다는 형식(기어드 트롤리)이며,

트롤리형은 크레인 거더에 크래브(crab)(가로주행 장치를 갖춘 것)형식의 트롤리를 설치한 것이다. 또한 더블레일 호이스트형은 크레인 거더에 호이스트(가로주행 장치를 갖춘 것)형식의 트롤리를 설치한 것이다.

- 천장크레인은 작업 속도에 따라 고속형, 보통형 및 저속형의 3종류로 분류되고 있다. 전동식 크레인의 작업은 바닥 조작방식(작업자가 바닥에서 화물을 함께 이동하는 방식)으로 한다.
- 각종 천장크레인의 외관은 [그림 2-82]와 같다.

〈표 2-53〉 정격하중에 의한 천장크레인의 형식

정격하중	천장크레인 형식
5t 이하	수동식 체인블록형
7.5t, 10t	수동식 트롤리형, 전동식 더블레일 호이스트형 (저속형)
13t, 15t, 20t	전동식 더블레일 호이스트형 (저속형)
25t 이상	전동식 트롤리형(저속형)

주) 정격하중은 훅에 걸 수 있는 최대 하중이다.

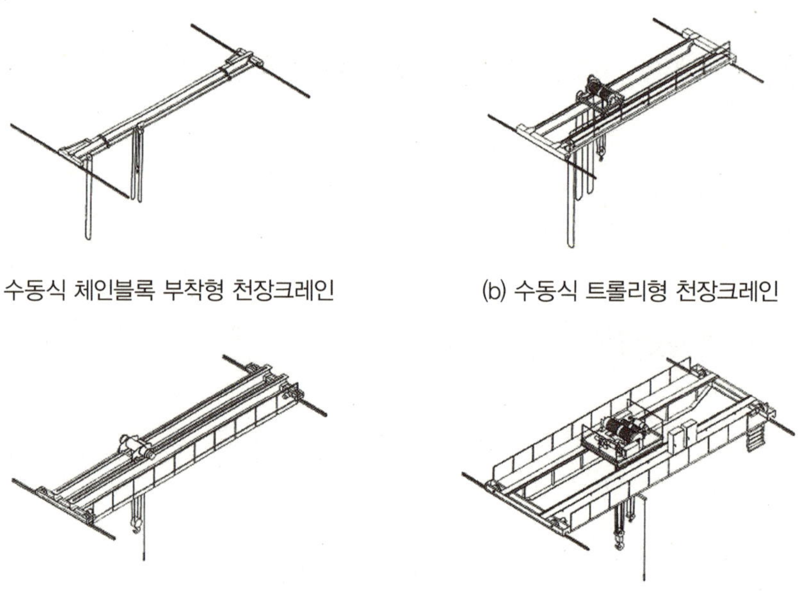

(a) 수동식 체인블록 부착형 천장크레인

(b) 수동식 트롤리형 천장크레인

(c) 전동 더블 레일 호이스트형 천장크레인

(d) 전동 트롤리형 천장크레인

[그림 2-82] 천장크레인의 외관

2) 천장크레인의 구조

배수펌프장은 기기의 펌프장내 운반, 설치, 점검 및 정비를 위해 천장크레인을 설치한다. 그리고 펌프장의 작업 공간, 설치, 반출입 작업 및 장비의 점검 정비 등을 고려하여야 한다. 천장크레인은 펌프설비의 형식과 규모, 그 유지관리 등의 사용빈도를 검토해서 형식과 용량을 결정하여야 한다. 천장크레인의 기본 개념도는 다음 [그림 2-83]과 같다.

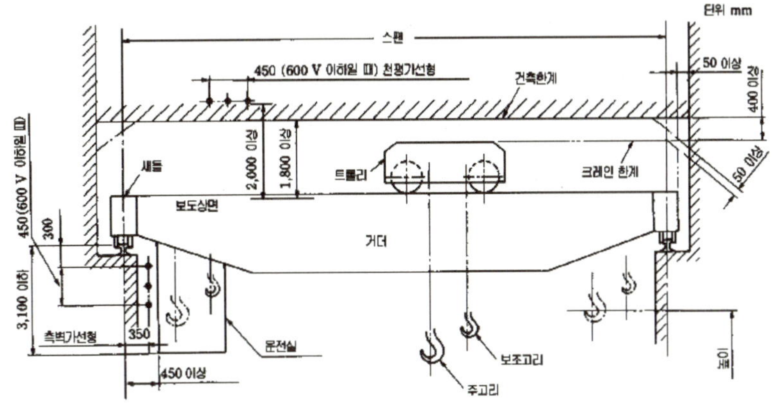

[그림 2-83] 천장크레인의 개념도

(2) 천장크레인의 설계

1) 천장크레인의 선정

- 천장크레인은 사용빈도가 많은 경우나 고장시 긴급하게 수리를 요하는 경우에는 전동식을 표준으로 하고 기타 사용빈도가 적다고 판단되는 경우에는 수동식으로 한다.
- 수동식으로 하는 경우 들어 올리는 시간이 걸리므로(정격하중 10t 이상으로 양정 1 m당 10~20분이 요하고 끌어올리는데 2~4인이 필요) 들어 올림 시에는 전동으로 하는 것도 검토한다.
- 천장크레인은 평면적 작업을 고려해서 횡행으로 하는 크레인을 표준으로 하고 있지만 작업이 직선인 경우는 주행을 하지 않는 전동호이스트 또는 전동체인블록으로 하는 것도 가능하다.
- 전동호이스트는 양정이 4~12 m, 전동체인블록은 양정이 3~5 m의 범위로 사용한다.
- 전동 트롤리형의 종류는 크레인의 정격하중, 정격속도 및 선회반경에 의거 고속형, 보통형, 저속형으로 분류되고 있지만 펌프의 조립, 설치에 사용되는 천장크레인에 대해서 용량이 큰 경우에는 저속형을 사용하는 것이 바람직하다.
- 배수펌프장은 설치 및 장래의 보수를 예상하고, 펌프장에 크레인을 설치하는 것을 표준으로 한다. 그러나 펌프장 주변의 작업 공간 등의 조건에 지장이 없는 경우에는 천장 크레인을 트럭크레인과 모노레일식, 체인블록 등의 방식으로 펌프의 설치 및 점검보수 등을 실시하는 것이 유리한 것도 있으므로 어느 쪽을 선정하는 것이 유리한지 검토해야 한다. 또한 천장 크레인의 설치 시에는 지진을 고려하여 크레인의 탈륜 전도방지대책을 강구하여야 한다.

크레인의 탈륜 전도 방지대책의 예를 [그림 2-84]에 나타내었다. 수동 크레인은 더욱 방지 대책에 대해 수동 체인을 견고한 지지물에 고정시켜야 한다.

- 거더(전체) : ① 랙을 새들에 설치하고 거더가 좌우로 흔들렸을 때, ① 랙이 주행 거더에 접촉하여 거더의 탈륜 전도를 방지한다.
- 트롤리 : ② 랙을 트롤리 프레임에 설치하고 트롤리가 좌우로 흔들렸을 때, ② 랙이 거더 플랜지에 접촉하여 트롤리의 탈륜 전도를 방지한다.

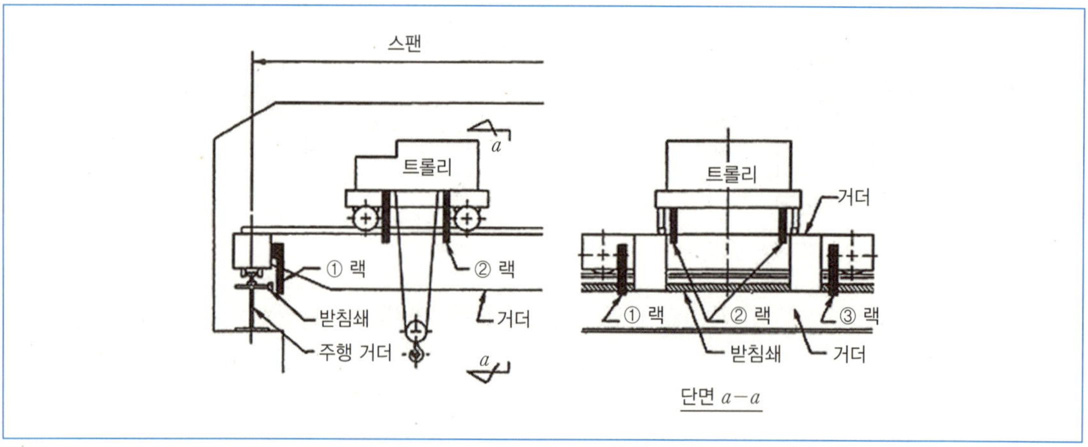

[그림 2-84] 크레인 탈륜 전도방지대책

2) 천장크레인의 제원

크레인의 제원은 정격하중, 인양 높이를 나타내는 양정, 스팬, 주행거리, 횡행거리, 주행속도, 횡행속도, 인양속도 및 사용 동력 등으로 나타낸다.

① 정격하중

펌프장에 설치하는 천장크레인의 제원으로 정격하중, 양정, 스팬을 결정한다. 천장크레인의 정격하중은 훅에 걸 수 있는 최대하중이며, 수평축 사류펌프 및 축류펌프용 천장크레인의 정격하중 〈표 2-54〉에 정한 값과 [그림 2-85]의 수직축 사류펌프의 천장크레인 정격하중과 [그림 2-86]의 수직축 축류펌프의 천장크레인 정격하중을 기준으로 계획하는 것이 좋다. 이 값은 저양정 사류펌프 및 축류펌프의 무게에 따라 필요한 천장크레인의 정격하중을 정한 것이며, 펌프만을 대상으로 했을 때의 표준값이기 때문에 다른 기계(펌프 구동용 모터 등)의 올림 무게가 더 큰 경우 그에 따라 선정하여야한다.

수평축 양쪽흡입 벌루트펌프의 천장크레인 정격하중은 일반적으로 전동기의 무게에 따라 정해지기는 하지만, 펌프 측 또는 다른 장비의 들어 올리는 무게가 더 큰 경우 그에 따라 선정하여야한다. [그림 2-87]은 전동기의 출력과 극수에 따라 정해지는 수평축 양쪽흡입 벌루트펌프의 천장크레인 정격하중의 참고치를 나타낸 것이다.

〈표 2-54〉 수평축 사류펌프 및 수평축 축류펌프용 천장크레인 정격하중[31]

구경(mm)	천장크레인 정격하중(t)		비고
	수평축사류펌프	수평축축류펌프	
400	1	1	펌프 구경이 900 mm 이하는 일체로 들어 올리는 경우이며, 1,000 mm 이상의 펌프는 분해하여 하부 케이싱을 들어 올리는 것으로 분해중량은 주축, 임펠러, 베어링 등의 중량은 포함되지 않는 것으로 한다.
500	2	1	
600	2	2	
700	3.2	2	
800	5	3.2	
900	5	5	
1,000	3.2	3.2	
1,200	5	3.2	
1,350	7.5	5	
1,500	7.5	5	
1,650	10	7.5	
1,800	13	10	
2,000	15	10	

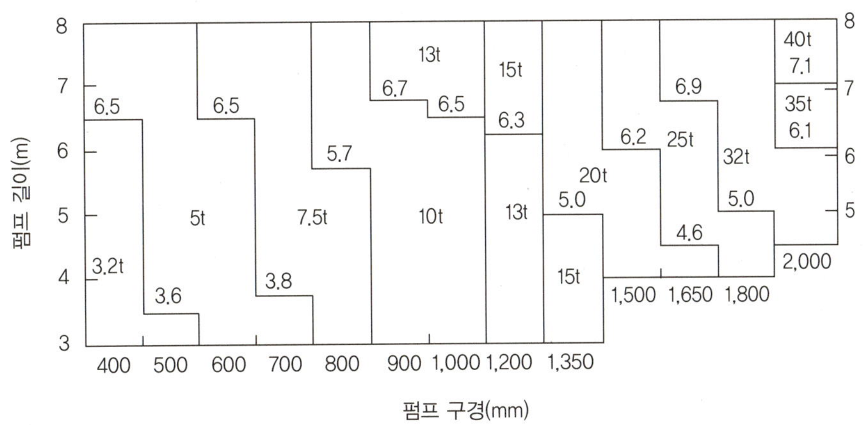

주) 1. 펌프 구경이 900 mm 이하는 일체로 들어 올리고, 1,000 mm 이상은 토출 케이싱을 제거하고 들어 올리는 것으로 작성된 것이다. 또한 여러 조각으로 분해하여 들어 올리는 경우 설치 시에는 일체(펌프 구경이 1,000 mm 이상은 토출 케이싱을 제거한 상태)로 매달아야 되므로 이 그림을 적용 할 수 있다.
2. 펌프 길이(m)는 설치 바닥에서 벨마우스 끝까지를 말한다.

[그림 2-85] 수직축 사류펌프의 천장크레인 정격하중[31]

31) 揚排水ポンプ設備技術基準(平成 27年, 社団法人河川ポンプ施設技術協会)

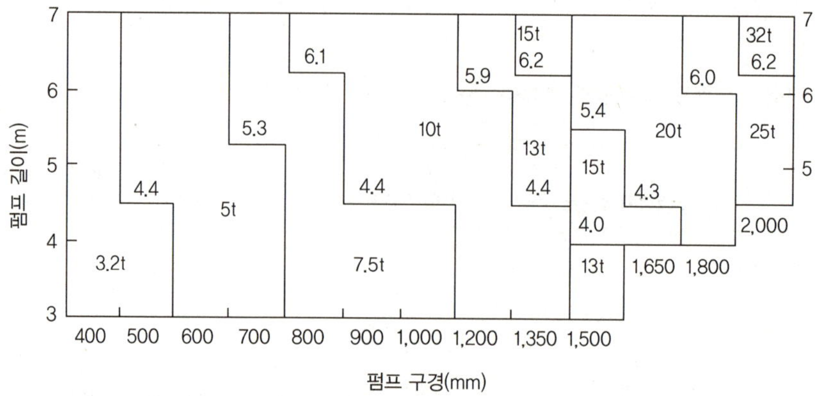

주) 1. 펌프 구경이 900 mm 이하는 일체로 들어 올리고, 1,000 mm 이상은 토출 케이싱을 제거하고 들어 올리는 것으로 작성된 것이다. 또한 여러 조각으로 분해하여 들어 올리는 경우 설치 시에는 일체(펌프 구경이 1,000 mm 이상은 토출 케이싱을 제거한 상태)로 매달아야 되므로 이 그림을 적용 할 수 있다.
2. 펌프 길이(m)는 설치 바닥에서 벨마우스 끝까지를 말한다.

[그림 2-86] 수직축 축류펌프의 천장크레인 정격하중[32)]

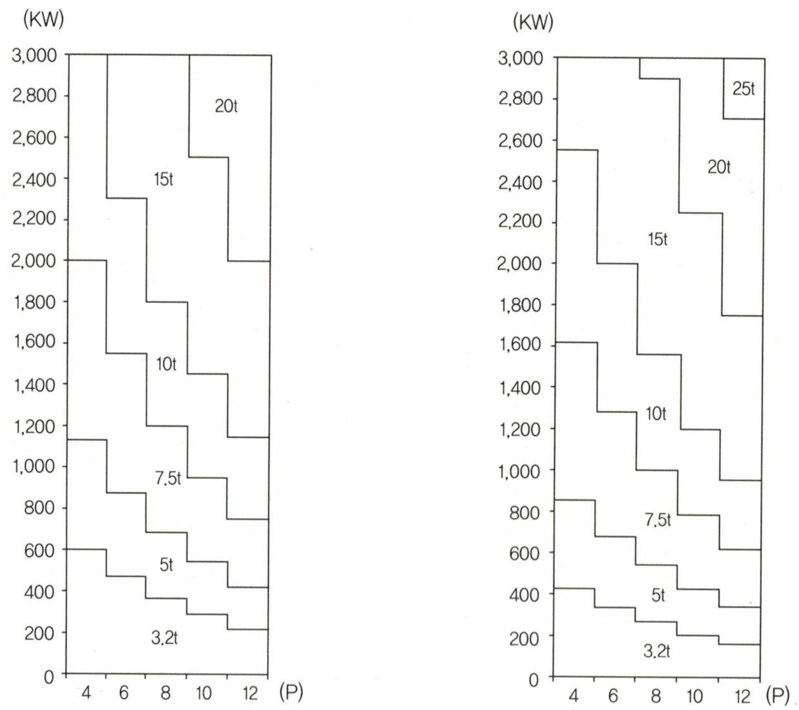

3 kV급 수평축 권선형 전동기(출력-극수)에 의한 천장크레인 정격하중

kV급 수평축 권선형 전동기(출력-극수)에 의한 천장크레인 정격하중

[그림 2-87] 수평축 양흡입 벌루트펌프의 천장크레인 정격하중[32)]

② 크레인의 양정

사류·축류 펌프의 천장크레인 양정은 〈표 2-55〉에서 정한 값을 참고한다. 사류·축류펌프의 천장크레인 양정은 펌프 설치 바닥면과 마무리 바닥면의 차이는 100 mm 정도로 하고, 펌프 및 계통 기기를 대상으로 각 기기를 매다는 경우의 양정과 설치 시 하역 장애물을 넘길 여유치수 등을 최소한 고려하여 결정한 것이며 평균값이다. 그리고 양정은 훅의 수직 이동거리를 나타내고 올림 높이와는 다르다. 또한 수직축펌프 (1상식)은 [그림 2-88], 수직축펌프 (2상식)은 [그림 2-89]에 수평축펌프는 [그림 2-90]과 같이 훅의 위치를 정하면 된다.

〈표 2-55〉 사류·축류펌프의 천장크레인 양정[32]

단위 : mm

펌프형식 / 펌프구경	수직축(축류·사류)펌프			수평축(축류·사류) 펌프
	1상식		2상식	
	H_1	H_2		
400	3,600	4,700	3,600	3,500
600	3,700	5,000	3,700	3,600
600	3,800	5,400	3,800	3,700
700	4,000	5,600	3,900	3,700
800	4,200	6,000	4,000	3,900
900	4,500	6,600	4,100	4,000
1,000	4,800	7,100	4,400	3,800
1,200	5,300	7,900	4,800	4,000
1,350	5,700	8,500	4,900	4,200
1,500	6,100	9,200	5,100	4,500
1,650	–	–	5,800	4,800
1,800	–	–	6,300	5,200
2,000	–	–	7,000	5,800

주) 1. 양정은 바닥에서 천장크레인 훅의 최고 위치까지 치수이다. 수직축펌프의 1상식의 양정은 장비 반입구 바닥에 H_1을 더한 레벨 또는 바닥에 H_2를 더한 레벨 중 높은 레벨로 정한다. 2상식 수직축펌프의 경우에는 원동기실 바닥으로 한다.
2. 위 표의 값은 하역 또는 장애물과 안전측면에서의 여유를 고려한 것이다. 또한, 와이어로프를 걸고 든 각도는 90도로 한다.
3. 수직축펌프는 양정이 높아지므로 펌프를 최소 크기로 분할하여 양정을 정한다.
4. 수평축펌프에서 구경이 900 mm 이하는 일체로 매다는 것으로 하고, 그 이외의 것은 분해하여 매다는 것으로 정한다.

32) 揚排水ポンプ設備技術基準(平成 27年, 社団法人河川ポンプ施設技術協会)

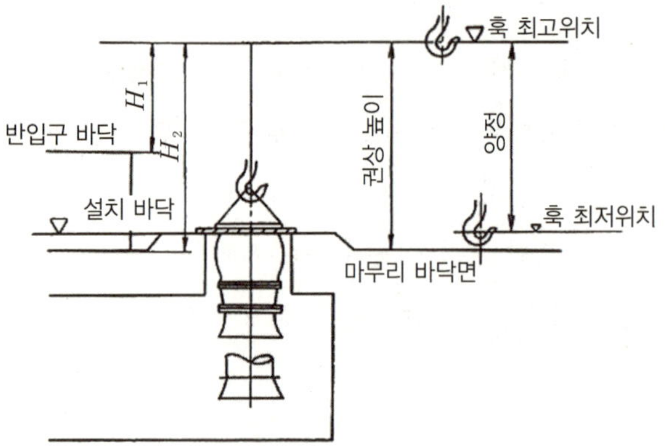

• **반입구 바닥면 기준에서 결정될 경우:**
반입구 바닥면(EL)+H_1 > 마무리 바닥면(EL)+H_2

• **마무리 바닥면 기준에서 결정될 경우:**
마무리 바닥면(EL)+H_2 > 반입구 바닥면(EL)+H_1

[그림 2-88] 수직축펌프(1상식)

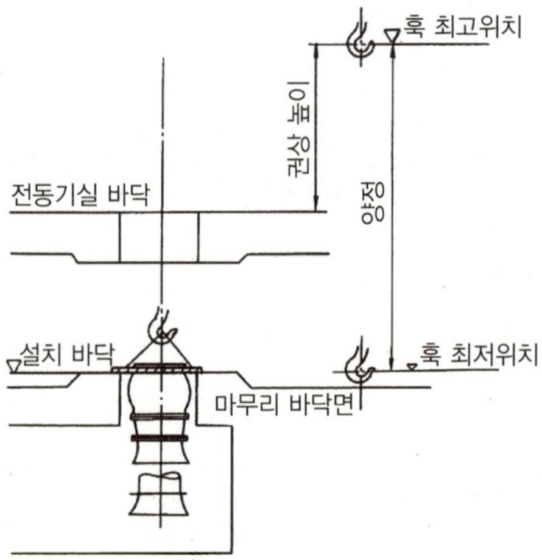

[그림 2-89] 수직축펌프(2상식)

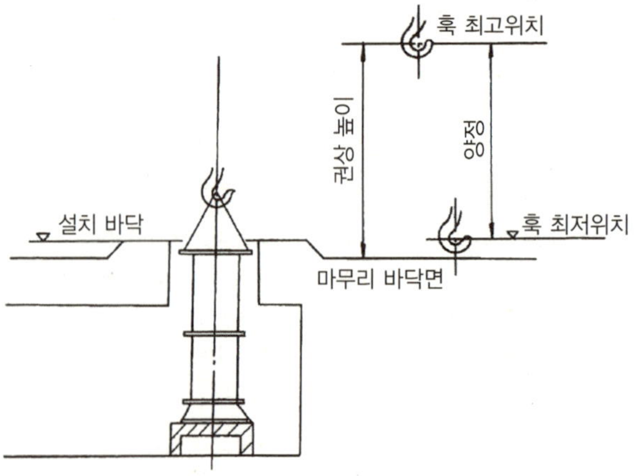

[그림 2-90] 수평축펌프

양정(훅 수직 이동거리)은 일반적으로 수동크레인에서 12.5 m 이내, 전동크레인 16t 이상은 16 m 이내로 한다. 이 이상의 양정에서는 드럼 치수가 변하여 새들과 트롤리가 커지므로 주의한다.

또한, 더블 레일 호이스트크레인의 양정은 전부 12 m 이내로 한다. 이를 초과하는 경우에는 전동식 트롤리크레인과 비교 검토하여 형식을 결정한다.

③ 크레인의 스팬

천장크레인의 스팬(span)은 크레인의 규격을 나타내는 대표적인 치수로써 주행레일과 레일의 중심거리이다. 천장크레인의 범위는 펌프장 건물의 길이 방향 치수가 개략적으로 펌프실 밑면 길이에 의해 결정된다.(펌프장 건물의 폭 방향 치수는 크레인 주행 레일의 개략적 길이가 된다.)

천장크레인의 주요 제원은 다음 <표 2-56~표 2-58>에 정한 값을 표준으로 한다.

<표 2-56> 수동식 체인블럭형[33]

정격하중 (t)	스팬 (m)	조작력(N)			주행레일 (kg/m)
		감기	가로주행	주행	
1	6~10	294	196	147	15
2	6~10	294	196	147	15
3.2	6~10	294	196	147	15
5	6~10	343	196	147	15

<표 2-57> 수동식 트롤리형[33]

정격하중 (t)	스팬 (m)	조작력(N)			주행레일 (kg/m)
		감기	가로주행	주행	
7.5	6~10	343	196	215	15
10	6~10	343	196	264	15

<표 2-58> 전동식 더블레일 호이스트형 천장크레인, 전동식 트롤리형 천장크레인(저속형)[33]

형식	정격하중		스팬	주 감기		보조 감기		가로주행		주행		주행레일
	주감기	보조감기		속도	전동기출력	속도	전동기출력	속도	전동기출력	속도	전동기출력	
	t	t	m	m/mim	kW	m/min	kW	m/min	kW	m/min	kW	kg/m
전동식 더블레일 호이스트형 천장크레인	7.5	–	8~20	2.8	4.2	–	–	10	0.55	20	0.75×2	22
	10	–	8~20	3.0	6	–	–	10	0.55	20	0.75×2	30
	13	–	8~20	3.0	8.5	–	–	10	0.75	20	1.5×2	30
	15	–	8~20	3.0	8.5	–	–	10	0.75	20	1.5×2	30
	20	–	8~20	2.8	11.5	–	–	10	0.75	20	1.5×2	30

33) 揚排水ポンプ設備技術基準(平成 27年. 社団法人河川ポンプ施設技術協会)

형식	정격하중		스팬	주 감기		보조 감기		가로주행		주행		주행 레일
	주감기	보조 감기		속도	전동기 출력	속도	전동기 출력	속도	전동기 출력	속도	전동기 출력	
	t	t	m	m/mim	kW	m/min	kW	m/min	kW	m/min	kW	kg/m
전동식 트롤리형 천장크레인 (저속형)	25	5	6.3~25	2.0	13	12.5	13	10	1.5	20	1.5×2	30
	32	8	6.3~25	1.6	13	10	17	10	1.5	20	2.2×2	30
	35	8	6.3~25	1.6	17	10	17	10	1.5	20	2.2×2	30
	40	8	6.3~25	1.6	17	10	17	10	1.5	20	2.2×2	30
	50	10	8~20	1.6	25	8	17	10	1.5	20	3.7×2	37

주) 1. 전동기는 크레인용 전폐 권선형 저압 3상 유도전동기로 한다.
2. 새들 휠 수는 4개로 한다.

3) 크레인 점검용 사다리

펌프장 위에 설치하는 크레인 점검용 사다리는 [그림 2-91]과 같으며, 크레인 점검용 사다리와 사다리 참은 크레인 구조 규격에 따라 시공한다.

4) 천장크레인의 설치 검토

기기의 유지보수 및 장비 반출입을 위하여 천정크레인의 인양고와 횡행로 상의 사각지대 및 건축과의 간격, 거리를 확인하기 위하여 다음 [그림 2-92]와 같이 설치 검토를 한다.

(가) 인양고 검토

- 전체 층고 : Htot

  Htot = H1 + H2 + H3 + H4 + H5 + H6

- 천정크레인 설치를 위한 Beam의 높이 : H

  H = (H2 + H3 + H4 + H5 + H6)−(H7)

여기서,

H1 : 천정크레인 상부와 천정 Beam과의 이격거리

H2 : 천정크레인 상부와 훅크까지의 거리

H3 : 현수구 체결거리

H4 : 인양기기의 최대높이

H5 : 간섭방지 이격

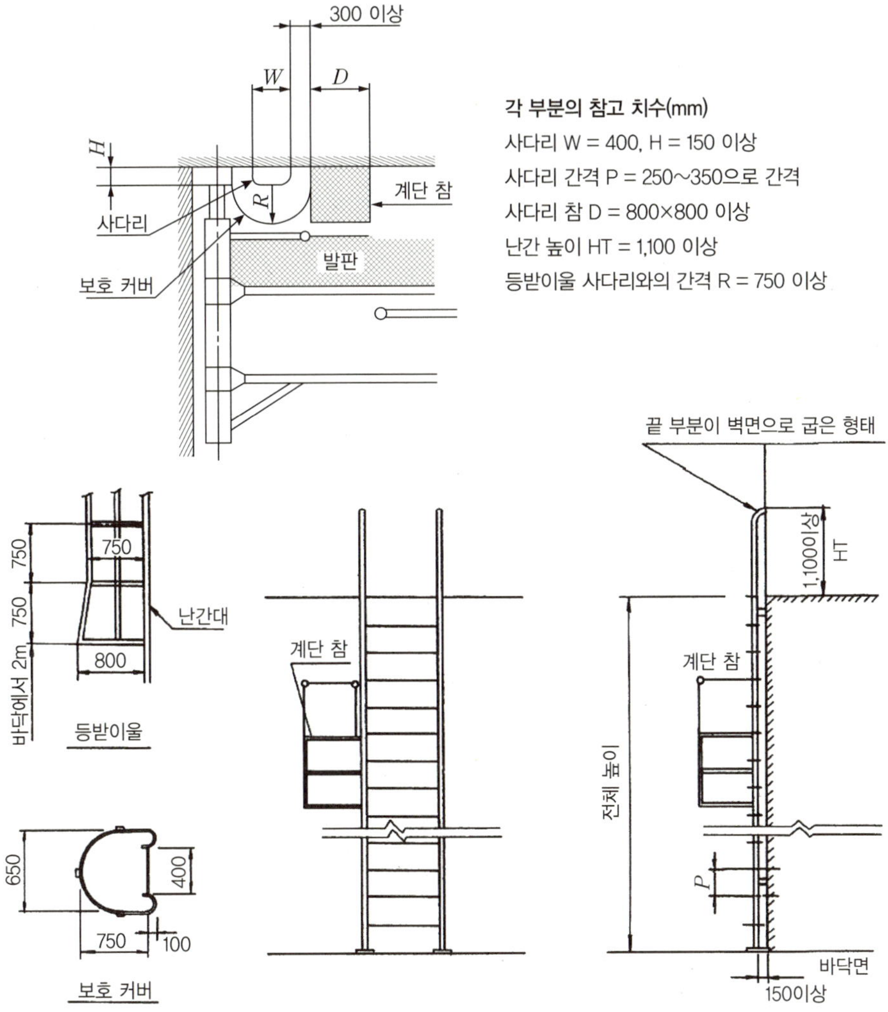

각 부분의 참고 치수(mm)

사다리 W = 400, H = 150 이상

사다리 간격 P = 250~350으로 간격

사다리 참 D = 800×800 이상

난간 높이 HT = 1,100 이상

등받이울 사다리와의 간격 R = 750 이상

주) 1. 길이가 15 m를 넘는 경우는 10 m 이내마다 계단 참을 마련한다.
계단 참은 휴식 장소로, 최소한 다음과 같다.
- 길이 15 m일 때는 바닥에서 7.5 m 떨어진 곳에 1개
- 길이 20 m일 때는 바닥에서 10 m 떨어진 곳에 1개
- 길이 30 m일 때는 바닥에 10 m의 곳과 20 m 떨어진 2개

2. 난간 높이(HT)의 표준은 750 mm 이상이지만, 안전을 고려하여 1,100 mm 이상으로 한다.
3. 사다리의 폭은 300~500 mm로 한다.
4. 이 외에도 높이가 2 m 이상인 경우는 등받이울을 설치하면 안전하다.
(산업안전기준에 관한 규칙에 의해 등받이울을 필요로 하는 경우가 있으므로 주의한다.)

[그림 2-91] 크레인 점검용 사다리[34)]

H6 : 간섭방지의 최장고 또는 차량 적재함높이

H7 : 건축거더부터 천정크레인 상부 높이

34) 揚排水ポンプ設備技術基準(平成 27年. 社団法人河川ポンプ施設技術協会)

(나) 횡행로 상의 사각지대 검토

W1 : 횡행트롤리의 횡행 불가능거리

W2 : 펌프장 내벽과 거더의 간섭방지 유효거리

W3 : 펌프장 내벽과 밸브중심거리

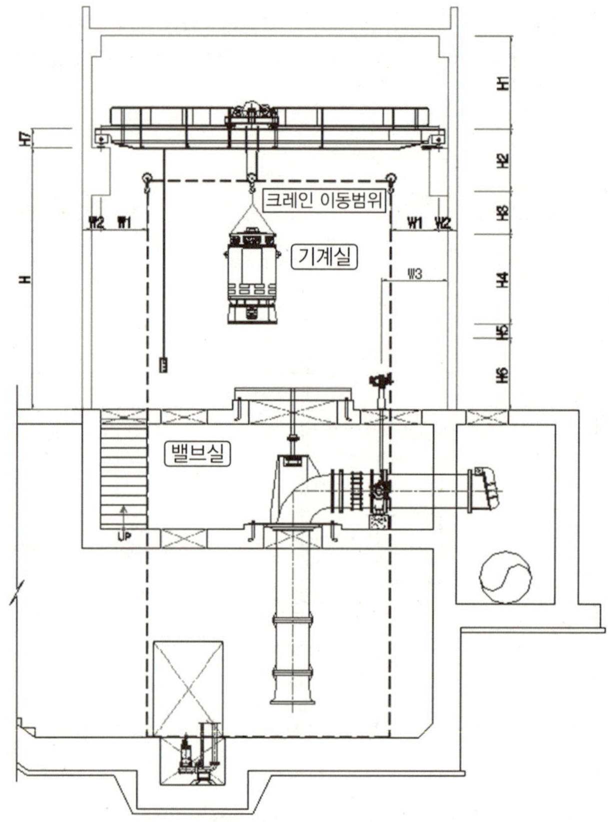

[그림 2-92] 크레인 설치 검토

(3) 이동식 크레인의 적용

이동식 크레인을 채택할 때에는 다음과 같은 제반사항을 충분히 검토 후, 지장이 없는지 확인하여야 한다.

① 이동식 크레인의 작업공간

이동식 크레인의 용량은 설치되는 기기의 들어 올림, 단위 무게와 작업 반경 등에 의해 결정되지만, 크레인의 주변에 장애물 없이 운반할 필요가 있으며 충분한 작업 공간을 확보하여 안전하게 작업할 수 있어야 한다.

② 토목 구조물의 강도

부지조건 상 토목구조물에 이동식 크레인으로 설치하는 경우에는 구조물의 강도에 대한 설계 시 충분히 검토할 필요가 있다.(토목 측 공사의 공정도와 관련이 있으므로 주의한다.)

③ 설치작업의 기술

기기의 설치작업은 건물 내부의 환경과 외부의 환경을 서로 일치시키는 것이 중요하기 때문에 고도의 기술이 필요하다는 점에 유의하여야 한다.

④ 유지관리의 안전작업

유지관리 시 디젤 엔진의 실린더 인출 작업을 할 경우, 체인블록 등으로 들어 올림 작업은 할 수 있어도 이동작업에 문제가 있고 위험한 작업이므로 안전상 지장이 없는 크레인을 설치할 필요가 있다.

⑤ 건물의 구조

- 건물 상부 반입구를 방진 및 방수구조로 만들 필요가 있다.
- 실내 면적이 작아지기 때문에 흡음 면적이 감소하고 소음이 높아진다.
- 벽면채광이 제한된다.

또한 이것뿐만 아니라, 각 지역에서 확보할 수 있는 이동식 크레인(용량)의 보유 대수와 공급 업체에서 현장까지의 도로 상태 및 상황을 조사할 필요가 있다. [그림 2-93]은 이동식 크레인의 매다는 방법의 일례를 나타낸다.

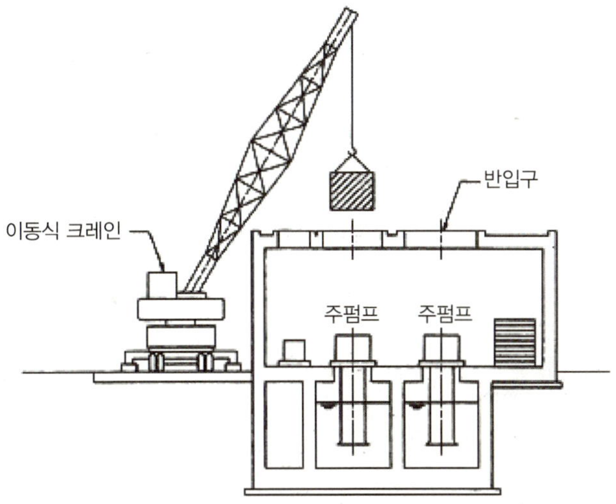

[그림 2-93] 이동식 크레인의 매다는 방법

(4) 이동식 크레인의 양중능력

이동식 크레인의 붐 길이와 작업반경에 따른 크레인의 인양 능력을 양중능력표에서 읽을 수 있다. 크롤러식크레인의 양중능력은 [그림 2-94]에 나타내었고 유압식크레인의 양중능력은 [그림 2-95]에 표시하였다. 최근의 이동식크레인은 붐의 길이와 작업반경에 따른 허용하중이 운전석 모니터에 표시

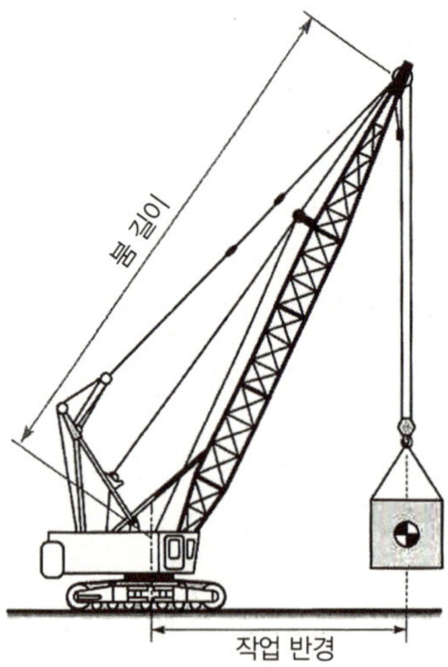

단위 : 톤

작업반경 \ 붐길이	15.2 m	18.3 m	21.3 m	24.4 m	27.4 m	30.5 m	33.5 m	36.6 m
4.5 m	4.5 m/120.0							
5.0 m	120.0	5.1 m/108.0	5.6 m/96.0					
6.0 m	100	99.8	94.9	6.1 ./84.0	6.7 m/74.6			
7.0 m	85.7	85.5	85.3	81.5	73.7	7.2 m/66.4	7.7 m/59.4	
8.0 m	73.7	73.6	73.5	73.5	71.3	64.7	58.9	8.2 m/53.6
9.0 m	61.5	61.3	61.2	61.1	61.0	60.9	57.2	52.5
10.0 m	52.6	52.5	52.3	52.2	52.1	52.0	52.0	51.2
12.0 m	40.6	40.5	40.3	40.2	40.0	40.0	39.9	39.7
14.0 m	33.0	32.8	32.6	32.5	32.3	32.3	32.2	32.0
16.0 m	14.9 m/29.1	27.5	27.3	27.2	26.9	26.9	26.8	26.6
18.0 m		17.5 m/24.5	23.3	23.2	23.0	22.9	22.8	22.6
20.0 m			20.3	20.2	20.0	19.9	19.8	19.5
22.0 m			20.1 m/20.2	17.8	17.6	17.5	17.4	17.1
24.0 m				22.8 m/17.1	15.6	15.5	15.4	15.2
26.0 m					25.4 m/14.5	13.9	13.8	13.6
28.0 m						12.6	12.5	12.2
30.0 m							11.3	11.1
32.0 m							30.7 m/11.0	10.1
34.0 m								33.3 m/9.5

[그림 2-94] 크롤러식 크레인 붐 길이와 양중능력(현대 7120)

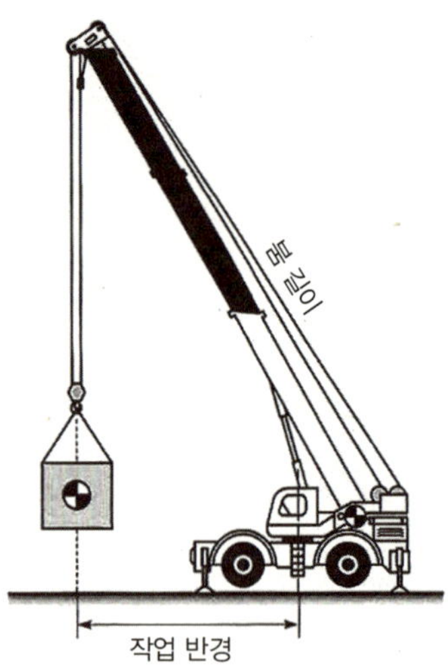

단위 : 톤

작업반경 \ 붐길이	9.7 m	16.0 m	22.3 m	28.6 m	34.9 m	38.05 m	41.2 m
2.5 m	50.0	30.0	20.0	12.0			
3.0 m	50.0	30.0	20.0	12.0			
3.5 m	45.0	30.0	20.0	12.0	11.0		7.0
4.0 m	39.5	30.0	20.0	12.0	11.0		7.0
4.5 m	35.5	30.0	20.0	12.0	11.0		7.0
5.0 m	32.0	29.0	20.0	12.0	11.0		7.0
5.5 m	29.0	27.0	19.8	12.0	11.0		7.0
6.0 m	26.5	24.6	18.7	12.0	11.0		7.0
6.5 m	24.0	22.7	17.6	12.0	11.0		7.0
7.0 m	22.0	20.9	16.7	12.0	11.0		7.0
8.0 m		17.8	15.0	12.0	10.1	8.5	7.0
9.0 m		14.6	13.4	11.5	9.4	8.5	7.0
10.0 m		12.0	11.3	10.5	8.7	7.9	7.0
11.0 m		10.0	9.4	9.5	8.1	7.35	6.5
12.0 m		8.3	8.0	8.6	7.5	6.85	6.0
13.0 m		7.1	6.8	7.4	7.0	6.4	5.6
14.0 m			5.9	6.6	6.5	6.0	5.3
16.0 m			4.2	5.0	5.4	5.3	4.7
18.0 m			3.0	3.8	4.3	4.5	4.15
20.0 m				3.0	3.4	3.55	3.6
22.0 m				2.3	2.7	2.85	3.0
24.0 m				1.65	2.1	2.3	2.4
26.0 m					1.65	1.85	1.95
28.0 m					1.25	1.4	1.55
30.0 m					0.9	1.0	1.2
32.0 m						0.7	0.9
34.0 m							0.6
A(°)			0~83			16~83	28~83

[그림 2-95] 유압식 크레인 붐 길이와 양중능력(TR500M)

되어 안전한 하중을 확인할 수 있으나 항상 양중능력에 대한 여유를 가져야 하며, 붐의 길이와 양중능력을 보간법이나 나눗셈 등으로 임의 계산하여 접근하면 안된다.

(5) 이동식 크레인의 작업조건 확인

이동식 크레인의 양중작업 계획 시 확인해야 할 현장의 주변 환경은 크레인 반입 및 반출로와 장비조립 및 설치장소, 작업장 지내력과 작업장 주변의 장애물 유무 등을 확인하여야 하며, 또한 최근에 많이 발생되고 있는 민원도 고려해야 한다.

따라서 이동식 크레인으로 작업할 경우에는 우선 양중물의 무게와 양중물을 어느 높이까지 매달아 올려야 하는지 크레인의 설치장소와 작업반경은 몇 미터가 되는지 검토해야만 한다.

2.3.7 환기설비

(1) 환기설비의 고려사항

펌프장 기계실 및 전기실 또는 발열원이 있는 곳에는 환기설비를 설치하여 운전원의 안전확보 또는 기기의 정상적인 기능확보, 수명연장에 기여한다. 환기방식은 주원동기의 규모, 종류 등에 따라 결정한다.

환기량은 각 기기에서 방출되는 열의 배출, 연료의 연소 및 운전 관리자의 건강과 위생에 필요한 공기량을 확보한다.

- 환기팬의 대수 결정에 있어서는 펌프설비의 운전 대수에 따른 운전빈도, 가동조건, 덕트 계획, 설치 공간 등을 고려한다.
- 운전관리자의 건강 보건, 건축법 시행령에서 정하는 환기량을 확보하여야 한다.
- 실내의 허용온도는 내연기관의 성능과 전기 기기의 내환경성을 고려하여 37℃ 이하로 한다. 또한 지하 펌프실은 온도가 쉽게 상승하고 습도가 많은 장소이기 때문에 장비의 유지관리상 바람직하지 않다고 판단되는 경우 통풍구를 마련하여 강제 환기를 하여야 한다.
- 환기용 덕트는 소배관, 케이블 트레이 및 배선 덕트 등과 간섭하지 않도록 주의한다.
- 강제 급배기방식의 경우는 급기와 배기가 단락 없이 실내 전체를 환기 할 수 있도록 하고, 환풍기는 실내의 소음을 실외로 가능한 발산하지 않는 구조로 그 설치 위치도 충분히 주의하여야 한다.
- 일반적으로 주 원동기를 전동기로 사용하는 소규모 펌프장에서는 자연환기(자연 급배기), 내연기관을 사용하는 중소규모 펌프장에서는 강제배기·자연급기, 대규모 펌프장에서 강제 급·배기

방식이 사용된다.

이 중 강제배기·자연급기방식에서는 배기량이 크기 때문에 실내가 부압이 되는 일이 없도록 충분한 면적이 확보되어야 하며, 옥외의 먼지를 유입하거나 소음이 외부로 방출하지 않는 구조의 급기공간을 마련한다.

(2) 환기 방식

① 제1종 환기(강제급기·강제배기)

외기를 기계적으로 급기하면서 실내의 오염공기를 기계적으로 배기시키는 방식이다. 즉 급기를 벽부착형 축류팬으로 하고, 배기는 천정에 축류팬으로 하기도 한다.

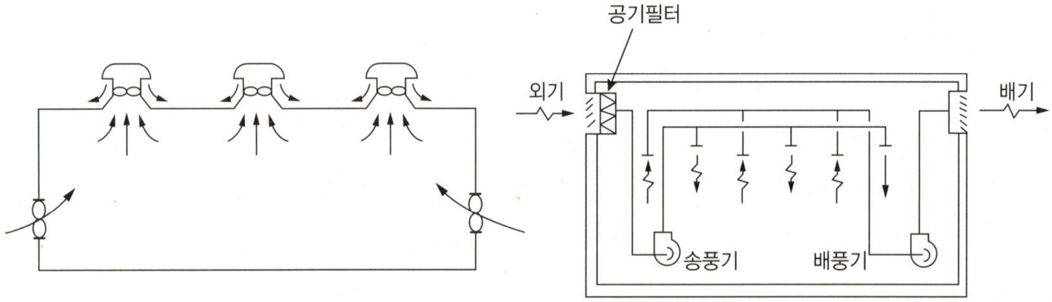

② 제2종 환기(강제급기·자연배기)

외기를 기계적으로 급기하면서 배기는 배기구 또는 빈틈에서 자연스럽게 배출시키는 방식이다. 급기를 다익형 팬으로 하고, 천장에서 자연 배출하는 예가 있다.

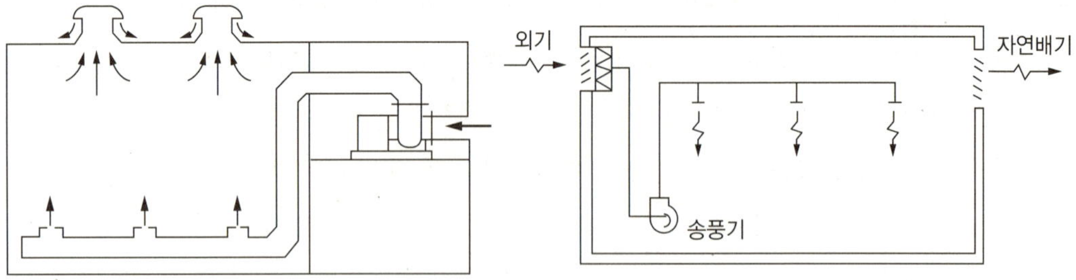

③ 제3종 환기(자연급기·강제배기)

실내공기를 배풍기에 의하여 배기하면서 동시에 개구부에서 외기를 자연스럽게 유입시키는 방식이다. 즉 배기를 천정형 또는 벽부착형의 축류팬으로 하고, 공기의 유입은 외부에서 자연급기로 한다.

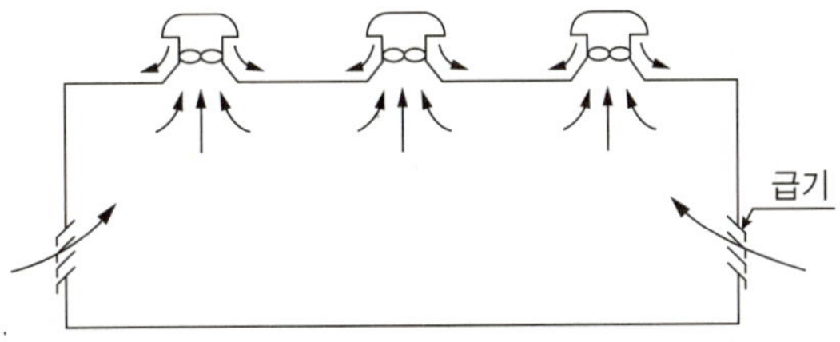

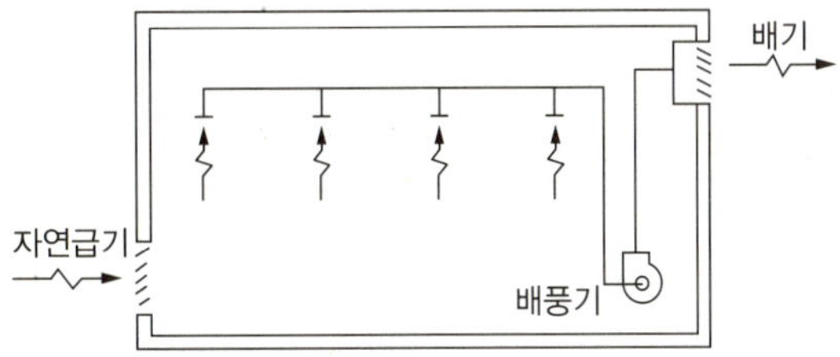

(3) 환기설비의 용량

1) 환기풍량

펌프장의 환기풍량은 각 기기에서 발생하는 열을 배출하는 데 필요한 급·배기량과 원동기 연료의 연소에 필요한 공기 공급량을 계산하여 구한다.

① 각 기기에서 발생하는 열량

(가) 전동기에서 발생하는 열량

전동기에서 발생하는 열량은 식 (2–29)로 산출한다.

$$Q_M = \frac{P_M \cdot (1-\eta_M)}{\eta_M} \qquad (2-29)$$

여기서,

Q_M : 전동기의 발생열량(kW)

P_M : 전동기출력(kW)

η_M : 전동기효율(제작자 효율이 없으면 〈표 2–59〉참조)

〈표 2–59〉 전동기의 효율(η)[35]

전동기 출력(kW)	효율(η)
50~200	0.88~0.92
200~500	0.93~ 0.94
500~1,000	0.94~0.95

(나) 디젤기관에서 발생하는 열량

디젤기관에서 발생하는 열량은 식 (2–30)로 산출한다.

$$Q_E = P_E \cdot B_E \cdot H_U \cdot f \qquad (2-30)$$

35) 농업생산정비사업계획 설계기준(양배수편)(2005. 농림부 농업기반공사)

여기서,

Q_E : 디젤기관에서 발생하는 열량(kW)

P_E : 디젤기관출력(kW)

B_E : 연료소비율[kg/(kW ·h)]

100~200 kW미만 : $B_E = 0.30$, 200~400 kW미만 : $B_E = 0.27$

H_U : 연료의 발열량(kJ/kg), A중유 42,700 kJ/kg = 11.86 kW ·h/kg

f : 디젤기관의 방열비율

고속디젤기관(1,200 rpm 이상) : 0.04, 저속디젤기관(1,000 rpm 이하) : 0.02~0.025

(다) 가스터빈 패키지에서 발생하는 열량

가스터빈 패키지에서 발생하는 열량은 식 (2-31)으로 산출한다.

$$Q_{GT} = a \cdot Q_r \qquad (2-31)$$

여기서,

Q_{GT} : 가스 터빈 패키지에서 발생하는 열량(kW)

a : 패키지의 열방산계수 0.05

Q_r : 가스터빈장치 총발생열량(kW) (제작자 자료 참조)

(라) 발전기에서 발생하는 열량(구동원동기 제외)

발전기에서 발생하는 열량은 식 (2-32)에 의거 산출한다.

$$Q_H = \frac{P_H \cdot P_F}{\eta_H} \cdot (1-\eta_H) \qquad (2-32)$$

여기서,

Q_H : 발전기에서 발생하는 열량(kW)

P_H : 발전기출력(kVA)

P_F : 발전기역률 0.8

η_H : 발전기효율 (용량에 따라 0.79~0.92)

(마) 유체커플링에서 발생하는 열량

유체커플링에서 발생하는 열량은 식 (2-33)으로 산출한다.

$$Q_f = K \cdot P_E \cdot (1-\eta_f) \tag{2-33}$$

여기서,

Q_f : 방열량(kW)

P_E : 전달동력(kW)

η_f : 전달효율 약 0.96

K : 열방산계수 = 0.15

(바) 기어감속기에서 발생하는 열량

기어감속기에서 발생하는 열량은 식 (2-34)로 산출한다.

$$Q_G = K \cdot P_E \cdot (1-\eta_G) \tag{2-34}$$

여기서,

Q_G : 방열량(kW)

P_E : 전달동력(kW)

η_G : 전달효율 〈표 2-35〉 참조

K : 감속기의 열방산계수, 수냉의 경우 $K = 0.15$, 공냉의 경우 $K = 0.1$

(사) 소음기 및 배기관에서 발생하는 열량

소음기 및 배기관에서 발생하는 열량은 식 (2-35), (2-36)로 산출한다.

• 관인 경우

$$Q = \frac{2\pi \cdot (t_i - t_o)}{\frac{1}{\lambda} \cdot \ln\left(\frac{d_o}{d_i}\right) + \frac{2}{a \cdot d_1}} \cdot L \tag{2-35}$$

• 평면인 경우

$$Q = \frac{(t_i - t_o)}{\frac{X}{\lambda} + \frac{1}{a}} \cdot F \tag{2-36}$$

여기서,

Q : 방열량(W)

t_i : 내부온도(=배기온도, ℃)

t_o : 외부온도(=실내온도, ℃)

d_o : 보온재의 외경(m)

d_i : 보온재의 내경(m)

X : 보온재의 두께(m)

a : 표면의 열전달율(W/m^2·℃), 수평설치 무풍으로 추정하여 $a = 11.63$ W/(m^2·℃)

λ : 보온재의 열전도율(W/m·℃)

룩울(rock wool)로서 평균온도 220℃에서 $\lambda = 0.08$(W/m·℃)

L : 보온재의 원통부의 길이(m)

F : 보온재의 평면부 표면적(m^2)

② 디젤기관의 연소에 필요한 공기량

디젤기관의 연소에 필요한 공기량은 식 (2-37)로 산출한다.

$$V_E = \left(\frac{A_o \cdot B_E \cdot P_E \cdot K}{60}\right) \cdot \left(\frac{P_o}{P_N}\right) \cdot \left(\frac{t_N + 273}{273}\right) \tag{2-37}$$

여기서,

V_E : 연소에 필요한 공기량(m^3/min)

A_o : 연소필요이론공기량(Nm^3/min), A중유 = 10.6 Nm^3/kg

〈표 2-60〉 연료소비율[36] 단위 : kg/(kW·h)

내연기관 출력(kW)	디젤기관	수평축가스터빈
100 미만	0.34	–
100 이상~200 미만	0.30	0.68
200 이상~300 미만	0.27	
300 이상~400 미만		0.65
400 이상~600 미만	0.25	0.62
600 이상~800 미만		0.59
800 이상~1,000 미만	0.23	0.59
1,000 이상~1,100 미만		0.52
1,100 이상		제작자 확인

36) 揚排水ポンプ設備技術基準(平成 27年. 社団法人河川ポンプ施設技術協会)

B_E : 연료소비율(kg/(kW · h)), 〈표 2-60〉 연료소비율 참조

P_E : 디젤기관출력(kW)

K : 공기과잉계수, 디젤기관에서 $K = 2.5$

P_o : 표준기압(hPa), $P_o = 1{,}013$ hPa

P_N : 기관운전시의 기압(hPa)

t_N : 기관운전시의 온도(℃)

상기 식은 일반식이므로 출력보증조건은

$P_N = 920$ hPa, $t_N = 37$℃에 있어서는 다음 식에 따른다.

$V_E = 0.552\ B_E \cdot P_E (m^3/min)$

③ 라디에이터가 설치된 디젤기관의 냉각용 배기량

라디에이터 팬에서 배풍덕트를 경과하여 방출시킨 배기량은 다음 식 (2-38)으로 산출한다.

$$V_R = C \cdot P_E \tag{2-38}$$

여기서,

V_R : 라디에이터 팬에 의한 배기량(m^3/min)

C : 3~4 m^3/(min·kW), 라디에이터 구조에 따른 계수로서 제작자 기종에 따라 다르다.

P_E : 디젤기관출력(kW)

④ 가스터빈에 필요한 공기량

가스터빈을 사용하는 경우의 환기는 연료용 공기와 오일쿨러, 냉각용 공기 및 실온 억제 공기에 대하여 고려할 필요가 있다. 가스터빈의 배기방식은 단독 배기방식, 덕트방식, 이젝트 배기방식이 있다.

(가) 연소에 필요한 공기량

$$V_1 = \left(\frac{A_o \cdot B_E \cdot P_E \cdot K}{60}\right) \cdot \left(\frac{P_o}{P_N}\right) \cdot \left(\frac{t_N + 273}{273}\right) \tag{2-39}$$

위 식은 디젤기관의 식과 비슷하지만 가스터빈은 아래 그림에서 공기량과 총 발열량의 개략값을 구한다. [그림 2-96] 및 [그림 2-97]에서 V_e는 가스터빈의 배기공기량(m/min), V_1는 가스터빈의 연소용공기량 at 37℃(m^3/min), V_2는 가스터빈의 냉각용공기량 at 37℃(m/min), Q_{GT}는 가스터빈의 장치 총방열량(kW)을 나타낸다.

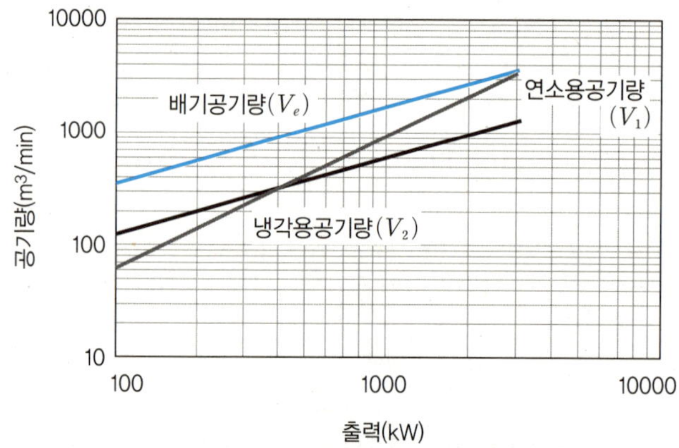

[그림 2-96] 수평축 가스터빈의 환기량[37)]

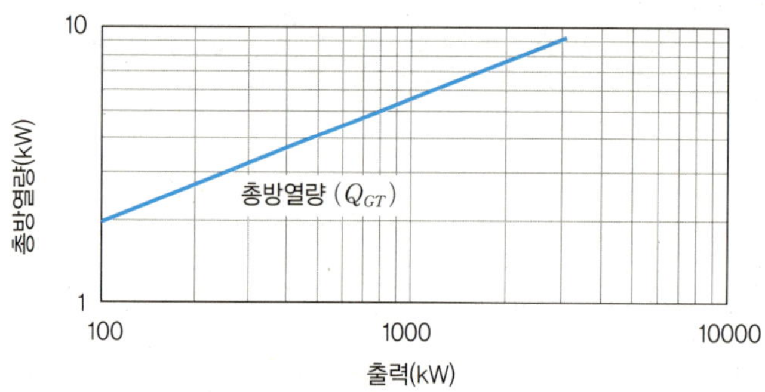

[그림 2-97] 가스터빈의 방열량[37)]

(나) 냉각에 필요한 공기량

$$V_2 = C \cdot P_T \tag{2-40}$$

여기서,

V_2 : 냉각공기량(m^3/min)

C : 배기방식에서 정한 계수 m^3/(min·kW)

P_T : 가스터빈출력(kW)

37) 揚排水ポンプ設備技術基準(平成 27年. 社団法人河川ポンプ施設技術協会)

위 식도 라디에이터 부착 디젤기관의 식과 동일하지만 기종, 방식에 따라 C의 범위가 넓기 때문에 [그림 2-96]에 의해 개략값을 구한다.

또 가스터빈 패키지의 내부를 통과하는 공기량은 상기 V_1+V_2 이고 여기서 V_1은 가열, 팽창하여 V_e가 되어 연소배기관에서 방출되고 V_2는 그대로 공기배기관으로 방출된다.

⑤ 환기설비의 용량 계산

(가) 배기팬

• 디젤기관의 경우 : 앞 절에서 구한 각 기기의 방산열량을 실외로 방출하기위한 팬 용량 V_{Fo}를 다음식으로 구한다.

$$V_{Fo} = \frac{\sum Q}{60 \cdot \rho \cdot C_P \cdot \Delta T} \tag{2-41}$$

여기서,

V_{Fo} : 배기팬의 용량(m^3/min)

$\sum Q$: 각 기기로부터의 방산열량의 총합계(kW)

$$\sum Q = Q_E + Q_G + Q_f + Q_H + \cdots$$

ρ : 공기의 밀도(kg/m^3), 920 hPa, 37℃, 상대습도 50% RH에서 1.024 kg/m^3

C_P : 공기의 정압비열, 920 hPa, 37℃에서 1.007 kJ/(kg.℃)=0.00028 kW ·h/(kg.℃)

$\Delta T = t_i - t_o$: 온도상승 5~10℃(실내온도와 실외온도와의 차)

t_i : 실내온도(℃), 37℃

t_o : 실외온도(℃), 27℃정도로 한다.

• 공냉 디젤기관의 경우 : 방산열량, 연소에 필요한 공기량은 기종에 따라 다르므로 주의한다.

• 가스터빈의 경우 : 가스터빈의 경우는 연소 냉각에 사용하는 공기량 V_1+V_2가 크기 때문에 다음과 같이 구한다.

−가스터빈 자체의 방산열량을 방출하기 위한 공기량을 구한다.

$$V_3 = \frac{Q_{GT}}{60 \cdot \rho \cdot C_P \cdot \Delta T} \tag{2-42}$$

Q_{GT}는 전 항에서 구한 값이고 기호는 위와 같다.

−다음 식과 같이 풍량 ΔV를 정의한다.

$$\Delta V = V_3 - (V_1 + V_2)$$

$\Delta V < 0$의 경우는 $\Delta V = 0$으로 한다.

– 가스터빈을 제외하고 기타 기기로부터의 방출열량의 총합 $\sum Q$와 상기의 ΔV에서 배기팬의 용량 V_{FO}를 구한다.

$$V_{FO} = \left(\frac{\sum Q}{60 \cdot \rho \cdot C_P \cdot (t_i - t_o)} \right) + \Delta V \tag{2-43}$$

여기서,

V_{FO} : 배기팬의 용량(m^3/min)

$\sum Q$: 기기로부터의 방출열량의 총합(kW) (가스터빈 자체 방산열량을 제외)

$$\sum Q = Q_E + Q_G + Q_f + Q_n + \cdots$$

(나) 급기팬

• 디젤기관의 경우 : 급기팬의 용량 V_{F1}은 배기팬의 용량 V_{FO}로, 연소에 필요한 공기량과 필요에 대응하여 라디에이터팬의 배기량을 가산한다.

$$V_{F1} = V_{FO} + V_E + V_R \tag{2-44}$$

여기서,

V_{F1} : 급기팬의 용량(m^3/min)

V_{FO} : 배기팬의 용량(m^3/min)

V_E : 연소에 필요한 공기량(m^3/min)

V_R : 라디에이터에 의한 배기량(m^3/min)

• 공랭식 디젤기관의 경우 : 연소에 필요한 공기량, 라디에이터팬의 용량에 대해서는 기종에 따라 다르기 때문에 주의한다. 또 정압에 대해서도 유의한다.

• 가스터빈의 경우 : 급기팬의 용량은 배기팬의 용량에 패키지 내를 통과시키는 연소, 냉각에 필요한 공기량을 가산한다.

$$V_{F1} = V_{FO} + (V_1 + V_2) \tag{2-45}$$

여기서,

V_{F1} : 급기팬의 용량(m^3/min)

V_{FO} : 배기팬의 용량(m^3/min)

V_1 : 연소에 필요한 공기량(m^3/min)

V_2 : 냉각에 필요한 공기량(m^3/min)

2) 공기 저항

다익형 팬과 덕트를 사용하여 급·배기를 할 경우는 소음기를 포함한 덕트의 공기 저항을 산출하여 팬의 정압을 구하지만 기준은 다음과 같다.

- 소음기가 없는 경우 : 15 mmAq(약 150 Pa)
- 소음기가 있는 경우 : 30 mmAq(약 300 Pa)

덕트 및 유출·유입구 등의 풍속은 〈표 2-61〉을 참고로 한다.

〈표 2-61〉 덕트 및 유출·유입구 등의 풍속[38)]

위치	풍속(m/s)
외기 유입구	*2.5 ~ 6
팬 토출구	*8 ~ 12
주 덕트	6 ~ 10
분기 덕트	3 ~ 5
배출 덕트	*5 ~ 8
필터	2 ~ 2.5

*수치는 유효 통과 속도로 한다.

3) 팬의 형식

천정형, 벽부착형 축류팬의 정압 기준은 다음과 같고, 이에 따라 풍량을 결정한다.

- 벽부착형 : 0 mmAq(10 Pa)
- 천정형　 : 5 mmAq(약 50Pa)

4) 배출 덕트

덕트의 배풍구는 비바람의 영향이 가장 작게 설치하는 것이 바람직하지만 비나 눈이 날리는 것이 예상되는 경우는 역풍방지 댐퍼 등의 대책을 검토한다. 또 운전 중에 배풍구로 강풍이 들어오면 필요한 배풍량을 얻을 수 없는 경우가 있기 때문에 필요에 따라 방풍 대책을 검토한다.

38) 揚排水ポンプ設備技術基準(平成 27年, 社団法人河川ポンプ施設技術協会)

2.3.8 지배수설비

(1) 지배수설비의 개요

배수펌프장의 지배수설비는 흡입수조 내부 및 배수 주펌프의 하부에 고여 있는 우수 및 오수를 지외로 배제시키기 위하여 설치하는 설비이다.

- 흡입수조의 배수피트는 일반적으로 지하에 설치되어 우수나 오수가 배수되지 않을 때에는 고형물이 침전·부패되어 악취가 발생되므로 완전히 배수되어야 한다.
- 기동·정지는 배수피트에 설치 한 수위 감지기에 의한 자동운전으로 배수량에 따라 상용 펌프와 예비 펌프의 동시 운전이 가능한 것으로 한다.
- 지배수펌프를 가동하여 배수할 때에는 안전을 고려하여 토출 주배관의 상부보다 위에서 배수할 수 있도록 한다.
- 펌프의 운전방식은 자동운전을 원칙으로 하고, 유지관리성 및 경제성 확보를 위하여 배수 주펌프가 정지 후 흡입수조 수위에 의해 가동이 되도록 계획을 하여야 한다.
- 집중 강우시에는 지배수펌프까지도 가동을 하여 우수나 오수의 배제를 고려할 수 있다.

(2) 지배수설비의 설계

1) 지배수펌프

- 펌프의 형식은 흡입수조 배수 피트에 운전이 가능하도록 오·배수용 수중 모터펌프로 한다. 침전물이 많은 경우는 침전물을 배출할 수 있는 펌프형식으로 설치하는 것이 좋다.
- 지배수펌프의 유효용량은 흡입수조 주펌프의 최저운전수위(LWL) 이하 체류된 우수나 오수를 1~3시간 이내에 배수하는 것으로 하고, 지배수펌프의 양정은 배관손실을 고려하여 계산하며 설치 대수는 1~2대로 한다.
- 펌프는 자동착탈식으로 설치 및 인양이 비교적 쉽고 유지보수가 용이하여야 한다.
- 수중 모터펌프는 임펠러가 물과 함께 토사 및 이물질을 배출할 수 있는 구조이며, 연속운전이 가능하여야 한다.
- 자동착탈장치에 배관이 고정되어 있어 펌프설치가 비교적 빠르고 정확한 위치에 설치할 수 있어야 한다.
- 케이블은 수중 사용에 적합한 복합케이블로써 절연두께 및 절연내력 등은 KS C 3004에서 규정하는 값 또는 이와 동등 이상이어야 하며, 중간 이음매가 없어야하고 충분한 방수처리를 하여야 한다.

2) 배관 및 제어장치

- 지배수펌프의 배관은 별도 배관으로 설치하며, 동결, 이물질 걸림 및 역류 등에 대비하여 적절한 대책을 강구하여야 한다.
- 제어반은 침수되지 않고, 접근 및 유지보수가 용이한 지상에 설치하며, 초기운전 안정성을 확보하기 위해 기동전류를 감안하여 설치한다.
- 지배수펌프의 수위스위치는 별도 설치를 원칙으로 하며, 부유식 또는 전극식 등을 사용한다.

(3) 지배수펌프 배치 검토

지배수펌프의 효율적 운영을 위하여 설치 조건 및 보수점검에 필요한 공간, 배수 주펌프의 운전환경 등을 검토하여 운전이 용이한 곳에 배치한다.

(가) 흡입수조 용량(V) 계산 사례

최저수위(L.W.L)까지는 배수 주펌프로 배수가 가능하고 배수 주펌프 정지 후 흡입측 수위가 완전히 저하하면 흡입측 바닥고에서 L.W.L까지 배수하는 것으로 계획한다.

〈표 2-62〉 지배수펌프 배치 비교

구분	배수 주펌프 전면 배치	배수 주펌프 측면 배치
개요	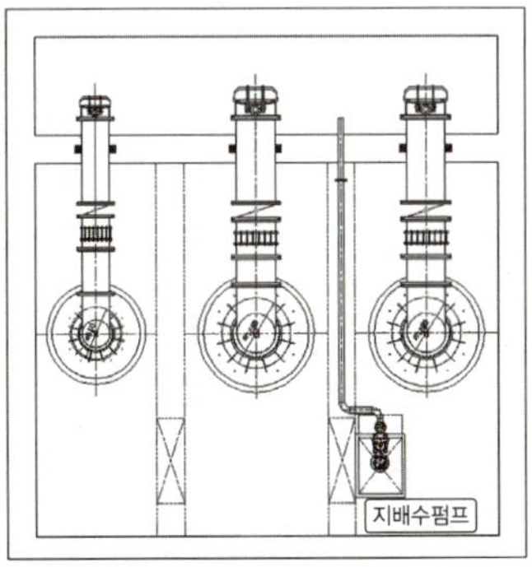	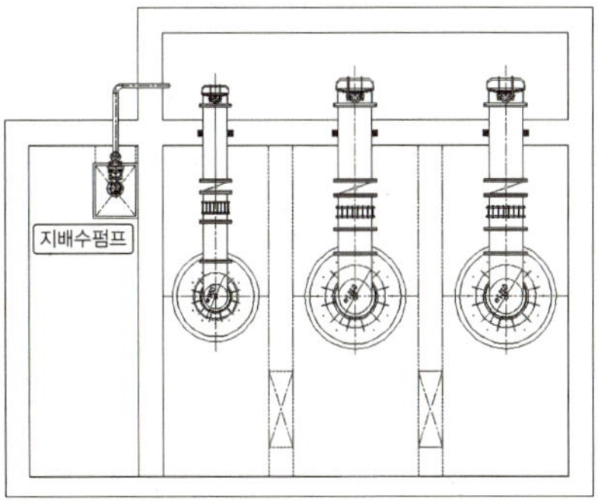
장점	• 가장 일반적인 설치 방법 • 건축물 및 토목구조물의 규모 축소 가능 • 토목 공사비가 상대적으로 낮아짐 • 지배수펌프의 운영 및 유지관리 양호 • 기계설비 집중배치로 유지관리 양호	• 홍수시 유입되는 우수에 영향 없음 • 주펌프의 흡입이 안정적임 • 지배수펌프 별도 운영 및 관리 가능
단점	• 지배수펌프용 밸브 설치 장소 협소 • 홍수시 우수 유입 방해	• 건축물 및 토목구조물의 규모 증가 • 토목 공사비 증가

$$V = V1 + V2\,(\mathrm{m^3})$$

$$Q = \frac{V}{60 \times T \times N}\ (\mathrm{m^3/min})$$

$$T = \frac{V}{60 \times Q \times N}\,(\mathrm{hr})$$

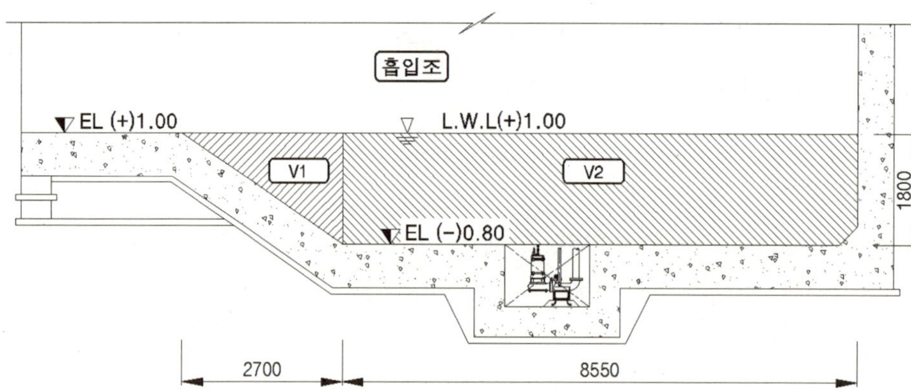

[그림 2-98] 지배수펌프 용량 계획

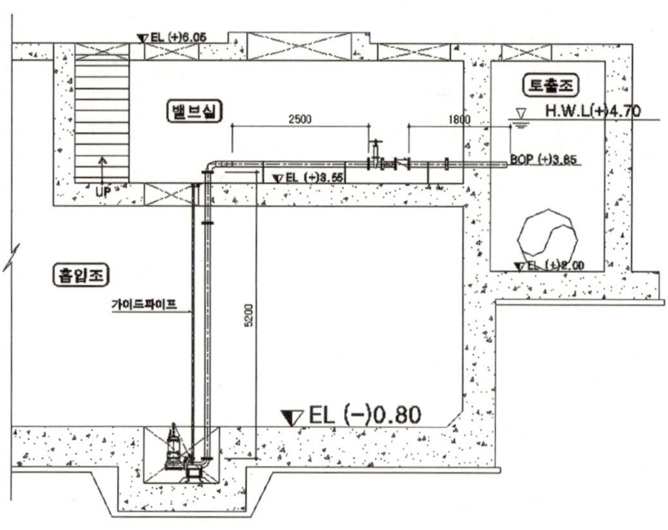

[그림 2-99] 지배수펌프 설치(예)

여기서,

Q : 지배수펌프 용량(m^3/min)

V : 흡입수조 체적(m^3)

T : 펌프 가동시간(1 hr~3 hr)

N : 가동 대수

구분	내용
형식	자동착탈식 수중모터 펌프
규격	Φ100 mm × Q 1.0 ㎥/min × H 8.0 m
가이드배관	Φ40 mm(STS)
임펠러재질	SSC13
정격 동력	3.7 kW
수량	2대(1대 예비)

[그림 2-100] 지배수펌프 형식(예)

2.3.9 실내 배수설비

(1) 실내 배수설비의 개요

펌프실내에 청소수, 축봉수 등의 물을 자연배수 할 수 없는 경우는 실내에 배수피트와 배수펌프를 설치하여야 하며, 자연배수 시 피트로 역류가 발생하지 않도록 한다.

- 기동·정지는 배수 피트에 설치 한 수위 스위치에 의한 자동운전으로 유입유량의 증가에 따라 상용 펌프와 예비 펌프의 동시 운전이 가능한 것으로 한다.
- 여러 펌프의 운전 시간을 균등하게하기 위하여 교대 운전방식을 도입한다.
- 실내 배수펌프용 전원은 상용전원을 표준으로 하고 상용 또는 자가 발전으로부터 공급할 수 있도록 한다.
- 배수 피트는 실내 최저 수위의 적당한 위치에 설치한다.

(2) 실내 배수설비의 설계

1) 실내 배수펌프

- 자연배수가 가능한 장소에서는 실내 배수펌프를 설치하지 않고, 자연배수가 불가능한 장소는 예상 배수량을 고려하여 설치한다.
- 설치위치는 상시 수중에서 운전될 수 있도록 배수피트 내부에 설치한다.
- 펌프의 형식은 배수피트 내부에서 운전이 가능하도록 오·배수용 수중펌프 또는 이와 형식이 유사한 수중펌프로 선정한다.
- 실내 배수펌프의 대수는 예비펌프 1대를 포함하여 최소 2대 이상을 설치한다.
- 펌프유량은 펌프장내 펌프의 축봉수, 상시 배출되는 계측기 샘플링수 등의 공정용수, 건물 벽체부 결로 및 누수량을 고려하여 계산한다.
- 실내 배수펌프 양정은 배관손실을 고려하여 계산한다.
- 실내 배수 피트 또는 배수펌프 배관으로 역류가 유입되지 않도록 방류구의 수위 등을 확인하고 적절한 방지대책을 강구한다.

2) 배관 및 제어장치

- 실내 배수펌프의 배관은 별도로 설치하며, 동결, 이물질 걸림 및 역류 등에 대비하여 적절한 대책을 강구하여야 한다.
- 실내 배수펌프의 배관의 연결은 하천이 아닌 하수관거로 연결한다.
- 제어반설치는 제어반의 침수, 접근 및 유지보수가 용이한 지상 또는 벽부에 설치하며, 초기운전 안정성을 확보하기 위해 기동전류를 감안하여 설치한다.
- 실내 배수펌프의 수위스위치는 별도 설치를 원칙으로 하며, 부유식 또는 전극식 등을 사용하여 이중으로 구성한다.

2.3.10 계통기기설비

(1) 계통기기설비의 기본 설계

계통기기설비는 주 펌프 설비 및 자가 발전 설비의 운전에 필요한 연료 공급, 기기의 냉각, 윤활, 내연기관의 시동 동력, 흡배기 등 주 펌프의 운전을 위한 보조 기능을 확실하게 발휘하기 위한 적절한 장비로 구성한다.

여러 대의 주 펌프 또는 여러 대의 자가 발전 설비에 공통적으로 사용되는 계통 기기에는 예비기기를 설치한다.

1) 계통 기기의 구성

각 계통 기기는 다음의 각 설비로 구성된다.

- 연료 계통 설비(연료 저장 탱크, 연료 보조 탱크, 연료 이송 펌프 등)
- 냉각수 계통 설비(라디에이터, 관내 쿨러, 냉각수 펌프 등)
- 시동 계통 설비(공기압축기, 시동 공기탱크, 배터리, 충전기 등)
- 만수 계통 설비(진공 펌프, 보조 탱크 등)
- 윤활유 계통 기기(윤활유 펌프, 윤활유 냉각기 등)
- 급 배기 계통 기기(배기관, 소음기, 공기 공급 장치 등)

2) 예비기의 설치

여러 대의 주 펌프 및 자가 발전 설비의 운전에 공통으로 사용되는 각 계통 기기에 대해서는 위험 분산을 위해 예비 기계를 설치하는 것을 표준으로 한다.

또한, 공통 계통 기기류이지만 신뢰성, 경제성 면에서 예비기를 설치하지 않거나, 기기 1대마다 설치하는 계통 기기(직속 계통 기기)에서 긴급 시에 있어서 용이하게 대체 수단을 찾기 어려운 점 등으로 예비 기계를 설치하는 경우가 있다.

3) 계통 기기의 동력

계통 기기의 구동용 동력원으로서 전동기, 내연기관이 있지만, 일반적으로는 주로 전동기를 이용하고, 블랙아웃시를 상정한 비상용으로 필요에 따라 내연기관을 사용하는 것으로 하며, 다음 사항을 유의하여 설계한다.

배수 펌프장의 계통 기기용 전원은 배수 운전시 블랙아웃이 발생하여도 운전을 계속할 필요성과 운전 시간이 비교적 짧으므로 경제성을 고려하여, 상용전원 및 예비전원에 의한 것을 표준으로 한다.

펌프장의 휴지 또는 대기 중에도 운전을 필요로 하는 계통 기기 및 보안용의 계통 기기는 상용 전원과 자가 발전 설비의 어느 것에 의해서도 운전 가능한 것으로 한다.

4) 소 배관의 계획, 설계, 시공

소 배관의 계획 및 설계에 있어서는 주요 기기 및 건물 등과의 정합성, 운전 조작성, 유지 관리의 용이성, 안전성, 내진성, 경제성 및 시공성의 관점에서 검토한다.

동결의 우려가 있는 부분에는 보온 피복을 실시하고, 고온 배관은 단열 피복 등을 검토한다. 연료 계통 등 법령에 따라 재료와 구조, 시공 방법이 정해져있는 것은 법령에 적합한 것이어야 한다.

소 배관은 설비의 운용 및 유지 관리에 있어서 용도나 내부 유체의 종류 파악이 용이하도록 계통별로 색깔로 분류하고, 유체의 이동 방향을 화살표로 표시한다. 착색은 각 배관의 전면 또는 확인하기 쉬운 위치에 띠 모양으로 한다.

(2) 연료 계통 설비

연료 계통 설비는 내연기관의 운전에 필요한 연료를 확실히 공급하고 안전한 설비로 한다. 연료 저장 탱크의 용량은 비상시 연료 공급의 확실성을 고려하여 펌프 설비가 필요로 하는 계획 운전 시간을 만족하는 연료유를 공급할 수 있는 것으로 한다. 연료 계통 설비는 연료 저장 탱크, 연료 보조 탱크, 연료 이송 펌프, 연료 배관 등으로 구성한다.

배수 펌프장의 연료 저장 탱크의 용량은 연료보급 없이 계획 배수 운전 시간의 운전이 가능한 용량에 운전상의 여유를 고려하는 것으로 한다.

연료 저장 탱크의 내 용적은 법령으로 정하는 공간 용적을 확보하는 것으로 산출한다. 연료 저장 탱크의 형식, 구조는 법령상의 구분에 의한 지하 탱크 저장소 또는 옥외 탱크 저장소에 적합한 것으로 한다. 지하 탱크의 경우는 연료 흡입 높이의 제약에 유의한다.

옥외 탱크의 경우는 연료유의 리턴을 위해 연료 보조 탱크의 설치 높이가 높아지는 것이나 방유 설비 내의 빗물 배수 밸브의 확실한 조작이 필요한 점에 유의한다.

침수 대책으로 급유구나 통기관으로부터의 침수 방지 및 급유 방법을 고려한 구조로 한다. 위기 관리의 대책으로 대규모 재해 발생 시에는 통상의 연료 공급 계통을 사용할 수 없는 경우도 있을 수 있기 때문에 다른 연료유 탱크 차량으로부터도 급유가 가능하도록 급유 연결구 등의 형식을 검토할 필요가 있다.

연료 보조 탱크 설치 높이는 송유, 반송유 조건을 고려하여 결정한다. 각 내연기관에 연료 보조 탱크로부터의 연료 공급은 자유 낙하 방식으로 한다. 디젤기관에서는 탱크 내의 유면 높이를 기관 상단 정도로 하는 것이 바람직하고 가스 터빈에 있어서는 기관 고유의 필요 압입 압력이 확보되지 않는 경우는 연료 가압 펌프를 설치한다.

연료 저장 탱크에는 연료의 오버플로우 관 및 리턴 관을 설치하여 자유 낙하에 의해 연료 저장 탱크로의 반송이 가능한 구조로 한다. 옥외 탱크(지상 탱크)의 경우 연료 저장 탱크의 유면 이상의 높이를 확보하기 위해 연료 보조 탱크의 설치 높이가 높아져 일상식의 펌프장에서는 점검하기 어려운 점이나 연료 이송 펌프의 송유압력이 높아지는 것에 유의한다.

연료 저장 탱크에는 연료 이송 펌프의 자동 운전용 및 유면 이상 검지용으로 유면 높이를 전기 신호로 발신하는 장치 및 유량을 확인할 수 있는 장치를 마련한다.

연료 이송 펌프의 용량(송유량)은 주 펌프 전체 대수 및 발전기용 내연기관(예비용은 제외) 운전시의 연료 소비량보다 대용량으로 함과 동시에 연료 보조 탱크를 1시간 이내에 채울 수 있는 것으로 한다.

연료 이송 펌프의 설치 위치, 설치 높이의 결정에 있어서는 연료 저유 탱크에서의 흡상 높이, 흡입 배관 손실을 고려하여 흡입 가능한 것으로 함과 동시에 필요 양정을 결정한다. 설치 대수는 공통계통기기로 2대로 하고 운전은 교대로 기동 정지한다. 연료 이송 펌프는 전동기 구동으로 하며 비상시용의 펌프를 병설한다. 연료 이송 펌프 운전용의 전력은 비상시 자가 발전 설비로 공급할 수 있도록 하는 것이 바람직하다.

옥외 배관의 직접 매설 배관은 스테인리스 강관 또는 내식성을 갖는 재료(도금관 제외)를 이용한 것으로 한다. 펌프장 구조물 또는 펌프장 위의 배관에는 주위의 지반 침하를 흡수할 수 있는 플렉시블 커플링을 마련함과 동시에 지하에 설치하는 경우에는 그 상태를 육안으로 볼 수 있도록 박스 등에 수납한다.

(3) 냉각수 계통 설비

냉각수 계통 설비는 기기의 냉각 방식에 따라 필요한 냉각수의 공급 및 냉각을 확실하게 할 수 있도록 한다. 베어링의 윤활수나 축봉수가 필요한 경우는 냉각수 계통 설비로 공급한다.

1) 주 원동기의 냉각 방식

① 내연기관의 냉각

수냉식의 디젤기관에 대해서는 적용 출력, 필요한 수량, 수질 및 수온, 설치 조건 등에 의해 냉각 방식을 비교 검토하고 냉각수 계통 설비의 설계를 실시한다.

② 전동기 등의 냉각

수냉식 전동기 및 기동 저항기의 냉각수에 대해서는 내연기관의 냉각수 계통 설비에 준하여 설계한다.

③ 감속기 등의 냉각

시설 규모가 크고 공냉 이외의 감속기 및 유체 커플링의 오일 냉각용 냉각수에 대해서는 내연기관 냉각수 계통에 준하여 설계한다.

2) 윤활수, 축봉수의 공급

수직축 펌프의 수중 베어링에 윤활수가 필요한 경우나 수평축 펌프의 축봉장치에 축봉수를 사용해야하는 경우에는 냉각수 계통 설비에 준하여 설계한다.

수질은 수돗물 또는 동등한 청수로 하고 송수 펌프는 수량, 압력을 만족하는 전동 펌프로 한다.

(4) 시동 계통 설비

시동 계통 설비는 내연기관을 필요한 때 확실하게 시동할 수 있는 것으로 한다.

1) 펌프 구동용 디젤기관의 시동 계통 설비의 설계

펌프 구동용 디젤기관의 시동 방식은 공기식(분배 밸브 방식, 에어 모터 방식) 및 전기식(스타트모터 방식)에서 펌프의 기동 특성과 디젤기관의 시동 특성 및 시장성에 따라 적절한 방식을 선정하여 설비 기기의 설계를 실시한다.

공기식 시동 방식에서 분배 밸브 방식은 펌프와 디젤기관을 직결 구동하는 설비로도 시동 가능하며, 중~대 출력의 기관에 채용한다. 에어 모터 방식은 펌프를 직결 기동할 수 없지만, 분배 밸브 방식과 마찬가지로 공기 탱크에 축적된 공기압에 의해 전원 없이 기동 가능하므로 소~중 출력 기관에서 클러치와 함께 채용한다.

전기식 시동방식의 스타트모터 방식은 펌프를 직결 기동할 수 없기 때문에 소~중 출력 기관에서 클러치와 조합하여 채용한다.

2) 펌프 구동용 가스 터빈의 시동 계통 설비의 설계

펌프 구동용 가스 터빈의 기동 방식은 전기식(스타트모터 방식), 유압식(유압 모터 방식), 공기식(에어모터 방식)이 있지만 대 출력의 경우를 제외하고 스타트모터 방식을 채용한다. 또한 1축식 가스 터빈은 펌프를 직결 기동할 수 없기 때문에 클러치와 조합하여 채용한다.

스타트모터는 직류 전동기로 가스 터빈 기관에 장비하고 스타트모터용 직류 전원 장치는 직속 계통 기기로 기관 1대마다 1대를 설치하고 예비기는 마련하지 않는 것을 표준으로 한다. 축전지 용량은 무부하 상태에서 연동 조작으로 연속 3회 이상 시동 가능한 용량으로 한다. 가스 터빈은 자력 착화하여 속도를 올릴 때까지 비교적 장시간을 요하고 축전지 용량은 디젤기관에 비해서 큰 것을 필요로 하기 때문에 대용량으로 함과 동시에 비상시의 대응으로 다른 호기의 시동 계통 설비를 상호 백업할 수 있도록 하는 것이 바람직하다.

전기는 축전지를 항상 부동 충전할 수 있는 형식으로 완전 충전 상태를 유지한다.

3) 자가 발전 설비의 내연기관의 시동 계통 설비의 설계

자가 발전 설비의 내연기관은 무부하 시동이기 때문에 클러치가 있는 주 펌프 구동 용 내연기관에 준하여 시동 방식을 선정한다. 또한 구성 기기는 직속 계통 기기로 예비기는 마련하지 않는 것을 기본으로 하지만 공기탱크에 대해서는 예비용 1대를 설치한다.

(5) 만수 계통 설비

만수 계통 설비는 주 펌프를 필요 시간 내에 만수할 수 있는 것으로 한다. 흡상 방식의 주 펌프는 펌프 기동 전에 만수 조작(마중물 작업)이 필요하며 배수 펌프장의 경우는 운전이 필요한 경우 신속하게 기동 조작을 할 수 있도록 주펌프 1대를 5분 이내에 만수 가능한 설비로 하는 것이 바람직하다. 단, 대구경 펌프나 흡입 및 토출 관이 길어 진공 펌프의 전동기 출력이 커지는 경우는 만수 시간을 10분 이내로 설계한다.

배수펌프장의 진공 펌프는 공통 계통 기기로서 주펌프 1대를 만수하는 데 필요한 용량의 것을 2대 설치한다. 한랭지에서는 겨울 가동을 고려하거나 펌프 설비 전체의 무수화를 도모하는 경우는 건식 진공 펌프를 검토한다. 진공 펌프에 보급수가 필요한 경우 보조 탱크는 공통 계통 기기이지만 예비기는 설치하지 않는다.

만수 조작(마중물 작업)이 필요한 흡상방식의 주 펌프에 만수 감지기를 장착한다. 펌프 기동을 신속하게 할 수 있도록 만수 상태로 대기하는 경우는 만수 상태에서 수면 저하를 검지하여 자동으로 진공 펌프를 운전하는 만수 유지 설비의 설치를 검토한다.

(6) 윤활유 계통 설비

주 원동기, 기어 감속기, 유체 커플링, 수평축 펌프 등 외부 오일펌프에 의한 윤활이 필요한 기기는 윤활유 계통 설비를 설치한다.

윤활유 펌프는 기기 본체에 장비하여 해당 기기의 운전시 회전 동력에 의해 구동하는 방식으로 하지만 특별히 대형 기기는 전동 펌프로 한다.

기동 시에 미리 윤활을 필요로 하는 기기는 초기 윤활유 펌프를 설치한다. 초기 윤활유 펌프의 구동은 해당 기기의 회전 동력을 사용할 수 없기 때문에 전동펌프, 수동펌프, 공기압 피스톤펌프 등을 선택한다.

윤활유 여과기 및 윤활유 냉각기 등의 설비는 기기 본체에 탑재 또는 별도 설치한 유닛으로 한다.

(7) 급배기 계통 설비

급기 계통 설비는 내연기관 운전시의 연소용 공기와 냉각용 공기가 펌프실의 환기설비로는 충분히 공급할 수 없는 경우에 설치한다. 배기계통 설비는 내연기관 운전시의 연소 가스의 배출 및 내연기관을 냉각한 공기를 배출하기 위해 설치한다.

내연기관의 연소용 공기와 냉각용 공기를 공급하기 위한 전용 덕트를 설치한 가스 터빈, 기기 부착 라디에이터 디젤기관, 공냉식 디젤기관 등에는 급기계통 설비가 필요하며 내연기관의 출력 저하를 초래하는 흡기 압력 저하를 발생하지 않도록 또한, 냉각용의 공기량을 확보할 수 있도록 송풍기, 소음기, 덕트, 댐퍼 등에 대하여 필요한 기능, 용량을 확보한다.

디젤기관과 가스터빈의 배기관에 대해 배기경로의 전 저항(배압)이 원동기의 정상 운전에 지장이 없도록 관 직경 등을 선택한다. 배기경로는 온도 변화가 크기 때문에 팽창, 수축에 대응할 수 있는 동시에 진동에 대해서도 지장이 없는 구조로 한다.

디젤기관은 연료에 따라 저온 시동성이 악화되기 때문에 저온시에 운전하는 설비에는 미연소 가스의 배기 관내에서의 폭발에 의한 지장을 주지 않도록 배기 계통을 굴곡이 적은 구조로 하고 가스 제거 장치를 설치하는 등의 대책을 실시한다.

소음기는 환경대책으로서 필요한 성능을 가지는 것으로 하며 배기에 준하여 설계한다. 가스터빈, 기기 부착 라디에이터 디젤기관, 공냉식 디젤기관의 경우에는 냉각용 공기를 펌프실 외로 배출하는 전용의 배기덕트를 설치한다.

2.4 전기설비

2.4.1. 기본사항

(1) 전기설비의 기본 사항

전기설비의 설계에 있어서 배수방식, 시설규모 및 형태, 유지관리 방식 등을 기초로 신뢰성과 경제성을 고려하여 적정하게 해당시설을 설계하고 효율적인 운영 및 유지관리가 될 수 있도록 하여야 하며, 장래 증설 및 설비개선이 용이하도록 하여야 한다.

전기설비 설계시 기본적으로 고려하여야 할 사항 중에는 신뢰성, 경제성, 유지관리성, 안전성, 확장성, 조작의 편리성 등이 있다. 각 설비별 연관사항에 대해서는 충분히 검토하여야 하며 특히 토목, 건축구조물 및 기계설비의 설계조건을 고려하여 이들과 부합된 전기설비가 설치되도록 설계한다.

1) 신뢰성

- 배수펌프장에는 비상시 수동운전 조건, 열악한 사용 환경조건 등 많은 특수성이 있으므로 사용기기는 성능 및 신뢰성이 높고 일정기간 이상의 내용년수 확보가 가능한 것으로 한다.
- 배수펌프시설은 공공성이 강하므로 만일의 고장에 대비하여 주요기기는 이중화, 백업(back-up), 기능분산을 고려한다.

- 부식성가스 등에 의해서 부식의 우려가 있는 장소에 설치될 기기는 구조, 재질의 선정에 유의한다.
- 전력배분이 적정하고 교체 및 증설공사 중에도 안정적으로 운전될 수 있도록 한다.

2) 경제성

설비투자 최소화 및 유지관리비의 절감화(운영 및 유지관리인력의 최소화, 에너지절감, 자원의 절감 등)를 도모한다.

3) 유지관리성

- 보수점검이 용이토록 하고 점검회수가 최소화되도록 한다.
- 기기의 호환성을 확보한다.
- 합리적으로 기기를 배치하고 적당한 여유공간을 확보한다.

4) 안전성

- 화재, 감전사고 등을 미연에 방지하도록 관련 설비를 설치하여야 한다.
- 감전의 우려가 있는 부분에는 감전방지용 보호덮개를 설치한다.
- 폭발성 또는 인화성 물질이 있는 장소는 폭발에 대비한 시설을 설치하여야 한다.
- 조작스위치, 램프 등은 오조작이나 착오의 우려가 없도록 배치함과 동시에 조작회로에는 필요에 따라 인터록 회로를 설치한다.

5) 확장성

- 증설 및 기술개발에 대비 등을 고려한다.
- 사용년수 경과 후 교체 및 변경이 용이하도록 한다.

6) 조작의 편리성

- 운전조작이 용이하고 오조작이 발생하지 않도록 한다.
- 조작의 안전성을 확보한다.
- 운전조작의 연동 및 자동화를 채택한다.

7) 기타

- 지역특성에 따라서 한냉지대책, 염해대책, 방진대책 등을 고려한다.

- 소음, 진동 등의 발생이 최소화되도록 한다.
- 필요한 경우 내진 구조를 고려한다.

(2) 법규의 준수

전기설비의 설계에서는 관계법령에 저촉되지 않도록 충분히 검토하여야 한다.

(3) 규격 적용

전기설비 설계시 기술적인 사항은 국내규격, 규정, 지침 등을 적용하되 해당내용이 불충분할 경우에는 국제규격이나 기준을 적용할 수 있다. 관계되는 국내 외 규격, 규정, 지침 등은 다음과 같다.

1) 국내 규격 및 기준

- 전기설비시설기준
- 판단기준(사단법인 대한전기협회)
- 내선규정(사단법인 대한전기협회)
- 배전규정(사단법인 대한전기협회)
- 변전설계(ESB, 한국전력공사)
- 전기공급약관(한국전력공사)
- 한국전기공업협동조합 표준규격(KEMC)

2) 국제 규격 및 기준

- ISO(국제표준화기구)
- IEC(국제전기기술위원회)
- NEMA(미국 전기제작자협회)
- JEM(일본 전기공업협회규격)
- JIS(일본공업규격)
- NEC(미국전기규격협회)

(4) 시공범위

펌프장 설치공사는 토목, 건축, 기계 및 전기·계측제어설비 등으로 구성된 복합플랜트 공종이므로 최상의 기능 발휘를 위해서는 각 공종간의 연계성 및 시공구분을 명확히 함은 매우 중요하다. 따라서, 설계의 최적화를 위해 다음 사항을 유의한다.

1) 시공범위

- 자재공급의 구분(사급 또는 관급 구분 등)
- 다른 공사와의 관계(전원공급, 통신선로공급 범위 및 통합운영 시스템과의 공사범위)

2) 상호관계

- 전기·계측제어설비간 및 전기·계측제어설비와 기계설비와의 연동 또는 상호 인터록 등
- 토목, 건축, 기계 등 타 공종간의 상관관계

3) 장래공사

- 금회와 장래공사의 구분
- 장래공사에 대비한 금회 공사의 시공 범위 및 방법

(5) 지역적 특성

전기·설비의 설계에 있어서는 해당지역의 적설, 한냉, 해변지역 등의 지리적, 기후적 환경조건 및 관광지, 그 지방 산업지역 등 사회적 입지조건에 대해서 고려한다.

(6) 설비계획

전기설비의 계획시에는 기본사항을 고려하고, 시설내 부하수, 용량, 부하의 분포상황 등을 파악하여 설치방식, 용량, 대수 및 기종을 결정하되 설비전체를 일관성 있는 시스템으로 구성하여 배치한다. 또한, 케이블의 포설, 기기의 반입 및 반출 경로를 검토하여 효율적인 시공이 되도록 한다.

설계 계획시에는 연차계획에 따른 단계적인 시설용량 증대시 설비의 증설 및 개조가 용이하도록 계획한다. 펌프장 전체가 합리적으로 설치되고 운영 관리가 용이하도록 아래의 사항을 고려하여 시설계획을 한다.

1) 기술혁신, 사용년수 및 경제성

전기설비의 사용년수는 토목, 건축 및 기계설비에 비하여 짧을 뿐만 아니라 기술발전의 속도가 빠른 특성이 있다. 이에 따라 부식 등으로 인하여 해당 기기의 교환 부품 확보가 곤란할 수 있으며 유지보수 비용의 증가 및 설비의 개조로 인하여 경제성 확보가 곤란할 수 있다.

2) 설치공간 확보

전기설비는 시설의 운영에 관련된 주 기자재이므로 설치공간을 충분히 확보하여 감시제어 및

보수·점검이 용이하도록 한다.

3) 유지관리 편의성

운영관리체계 및 자동화 운전방안은 에너지를 절감하고 유지관리가 용이하도록 계획하고, 정전을 수반하는 점검 작업시에는 시설의 기능저하를 방지하기 위하여 적절하게 정전구분을 할 수 있도록 고려한다.

4) 공사중 기능의 확보

증설 공사 시에는 정전 및 감시제어기능이 정지될 수 있으나 기능이 장시간 정지되지 않도록 하여야 하며 안전시공이 될 수 있도록 고려한다.

전기설비는 단계적 증설이 곤란한 부분이 많으므로 이에 대한 고려가 필요하며, 다음 사항에 대하여 충분히 검토하여 견실한 설비계획이 되도록 한다.

- 운전 개시 초기 유입수량이 적을 경우에 대비할 것.
- 과대용량, 과잉설비가 되지 않도록 할 것.
- 타 설비 및 장래 증설될 시설과 조화되도록 할 것.
- 지역적인 환경특성 및 유지관리체계를 고려할 것.

2.4.2 수변전 설비

(1) 수전계획

수전계획시 다음 사항을 고려한다.

① 수전설비 용량은 시설단계별 최대수요전력으로 한다. 수요전력을 예측하기 위하여는 연차계획에 따른 부하 리스트를 작성하고, 그 부하설비 용량에 수요율을 곱하여 최대수요전력을 산정한다. 최대수요전력의 발생 시간대가 각 시설별로 상이할 경우에는 부등율을 고려하여야 한다. 단계적으로 증설되는 펌프장의 경우는 시설단계별 최대수요전력을 산정하되 최종목표년도의 시설규모를 고려하여 주요설비의 정격 및 용량을 산정하여 경제적이고 합리적인 시설계획이 되도록 하여야 한다.

- 수용률(demand factor) : 최대수용전력과 전체부하 정격용량의 합계와의 비

$$수용률 = \frac{최대수용전력(1시간\ 평균[kW,\ kVA])}{총\ 설비용량(kW,\ kVA)} \times 100(\%)$$

- 부등률(diversity factor) : 하나의 계통에 속하는 시설별 상호간 개개의 최대수요전력은 동시에 발생하지 않고 시차가 있음을 말하며, 각 설비의 최대수요전력의 합계와 합성 최대수요전력의 비

$$부등률 = \frac{각\ 부하군의\ 최대수용전력의\ 합(kW,\ kVA)}{합성\ 최대수용전력(kW,\ kVA)}$$

② 계약전력은 한국전력공사의 전기공급약관에 따라 결정한다. 전기사업법에 의해 운용되고 있는 전기공급약관에 따라 한국전력공사와 협의 후 계약전력을 결정한다. 한국전력공사의 전기공급약관에는 개별입력을 합계한 전력에 대하여 75 kW까지는 100%를 적용하고 그 다음부터는 75 kW를 단위로 하여 85%, 75%, 65%를 적용하며, 300 kW 초과분은 60%를 적용하여 합계한 것을 계약전력으로 하거나 변압기설비에 의한 계약전력을 한국전력공사에서 전기를 공급받는 1차변압기 표시용량의 합계(1 kVA =1 kW)로 하고 있다.

③ 고압이상 수전인 경우에는 2회선 수전방식을 채택하여 전력공급의 신뢰도를 높인다. 수전은 상용·예비 2회선 수전을 원칙으로 하나 한국전력공사의 배전계통에 문제가 있거나 예비회선 수전용 선로공사비가 현저히 높을 경우에는 1회선 수전을 하고 비상발전기를 설치할 수 있다. 이 경우 비상발전기의 용량산정은 「2.4.4 자가 발전설비」에 따른다.

④ 변압기는 사고에 대비하여 예비변압기 설치를 원칙으로 한다. 변압기 사고에 대비하여 예비변압기를 설치하고 별도의 결선변경 등의 조치 없이 현장 및 원격에서 즉시 예비변압기로 회로를 변경하여 부하설비에 전력을 공급할 수 있도록 하고, 사고 변압기 보수·교체 시 물리적인 안전기능이 확보되도록 한다.

(2) 수전방식

수전방식은 다음 사항을 고려한다.

① 계약전력과 전기공급방식 및 공급전압의 관계는 전기공급약관에 따라 〈표 2-63〉을 표준으로 한다.

〈표 2-63〉 계약전력과 공급전압

구분	전기공급방식 및 공급전압
1,000 kW 미만	단상 220V 또는 교류 3상 380V중 한전이 적당하다고 결정한 한가지 공급방식 및 공급전압
1,0500 kW 이상 10,000 kW 이하	AC 3상 22.9 kV
10,000 kW 초과 400,000 kW 이하	AC 3상 154 kV
400,000 kW 초과	AC 3상 345 kV 이상

② 수전설비의 인입은 한국전력공사의 일반 배전선로 또는 전용선로로 한다. 타 수용가와 공용되는 일반 기존 배전선로에서 T분기하여 인입하면 고객부담 공사비는 저렴하지만 전기사고 또는 보수 등의 원인으로 인해 정전빈도가 높아지므로 펌프장과 같이 공익성이 높은 시설은 가능한 정전을 최소화하여야 하므로 전용선로에 의한 수전이 바람직하다. 그러나 한전의 배전선로 계통에서 전용 배전선로의 시설이 곤란한 경우가 많고(특히 도심 및 그 주변과 공업단지 경우) 한전변전소에 전용기기 설치 공간확보가 어려울 경우, 그 이외에도 많은 공사비 소요로 인하여 일반 배전선로로부터 수전하는 경우가 많다. 일반 배전선로는 물론 전용 배전선로의 경우에도 배전선로의 사고, 공사, 보수, 점검 등에 의한 정전이 불가피하므로 가능한 한 인입선(또는 전용선로)은 예비선을 포함한 2회선 수전방식이 바람직하나 2회선 수전이 불가능한 경우 비상발전기를 설치할 수 있다.

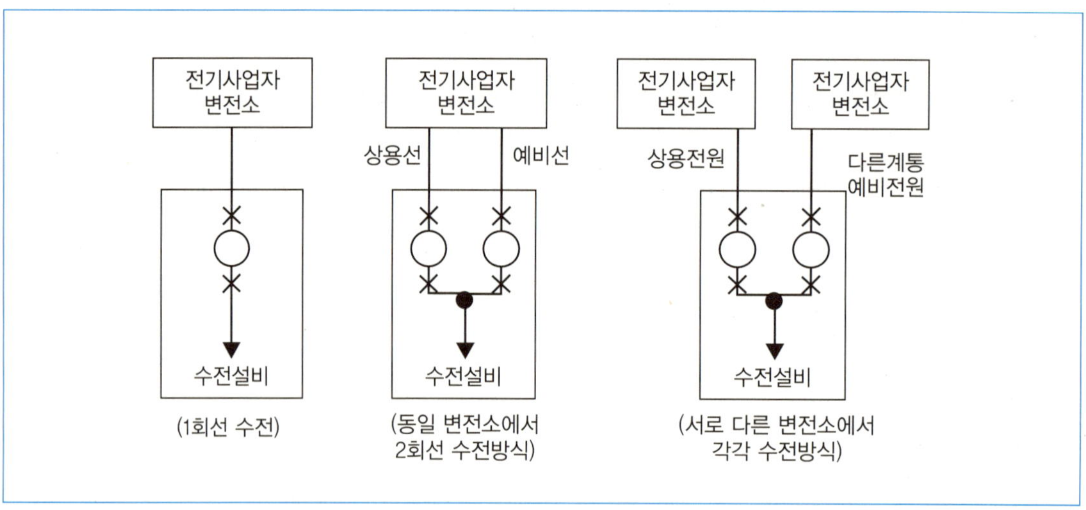

[그림 2-101] 수전방식

〈표 2-64〉 수전방식별 특성

수전방식		특징
1회선 수전		간단하고 경제적이나 신뢰도가 낮음
2회선 수전	서로 다른 변전소에서 각각 수전하는 방식	배전선 또는 공급변전소 사고 시에 예비변전소로 절체함으로써 정전시간이 짧음
	동일 변전소 다른 변압기에서 2회선 수전하는 방식	한 쪽 배전선 사고 시에 예비선으로 전기공급 가능

③ 주회로의 기본구성은 판단기준과 내선규정 및 한국전력공사의 설계기준에 의한다. 특별고압 수전설비의 주회로 구성은 '내선규정의 제3220-13절(2013) 특별고압 기계기구의 배열 및 결선'에 기재된 기술적인 사항과 특별고압 수전설비 표준결선도 또는 특별고압 간이수전설비 표준결선도를 참고하여 작성한다.

(3) 수변전설비 계획

수변전설비의 계획에서는 아래사항을 고려하여 결정한다.

① 수변전설비는 펌프장 동력공급 주설비이므로 신뢰성이 높아야 하며 운전 및 유지보수 중 인명에 대한 사고, 설비자체의 사고를 방지하기 위하여 최대한 안전성을 확보하여야 한다.

- 한전으로부터의 전력 인입차단기 및 변압기 2차 주차단기는 인출형을 선정하여 유지보수상의 안전을 확보토록 한다.
- 변압기 2차에서 저압반까지의 저압선로 주 간선은 케이블 또는 부스덕트 등을 선정하여 신뢰성 확보가 용이하도록 한다.

② 수변전설비는 초기 건설비 뿐만 아니라 유지관리비도 절감될 수 있도록 경제적으로 계획하여야 한다.

③ 수변전설비는 장래의 증설계획 등을 고려하여 결정하고 증설공사 및 개보수가 용이하도록 계획을 한다.

④ 수변전설비는 신뢰성, 안전성 및 유지관리성 확보가 용이하도록 실내 설치를 원칙으로 하며, 옥외에 설치할 경우에는 외함을 방수구조로 하고 반 내부로 습기 등의 침입을 최소화할 수 있는 구조로 하되 내부 결로를 방지할 수 있도록 히터 등을 설치한다.

⑤ 수변전설비는 홍수시에 침수피해가 없도록 지상 일정 높이 이상의 위치에 설치하여야 한다.

(4) 전기실 계획

전기실은 다음 각 항을 고려하여 계획한다.

① 전기실은 아래사항을 고려하여 배치계획을 수립한다.

- 대용량 부하설비에 가까운 위치로 계획한다.
- 한국전력공사의 수급지점과 가까우며 인입선은 배전선로 확보가 용이하고 인입선로 길이가 짧은 위치에 계획한다.
- 전기실은 긴급상황시 신속한 대응을 위하여 사무실, 중앙제어실에서 가까운 위치에 계획한다.

② 전기실은 침수 등에 의하여 기능이 손상되면 처리장 운영에 중대한 영향을 미치기 때문에 침수 및 누수의 우려가 없도록 예상 최대 홍수위 이상의 지상층에 설치함을 원칙으로 한다. 또한, 기기의 절연열화를 방지하기 위해서 분진, 습기 및 유해가스의 영향이 없고 온도변화가 적은 장소에 배치토록 한다.

③ 전기실은 수변전기기의 배치, 증설, 보수 때의 반출입, 보수점검 등에 필요한 공간을 충분히 확보토록 계획한다.

④ 전기실은 수변전기기의 온도상승에 의해 실온이 상승하여 기기에 악영향을 줄 수 있으므로 실온을 적정히 유지하는 환기설비를 설치한다. 또 건물창문, 기기 반입문으로 들어오는 태양열에 의해 전기실내의 실온이 더욱 상승하는 경우도 있으므로 전기실의 위치, 건물창문의 배치, 기기 반입문 위치선정에도 유의한다. 또한, 컴퓨터와 전자기기가 수변전기기와 같이 설치되는 경우에는 필요에 따라서 공기조화설비를 설치한다. 염해가 많은 지역의 경우는 환기, 공기조화설비에 있어서 급기구에 염해방지용 필터의 설치를 고려한다.

⑤ 전기실의 면적, 변압기 등의 용량, 기종에 따라서 소방기본법에 의한 특수소화설비를 필요로 하는 경우나 건축법에 의한 내화구조, 방화구획을 필요로 하는 경우가 있다. 이것 때문에 건축법, 소방법 외 타 관련법령에 의해서 규제를 받는 것에 있어서는 충분한 사전협의를 한 뒤에 법령 등을 준수토록 계획한다.

(5) 수변전설비 구성

수변전설비는 다음 사항을 고려하여 구성한다.

① 수변전설비에는 수전선로를 안전하게 개폐할 수 있는 개폐기나 부하전류 또는 고장전류를 안전하게 차단할 수 있는 차단기를 설치한다. 전력인입선로에서 한전과 펌프장의 책임분기점에는 보수 및 점검을 위하여 구분개폐기를 설치한다. 부하전류 및 고장전류를 안전하게 차단하기

위한 차단기는 보호계전기의 동작과 연동이 되도록 한다.

개폐기에는 단로기와 부하개폐기가 있으며, 단로기는 부하측 충전전류는 차단할 수 있으나 부하전류 및 고장전류는 차단할 수 없음에 따라 오조작에 의한 사고를 방지하기 위하여 조작회로 구성시 차단기 등 관련기기와의 연동조건을 구성한다. 사고시 흐르는 단락 및 지락전류는 한전의 전원계통용량에 따라 정해지므로 한전 또는 전기안전공사와 협의하여 정한다. 또한, 수전선로의 인입부 차단기 또는 퓨우즈 등 고장전류 차단기능을 갖는 기기는 한전 변전소의 차단기와 보호협조가 가능하여야 한다.

② 수배전반 설비는 폐쇄형 배전반 사용을 원칙으로 하며, 특별고압 수변전설비의 경우에는 가스절연형 배전반의 사용을 고려할 수 있다. 수배전반 설비는 안전에 대하여 특별히 고려하여야 함에 따라 보수점검이 용이하고 안전하며 방진·방습성이 양호할 뿐만 아니라 사고발생시 외부로의 파급을 최소화할 수 있는 폐쇄형 배전반 사용을 표준으로 한다. 아울러, 전원의 신뢰성 확보 및 설치면적의 최소화를 도모할 필요가 있는 경우에는 최근 특별고압 계통에서 사용이 확대되고 있는 가스절연개폐장치 또는 패키지 수배전반의 사용을 고려할 수 있다.

③ 변압기는 2뱅크 구성을 표준으로 하며, 시설규모에 따라서 그 이상의 뱅크로 구성할 수도 있다. 변압기를 단일뱅크로 구성하면 계통구성이 간단해지고 경제성 및 설치면적에서 유리한 점이 있다. 하지만 고장 또는 보수점검시 정전범위가 확대될 뿐만 아니라 차단기의 개폐용량 및 단락용량이 커지는 단점이 있다. 여러 뱅크의 변압기로 계통을 구성하면 전력공급 신뢰도가 향상되고 고장 및 보수점검시 대응에 용이한 점이 있음에 따라 경제성을 고려하여 2뱅크 구성을 표준으로 하되 시설규모에 따라서 그 이상의 뱅크로 구성할 수도 있다.

④ 수전은 상용 및 예비의 2회선 수전을 표준으로 하며 2회선 수전 시에는 자동부하전환개폐기(ALTS)를 설치하던지, 부하개폐기(LBS)에 의한 완전 2회선을 검토한다. 2회선 수전시에는 수전측에 자동부하전환개폐기를 설치하며 상용전원 정전시 일정시간 이내에 예비전원으로 전환되어 부하설비가 정전 없이 운전이 가능하도록 하여야 한다.

⑤ 수변전설비는 상태 감시에 필요한 계기 및 표시등을 설치하여야 하며, 원격감시제어가 가능하도록 구성한다. 상태 감시에 필요한 계기 및 표시등에는 전압계, 전류계, 역률계, 상태표시램프, 고장표시장치 등이 있으며, 고압변압기에는 온도계를 설치한다.

최근의 펌프장은 운영관리의 효율성 제고를 위하여 통합운영시스템 도입이 확대되고 있으며 수변전설비의 감시 및 제어 또한 중요한 항목 중의 하나로 되어 있다. 이에 따라 단위 펌프장별 중앙감시제어설비 또는 지역별·수계별 통합운영센터에서 수변전설비의 아래 사항을 선택적으로 감시제어할 수 있도록 관련 변환기나 통신설비를 설치한다.

• 감시기능 : 차단기 및 보호계전기 동작상태, 변압기 온도(소용량의 경우 제외 가능)

- 계측기능 : 전압, 전류, 전력, 전력량, 역률, 주파수 등
- 제어기능 : 차단기, 최대전력제어 등

⑥ 수변전설비 전력 및 계통 구성방식에 따른 적정 보호계전기를 설치한다. 수변전설비의 구성방식에 따라 과부하, 단락, 지락, 결상(퓨즈 사용 시) 등의 보호 기능을 갖도록 보호계전기를 설치하며 상위 및 하위 보호계전기와 보호협조가 가능하여야 한다. 보호계전기의 형식에는 아날로그형과 디지털형이 있으며 디지털형을 사용할 경우에는 전자파 및 고조파 등에 의한 장애가 최소화되도록 한다.

⑦ 변압기 2차측 중성선에는 누설(지락) 영상 전류를 검출한다.

(6) 차단기

고압 및 특별고압차단기는 진공차단기 또는 가스차단기를 표준으로 한다. 고압 및 특별고압차단기는 아래의 〈표 2-65〉를 참조하여 선정한다.

폐쇄형 배전반에 수납되는 차단기는 진공차단기가 일반적으로 사용되고 있으며, 최근에는 가스차단기도 사용이 확대되고 있는 추세임에 따라 경제성 및 유지관리성을 종합적으로 검토하여 적정 차단기를 선정한다.

〈표 2-65〉 고압 및 특별고압차단기 특성

구분	진공차단기	가스차단기
소호방식	밀봉된 진공용기 속에서 아크를 소호하며, 전류영점에서 고진공의 절연회복으로 전류차단	SF_6가스 내에서 아크를 소호하는 방식이며 SF_6가스의 냉각 및 소호효과를 이용하여 전류차단
정격전압	3.6 kV~84 kV	3.6 kV~168 kV
정격전류	400 A~3,000 A	600 A~4,000 A
정격차단전류	8 KA~40 kA	12.5 KA~40 kA
차단시간	3~5 cycle	3~5 cycle
차단성능	아크시간은 1 cycle로 짧으나 고조파 소호전류 차단에 의한 이상전압 발생이 쉬움	SF_6가스의 우수한 소호능력에 의해 근거리 선로고장 등 가혹한 조건의 차단이 용이함
안전성	소호매질을 진공을 사용하므로 노화, 변질이 없고 불연성이며 무해함	SF_6가스의 특성이 불연, 무색, 무취이며 불활성임에 따라 안전성이 높음
보수성	진공도 및 접점의 마모정도를 검사	가스압력, 가스중 수분함유 정도 및 접점의 마모정도를 검사

주) 1. 진공차단기는 3.6 KV~24 KV 전압에서 사용하는 것이 일반적임.
2. 가스차단기는 24 KV 이상의 전압에서 사용하는 것이 일반적임.

(7) 변압기의 선정

변압기는 다음 사항을 고려하여 결정한다.

① 변압기의 용량은 변압하는 전력을 피상전력으로 환산한 값에 적당한 여유를 준다. 변압기 용량(kVA)은 동시에 운전되는 각 부하의 출력(kW)의 합을 변압기 입력용량으로 환산하고 이 값에 적당한 여유를 주어 선정하며, 규격품의 경우에는 가장 근접한 상위용량의 변압기를 선정한다. kW를 kVA로의 환산은 부하의 출력을 합한 kW를 부하의 종합역율로 나누어서 구한다. 변압기의 용량을 구하는 식은 다음과 같다.

(가) 동력용 변압기

$$\text{변압기 용량(kVA)} = \text{부하설비 용량(kW)} \times \frac{DF_L}{\eta \times \cos\theta} \times \frac{\alpha}{\beta} \qquad (2\text{–}46)$$

여기서,

$\cos\theta$: 종합역율

η : 종합효율

DF_L : 수용률

α : 여유율

β : 부등율

(※부등률 적용은 2단 강압방식에서 주 변압기와 개별 변압기 용량 산정에 적용하되 전력계통 구성방식에 따라 적정 부등률을 적용하여 변압기 용량이 과대하게 선정되지 않도록 한다.)

(나) 조명용 변압기

$$\text{변압기 용량(kVA)} = \text{총 설비용량(kVA)} \times DF_L \times \alpha \qquad (2\text{–}47)$$

수용률은 각 부하설비용량의 총합과 실제 걸리는 부하의 최대값과의 비(ratio)이므로 각 시설별 적용공법 등에 따른 특수성, 설비별 용량산정 기준, 초기 운전방안 및 장래 증설계획과 부하의 시간특성(부등률) 등을 고려해서 결정함으로써 변압기 용량이 과대하게 선정되지 않도록 유의하여야 하며, 참고로 각 설비별 수용률은 〈표 2-66〉과 같다.

② 최근 변압기의 절연재료 및 제작기술이 향상되어 고장률이 현저히 낮아지게 되었다. 이에 따라 3상을 변압하는 경우에는 경제성, 보수성, 에너지 절약 등의 측면에서 단상변압기 보다 유리한 3상 변압기를 사용하는 것을 표준으로 한다.

〈표 2-66〉 설비별 수용률(DF_L)[39]

설비구분	수용률(DF_L)
침사지	0.4
주펌프	0.8
건축부대동력	0.5
조명	0.5

주) 수용률은 운전시간, 기기수량 등에 따라 차이가 있으며, 실제 각각의 설비부하 용량, 동시 가동율, 여유 등을 고려하여 산정하여야 함.

③ 변압기의 절연 및 냉각방식은 사용조건, 설치장소 및 경제성 등에 따라 결정하되 화재예방이나 내습성, 설치면적 등을 고려하여야 할 경우에는 몰드변압기를 사용한다. 변압기의 절연방식에는 유입식, 건식 및 가스식이 있으며, 냉각방식에는 자냉식과 타냉식이 있음에 따라 전압, 용량, 설치장소, 경제성, 보수성 등을 고려하여 변압기 기종을 결정한다.

에폭시 수지를 절연재로 이용한 몰드변압기는 소형 경량이며 난연성 및 내습성이 우수할 뿐만 아니라 유입식 변압기에 비해 화재의 위험성이 적은 특성이 있으며, SF6가스를 절연 및 냉각매체로 이용한 가스절연 변압기는 불연화가 필요한 장소나 가스절연개폐장치와 조합하여 사용하는 경우에 적합하다.

④ 변압기의 뱅크 수는 설비의 신뢰성 요구조건, 증설계획, 운용형태, 자가발전 설비의 유무 등을 고려하고 종합적인 경제성을 고려하여 결정한다. 일반적으로 소규모설비에는 경제적인 '1뱅크방식'을 중·대규모설비에서는 신뢰성을 고려하고 증설에 대비하여야 함에 따라 '2뱅크방식'을 채용하는 것이 바람직하다.

2.4.3 부하설비

(1) 배전설비

배전설비는 다음 사항을 고려하여 정한다.

① 전기실에서 각 시설에 전력을 공급하는 배전선로는 원칙적으로 전력케이블을 사용하며, 가교폴리에틸렌 절연비닐시스케이블(CV)을 사용함으로써 우수한 유전특성에 따른 전력손실저감을 도모하여 에너지를 절약을 할 수 있을 뿐만 아니라 취급 및 보수가 용이한 점 등의 장점이 있으므로 원칙적으로 이를 사용한다. 배전선로가 케이블 트레이(cable tray) 형태이면 난연성케이블을 사용하고, 수밀을 요하는 장소에는 수밀형 케이블을 사용한다.

39) 하수도시설기준(2011. 환경부)

② 기계설비의 사용 전력량 측정 필요부하 또는 원 단위 전력량 산정 필요시에는 해당부하설비에 별도의 전력량계를 설치한다. 또한 펌프장 전체의 합리적인 운영자료를 얻어야 할 경우에도 관련 부하설비에 각각 전력량계를 설치할 수 있다.

③ 배전반에 붙이는 계전기와 기구는 수전반에 준한다.

④ 배전설비에는 폐쇄형배전반 사용을 표준으로 한다. 고압의 경우는 금속형 폐쇄배전반을 사용하며 저압의 경우에도 폐쇄형배전반 및 MCC를 사용하며 보수 및 점검이 용이하고 안전할 뿐만 아니라 부식의 우려가 없으며 사고발생시 이의 파급을 최소화할 수 있는 구조이어야 한다.

⑤ 배전전압은 사용목적 및 부하측의 특성을 충분히 고려하여 결정한다.

(가) 펌프장에서 사용되는 전기설비의 전압은 〈표 2-67〉과 같다.

〈표 2-67〉 설비의 배전전압

구분	6.6 kV/3.3 kV	380 V	220 V
펌프	◐	◐	
전동밸브, 기기보조기기		◐	◐
실내 배수펌프		◐	○
건축부대설비		◐	○
조명설비			◐

주) 1. ◐ : 일반적으로 채용, ○ : 특수한 경우 채용
2. 500 kW 이상의 경우에 6.6 kV의 채용을 권장한다.

(나) 배전전압을 선정할 때에 고려해야할 조건은 다음과 같다.

- 전동기 출력과 최적 전압의 관계(삼상유도전동기 경우 [그림 2-102])
- 차단기용량 : 계통 단락전류를 적게 하기 위하여 높은 전압을 선정한다.

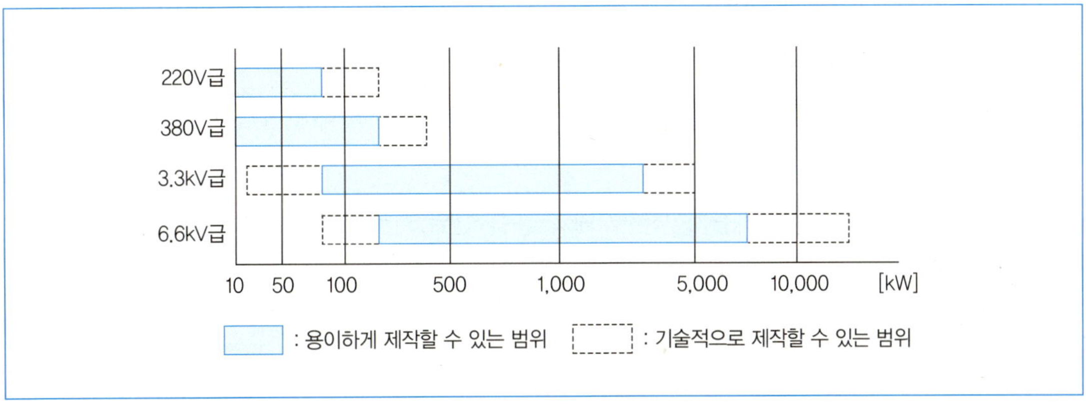

[그림 2-102] 전동기 출력과 최적 전압의 관계[40)]

- 케이블의 굵기 : 펌프장 구내가 넓은 경우 부하 분산의 정도에 따라 상시 허용전류와 전압 강하를 검토하여 배전전압을 선정한다.
- 배전반 : 절연레벨과 기기비용의 관계로부터 전압을 결정한다. 위와 같은 조건 중에서 기기 비용, 배전반 비용, 케이블공사 비용 및 시공성을 종합적으로 비교하여 배전전압을 결정한다.

⑥ 모선방식 및 배전방식은 시설의 중요성, 규모 및 운전조건 등을 고려하여 결정한다.

⑦ 각 전선로의 인입측에는 부하측에서 고장 발생 시 그 구간을 확실하고 신속하게 분리하여 타 전선로에 영향을 미치지 않도록 하기 위하여 차단기를 설치하여 부하차단기와 보호협조가 가능하도록 하여야 한다. 저압 간선로에서는 저압 배선용 차단기(MCCB)를 사용하여 전 용량 차단이 가능하도록 한다. 또한 전기설비기술기준에서 정한 바에 따라 필요한 장소에 누전차단기(ELB)를 설치한다.

(2) 동력설비

동력설비는 다음 각항을 고려하여 결정한다. 동력설비에는 전동기 등을 운전, 제어하기 위한 제어장치와 전력을 공급하기 위한 배선 등이 있다.

① 고압부하의 개폐장치는 금속폐쇄형 배전반 및 고압전동기 기동반 사용을 표준으로 한다.

- 금속폐쇄형 배전반은 고압을 필요로 하는 동력설비에 전원을 공급하기 위한 설비이며 차단기 등을 설치하여 단락, 과부하 및 지락 등의 사고시 전원을 차단하여 고장부위를 격리하며 각종 계측장치 및 보호장치 등과 조합되어야 한다.
- 고압전동기기동반은 차단기 또는 고압 교류 전자접촉기(MC)와 한류형 퓨즈를 조합한 형태로 구성된다. 차단기는 과부하 및 단락사고시 전원을 차단하여 설비를 보호할 수 있어야 하며, 고압 교류 전자접촉기는 부하의 개폐 및 과부하 보호를 행하며 전력퓨즈는 단락보호를 행한다. 또한 제어, 계측 및 보호장치 등이 포함되어야 한다.

② 저압부하의 개폐장치는 저압 금속폐쇄형배전반 및 저압전동기제어반(MCC)사용을 표준으로 한다.

- 전동기제어반은 배선용 차단기, 전자개폐기 등을 단위 회로별로 독립된 함(cabinet)에 수납하고 인출(draw out)이 가능하도록 하며 각 유닛마다 별도의 문과 인출(draw out) 형태로 구성하여 보수 점검이 용이토록 한다.

40) 하수도시설기준(2011, 환경부)

- 최근에는 콤팩트형 전동기제어반이 개발·보급됨에 따라 설치면적을 절감할 수 있으나 유지관리 편의성 저하 등의 단점도 발생할 수 있으므로 적정 크기의 유닛이 선정될 수 있도록 고려하여야 한다.
- 저압금속폐쇄형배전반은 반 내를 기동반(제어반)과 같이 유닛별로 구분하지 않고 평면상에 임의로 배열할 수 있으며, 전면의 조작부위는 전원 모선부와 격리되도록 하여 운전자의 안전을 도모하여야 한다.
- 일반적으로 소규모설비에서는 저압금속폐쇄형배전반(비 인출형)을 사용할 수 있으나 부하수가 많아지면 인출형 전동기제어반 형태로 구성하되 전기실의 설치공간에 따라 편면형 또는 양면형으로 구성할 수 있다.
- 현장제어반(LOP)은 작업동선을 피하여 설치하되 해당 설비를 보면서 운전이 가능한 근접장소에 위치하도록 한다.

③ 유도전동기의 기동방식은 부하의 특성과 전원용량 등을 고려하여 결정한다. 농형 유도전동기는 직입 기동시 정격전류의 5~8배의 전류가 흐르며 기동전류가 변압기나 케이블에 흘러서 전압강하가 발생한다. 전압강하가 커지면 상시 여자방식인 전자접촉기나 보조계전기 등이 오동작할 수 있으므로 정격출력이 수전용 변압기 용량(kVA)의 1/10을 초과하는 3상 유도전동기는 감전압 기동방식 등으로 할 필요가 있다. 〈표 2-68〉은 전동기의 각종 기동방식 비교표이다.

〈표 2-68〉 전동기 기동방식 비교

구분	직입기동	Y-△기동	리액터 기동	기동 보상기	SOFT STARTER
기동전압(%)	100	$\frac{1}{\sqrt{3}}$	50-65-80	50-65-80	임의조정
기동전류(%)	100	$\frac{1}{3}$	50-65-80	25-42-64	전압에 따라 변동
기동토오크(%)	100	$\frac{1}{3}$	25-42-64	25-42-64	전압에 따라 변동
기동토오크의 변경	불가	불가	가능	가능	가능
기동전압의 변화	가속과 함께 변함	가속과 함께 변함	가속과 함께 변함	기동중 일정	가속과 함께 변함
적용전동기 용량	제한없음	제한없음	제한없음	제한없음	제한없음
기동기 가격	저	저	중	고	고
적용부하	비교적 경부하 및 소용량 전동기에 사용함.	중부하의 유도전동기에서 일반적으로 사용함.	Fan, 펌프와 같이 속도상승과 동시에 부하가 증가하는 곳에 사용함.	비교적 큰 기동토크를 요하는 부하(권상기등)에 사용함	모든 설비에 적용 가능하나 고압 및 기동빈도가 적은 곳은 검토 필요함

④ 전동기의 공급전압은 전동기 출력과 최적전압의 관계에 의해 〈표 2-69〉를 표준으로 하되 전력계통에 적합한 전압으로 선정한다. 전동기에 공급하는 전압은 전력계통과 전동기 단위용량에 의해 결정되며 경제성, 운영성, 유지보수성 등을 고려하여 결정한다. 전동기용량이 100 kW이상이면 고압으로 100 kW 미만이면 저압으로 하는 것이 일반적이나 전원용량, 소내 계통의 구성방식 및 전력설비 전체의 시설비를 포함한 경제성 등을 고려하여 결정하는 것이 좋다.

〈표 2-69〉 전동기의 공급전압[41]

전동기 용량(kW)	공급전압
150 kW 미만	380V, 220V
150 kW~400 kW	380V, 3.3 kV, 6.6 kV[주)]
400 kW 초과	3.3 kV, 6.6kV

주) 대용량 전동기 공급전압을 저압으로 선정시에는 기동전압강하, 선로손실, 기동방식 및 기동시간 등을 철저히 검토해야 한다.

(3) 속도제어설비

속도제어방식은 운전시간, 회전수 조정범위, 대상 기기의 용량 및 대수, 시설비, 설치공간, 유지관리의 용이성 및 경제성을 종합적으로 검토하여 결정한다.

반도체 소자를 사용하는 인버터 제어방식은 그 특성상 고조파가 발생하여 전원측으로 유입되고 전압파형에 왜형파를 포함하게 함으로써 콘덴서의 과열, 이상소음 발생, 전자형 보호계전기의 오동작 및 통신기기의 유도장해를 일으킬 뿐만 아니라 펌프장 외의 타 수용가에도 영향을 미치게 한다.

1) 2차저항 제어방식

권선형 유도전동기 회전수제어에 가장 간단하게 적용할 수 있는 방식으로 다른 방식에 비해 시설비가 저렴하지만 2차 저항에 의한 전력손실발생으로 대용량의 경우에는 부적당하다.

2) 정지 셀비우스 제어(static scherbius system)

정지 셀비우스 장치는 부하를 구동하는 권선형 유도전동기와 유도전동기의 슬립에 비례한 2차 출력을 직류로 변환하기 위한 실리콘정류기, 고조파용의 직류리액터, 직류로 변환된 2차 출력을 다시 전원주파수의 교류출력으로서 회수하여 전원에 반환하기 위한 싸이리스터 타여자 인버터 및 변압

41) 하수도시설기준(2011, 환경부)

기로 구성되며, 싸이리스터 인버터의 점호각을 제어하여 직류역전압을 제어함으로써 유도전동기의 속도제한을 한다.

3) 인버터 제어

인버터는 상용전원으로부터 교류전동기 구동용의 가변전압, 가변주파수의 전원을 만드는 변환장치이기 때문에 VVVF(variable voltage variable frequency)라고도 한다.

범용인버터는 3상 교류전원(상용)을 전파 정류하여 콘덴서에 의해 리플이 적은 직류전압을 만드는 콘버터부와 평활된 일정한 직류전압을 가변전압 가변주파수를 교류전압으로 변환하는 인버터부로 구성되어 있다.

4) 와전류 제어

농형유도전동기에 직결되어 있는 드럼과 부하에 직결되어 있는 인덕터와의 회전속도 차에 의해 발생하는 와전류와 자속과의 상호작용을 이용하여 부하의 회전속도를 제어한다.

5) 극수변환

극수를 변환하여 회전수를 변환한다.

(4) 역률개선설비

역률개선설비는 다음 각 항을 고려하여 정한다.

① 역률을 개선하기 위하여 진상콘덴서를 사용한다. 이 경우 경제성, 보수관리성 등을 고려한 후 아래의 2가지 방식 중 한 가지를 사용하거나 병용으로 사용한다.

- 전동기와 병렬로 개별적으로 콘덴서를 설치한다.
- 모선에 콘덴서군을 집중 설치한다.

② 콘덴서는 방전장치 설치를 원칙으로 하며 대용량 콘덴서에는 직렬리액터를 설치한다.

③ 특별고압 및 고압수전설비의 종합역률은 90%이상 유지되도록 한다.

④ 콘덴서군의 대수제어는 자동 및 수동제어를 할 수 있어야 한다.

⑤ 역률개선설비에는 운전 및 감시에 필요한 장치를 마련한다. 역률개선설비에는 전류계, 상태표시등, 고장표시등 및 전로를 안전히 개폐할 수 있는 개폐기, 충전전류 및 고장전류를 안전하게 차단할 수 있는 차단기 등을 설치한다.

(5) 조명설비

① 조명은 사용목적에 적합하고 작업면에서 충분한 조도를 확보할 수 있어야 하며, 효율이 높은 광원을 사용해야 한다.

② 운전관리상 필요한 장소에는 비상용 조명등을 설치한다.

③ 조명기구의 배치는 유지관리를 용이하게 할 수 있도록 하여야 한다. 조명기구는 교환이 용이한 위치에 설치하고 배전반이나 배관 등으로 가려지거나 반사에 의해 눈부심이 없도록 해야만 한다. 특히 높은 천정에 설치하는 경우에는 유지관리 방안을 충분히 고려하여야 한다. 반내 조명기구는 보수 시 감전의 위험성이 높으므로 충전부를 차폐하는 것이 바람직하며 콘센트는 다목적으로 사용되기 때문에 적정용량과 설치위치를 고려하여야 한다. 지하실의 콘센트 설치 위치는 침수 등의 우려가 없도록 한다.

2.4.4 자가 발전설비

(1) 자가 발전설비

① 펌프장의 수전방식이 1회선 수전일 경우에는 비상용 또는 상용 자가 발전설비를 설치한다. 펌프장 운전은 주로 전력회사로부터 공급되는 전력으로 운영하고 있지만 계통의 정전사고나 계획정전 작업에 의해 정지될 수 있다. 이런 이유로 정전시 펌프장 배수 등 최소한도의 배수처리 기능유지를 함과 동시에 조명, 환기, 통신, 방재 등 최소한 보안전력을 확보하기 위해 비상용 발전설비를 설치한다.

빗물 배수펌프장과 같이 연간 가동률이 낮은 시설에서는 기본전력 요금의 절감을 위해 발전설비를 설치하여 자가발전전력으로 운전을 하는 경우, 전력회사와의 계약전력은 보안전력이 대부분을 차지하게 되어 시설 운전 시에는 발전설비에 의해 전력이 공급되기 때문에 상용 발전설비로 된다. 비상용 발전설비와 상용 발전설비는 전기사업법 등에 의해 규제내용이 다르기 때문에 유의할 필요가 있다.

② 발전기 구동용 원동기는 디젤기관 또는 가스터빈기관으로 한다.

(가) 디젤기관

디젤기관은 연료소비율이 다른 내연기관에 비하여 낮고 내구성이 높다는 등의 이점이 있다. 디젤기관의 선택에는 다음 여러 사항에 주의해야 한다.

- 디젤기관은 고속, 중속, 저속의 3종류로 나누어지고 그 구분은 명확하지 않지만 대강 500 rpm 이하를 저속, 500~1,000 rpm을 중속, 1,000 rpm 이상을 고속이라고 한다.
- 저속기관은 중량 및 크기가 크고 비싸며 고속 또는 중속기관은 저속기관에 비하여 기동성

이 좋고 크기가 작으며 가격이 저렴하므로 비상용으로서는 고속 또는 중속기관을 채택하는 것이 좋다. 또 과급기장치가 부착된 디젤기관은 과급기가 없는 것에 비해서 출력을 대폭 크게 할 수 있다.

- 공기기동방식은 5기통 이하는 기동용 공기분배밸브의 불기동 위치가 있어서 자동화에는 적합하지 않다.
- 디젤기관에는 4 사이클기관과 2 사이클기관이 있지만, 일반적으로 4 사이클기관이 진동, 내구성, 보수성, 배기음, 연료소비율에 있어서 우수하다.

가스터빈과의 비교는 〈표 2-70〉과 같다.

〈표 2-70〉 디젤 발전설비와 가스터빈 발전설비의 비교

항목	디젤 발전설비	가스터빈 발전설비
동작원리	열에너지를 일단 왕복운동으로 변환하고, 그것을 회전운동으로 변환(왕복운동기관)	열에너지를 직접회전운동으로 변환(회전운동기관)
기동성능	정전된 후 정상 전압확립까지의 시간이 짧다(5~40초). 한냉시의 예열운전이 필요(저온기동이 약간 곤란)	정전후 정상 전압확립까지의 시간이 약간 길다(20~40초). 한냉시에 예열(warming up)운전이 불필요
부하투입	전압확립후, 즉시 전부하투입이 불가(과급기부는 특히 문제)	전압확립후, 즉시 전원부하투입이 가능(1축식인 경우)
무부하 운전	불완전 연소로 카본이 부착되어 바람직하지 못함	무부하운전이 가능
연료 소비율	150~230g/PS·hr	디젤기관에 비해 높음(190~500 g/PS·hr)
사용연료	경유, A중유(B중유, C중유, 등유)	등유, 경유, A중유, 천연가스(프로판, B중유, C중유)
냉각수	수냉식이기 때문에 냉각수조, 배관설비 및 동결방지책이 필요(30~40 L/PS·hr(방류식))	공냉식이기 때문에 냉각수는 불필요하고 단수의 영향이 없음
사용 공기량	연소용 및 실온냉각용공기 소량 소요	연소용 및 냉각용공기가 다량에 필요하기 때문, 흡배기설비가 대규모임.(디젤기관에 비하여 2.5~4배)
진동	진동이 크고 방진장치가 필요함	진동이 작으므로 방진장치가 필요없음
소음	소음대책이 용이하지 못함(저주파, 대진동)	음원이 고조파이기 때문에 소음대책이 용이
체적과 중량	대형이고 대중량이기 때문에 설치공간이 크고, 대규모의 기초공사 필요	소형 경량이기 때문에 설치공간이 작고, 기초공사가 간단
내진성	장치를 고립시킬 방진장치인 스톱퍼(stopper) 등의 대책이 필요	양호(덕터 및 배관 대책이 필요)

(나) 가스터빈기관

가스터빈은 디젤기관에 비하면 연료소비율이 높고 흡배기설비가 대규모이고 본체의 값이

비싸다. 특징으로 가격·연료 면에서는 경쟁력이 뒤떨어지지만, 소형경량·부대설비경량·배기가스의 청정도, 신뢰성, 안정한 운전, 일상보수 면에서는 우수하다.

가스터빈은 회전운동기관이면서 진동이 적고 설치에는 특별한 기초공사나 방진공사가 필요하지 않으며 운전소음은 고주파가 주체이므로 방음이 용이하다. 또, 냉각방식이 자기공냉식이고 냉각수가 불필요하기 때문에 냉각수의 동결이나 단수 등에 의한 사고발생이 없다. 최근에는 지진재해대책에서 신뢰성이 높은 발전설비로서 가스터빈의 설치가 증가하는 추세이다.

일축식 가스터빈은 구조가 간단하고 속도의 변동이 적으며 안정된 양질의 전력를 얻을 수 있으므로 비상용으로서 적합하다.

③ 자가 발전설비 운전시간은 펌프장 시설의 중요성, 지역조건, 한전에서 공급되는 전력의 신뢰성(배전방식, 정전시간 발생기록 등)에 의해 결정되는 자가 발전설비의 운전계속 가능시간(사용시간)을 종합적으로 고려하여 결정한다.

④ 자가 발전설비는 위험물에 관한 규제, 소음·진동규제법 등의 규제를 받기 때문에 각 관계법령 등을 기준으로 계획하여야 한다. 특히, 연료사용량이 지정수량 이상인 경우에는 일반 취급소로 규제를 받기 때문에 건물구조, 방재설비 설치에 대해 충분히 검토하고 사전에 소방서 등의 감독관청과 협의한다.

⑤ 무인 관리되는 설비의 발전기는 원격감시제어가 가능한 시스템구축을 원칙으로 한다. 무인 운전되는 배수펌프장의 발전기는 상시전원 정전시 자동운전이 가능하여야 하며 또한 원격지에서도 감시제어가 가능한 시스템을 적용하여야 한다.

(2) 발전기 형식

발전기는 3상의 동기교류발전기를 표준으로 하며, 상세사항은 KEMC 1111, KS C 4002, KS C 0913에 따른다.

1) 형식

3상교류 발전기는 동기발전기와 유도발전기가 있지만 비상용 발전설비는 동기발전기를 표준으로 한다. 상용발전설비내의 전력계통과 병렬로 운전되는 것은 유도발전기가 사용될 수 있다.(단, 이 경우 상용전원 정전 시 기동할 수 없다).

2) 여자방식

회전자의 여자권선을 여자하는 방식에는 자여자방식과 타여자방식이 있는데 일반적으로 내연기관 발전기에는 자여자 브러시레스(brushless) 방식을 표준으로 한다.

3) 전압

발전기의 정격전압 결정은 펌프장의 부하설비중 고압부하가 있는 경우 3,300V, 6,600V를 표준으로 하고 저압부하만 있는 경우는 380/220V를 표준으로 한다.

정격전압은 연결된 수변전계통의 전력 공급범위, 전력 공급용량, 수전-비상발전 전환방식 등을 종합적으로 검토하고 결정하여야 한다.

일반적으로는 저압수전을 하고, 특고압변압기 1대 시설인 경우에는 저압발전기를, 특고압변압기가 복수대로 설치된 시설에는 고압발전기를 설치한다. 단, 부하설비가 대부분 220V일 경우에는 발전기 표준전압을 220V로 한다.

〈표 2-71〉 발전기 정격전압

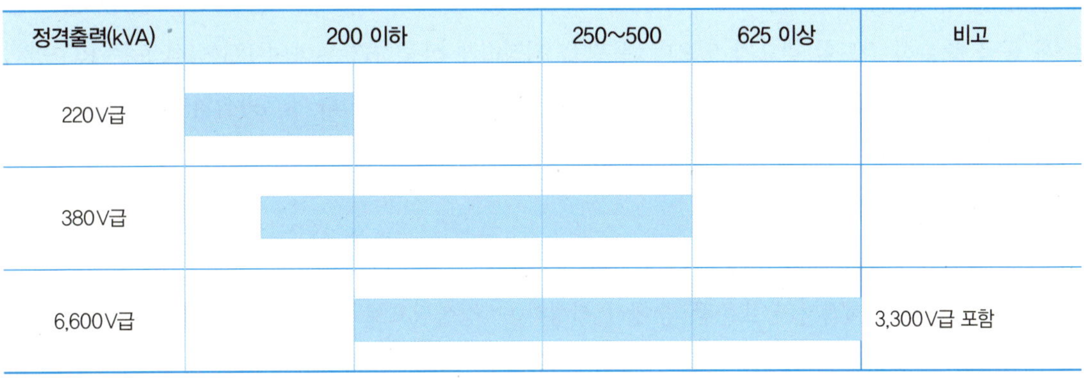

(3) 발전기 대상부하

발전설비는 정전시에 필요한 전력공급을 확보할 목적으로 설치된다. 발전기용량은 수전지역의 전력회사 배전계통의 신뢰도를 조사하여 정전시 운전에 필요로 하는 부하에 따라 결정하며 대상부하는 아래와 같이 선정한다.

1) 부하선정 방침

정전시 시설의 최소기능을 유지 운전하도록 하며 발전기용량이 과대하지 않도록 한다.

2) 관리, 보안기능 유지

유지관리에 필요한 조명, 환기, 통신, 소방설비 등 정전 시에도 필요로 하는 보안용 전력은 포함시킨다.

3) 대체방법(수단) 또는 설비가 있는 경우는 발전기 대상부하에서 제외시킨다.

4) 부하의 인터록

자가발전 운전시 부하의 인터록은 부하 운용을 제약하기 때문에 원칙적으로 하지 않는다. 그렇지만, 특히 소규모시설의 기기는 대부분 자동운전방식으로 되어 있기 때문에 자가발전운전 중 대상부하 이외의 기기가 자동운전을 하면 자가 발전설비의 용량부족이 발생되는 경우도 있다. 따라서, 발전기용량에 적당한 부하 이상의 기기가 자동운전 되지 않도록 인터록 회로구성을 고려하여야 한다.

인터록 부하가 대부분이고 복잡한 회로로 되는 경우에는 일반부하와 자가발전기부하를 미리 회로 분할하는 방법도 검토한다.

(4) 발전기 및 내연기관 용량

발전기용량 결정은 그 사용목적에서 따라 부하용량뿐만 아니라 그 부하군으로서 기동특성, 기동순서 등을 충분히 검토할 필요가 있으며, 용량을 적정하게 산출하기 위하여 PG 방식 또는 RG 방식을 도입하여 산출하고 있어 두 방식을 계산하여 큰값을 사용하고 있다. RG방식의 계산식을 참고로 다음에 나타낸다.

① 발전기용량은 제작자 표준품 중에서 선정한다.

발전기의 용량은 제작자의 표준품 중에서 선정하며, 정상적으로 필요한 부하용량, 전동기 기동시의 전압강하 허용치에 의한 용량, 단시간 과부하내량, 역상전류의 허용치에 의한 용량 등 중에서 가장 큰 용량의 것으로 한다.

발전기 출력은 다음 식에 의하여 산출한다.

$$G = RG \cdot K \qquad (2-48)$$

여기서,

G : 발전기용량(kVA)

RG : 발전기출력계수(kVA/kW)

K : 부하출력합계(kW)

발전기 출력계수(RG)는 다음 4개의 계수를 각각 구하여, 그것들의 최대치로 한다.

- RG1 : 정상 부하 출력계수이며 발전기단에서의 정상 시 부하 전류에 의하여 정해지는 계수
- RG2 : 허용 전압 강하 출력계수이며 전동기 등의 기동에 의하여 생기는 발전기단 전압강하의 허용량에 의하여 정해지는 계수
- RG3 : 단시간 과전류내력 출력계수이며 발전기단에서의 과도 시 부하 전류의 최대치에 의하여

정해지는 계수

- RG4 : 허용역상전류 출력계수이며 부하에 발생되는 역상전류, 고조파전류분의 관계 등에 의하여 정해지는 계수

② 발전기 구동을 위한 내연기관 용량은 적정하게 산출한다.

내연기관 용량은 다음 식에 의하여 산출한다.

$$E = RE \cdot K \tag{2-49}$$

여기서,

E : 내연기관 용량(kVA)

RE : 내연기관 출력계수(kVA/kW)

K : 부하출력합계(kW)

내연기관 출력계수(RE)는 3가지의 계수를 각각 구하고, 그것들의 최대치로 한다.

- RE1 : 정상부하 출력계수이며 정상시의 부하에 의하여 정해지는 계수
- RE2 : 허용회전속도변동 출력계수이며 과도적으로 생기는 부하급변에 대한 회전속도변동허용치에 의하여 정해지는 계수
- RE3 : 허용최대 출력계수이며 과도적으로 생기는 최대치에 의하여 정해지는 계수

③ 발전기와 내연기관의 출력은 적절하게 조합되어야 한다.

비상용 자가 발전설비로 조합된 발전기와 내연기관의 출력을 다음 식에 보이는 정합률(matching rate : MR)로서 확인하여 해당 값이 1 이하로 되어야 하며, 적절한 조합으로는 0.7 이상으로 놓는 것이 바람직하다. 그러나 정합률이 1을 넘는 경우에는 원동기 출력을 재검토하여 해당 출력의 비율을 증가시킴으로써 1 이하로 해야 한다.

$$M_R = \frac{G \times \cos\theta}{\eta_E \times E} \tag{2-50}$$

여기서,

M_R : 정합률

G : 발전기출력(kVA)

$\cos\theta$: 발전기의 정격역률(0.8)

η_E : 발전기효율

E : 내연기관 출력(kW)

또, 발전기출력계수(RG) 및 내연기관 출력계수(RE)의 실용상 바람직한 범위는 다음과 같다.

$$1.47\ DF_L \leq RG \leq 2.2$$

$$1.30\ DF_L \leq RE \leq 2.2$$

여기서, DF_L : 부하의 수용률(demand factor)

2.4.5 제어용 전원설비

차단기 등의 제어전원 및 계측·감시제어설비용 전원의 종류에는 상용전원, 직류전원, 교류무정전 전원이 있다. 일반적으로 각종 제어전원으로는 상용전원이 사용된다. 하지만 정전시 상시 감시 및 조작이 필요한 경우에는 전원전압의 영향을 받지 않는 전원설비를 설치하여야 한다.

부하설비의 중요도 및 특성을 종합적으로 검토하여 상용전원 이외에 안정적으로 전원을 공급할 수 있는 직류전원장치 및 교류무정전전원장치를 설치한다.

(1) 직류전원장치

직류전원장치는 축전지, 충전장치, 분전함 등으로 구성되므로 아래의 사항을 검토하여 반영한다.

① 고압 또는 특별고압 수변전설비의 제어용 전원과 비상용 조명의 전원으로 직류전원장치를 설치하며, 축전지는 가능한 납축전지를 사용한다.
차단기 등의 제어, 보호계전기·표시등 전원, 비상조명용 전원 등으로 직류전원장치를 설치한다. 하지만 저압수전이나 기타 특수한 경우에는 이를 제한적으로 설치하지 않을 수 있다.
직류전원장치에 사용되는 축전지는 그 용도에 따라 여러 가지가 있으며 설치방식으로는 거치용 축전지를 사용한다. 거치용 축전지에는 납축전지와 알칼리전지가 있다. 일반적으로 가격은 납축전지가 알칼리전지에 비해 저렴하나 수명은 알칼리전지가 납축전지보다 더 길므로 그 용도, 설치장소, 설치대수, 사용년수, 유지관리성, 경제성, 신뢰성 등을 종합적으로 검토하여 선정한다. 각 축전지 형식별로 단시간 방전특성이 우수한 기종이 있는 반면 장시간 방전특성이 우수한 기종이 있음에 따라 부하의 특성에 적합하도록 형식을 선정한다. 시설의 특성, 유지관리성, 경제성 및 최근사용실적을 감안하여 가능한 무보수 밀폐형 납축전지를 표준으로 사용한다.

② 직류전원장치의 충전장치는 부동충전방식을 사용한다. 부동충전이라 함은 축전지를 충전용 기기와 병렬로 접속하여 축전지의 자기방전을 보충하는 정도의 소전류로 충전하여 항상 충전

상태를 유지하고 평상시의 작은 부하는 충전용 기기로부터 공급하고 일시적인 큰 부하는 축전지로부터 공급하는 것이다. 이 장치의 충전은 축전지 단자전압이 떨어질 때 자동으로 충전을 행한다. 부동충전 방식은 축전지, 충전기 모두 용량이 적어져서 경제적이다. 충전장치에서는 고조파를 발생하는 경우가 있으므로 적정한 고조파 방지대책을 수립하여야 한다.

③ 직류전원장치의 충전기에는 필요시 부하단자전압이 일정범위 내에 들어가도록 부하보상장치를 설치하고, 정전시 비상등이 점등되어 장시간이 경과한 경우 축전지 전압이 저하하여 그 밖의 제어대상 기기가 정상적으로 동작되지 않을 경우에 대비하여 비상등 회로에 과방전 보호장치를 설치하는 것을 고려해야 한다.

④ 직류전원장치에는 동작 및 감시에 필요한 전압계, 전류계, 상태표시등, 고장표시등, 간선 및 기타 회로에 개폐용의 배선용차단기 등의 장치를 설치한다.

(2) 무정전전원장치

교류무정전전원장치(UPS)는 정류기와 축전지로 구성되는 직류전원장치부와 인버터 및 절환회로로 구성된다. 이 장치는 만일 교류입력전력이 정전되면 축전지의 직류전원이 교류변환장치로 공급되고 직류를 교류로 변환하여 부하에 무정전으로 전력을 공급하게 되며, 인버터부의 점검 및 보수시에는 바이패스회로로 절체하여 부하에 교류전원을 연속적으로 공급한다. 여기서 UPS(uninterruptible power system)를 CVCF(constant voltage constant frequency)라고도 부른다.

일반적으로 UPS의 부하는 아래와 같다.

- 감시제어설비, 프로세스 콘트롤러 및 정보처리장치
- 계측기기
- 각종 제어회로
- 보안설비
- 긴급차단용 솔레노이드 밸브

① 교류무정전전원장치는 상용전원의 순간적인 정전에도 부하에 무정전으로 교류전력을 공급하는 장치로 인버터 상시운전 방식을 표준으로 하고 아래와 같이 운전된다.

- 정상시 : 상용교류전원이 정류기를 통해 축전지에 필요한 만큼 부동 충전되고 인버터를 통해 정류기 후단의 직류 및 축전지의 직류를 교류로 변환하여 부하에 교류전력을 공급
- 정전시 : 축전지의 직류전원을 인버터에서 교류로 변환하여 부하에 무정전으로 교류전원을 공급

② 인버터의 용량은 아래와 같이 3가지 방식으로 계산할 수 있으나 원칙적으로는 정상부하로

결정한다.
- 정상부하로 결정되는 용량
- 허용전압변동으로 결정되는 용량
- 과전류가 되지 않기 위하여 필요로 하는 용량

(3) 축전지 및 충전기의 용량

① 축전지의 용량을 구하기 위해서는 축전지에서 공급하는 부하의 종류별 용량, 최대정전시간 예측, 축전지의 사용방법, 온도 및 경년변화에 따른 용량의 변동, 축전지 배선케이블의 전압강하, 자가 발전설비의 유무, 유지관리체계 등을 종합적으로 검토한다.

② 충전기의 용량은 축전지에 충전되는 전류와 상시부하 전류의 합의 값에 따라 구한다. 상시부하 전류로는 직류전원 부하, 무정전 전원장치 등을 말한다.

2.4.6 계통보호 및 보안장치

적용된 소내계통의 보호 및 보안장치는 각 기술기준에 정한 바에 따라 설치하되 아래의 사항을 검토하여 선정한다. 전력설비에는 다음 각 항을 고려하여 적용된 계통을 보호할 수 있는 장치를 설치한다.

① 전력회사와의 보안상 책임분기점에는 구분개폐기를 설치하며, 보안상의 책임분기점은 인입선로의 특성을 고려하여 전력회사와 협의하여 결정한다. 여기서 보안상 책임분기점이란 일반적으로 재산분기점을 의미한다.
구분개폐기는 소내계통의 전력설비를 보수 및 점검할 때 전력공급계통에서 전로를 구분하기 위한 장치로 고장전류의 개폐는 할 수 없지만 부하전류는 개폐가 가능하여야 한다.

② 특별고압 수전시에는 소내계통의 과전류 및 지락전류를 검출하여 전로를 자동으로 차단할 수 있는 장치를 설치한다.

③ 특별고압변압기에는 온도상승 및 내부고장을 검출하여 경보를 발하거나 전로를 차단할 수 있도록 한다.

④ 부하설비에는 단락전류, 과전류 및 지락전류검출에 따라 전로를 자동차단하는 장치를 설치한다.

⑤ 콘덴서에는 용량에 따라 과전류, 과전압 및 내부고장을 검출하고 전로를 자동으로 차단할 수 있는 장치를 설치한다.

⑥ 자가 발전설비에는 전로 등의 이상검출시 전로를 자동차단하고, 기관을 자동으로 정지시키는 장치를 설치한다.

⑦ 직류전원 공급장치 및 교류무정전전원 공급장치에는 축전지 이상 및 전로의 이상을 검출하는 장치를 설치한다.

2.4.7 접지 시스템

전기설비의 접지는 그 목적 및 기준에 따라 적합한 종별과 계통을 선정하여 시공한다.

① 직접접지계통인 경우는 접지 시스템화를 고려한 등전위 본딩 및 구조체 접지극을 위주로한 통합 접지시스템을 원칙으로 하고, 비접지계통의 경우는 전기설비기술기준에 정한 바에 따라 해당 종별 저항값 이하로 하는 개별 접지방식을 원칙으로 하되 공용접지 방식을 검토할 수 있다.

② 접지공사에서 현장특성을 고려하여 적정한 시공방법을 선정한다. 시설부지의 협소, 부지토양 특성에 따른 기준 저항값 확보 곤란 또는 접지봉 매설 곤란 등의 경우에는 관련 국제규격에 따라 공용으로 접지를 시공할 수 있다. 단, 피뢰기(연관설비 포함) 및 제2종 접지는 가능한 단독으로 접지를 시공하고 공용접지 계통과는 충분한 이격거리를 확보하여 낙뢰 및 소내 계통사고로 인한 이상전압이 공용접지 계통으로 유기되지 않도록 한다.

③ 각 접지선은 충분한 용량으로 선정한다. 각 접지선의 단면적은 계통의 사고전류, 사고지속시간 등에 따라 계산하여 산정하여야 하지만, 일반적으로 아래의 표와 같이 접지간선 및 접지분기선을 선정할 수 있다.

④ 지락전류 경로를 확보하여야 한다. 지락전류를 확보하여 사고 시 차단기를 완벽히 차단하려면 TN(terre neutral) 접지계통을 구성하고, 지락전류 경로의 임피던스를 검토하여 지락전류 크기가 충분히 커야 한다.

2.4.8 방재설비

배수펌프장에는 화재와 낙뢰 등에 의한 방재 설비를 갖추어야 한다.

(1) 경보설비

소방법에 의해 처리장내의 건축물에 설치하게 되어 있다. 이 설비는 감지→통보→소화의 기능으로 되어 있으며 인명과 재산을 보호하는데 그 목적이 있다.

(2) 피난설비

피난구 유도등과 통로 유도등 및 비상조명으로 구분되며 화재시 신속하게 대피할 수 있도록 유도하는데 그 목적이 있다. 직선거리로 20 m 떨어진 위치에서 시력 1.0~1.2 범위의 눈으로 문자나 색채가 쉽게 식별될 수 있어야 한다.

(3) 피뢰시스템 설비

피뢰 시스템은 전력설비에서 외부와 내부 보호를 고려하여야 한다. 동시에 방뢰를 시키는 접지시스템을 고려해야 한다. 즉 내부 뇌(개폐 써지 등)와 외부 뇌(낙뢰, 유도뢰 등)와 접지를 연관하여 설계에 반영하여야 한다.

2.5 감시운전 제어설비

2.5.1 배수펌프장의 감시운전

(1) 일반사항

펌프설비는 수위와 관련시설 등의 상황, 펌프 설비 기기의 상황을 정확하게 파악하고 소정의 운전을 확실히 해야 한다. 펌프설비의 감시운전 제어설비는 설비의 구성, 기능 및 감시운전 방식에 대응하고 신뢰성 및 안전성이 높고 운전제어성, 경제성이 우수한 것으로 한다. 설비 형식이 같은 종류에 대해서는 동일 감시운전방식으로 통일한다.

1) 감시운전 제어설비의 설계 유의사항

감시운전 제어설비의 설계에 있어 선택된 운전제어방식에 의해 운전하기 위한 운전반 등의 기기를 검토한다. 검토 요소별 주요 유의사항을 다음에 나타낸다.

① 신뢰성

배수펌프장과 같이 필요한 때에 운전불능이 되는 것이 중대한 영향을 미치는 경우는 운전설비에 대해서도 복수의 운전 수단을 검토하는 등 신뢰성 확보에 노력한다. 또 기기의 고장을 감지하여 조기에 대응하기 위한 고장표시 장치나 고장 확대에 따른 기능 회복불능인 중대 고장을 방지하기 위해 보호장치를 설치한다. 운전제어설비의 제어 내용은 간소화를 도모하고 제어설비의 이상에 의한 고장 방지 및 고장 대응의 용이화를 도모한다.

② 안전성

펌프장 중앙제어실 운전과 기기측 현장제어반 운전에 대하여 복수 장소에서 운전해야 하는 경우, 운전원의 안전 확보를 위해 동시에 운전할 수 없도록 절환개폐기를 설치한다. 제어반의 절환 운전은 먼저 기기측 현장제어반만으로 가능하도록 한다.

③ 운전 제어성

운전원의 숙련, 유지관리 용이성을 고려하고 설비 구조나 운용방식이 동종의 것에 대해서 통일된 감시운전제어설비로 한다. 운전원이 펌프 설비의 운전 상태를 파악하여 운전할 수 있도록 필요한 수위 등의 계측기기 데이터와 설비의 작동 상황을 감시할 수 있는 것으로 한다. 또 운전 데이터 등의 기록이 확실하고 용이하게 할 수 있도록 필요로 하는 기록 기능을 준비한다.

④ 경제성

운전제어설비의 제어 내용의 간소화, 운전제어기기의 공통화를 도모하고 설비비, 점검, 정비비, 교체 갱신비용 등에 대하여 경제적인 설비로 한다.

2) 감시운전방식의 통일

운전원의 숙련, 유지관리의 용이, 신뢰성 향상을 위해 펌프설비의 형식, 규모가 동등한 것은 동일 감시운전방식으로 하는 것을 표준으로 한다.

배수펌프설비의 경우는 운전이 필요할 때 확실히 기동하여 배수할 수 있도록 기동시 많은 운전을 필요로 하지 않는 연동 운전방법을 표준으로 하고, 운전 설비 고장 혹은 점검 정비를 위해 현장제어반에서의 단독 운전이 가능한 것으로 한다.

연동운전에 있어서 각 기기의 시동, 정지 순서는 펌프설비의 기기 구성에 따라 통일된 방식으로 한다.

(2) 설비 기기 운전 방식

펌프설비의 기기 운전방식은 기기의 구성, 운전방법에 따른 운전 장소, 운전방식을 선택하여 결정한다. 감시운전의 장소 및 방식은 다음 〈표 2-2〉와 같이 구분한다.

1) 주펌프 설비의 운전 방식

펌프장 집중연동운전(운전실에서 관련기기를 순차 기동 정지하는 운전) 및 기기측 단독운전(기기 측에서 당해 기기를 기동 정지하는 운전)을 기본으로 하고 운전 조건에 따라서 다음 운전방식과 조합하여 선정한다.

① 원격 연동운전 : 운영센터에서 원격운전을 하는 배수펌프장의 펌프설비 운전
② 원격 자동운전 : 운영센터에서 원격운전으로 자동 운전을 하는 양수펌프장 등의 펌프설비 운전
③ 펌프장 반연동운전 : 펌프장 운전실 중앙제어반에서 연동 운전으로 토출밸브 등 일부 기기의 단독운전을 하는 펌프설비(관리운전, 배수펌프장의 소유량 운전 등)의 운전
④ 현장 연동운전 : 펌프장 기기측 현장제어반에서 연동 운전과 단독운전을 하는 펌프설비의 운전
⑤ 현장 반연동운전 : 펌프장 기기측 현장제어반에서의 연동운전으로 토출밸브 등 일부 기기를 단독 운전 하는 펌프설비의 운전

2) 계통기기의 운전방식

계통기기의 운전방식은 펌프 설비 운전시에 필요한 운전상태 및 유지관리시의 운전 방법에 의해 다음 운전 방식의 조합으로 선정한다.

① 연동운전 : 주펌프와 연동하여 운전하는 직속 계통기기 및 공통 계통기기의 운전
② 자동운전 : 수위와 압력 감지에 의해 자동적으로 운전 개시, 정지를 하는 운전
③ 단독운전 : 유지관리시 연동운전과 자동운전에 지장이 발생한 경우의 기기 단독운전

즉 상용과 예비기로써 복수 설치되는 기기에 대해서는 자동적으로 교대운전을 하도록 회로를 구성하고 고장 등으로 해당 호기의 운전을 할 수 없는 경우는 다음 호기로 전환하는 회로를 구성한다.

3) 자가 발전설비의 운전방식

배수펌프설비에 사용되는 자가 발전설비는 펌프장 집중 연동운전 및 기기측 단독운전에 따른 수동운전을 기본으로 하고 원격운전을 하는 배수펌프장의 경우는 원격 연동운전으로 한다. 운전 중 발전설비가 고장으로 정지한 경우에는 예비발전설비를 수동으로 기동하는 방식으로 한다.

4) 제진설비의 운전방식

제진설비의 운전방식은 연동운전을 기본으로 하고 각 기기의 기기측 단독운전이 가능한 것으로 한다. 제진기 및 벨트컨베이어는 점검, 정비 시에 역회전 운전을 할 수 있도록 하고, 조작개폐기를 운전하고 있는 순간만 역회전을 한다. 벨트컨베이어는 운전원 등이 말려들어가는 사고의 방지 대책으로서 비상정지용 푸시버튼을 설치한다. 제진설비를 펌프장 집중연동운전과 원격연동운전을 하는 펌프장에서는 옥외의 제진설비 주위 안전을 관찰 또는 CCTV 장치 등으로 확인하여 운전하도록 한다.

2.5.2 기동조건과 보호장치

(1) 기동조건

펌프설비의 기동조건은 펌프 시동시 운전에 의한 중대한 손상 발생 방지에 필요 불가결한 항목에 대하여 감시 운전 방식, 기기 구성에 따라 정한다.

1) 기동조건의 설정

기동조건은 펌프 시동전에 충족해야 하는 제 조건이며 조건을 만족하지 않는 상태에서 기동한 경우 중요기기의 파손 등을 발생시킬 우려가 있고 기동 후 보호장치의 작동에 의해 방지할 수 있는 부적합과 경미한 부적합에 대해서는 시동조건에서 제외하고 필요 최소한의 것을 선택한다.

기동조건을 만족하지 않는 경우는 인터록에 의해 펌프 등의 기동을 할 수 없는 설비로 한다.

2) 설비별, 감시운전 방식별 기동조건

기동조건이 되는 항목은 설비의 운전장소, 운전방식 등에 의해 계측제어설비 등으로부터 전기신호로서 자동적으로 확인하는 경우와 운전원이 관찰하여 확인하는 경우로 구분하여 감시운전방식별로 설정한다. 육상펌프의 주펌프와 자가 발전설비의 기동조건에 대한 표준적인 예를 〈표 2-72〉 및 〈표 2-73〉에 표시한다.

〈표 2-72〉 주펌프의 기동 조건(인터록 항목) (표준예)

기동조건 항목	연동운전	반연동운전	단독운전	비고
흡수조 수위 규정 이상	○	×	×	
팽창탱크, 고가수조 수위 규정 이상	△	△	×	수냉기관의 경우, 펌프윤활수 필요한 경우
공기조 압력 규정 이상	△	△	×	공기시동 기관의 경우
연료공급 탱크 유면 규정 이상	△	△	×	내연기관의 경우
진공펌프용 보충수조 수위규정 이상	△	△	×	진공펌프로 만수하는 경우
시동장치가 시동위치에 있다.	△	△	△	전동기 구동의 경우
토출밸브 규정 개도	△	△	△	축류펌프의 경우
압입식펌프용 흡입밸브 전개	△	△	△	수평축 양수펌프의 경우
타 펌프가 시동중이 아니다.	○	△	×	진공펌프로 만수하는 경우, 전동기 구동의 경우
중고장이 발생되지 않다.	○	○	○	

기동조건 항목	연동운전	반연동운전	단독운전	비고
경고장이 발생되지 않다	○	○	×	
각 차단개폐기가 소정위치에 있다	○	○	×	
기관 회전속도 규정치 이하	△	△	△	가스터빈의 경우
기타 중요한 것	○	○	○	

주) 인터록 항목 ○ : 한다, × : 하지 않는다, △ : 비고 조건의 경우에 한다.

〈표 2-73〉 자가발전 설비의 기동조건(인터록 항목) (표준예)

기동동조건 항목	연동운전	단독운전	비고
팽창탱크 고가수조 수위 규정 이상	△	×	수냉기관의 경우
공기탱크 압력 규정 이상	△	×	공기시동의 경우
연료공급탱크 유면 규정 이상	△	×	내연기관의 경우
차단기가 투입되지 않을 것	○	○	
중고장이 발생되지 않다.	○	○	
경고장이 발생되지 않다.	○	×	
기관 회전속도 규정치 이하	△	△	가스터빈의 경우
기타 중요한 것	○	○	

주) 인터록 항목 ○ : 한다, × : 하지 않는다, △ : 비고 조건의 경우에 한다.

(2) 보호장치

배수펌프설비에는 수위상황과 주요기기에 이상이 발생한 경우에 기기의 손상을 방지하기 위해 보호장치를 설치한다. 보호장치의 기능은 운전 중 주요기기 등의 이상에 대하여 곧바로 정지시키지 않으면 회복 불능으로 되는 경우를 중고장으로 비상정지, 경보 및 중고장 표시를 하도록 하고, 운전을 계속해가면서 대책이 가능한 경우를 경미한 고장으로 하여 경보 및 경미고장 표시를 한다.

1) 보호장치의 기능

보호장치는 계측제어 설비 등으로부터 전기신호로 자동적으로 정지운전제어, 경보, 고장표시를 행하는 것으로 한다. 경보발령(음성발신) 및 고장표시는 운전원이 고장 발생과 그 레벨을 확실히 파악하도록 펌프장 중앙제어반, 기기측 현장제어반 등의 감시운전 제어설비에 중고장(重故障)과 경고장(經故障)으로 구분한다.

2) 보호항목

펌프설비의 고장 등 보호항목과 표시에 대하여 주펌프의 표준적인 예를 〈표 2-74〉에 나타낸다.

〈표 2-74〉 주펌프의 보호항목(표준예)

구분	설비	보호항목	비고
중고장	운전수위	흡수조 수위 이상 저하	
	주펌프	스러스트베어링 온도 이상 상승	미끄럼베어링의 경우
		윤활수량 부족	
	밸브	역류방지밸브 무 송수	벌루트펌프의 경우
	감속기	기어감속기 윤활압 이상 저하	
	주원동기	주전동기 접지	
		전동기 침수	
		전동기 과열	
		내연기관 과속도	
		내연기관 윤활류 온도 상승	
		내연기관 윤활류 압력 이상 저하	
		내연기관 냉각수량 부족	
		내연기관 냉각수 온도 이상 상승	
		내연기관 연료공급탱크 유면 이상 저하	공급차단 포함
		내연기관 출력축 저속도	
		내연기관 배기온도 이상 상승	
		가스터빈 제어계 이상	
		가스터빈 가스발생기 축 과속도	
	전기계통	3E 동작	
		누전	
	기타 중고장		
경고장	시동지연		

구분	설비	보호항목	비고
경고장	운전수위	토출수위 이상 높음	
	밸브	토출밸브 개폐 과토크	
	감속기	윤활류 온도 상승	
	주원동기	시동지연	
		내연기관 정지지연	
	계통기기	팽창탱크,고가수조 수위이상 저하	
		공기조 압력 이상 저하	
		연료공급탱크 유면 저하	공급차단 포함
		보충수탱크 수위 이상 저하	축류펌프의 경우
		계통기기고장	
		기타 부대기기 고장	
	전기계통 경고장		
	기타 필요한 것		

2.5.3 감시운전제어설비의 설계

감시운전제어설비는 안전하고 확실하며 용이하게 펌프설비의 운전 및 상태 감시를 하도록 펌프설비의 용도, 규모, 주원동기의 종류, 운전방식 등에 의해 필요기능을 결정하고 기기를 구성한다.

감시운전제어설비의 구성기기는 운전의 확실성, 유지관리의 용이성을 고려하고 통일과 간소화를 도모한 시방 및 구조로 한다. 감시운전제어설비는 낙뢰의 서지(surge)성 이상전압에 따른 피해를 방지하기 위해 적절한 낙뢰 대책을 행한다.

기능별 기기의 설계는 다음에 따른다.

- 펌프장 중앙제어반, 기기측 현장제어반은 각 운전 장소, 운전내용에 맞도록 펌프의 상태를 확인하고 각 기기를 안전하고 확실하며 용이하게 운전할 수 있는 것으로 한다.
- 보조계전기반은 주로 제어, 보호, 인터록, 표시 등의 회로에 의해 운전 지령을 받아서 각 기기의 단독, 반연동, 연동, 자동 등의 운전 제어를 하는 것으로 하고 기기구성과 제어내용을 고려하여 적절한 기능과 그 분담을 정한다.
- 계통기기반, 전동기제어반은 운전대상의 전동기를 안전하고 확실하게 운전하기 위한 동력전원을

공급하는 것으로 하고 전동기마다 충분한 용량의 차단기능 및 필요한 보호기능을 갖는 것으로 한다.

- 운전지원장치는 운전지원, 고장대응지원, 기록, 정보관리 등에 의해 확실한 배수운전, 이상시의 신속한 대응, 합리적인 유지관리를 하는 것으로 하고 필요기능을 펌프장 규모, 관리체제 등을 고려하여 결정한다.
- 계측제어설비는 운전을 하는 중에 필요한 정보(수위, 유량, 압력 등)을 파악할 수 있는 것으로 하고 배수펌프장의 설치조건, 환경조건, 사용목적, 측정조건, 측정범위, 정밀도 등을 고려하고 계측기기 등을 선정한다.
- CCTV 설비, 경보장치는 운전할 때에 화상감시나 음성경보 등에 의해 안전을 확인하도록 하고 필요 기능은 관리체제, 운전방식, 입지조건 등을 고려하여 결정한다.
- 원격감시운전제어설비는 원격운전에 필요한 정보를 정확하게 파악하고 펌프장으로부터 떨어진 관리센터 등으로부터의 감시와 운전이 확실하게 하는 것으로 한다.

(1) 감시운전제어설비의 기능과 구성

배수펌프장의 감시운전제어설비의 기능과 대응하는 주요 구성기기는 다음과 같다.

- 감시운전기능 : 펌프장 중앙제어반, 기기측 현장제어반
- 제어기능 : 보조계전기반(릴레이형, PLC형)
- 운전지원기능 : 운전지원장치
- 동력공급기능 : 계통기기반, 컨트롤센터, 전동기제어반
- 계측기능 : 계측제어설비(계측제어설비반, 수위계반)
- 안전확인기능 : CCTV설비, 경보장치, 방송장치
- 원격감시운전기능 : 원격감시운전반, 광역감시운전시스템, 입출력처리장치, 광전송장치

(2) 낙뢰대책

제어설비, 특히 전자기기는 낙뢰에 따른 서지성 이상전압에 약하기 때문에 낙뢰대책이 필요하다. 낙뢰피해에는 직접뢰와 유도뢰에 의한 경우가 있고 대부분은 유도뢰에서 서지성 이상전압이 전원과 제어용의 전선 혹은 접지선에 침입하여 설비기기에 피해를 주기 때문에 적절한 낙뢰 대책이 필요하다.

(3) 기기설계의 유의점

각 기기 설계에 있어 유의점을 다음에 표시한다.

1) 펌프장 중앙제어반, 기기측 현장제어반

- 기동, 정지, 운전방법의 교체 등을 하는 운전기능은 오동작을 방지하기 위해 선택과 실행을 나누어 운전하는 이원화 동작방법 등의 채용을 검토한다.
- 펌프장 중앙에서의 감시운전 기능을 하지 않는 경우에 기기측에서 단독운전이 가능한 것으로 한다.
- 주펌프의 기기측에서 운전기능은 계통별 기기 등으로 분산시킨다.
- 고장표시 외에 설비기기의 상태표시를 하는 것으로 하고 그 항목은 기기 구성, 운전방식 등을 조사하여 선정한다.
- 펌프설비의 형식, 규모에 의해 통일성이 있는 기기 구성, 배치를 검토한다.

2) 보조계전기반(릴레이반, PLC반)

설비구성과 기기의 특징에 대응한 제어방식을 선정하고 펌프 운전제어에 필요한 시퀀스제어 등의 제어회로, 보호회로, 인터록회로, 표시회로를 결정한다.

기기측 단독제어기능 및 보호회로는 백업을 고려하여 PLC 등의 이중화를 표준으로 하여 타 기기로의 파급을 작게 하고 복구가 비교적 용이하도록 배려한다.

3) 운전지원장치

운전지원장치는 운전지원 기능, 고장대응 지원기능, 기록 및 정보 관리기능에 대하여 펌프장 규모, 시설형태, 운전체제 등의 관리 형태, 원격감시운전 유무, 입지 조건 등을 고려한 후 필요기능을 결정한다.

4) 계통기기반

동력전원의 개폐기능에 대하여 기기의 특성에 따른 기동토크나 기동전류와 기동방식의 관계를 검토하고 과부하 등에 따른 이상전류가 발생한 경우 전동기 파손이나 계통 1차측으로 파급을 방지하기 위해 충분한 용량을 갖는 보호기능 및 차단용량을 검토한다.

5) 계측설비(계측제어반, 수위계반)

내수위, 외수위, 흡입수조수위, 토출수조수위 등의 운전조건에 관한 데이터, 운전시간, 배수량, 사용전력량 등의 운전데이터, 압력, 온도 등의 기기관리 데이터 등에 대하여 필요한 데이터의 종류, 정밀도에 대응한 기기를 선택한다.

계측설비의 설치위치는 시설 구조 및 환경조건을 고려하고 성능을 충분히 발휘할 수 있는 점검,

정비가 용이한 장소로 하며 필요에 따라 낙뢰대책을 강구한다.

6) CCTV설비, 경보장치

펌프장 주변으로 사람이 있는지 유무확인, 운전시 운전원을 포함하여 주변으로 주의를 환기시키는 등 필요한 감시, 경보를 위한 기기를 검토한다. 설계할 때는 펌프장 내외, 제진설비, 펌프실 내의 기기 및 하천측 배수구의 상황 등에 대하여 야간 운전도 고려하여 설치위치, 조명 등의 검토를 한다.

7) 원격감시운전제어설비

홍수시 초동대응의 충실, 이상시 후방지원, 펌프장 간의 백업, 집중관리에 의한 업무의 효율화, 운전의 에너지 절감 등 대상 시설의 운용 관리 체제에서 필요한 감시 기능 또는 감시 운전기능에 대응한 설비 기기구성으로 한다.

2.5.4 수방공유 PC

하천수위, 배수펌프장 가동상황, 강우데이터 등을 종합적으로 수집/공유하기 위해 랜컨버터를 설치하고 Windows 및 관련 S/W 등을 탑재하여 지방자치단체 또는 해당기관 상황실에 수방공유 PC를 설치하여 HMI PC를 통해 정보를 수집하고, 수문정보시스템과 홍수정보시스템을 통하여 정보를 제공한다.

- 수방공유 PC의 가동은 1일 24시간, 재해대책기간동안 가동을 원칙으로 하나 필요에 따라 비재해대책기간에도 가동할 수 있다.
- 안정적인 관리를 전담할 관리담당자를 지정·관리한다.
- 24시간 운영됨을 알 수 있도록 해당 본체와 모니터에 각각 안내 문구를 부착한다.
- 정보의 정확성을 위해 표준시 프로그램을 설치·사용해야 하며, 표준시 프로그램 사용이 불가능한 경우 최소 1일 1회 이상 표준시를 수동으로 동기화시켜야 한다(http://www.kriss.re.kr).

제3장 설치시공

3.1 시공 계획 및 관리

3.1.1 시공계획

시공계획은 펌프장의 구성과 규모 및 공사현장의 시공여건을 반영하여 토목, 건축, 기계, 전기 및 계측제어 설비 등의 분야별 공정을 반영하되 안전하면서도 적기에 완성하도록 경제적으로 수립한다.

(1) 공정계획

공정계획을 수립하는 경우에는 각 공사의 공정을 면밀히 검토할 수 있는 네트워크에 의하는 것이 바람직하다. 네트워크 작성에서 각 작업(activity or job)의 결정은 합리적이고 실정에 맞는 적절한 방법으로 한다.

(2) 인력계획

펌프장공사는 일반적으로 공사기간이 장기간인 경우가 많고, 공사가 많고 적음에 따라 필요한 작업 인력의 차이가 크므로 공정계획에 맞춰진 인력계획을 수립할 필요가 있다.

또한 대규모 펌프장의 경우에는 전공 등의 직종에 의한 특수 작업이 많아지므로 작업기간의 계속성 등을 고려하면서 인력배치계획을 세우는 것이 필요하다.

(3) 자재계획

공정계획에 따라서 공사에 필요한 자재가 적기에 확보될 수 있도록 자재계획을 작성할 필요가 있다. 기상조건 또는 지리적 조건 등에 의해 자재가 부족하여 작업의 중단을 방지하기 위한 자재의 보유량은 과거의 실적을 조사하여 충분히 여유를 두고 결정할 필요가 있다.

(4) 건설기계계획

일반적인 토목공사에서 시공을 위한 건설기계는 가설에 관계되는 말뚝·강판 타설기계, 굴착기계 등 기타 여러 종류를 고려하여 공정계획에 맞는 효율적인 배치를 한다.

(5) 펌프설치계획

일반적으로 작업현장이 좁고 더욱이 토목공사, 건축공사 등의 관련공사와 동일 작업장에서 여러 공종의 작업자가 복합공정으로 작업하는 경우가 많으므로 공정상의 협조가 중요하다. 또 펌프가 중량물이고 회전체인 것을 충분히 인식하여 안전공법에 적합한 설치작업순서를 검토하는 것이 필요하며 방호시설, 기타 보완시설대책을 충분히 시행하는 것이 필요하다.

(6) 전기설비계획

전기설비의 시공계획은 전기설비기술기준 및 특별고압수전설비의 시설지도요령에 따라 수립하고, 수전 및 배전 설비의 계획에 따라 필히 전기에 관한 유자격자의 감독 하에 지식 경험을 가진 기술자가 시행한다. 또 전선과 가설물, 통행차량 등과의 간격의 적정한 확보, 위험개소의 울타리와 위험 표지의 설치 등에 의한 감전 등의 안전사고 방지에 충분한 배려가 필요하다.

(7) 운전관리시설계획

펌프 기능이 충분히 발휘되면서 원활한 조작과 유지관리에 지장이 없도록 기기 배치를 할 필요가 있다. 또한, 운전제어는 대개 감시장치, 계측기기, 조작반, 수배전반 등으로 시스템 기능의 효율을 고려하여 시공하는 것이 필요하다.

3.1.2 시공관리

설치시공 관리는 정해져 있는 설계시방에 의해 공사를 안전하게 시공하여 정해진 공사기간 이내에 기성 및 품질을 확보할 수 있도록 적절한 관리기법을 기준으로 할 필요가 있다.

(1) 시공관리

펌프장 건설공사는 당초의 시공계획 및 시공 중에 있어서 적절한 시공관리 및 시공관리체제에 의해 정해져 있는 품질의 펌프장을 소정의 공기 내에 확실하고 경제적으로 하고, 또한 안전하게 시공할 필요가 있다. 시공관리는 일반적으로, 공정관리, 품질관리, 기성관리 및 기타의 관리로 성립되어 있다.

1) 공정관리

공정관리는 단순한 시간의 관리뿐이 아니라, 인력배치, 자재의 조달, 기계의 배치 등을 계획의 단계, 실시하는 단계를 거쳐서 종합적으로 관리하는 것이다.

공정관리의 수법으로 일반적으로 간이차트, 바차트, 공정곡선, 네트워크수법 등이 있으나, 공종간에 중복작업이 진행되는 펌프장 공사에서는 네트워크에 의하는 것이 바람직하다.

특히, 펌프장 공사는 토목·건축공사와 기계설비공사 및 전기설비공사로 분할하여 발주하는 경우가 있으므로 공정관리에 충분한 협의가 필요하다.

2) 품질관리

품질관리는 주어진 규격을 충분히 만족하는 제품을 경제적으로 만들 수 있도록 통계의 이론과 기술을 가지고 제품의 품질을 점검하고 제품 가치의 감소를 안정한 상태로 확보하려는 것이다. 또 관리에 대하여는 공정능력도, 히스토그램, 관리도 등에 의해 행하는 것이 일반적이다.

3) 기성관리

기성관리는 구조물 등의 기성과 설계시방에 의해 일정 규격치 이내에 들어갈 수 있도록 하는 것으로 직접측정에 의한 방법과 사진촬영에 의한 방법이 있다. 그러기 위하여 관리기준치, 규격치 및 합격 판정치를 각 공종마다 정해서 관리하는 것이 필요하다.

(2) 안전보건관리

공사는 가장 안전한 방법으로 시공하며 안전보건을 고려할 필요가 있다. 안전한 시공을 위해서는 산업안전보건법을 준수함과 동시에 적절한 안전보건관리 하에서 시행할 필요가 있다.

(3) 시공에 관한 관련법규

펌프장공사는 여러 가지 내용의 복합공사가 시행되나, 시공에 있어서는 관계법규를 준수해야 한다.

3.2 가설공사

3.2.1 준비공사

가설공사는 시공계획에 따라서 본 공사가 소정의 공기 내에 소정의 성과물 및 품질을 확보하고, 안전하게 시공될 수 있도록 가체절이나 물푸기 등에 대해 현장의 시공조건을 충분히 검토하여 실시할 필요가 있다.

펌프의 형식은 양정, 배수량에 따라서 수평축, 수직축, 축류, 사류, 벌루트 펌프 등 형식이 달라지므로 가설공사는 해당 펌프장공사에 적합한 것을 계획한다. 따라서 가설공사를 결정함에는 합리적으로 작성된 시공계획에 따르며, 공사용지, 공사자재운반, 전기설비 등을 충분히 검토할 필요가 있다.

(1) 공사용지

공사용지는 구조물건설에 필요한 용지는 물론이고, 건설자재의 적치장, 굴착한 토취장 및 하차장, 펌프기기의 임시 보관 장소 또는 조립용 부지, 자재운반도로용지 등 가설 공사에 필요한 용지는 미리 충분한 조사를 한 다음에 확보하여 둘 필요가 있다. 특히 펌프기기의 임시 보관 장소, 조립용 부지는 건설공사의 도중부터 필요로 하는 용지이므로 토목건축공사와 경합하는 경우가 있으므로 충분히 검토하여 빠트리는 일이 없도록 한다.

(2) 공사자재운반

펌프장 공사에 필요한 운반 기자재로는 건설기계, 철강재, 콘크리트용 자재 등의 일반적인 공사자재 외에 펌프기기 등의 반입이 있다.

이들 기자재 운반은 트럭, 트레일러 등이 가장 간편하고 경제적인 도로를 선정하는 것이 좋으나, 불가능한 경우는 케이블, 선박 등의 설비를 검토할 필요가 있다. 도로를 고려하는 경우는 운반하는 자재의 질, 양에 따라서 가설 도로의 이용, 개량, 보수 또는 시설할 필요가 있으나 일반 교통에의 영향 특히 소음, 진동 등 공해에 대한 조치도 고려한다.

(3) 가설전기설비

가설전기설비는 공사용 기계, 조명설비 등의 매월 사용전력계획을 작성하고, 전력회사와 미리 협의하여 결정한다. 배전비용이 너무 많은 경우나 일시적으로 사용 전력량이 많은 경우에는 자가발전 또는 기타의 전기설비도 고려하여 이들을 비교 검토할 필요가 있다. 또한 정전시의 대책도 고려할 필요가 있다. 공종에 따라서는 법령상 예비전원을 상설할 필요가 있는 것도 있다.

3.2.2 가체절

펌프장 가체절의 계획고, 공법 등은 다음에 유의하여 시공한다.

- 가체절제의 높이를 결정하는 경우 해안부근의 공사현장에서는 풍향, 풍속에 따라 예측 이상의 파랑이 내습하여 물이 넘을 위험이 있으므로, 현장에서 청취 등 조사를 충분히 시행하여 여유고를 가산하는 것이 바람직하다.
- 일반 토목공사와 다르므로 펌프 설치공사 중에 월류, 또는 다량의 침투수에 의한 체절제 내의 침수는 중대사고로 이어지므로 공법의 결정 및 공사 기간 중의 유지관리를 충분히 고려하여야 한다.

3.2.3 집수정

펌프장 공사의 기초저면은 대부분 지하수면 이하로 되는 것이 많으므로, 시공에 있어서는 지하수를 배제할 필요가 있다. 지하수위 저하공법의 대표적인 것을 분류하면 중력배수방식과 강제배수방식이 있으나 어떠한 방식을 채용해도 공사기간 중 안전하게 배수하지 아니하면 콘크리트 구조물의 축조 및 펌프기자재 설치 등에 지장을 초래할 수 있다.

특히, 펌프기기의 반입설치 중에 범람하면, 중대한 피해를 입게 되므로 집수정의 유지관리에는 충분한 주의를 하여야 한다.

(1) 중력배수공법

중력배수의 수량은 당해 공사현장의 지질, 지하수량, 체절 방법, 투수계수 등으로 추정한다. 우물의 위치는 지하수가 가장 잘 모이고 공사에 지장이 없는 위치로 하는 것이 좋다. 구조는 공사기간이 장기로 되는 경우, 우물주변의 붕괴를 방지함과 동시에 토사의 세굴, 유실을 방지할 필요가 있다. 또한 물푸기에 의하여 배수한 흙탕물 또는 시멘트 혼입수에 의해 음용수, 농작물 등에 영향을 끼치는 일이 있으므로 사전조사를 충분히 하여 그러한 위험이 있는 경우에는 적절한 대책을 강구하여 두는 것이 필요하다.

(2) 딥웰 포인트공법

딥웰 포인트(deep well point)공법은 깊은 우물공법으로 종래의 심정을 공사용에 개량한 공법으로 지하수위 저하, 피압수의 감압, 연약지반의 개량 등에 널리 보급된 공법이다. 일반의 우물공법과 비교하여 공법적으로 유리한 조건은 다음과 같다.

① 시공 구간이 넓은 범위에 걸쳐 있고 지하수위 저하를 크게 필요로 할 때
② 투수성이 큰 지반에서 양수량이 매우 클 경우
③ 히빙현상을 방지하기 위해 심층 지하수대의 감압을 도모할 필요가 있는 경우
④ 양수한 물을 대량으로 필요로 하는 경우 또는 공사의 성격에 의해 대상지에 어느 정도 근접할 수 없는 경우

(3) 웰 포인트 공법

웰 포인트(well point) 공법은 펌프장 기초저면이 지하수면보다 어느 정도 깊게 되면 직접배수로는 물푸기를 할 수 없게 되나 토질의 조건 및 투수계수의 값에 의해 우물통 배수에 의하면 완전한 배수가 가능하게 되므로 이 공법에 의한 예가 많다.

웰 포인트 공법은 지중에 진공압을 생기게 하여 강제적으로 배수하는 공법이다. 스트레이너, 철망이 붙은 집수파이프를 지중에 매설하여 지표에 설치한 진공펌프에 연결하여 지하수를 강제적으로 흡상하는 것으로서 지중의 물은 웰 포인트의 주위에 강제적으로 압송되어 라이저 파이프의 속을 상승하여 헤더파이프에 모이고 펌프에 모인다. 물과 동시에 들어있는 공기는 분리탱크에서 물과 공기로 분리되어 물은 펌프를 거쳐 배수된다.

3.2.4 안전시설

공사시공 중에 있어서는 작업자의 안전 및 통행인 등 제3자의 안전을 확보하기 위하여 필요한 시설을 법령에 따라 설치함과 동시에 공사현장의 상황에 따라서 안전표식, 안전시설을 설치할 필요가 있다.

(1) 안전표식

출입금지, 공사예고 등의 게시판, 간판 및 위험표지 등의 설치

(2) 안전시설

공사현장주변의 울타리, 추락의 위험이 있는 작업장소의 난간, 안전띠, 방호시설, 감전방지책, 조명등 등을 상황에 따라 설치하는 것이 필요하다. 공사전용도로에서 일반도로의 출입구 등에는 유도원, 신호수 등을 현장조건에 따라 배치하여 공사의 안전관리를 한다.

3.3 펌프장공사

3.3.1 터파기

터파기는 시공계획에 따라 터파기량을 고려하여 적절한 터파기 방법을 결정함과 동시에 기초지반의 강도확보를 위하여 과다한 터파기는 피해야 한다.

(1) 터파기를 위한 사전조사

펌프장공사를 위한 사전조사는 수맥조사, 지형조사, 지반조사 등 계획·설계에 있어서 꼭 시행되지만 터파기공사 등의 시공에 관한 조사는 자칫하면 이차적으로 취급되어 계획·설계를 위한 조사를 시공에 관한 조사로 간주하는 경우가 많다. 그러나 본래 계획·설계를 위한 조사와 시공을 위한 조사는 꼭 일치하지는 않는다. 즉 계획·설계를 위한 조사는 구조물 본체의 지지층의 역학적 성질을 중시하지만 시공을 위한 조사는 지표 가까운 지지층의 역학적 성질이나 지하수의 상태를 중시할 필요가 있다. 터파기를 위한 사전조사 중 중요한 것은 환경조사와 지반조사로서, 이것을 세분하면 다음과 같다.

1) 환경조사

- 공사용지의 넓이
- 주위의 구조물의 현황
- 공사소음의 허용되는 한도
- 기타

2) 지반조사

- 터파기 토사의 성질
- 지하수위, 수량, 지하수압의 강도
- 터파기 주변의 지반 성질(터파기에 의한 주변지반의 침하정도 등)
- 기타

이들의 조사결과에 따라 터파기 방법을 개착공법(open cut method)이나 기타 특수공법으로 할 것인가를 검토하여 결정한다.

(2) 터파기 방법

공사용지의 확보가 용이한 경우는 안전한 비탈기울기를 갖는 개착공법이 가장 안전하며 경제적이지만, 주위의 지반상태나 주변에 악영향이 있을 경우 등은 널말뚝에 의한 토류벽공법이나 아일랜드 공법 등 특수공법에 의할 필요가 있다. 터파기는 불도저, 굴삭기, 로더 등을 사용하여 시행함이 일반적이나 터파기 장소 및 터파기 양에 따라서 터파기 방법을 결정하여야 한다.

3.3.2 기초

기초는 상부구조물과 일체로 되어 하중을 안전하게 지지하여 활동, 침하, 전도에 대한 안전이 확보될 수 있도록 하여야 하므로, 설계조건 및 시공조건 등을 검토하여 적절한 방법으로 시공할 필요가 있다. 펌프장의 기초지반까지 터파기한 경우 조사·설계단계에서 확정한 기초지반의 지내력, 침하량 등과 현장이 서로 다르지 않는가를 확인하여, 다를 경우에는 즉시 설계변경 등을 하여 상부구조를 안전하게 지지하는 공법 등을 검토할 필요가 있다. 일반적으로 시행하고 있는 터파기 완료 후의 현장시험은 사운딩시험, 항타시험 등이 있다.

기초공사는 펌프의 규모, 대수, 형식 등에 의해 달라지나 일반적으로는 도수로, 유수지, 흡입수조, 펌프장 본체구조물, 건물, 송수로 배출수로, 기타의 부대시설의 기초부에 대해서 시공한다.

(1) 직접기초공법

기초지반이 암반 또는 잘 다져진 지반의 경우 등에서 지반의 지지력이 충분하면 터파기 지반상에 직접 상부구조를 구축하여도 좋은 것으로 된다. 단, 터파기할 때와 터파기된 부분의 되메움에는 콘크리트 등을 써서 충전하는 등 신중을 기하지 않으면 부등침하 원인이 되기 때문에 주의할 필요가 있다.

기초지반의 지내력이 부족한 때에 지반을 개량하여 지지력을 증대시키는 방법에는 모래지반의 경우 롤러, 램머 등을 써서 다지는 공법, 물다짐에 의하는 공법, 다짐말뚝공법 및 시멘트 또는 약액 등을 주입하여 지반을 고결시키는 지반개량공법 등이 있다. 연이토나 이탄토 등의 연약점토를 양질의 토사로 치환하는 방법, 샌드드레인 공법 등에 의한 고결공법 등이 시행되고 있다.

(2) 말뚝기초공법

말뚝박기 시공은 주변인가 등에 소음, 진동을 끼치는 일이 많으므로 소음·진동관리법에 의한 소음이나 진동의 규제치 등을 사전에 충분히 조사하여 영향을 끼친다고 판단될 때에는 진동, 소음이 적은 공법으로 고려할 필요가 있다.

3.3.3 흡입수조·토출수조 및 건물

흡입수조·토출수조 및 건물은 펌프의 설치, 배관, 천장크레인의 설치 등과의 연관에 유의하여 콘크리트타설 등을 하며, 설계에서 소정의 품질 및 시공이 이루어질 수 있도록 적절한 방법으로 시공할 필요가 있다.

건물공사와 타 공종의 공사와 공정상의 관련에는 다음 사항 등이 있다.

(1) 흡입수조·토출수조 설치 및 건물공사

건물 기초부(지하실부분) 근처에 미리 배출구를 매설하지 않아 재시공을 하는 경우는 먼저 배출관을 포설한 후 일부 되메우고, 지반 상부의 건물시공의 경우에는 통행공간을 만드는 등 보호하여 시공을 진행한다.

(2) 흡입수조공사와 기초공사

흡입수조가 건물에 근접한 경우 또는 흡입수조의 일부가 건물로 들어가는 경우에는 흡입수조 본체를 시공하고 되메움이 끝난 후에 건물의 공사가 시작된다. 후자의 경우에는 건물기초와 흡입수조 본체가 연결되어 있는 경우는 미리 기초보(지중보)의 철근에 연결철근을 넣어둔다. 건물의 기둥 및 벽을 수조위에 설치하는 경우도 마찬가지로 철근은 연결철근의 조치를 하여둔다. 흡입수조 위에 건물을 설치하는 경우 또는 콘크리트케이슨에 건물을 설치하는 경우에는 건물의 기둥 및 벽의 철근을 미리 연결철근을 넣어둔다.

(3) 천장크레인의 설치와 펌프실내의 마무리

천장크레인의 설치 시기는 펌프실내의 마무리(천장, 벽) 이전에 시행하던가 또는 마무리 후에 천장크레인을 시행하던가 하는 두 가지 방법이 있다. 먼저 실내 마무리를 할 때에는 건물 콘크리트 구체 타설에 필요한 동바리를 천장 및 벽의 마무리용 작업발판과 함께 사용하도록 계획한다. 이때 벽, 천장은 마무리가 되어있으므로 천장크레인을 설치할 때 오손되지 않도록 주의가 필요하다.

공정관계로 내부벽 마무리 이전에 천장크레인을 설치할 필요가 있는 경우는, 천장크레인 설치 후 다시 벽 마무리용 작업발판을 만들어서 마무리한다.

(4) 펌프실 바닥과 펌프설치

펌프설치 후 바닥을 마무리하는 경우와 펌프설치 전에 바닥을 마무리하는 경우가 있다. 전자의 경우 바닥 마무리를 남겨서 전체 건물공사가 완료되는 때는 펌프설치에 필요한 시기만큼 건물공사의 공정이 연장됨과 동시에 전체의 공기에도 연관되므로 시공순서 등을 충분히 검토한 후에 결정할 필요가 있다.

(5) 콘크리트의 시공

콘크리트 시공에서는 각 시공 개소의 기능에 맞추어 필요한 강도, 수밀성 및 내구성을 갖고 경제적인 콘크리트가 될 수 있도록 시공할 필요가 있다.

특히 펌프장의 콘크리트 구조물은 펌프운전에 따른 진동, 수격현상 등에 의하여 발생하는 외력에 견딜 수 있는 강도를 확보함과 동시에, 옹벽 등에 시공되는 매스 콘크리트에 대해서는 미세한 균열이 발생하지 않도록 수화열에 의한 온도상승이 저감되도록 배려하는 외에 불리한 온도변화가 생기지 않도록 타설과 양생에 주의할 필요가 있다.

펌프를 수면보다 아래에 설치하는 펌프장에 있어서는 바닥 및 벽면 등에서의 투수방지를 목적으로 한 방수 모르타르를 도포하는 등 수해방지대책을 고려하는 것이 필요하다.

해수의 영향을 받는 펌프장의 콘크리트 시공에서는 재료, 배합 및 타설 방법 등에 주의하여 해수에 대한 내구성이 있는 콘크리트를 시공할 필요가 있다. 또한 기기의 설치에 있어서는 중심선, 축선 등에 충분히 주의하면서 정확하게 배치한 후에 2차 콘크리트의 시공을 할 필요가 있다.

3.4 펌프 설치

3.4.1 설치 준비

펌프설비 및 부대설비는 공장에서 제작된 펌프와 각종 기기를 설치현장에 운반하고, 운반도중에 각 기기의 변형과 손상이 되지 않도록 주의한다.

펌프본체와 부속품을 외부에 보관할 경우에는 제품의 보호를 위해 외부환경에 노출이 되지 않도록 포장재로 보호한다. 설치에 있어서는 가설치, 현장조립, 용접, 도장 등은 설계도서에 따라 정확하게 설치하며 설치완료 후에는 펌프설비의 성능이 충분하게 발휘될 수 있도록 한다.

펌프기기설치 작업에서 들어 올리는 최대하중은 일반적으로 펌프본체 또는 원동기(전동기 또는 내연기관)이다. 따라서 설치용 크레인의 기종, 형식을 결정함에는 이들의 최대하중, 현장조건, 설치공정 및 토목공사 공정을 잘 검토하고 또한 경제성을 고려하여 정할 필요가 있다.

3.4.2 설치시 주의사항

펌프 및 전동기의 설치는 펌프의 성능을 충분히 발휘되는지를 결정하는 중요한 요소이다. 펌프는 공장에서 설계대로 제작되어도 설치 시에 펌프와 전동기의 축이 충분한 정밀도로 축심조정이 되지 아니하면 진동을 일으키든지, 축받침이 과열되든지, 경우에 따라서는 손상의 원인이 되므로 설치에 있어서는 설계도서 등과 일치되도록 정밀하게 시공할 필요가 있다.

(1) 범용펌프

소형의 범용펌프는 설치할 때 상판에 무리한 힘이 가해지면 변형되는 경우가 있으므로 작업시 주의한다. 설치 후 기초볼트에 모르타르 등을 충전하여 설치가 완료되지만 모르타르 등이 경화 후에 중심의 변형이 생기지 않았는지 확인할 필요가 있다.

(2) 수평축펌프의 설치

수평축펌프의 설치는 설치형식에 따라 다음과 같이 구분한다.

① 펌프와 전동기가 공통 베드에 놓여 있는 것
② 펌프와 전동기가 각각 하나의 콘크리트 기초 위에 설치되는 것
③ 펌프와 전동기의 사이에 기어 감속기가 있는 것
④ 펌프본체와 떨어진 별도의 베어링이 있는 것

각각의 설치에 있어서의 주의사항을 다음에 나열한다. ①은 범용펌프와 같고, ②, ③은 각각의 다리 또는 베드에 라이너를 사용하여 기계의 수평과 직결로 축의 중심을 조정한다. ④와 같이 1본의 축에 3개의 받침이 있는 경우에는 축이 일직선이 되도록 주의할 필요가 있다.

또한, 축류펌프와 사류펌프에서는 흡입관을 펌프에 조립한 상태로 설치하여 모르타르로 고정하는 경우에는 관의 하중이 펌프에 영향을 미치는 일이 없도록 관의 아래에 거푸집을 설치하고 모르타르가 경화 후에 해체하도록 한다.

(3) 수직축펌프의 설치

수직축펌프는 상판에 수직으로 설치하게 되나, 수직의 조정은 추, 레이저 빔 또는 축의 중심과 직각으로 시공된 기계의 단면을 확인한 후에 설치한다.

1) 전동기가 펌프 동체의 위에 직접 설치하는 경우(1상식)

소형펌프인 경우 공장에서 펌프와 전동기의 축 중심이 정확하게 맞추어져 있다 하더라도 운송이나 설치시 축정렬이 흐트러질 경우가 있기 때문에 재조정할 필요가 있다. 중대형펌프는 펌프와 구동기가 분리 공급되기 때문에 펌프와 구동기 설치 후 축정렬 작업을 실시한다.

2) 펌프와 전동기를 격리하여, 각각의 상판에 설치하고, 그 사이를 중간축으로 연결한 경우(2상식)

펌프는 우선 펌프를 상판에 수직으로 설치하고 다음으로 전동기를 펌프 축에 직결로 중심에 맞추어 설치하나, 중간축이 길고 중간축받침이 있는 경우는 설치가 어려우므로 세심한 주의를 요한다.

3) 내연기관구동의 경우(1상식, 2상식)

펌프 및 기어감속기 까지는 1)과 2)와 같이 설치하나, 그 외로 기어감속기 수평축과 내연기관의 설치가 더해지고, 축 중심의 교정을 시행하여 설치한다.

3.4.3 육상펌프의 설치

(1) 설치 전 점검

1) 흡입수조

펌프를 설치하기 전 반드시 흡입수조 내부를 조사하여 구조물공사 시 사용되었던 나무토막이나 기타 유해한 물질이 펌프에 유입되지 않도록 깨끗하게 청소한다.

2) 기초

펌프의 기초는 원칙적으로 콘크리트 구조로 하며 펌프와 전동기의 기초를 일체로 한 구조로 한다. 펌프를 흡입수조 위에 설치하는 경우에는 하부구조 전체에 강성을 충분히 갖게 해야 하며 펌프의 기초부분은 필요한 크기와 두께를 갖도록 해야 한다. 독립된 기초의 중량은 기계중량의 약 3배 이상으로 하는 것이 바람직하다. 부득이 플레이트 거더(plate girder) 등 콘크리트 이외의 기초를 할 경우에는 그 강도와 함께 진동을 억제하는 데 충분한 강성을 갖도록 해야 한다.

(2) 설치 전 부품 점검

1) 부품 점검

펌프 설치장소에 도착한 부품은 면밀히 점검하여 손상 또는 수량 부족여부를 확인 한다. 만일 부품을 현장에서 보관하게 될 때에는 건조한 장소에 보관하도록 하며 축, 베어링, 커플링 등은 먼지 등으로 오염되지 않도록 주의하며 회전 부분은 기름을 주유하여 녹이 슬지 않도록 주의해야 한다.

특히, 축, 슬리브, 커플링, 부시 등은 정밀한 공차로 가공되어져 있기 때문에 조립시에는 각별히 주의해야하며 취급 부주의로 이상이 생긴 물건을 조립할 경우에는 펌프 사고의 원인이 될 수 있으므로 주의한다.

2) 흡입배관

관의 길이는 될 수 있는데로 짧게 하고, 곡관의 갯수도 최소로 한다. 곡관을 설치시에는 곡률 반경을 크게 하고 펌프 몸체에 직접 취부하는 것은 피하는 것이 바람직하며, 구경이 갑자기 축소 또는 확대되는 것은 피해야 한다. 배관은 공기가 모이지 않은 형태로 하고 펌프를 향해서 약 1/50 정도의 올림 구배가 되도록 하고, 공기가 모이는 부분은 흡기할 수 있어야 한다. 관내의 압력은 보통의 경우 대기압 이하가 되므로 공기누설이 없는 관이음을 택한다.

3) 토출배관

펌프 토출 플랜지부의 유속은 펌프 본체 설계시에 결정된다. 관의 구경과 플랜지 구경이 다른 때에는 이형관을 사용하여 체결한다. 배관에는 유체에서 받는 힘이나 자중(유체도 포함)을 지탱하기 위한 지지대를 둘 필요가 있다. 관로가 길 때에는 온도변화에 따른 배관의 신축을 고려해서 적당한 장소에 신축관을 사용하고, 긴 수직관이 진동이나 휨 응력을 받지 않도록 중간의 적당한 위치에 진동막이가 필요하다. 토출배관도 갑자기 단면을 변화시키는 것은 피하는 것이 좋고, 수충격이 예상되면 펌프제작사와 협의하여 수충격 방지장치를 설치해야 한다.

(3) 펌프의 설치

1) 펌프 운반

펌프를 옮기거나 매달아 올릴 때에는 매달려고 하는 펌프의 중량을 고려하여 그 중량에 맞는 크레인 또는 호이스트를 사용한다. 펌프에 와이어 로프를 거는 위치와 펌프와 와이어 로프와의 장력을 조사하여 하중이 어느 한쪽으로 치우치지 않도록 하여야 한다.

2) 펌프 베드 설치

펌프 베드의 수평 정도는 펌프의 운전에 중요한 요소이기 때문에 세심한 주의를 해야한다. 기초볼트에 베드가 설치 가능한지 또 토출곡관의 방향 등이 정확히 설치가 될 수 있는지 확인하고 조정판(shim plate)을 이용하여 중간베드의 수평정도가 1 m당 0.1 mm 이내가 되도록 설치한다.

3) 펌프 설치(펌프의 전장이 길어서 천장크레인으로 한 번에 인양이 불가능할 때의 방법)

- 흡입관, 케이싱 및 양수관을 조립한 후(토출곡관을 제외한) 제일 윗부분 축의 슬리브 커플링 연결부 및 토출곡관의 연결부 플랜지면을 기계유 등으로 깨끗이 세척하고 펌프 베드 위에 H빔 등을 이용하여 가 설치해 놓는다.
  특히 흡입관 및 안내케이싱에 배관이 설치되어 있는 경우는 파손되지 않도록 조심한다.
- 토출곡관을 크레인으로 인양하여 설치되어 있는 외관 플랜지부와 토출케이싱의 플랜지부와 볼트를 견고히 조립한다.
- 토출곡관을 크레인으로 조금 들어 올린 다음 중간베드 위의 H빔 및 목재를 치우고 토출곡관의 토출방향 등을 정확히 하여 펌프베드에 취부한다.
- 스터핑박스를 깨끗이 청소한 다음 토출곡관에 취부한다.

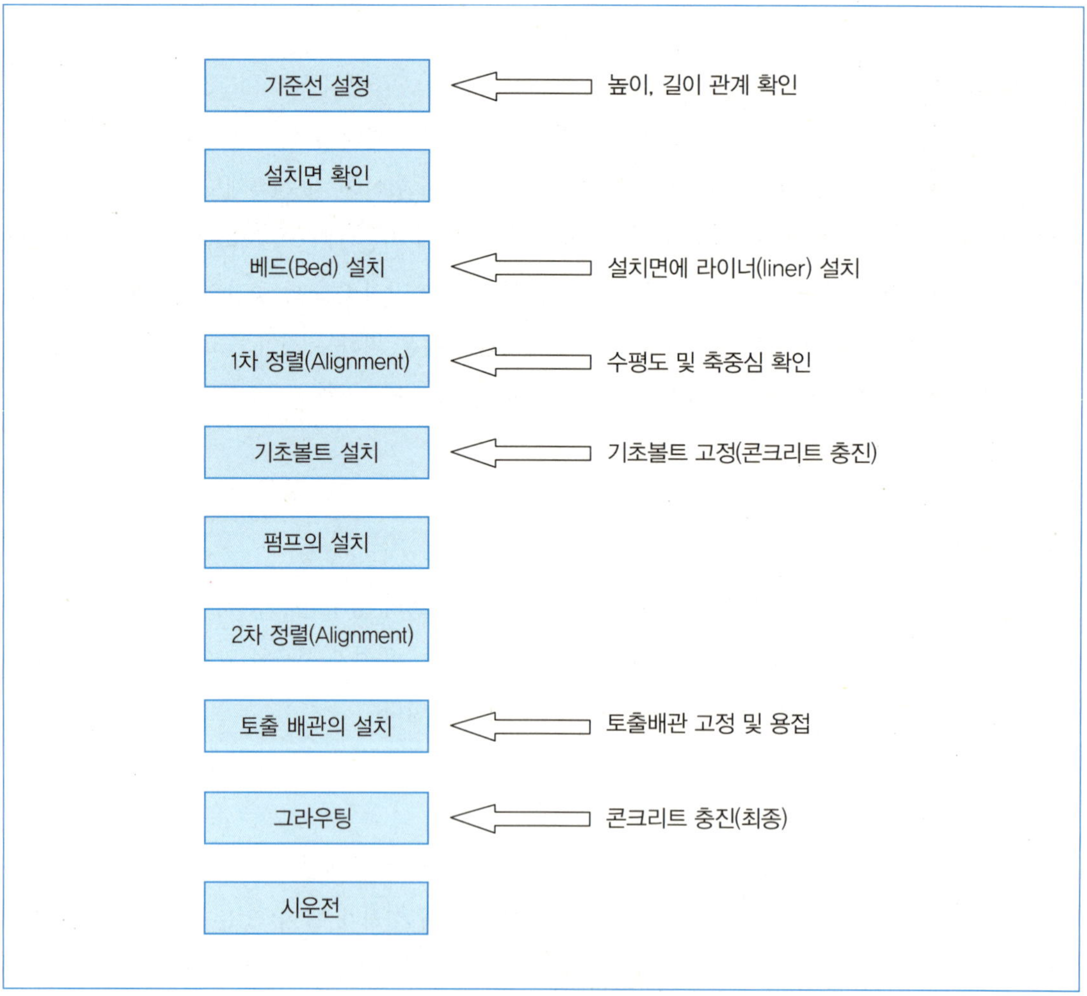

[그림 3-1] 펌프 설치순서

- 그랜드 패킹을 스터핑박스에 끼울 때에는 다음과 같은 방법으로 한다.
  - 패킹을 이물질 등이 묻어있지 않은 깨끗한 천이나 판위에 놓는다.
  - 축 슬리브를 청소하고 그리스를 바른다. 스터핑박스 쪽은 바를 필요가 없다.
  - 적당한 길이로 절단하며(이때 패킹의 절단 각도는 회전방향에 상관없이 90° 이어야 한다.) 패킹을 넣을 때는 S자형으로 벌려서 넣는다.
  - 패킹은 끝부분까지 확실하게 집어넣는다.
  - 같은 방법으로 패킹을 밀어 넣으면서 맨 마지막에는 패킹을 이용하여 약간의 힘을 주어 조인다.
  - 그랜드 패킹의 양쪽 볼트를 서서히 조이면서 양쪽이 균등하게 조여졌는지 확인한다.
- 펌프와 모터의 축에 커플링을 연결한다.
- 펌프의 축 조정너트를 이용하여 커플링의 간극을 조정한다. 커플링은 모터 커플링과 펌프 커플링으로 나누어져 있다.
- 토출배관은 설치도에 따라 실시하며 각종 밸브의 중심이 펌프의 중심과 일치되도록 하여 볼트로 고정한다.

4) 펌프설치 주의사항

- 흡입수면에 가까이 설치한다.
  - 펌프에 따라 흡입양정이 상이하나 6~7 m 이상이면 흡입 불능이 될 수 있다.
  - 관경이 커질수록 유속이 느려지고 손실이 감소하기 때문에 흡입고를 높일 수 있다.
- 흡입양정은 될 수 있는 한 작게 하고, 흡입배관은 짧고 단순하게 계획한다.
- 흡입관은 펌프측이 가장 높고 흡입수면 쪽으로 경사져 낮도록 한다. 흡입측 수면이 펌프보다 높을 때는 관계없지만 흡입측 배관 중 관이 펌프보다 낮다 하더라도 올라갔다 다시 내려오는 곳이 있으면 흡입 불능상태가 된다.

① 축정렬

가동 전 축정렬은 커플링 중심을 다시 정확히 조정한다. 제작사에서 펌프 중심을 맞추었더라도 베드의 기초 볼트를 조이면 모터와 펌프의 중심이 틀려지므로 재조정이 필요하다.

축정렬의 정도는 커플링 결합면의 평행도와 커플링 외주면의 수평도로 결정된다. 커플링 중심을 맞출 때 커플링 볼트를 뺀 후 실시한다. [그림 3–2]에서 간격(C_1 및 C_2)은 원주상에서 상, 하, 좌, 우 4개소에서 측정하여 평행도의 허용치(C_1)는 0.1 mm 이내, 수평도(동심도 C_2)는 0.05 mm 이내이어야 한다. 만약 펌프와 모터의 공통베드가 공급될 경우에는 이 공통베드를 기초위에 올려

놓은 후에 커플링을 재조정할 필요가 있다. 공통베드는 운반되는 동안이나 평탄하지 않는 기초위에 올려놓을 때 휨이 발생할 수 있을 뿐만 아니라 흡입·토출 배관의 볼트 조임에 의해 축정렬이 틀어지기 때문이다.

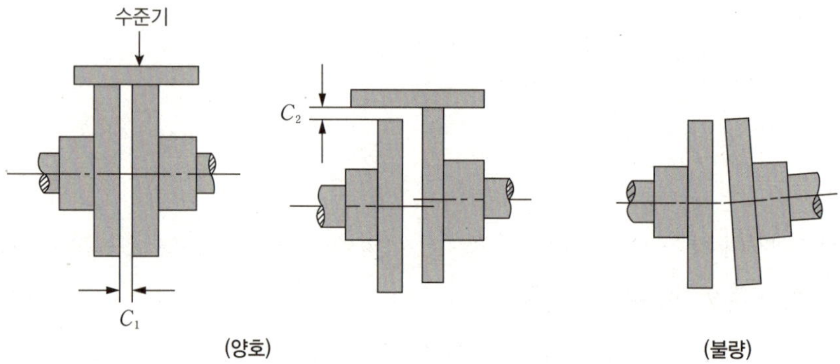

[그림 3-2] 커플링의 정렬

② 그랜드 패킹 설치

그랜드 패킹의 길이는 축 외주의 길이와 일치시키기 위해서 축과 같은 직경의 환봉에 감아서 절단한다. 패킹 끝은 각 패킹에 대해 90°되게 설치하고 이음부가 충분히 밀착 되도록 한다. 그랜드는 적당히 조여야하며, 너무 과도하게 조이면 패킹이 과열되어 스터핑 박스, 패킹과 축보호 슬리브가 손상된다. 패킹부의 냉각을 위해서는 내압이 50 kPa 이상의 압력을 가진 청수가 필요하다. 자압수의 압력이 부족할 때에나 오염된 액의 양수시에는 외부에서 청수를 주입하여야 한다.

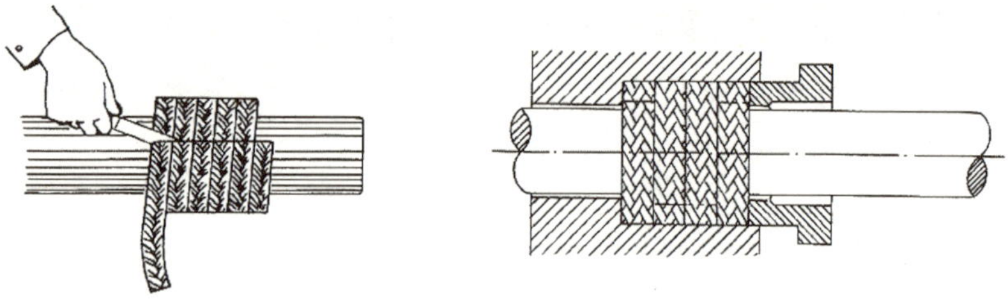

[그림 3-3] 그랜드 패킹의 절단 및 설치

③ 윤활

(가) 그리스 윤활

그리스 윤활에서 그리스양이 너무 많으면 그리스의 교반 때문에 발열할 때가 있다. 그리스 양은 적당량을 유지해야 하며, 그리스 교환은 1년에 1~2회가 적당하다.

(나) 오일 윤활

운전 전 유면레벨을 확인하고 유량이 부족하면 규정레벨의 량을 확보해야 한다.

5) 펌프 설치 순서

2상식 수직축펌프의 설치 순서 예를 [그림 3-4]에 나타내었다.

[그림 3-4] 2상식 수직축펌프의 설치순서(예)

3.4.4 수중펌프의 설치

(1) 안전수칙

예방 점검 및 설치 작업시 다음과 같은 사항에 준수하여야 한다.

- 운반 및 설치 장비의 철저한 점검
- 전기 안전사고에 대한 유의

- 안전모, 보호안경, 안전화 등의 준비
- 익사 사고에 대한 유의
- 기타의 안전수칙 준수

(2) 취급장비

- 운반 장비는 펌프 규격 및 설치 장소에 적합하고 펌프장의 위, 아래로 운반 및 설치할 수 있어야 한다.
- 펌프 운반 및 들어 올릴 때 크레인은 안전하게 고정되어 있어야 한다.
- 수중펌프 운반시 케이블의 손상에 주의한다.

(3) 펌프설치

- 수중펌프는 단순히 펌프장 토출관에 내려져 설치되며 별도의 펌프 고정은 필요가 없다.
- 펌프의 케이블은 토출관내 적절히 고정하며 펌프실 내의 전기 배전함(junction box) 또는 운전반에 연결한다.
- 펌프는 예방점검 또는 보수시 간단히 들어 올려 수행할 수가 있다.

(4) 전선 연결

- 모든 전기 작업은 전기 기술자에 의해 실시한다.
- 펌프 명판에 있는 시방에 맞는 전압 및 주파수인지 확인 후 작업한다.
- 구동장치(drive unit) 종류에 따라 별도의 지시된 방식으로 전원 케이블(power cable)과 제어 케이블(control cable)을 연결한다.
- 케이블에 사용되는 패킹 및 그랜드의 규격이 케이블 외경과 맞는 것인지 확인한다.
- 케이블의 외피가 손상되지 않도록 주의하며, 전기 배전함으로부터 해체하였던 케이블은 끝부분을 조금 잘라내어 다시 연결할 때, 이전에 패킹에 닿았던 부분이 아닌 새로운 부분과 닿도록 한다.
- 배전함 터미널에서 케이블 연결시 접지케이블은 각 상 케이블 보다 길게 여유를 두고 연결하여 유사시 안전에 대비한다.
- 접지선은 접지 단자에 확실하게 연결한다.

(5) 설치시 주의사항

- 펌프를 설치할 흡입수조와 집수정의 치수를 확인하고, 펌프의 치수와 비교하여 설치 가능여부를 판단한다.

- 펌프 설치할 장소를 깨끗이 청소하며, 토목공사 후 방치된 쓰레기, 나무토막 등이 흡입구를 막거나 흡입되어 임펠러를 구속하게 되어 전동기가 소손되므로 주의하여야 한다.
- 펌프 및 배관용 부속자재의 준비 상태 및 설치에 필요한 장비와 공구의 준비 상태를 확인한다.
- 자재와 장비 등을 설치할 장소로 운반한다.
- 설치를 하기 전에 반드시 제품의 점검 및 보수를 위하여 인양을 편리하게 할 수 있는 대책을 세우고 설치한다.
- 제품에 부착된 케이블의 길이가 짧아서 케이블을 연결하고자 할 때에는 전압강하가 되지 않도록 충분한 용량의 케이블을 사용하고, 슬리브(sleeve)를 연결한 후 확실하게 연결되었는지 손으로 당겨서 확인하고 완전 방수가 되도록 절연처리를 한다.
- 펌프가 진흙이나 모래 속에 묻힐 염려가 있는 곳은 설치할 장소의 바닥에 설치 베드 등을 설치하고 그 위에 펌프를 설치한다.
- 케이블을 매설시에는 케이블을 직접 콘트리트에 매설하지 말고 케이블 매설용 전선관을 사용한다.
- 펌프를 설치한 후에는 접지선(녹색)을 접지시킨다.
- 펌프를 설치 후 인양용 체인 또는 와이어로프가 물속으로 떨어지지 않도록 매달아 둔다.

3.4.5 도장

펌프를 현장에 반입 또는 설치 작업 시 손상된 도장 부위는 도장시방에 따라 도장하여야 하며, 손상된 표면처리(녹 제거)에 있어서 방진마스크의 착용 등 주의하여 작업할 필요가 있다. 또 도장에 있어서는 기온, 습도에 유의하여 충분한 건조기간을 두고, 내구성이 우수한 도료를 사용함과 동시에 화기에 주의하여 도장한다.

3.4.6 시운전 조정

펌프를 시운전 하기 전에 볼트류의 체결상태와 그리스, 오일 등의 윤활유의 주유상태의 점검이 필요하다. 또 커플링 볼트를 체결하기 전에 전동기의 회전방향 점검과 무부하 운전으로 이상이 없는지를 점검한다. 다음으로 펌프 토출부의 밸브 개폐에 이상이 없는지 확인하며, 안전하게 펌프 내의 공기를 배출한다.

축봉수펌프가 별도로 부속되어 있는 경우에는 축봉수를 공급한다. 전동기는 절연저항의 측정을 하여 적정한 값인지 아닌지를 확인하고, 최후에 주 펌프 및 보조 기기류를 각각 단독운전으로 확인한 후, 연동운전을 하여 데이터 및 상태를 기록하고 정리한다.

3.5 제진설비 설치

3.5.1 설치 준비

- 스크린 설치는 설치개소의 콘크리트가 소정의 강도에 이르고 있는가 확인한 후, 설치부의 저판, 측면부의 협잡물 등을 제거하고 설치각도에 주의하면서 설치한다.
- 제진기는 각종 형식이 개발되어 있으나 일반적으로 설치 시 주의할 것은 폭, 높이, 목 간격 등을 확인하고 설치각도와 회전축의 치수에 오차가 없도록 설치한다.
- 기자재 설치를 위한 토목, 건축 시설물의 시공 공정을 확인한다.
- 설치를 위한 건설기계의 적합성 및 설치장소까지의 도로가 설치되어 접근이 가능한지 확인한다.
- 기기의 설치시 장애물을 미리 제거하며, 설치 중에 손상될 우려가 있는 주변기기에 대한 적절한 보호조치를 취한다.
- 기기의 설치 전후에 연관된 공종에 필요한 요구조건들이 준비되어 있는지 확인한다.
- 기기 배치를 위한 설치 위치의 치수가 시공도면과 일치하는지 확인하고, 제진기 제작도면과 일치하는지 확인한다.
- 콘크리트 구조물의 일부에 골재 이상 집중이나 철근 노출, 이물질의 혼입이 없는지 확인한다.

3.5.2 제진기 설치

- 제진기를 설치하기 위하여 비계를 설치하고 가설통로에 안전난간 및 미끄럼방지 시설을 설치한다.
- 설치도면의 치수에 따라 기준선을 정하고, 설치 높이, 위치, 수평 및 수직을 표시하고, 기초볼트 설치 위치를 마킹한다.
- 설치에 필요한 모든 기초볼트와 매설자재 및 조임쇠를 준비하고, 기초볼트와 매설자재를 도면에 따라 정확하게 설치한다.
- 기초볼트의 설치가 도면에 맞게 되어 있는지 치수를 확인하고, 콘크리트 양생이 충분히 되어 있는지 확인한다.
- 보관되어 있는 제품을 설치 위치에 운반하기 위하여 반입 장비의 크기를 확인하고 운반한다.
- 스크린의 설치각도는 시공도면에 따라 설치하며 스크린 간격이 치수대로 유지하기 위하여 간극장치(spacer)를 끼워 고정한다.

- 스크린의 하부프레임을 도면과 일치하게 기초볼트에 맞추어 체결작업을 한다.
- 스크린 빔을 하단에서부터 조립하되 보의 중심과 수로폭 중심과 맞추고 가이드레일을 조립한다.
- 상부 프레임의 구동장치 가대를 조립한다.
- 양쪽 레이크 체인 중앙과 수로폭 중심에 맞추어 축받이 및 축을 조립한다.
- 레이크의 좌우측 위치를 맞추어 레이크 체인을 조립한다.
- 에프런의 설치 시 협잡물이송 컨베이어의 설치 높이에 맞게 조정해야 한다.
- 구동장치를 설치하여 정확하게 정렬이 되어 있는지 확인하고, 조립이 되어 설치되었더라도 확인하여 재정렬을 한다.
- 협잡물의 운반을 위한 벨트 컨베이어를 설치하기 위하여 가대를 콘크리트 바닥에 기초볼트로 고정하고, 가대의 좌우 높낮이의 차가 5 mm 이내로 한다.
- 벨트 컨베이어의 부품을 헤드풀리드럼, 테일풀리드럼, 케리어 및 리턴 롤러, 고무벨트, 스크레이퍼, 덮개, 구동장치 등 조립한다.
- 초기 운전에 필요한 오일과 그리스를 공급하고 주유상태를 확인한다.
- 전동기와의 축정렬을 확인하고, 전기배선이 연결되면 전동기의 회전방향 및 진동상태를 확인한다.
- 벨트 및 체인 구동장치의 최종배열 및 장력을 조정한다.
- 발판 및 계단 등은 시공 상세도면에 따라 조립하며, 현장용접이 요구되는 부분을 용접할 때에는 용접불꽃이 튀어 다른 기기의 외면에 손상을 주지 않도록 주의한다.
- 현장조작반은 조작이 용이한 장소를 선정하여야 하며, 구동창치 부근이나 점검발판 위에 설치한다.

3.6 수문 설치

3.6.1 일반사항

수문은 일반적으로 문짝, 문틀, 스템, 개폐장치들로 구성되어 있으며 시공에 있어서는 수밀성을 요하며, 유수 등의 외력에 대해 안전하고 개폐가 확실하고 더욱이 원활하게 조작될 수 있도록 한다. 시공 상 다음 사항에 유의하여야 한다.

① 충분한 수밀성을 갖으며 개폐조작이 확실하도록 한다.

② 시공에 있어서는 문틀이나 부재의 편심이나 유해한 진동이 일어나지 않아야 한다.

③ 용접법의 오차는 수문 설치 공사에 적합하도록 한다. 또, 현장용접은 비나 눈 또는 바람을 피하여 적절한 시기에 시공하며, 용접 후는 원칙적으로 비파괴검사를 실시하여 확인해야 한다.

④ 현장에서 도장을 할 경우에는 표면처리, 도장 회수, 도막두께는 규격에 맞게 시공해야 한다.

3.6.2 수문 설치

(1) 문짝 및 문틀 설치

- 모든 수문은 사용조건에서 뒤틀림과 굽힘이 발생하지 않도록 적절히 고정되어야 한다.
- 문틀(guide frame)은 콘크리트를 타설하기 전에 문틀을 지지하기 위하여 앵커 바와 용접이음을 하여 정확하게 중심정렬을 한 후에 콘크리트로 매설한다.
- 문짝을 문틀에 조립할 때는 문틀에 이물질을 깨끗하게 제거한 상태에서 조립하되 문짝의 스킨 플레이트(skin plate)가 수문의 하류측 방향으로 하여 조립하여야 한다.
- 문짝과 문틀이 밀착되는 수밀고무나 가이드 메탈의 수밀이 충분히 유지되도록 설치한다.
- 초기변형은 각장주에 대하여 1/1000 이내가 되도록 설치한다.
- 홍수시기에 설치 할 경우에는 홍수에 의한 피해가 발생하지 않는 상태에서 작업한다.
- 수문 정치장치(dogging device)를 설치할 경우는 정치 장치 하부에 고무판 등을 설치하고 수문과 정치장치가 서로 정확히 맞물리도록 배치한다.
- 현장용접을 할 경우는 구조의 강성, 변형 및 기능에 영향을 주지 않도록 한다.
- 현장용접은 연속적이고 수밀성이 있어야 하며, 용접 후 가공 표면은 최종 치수가 되도록 한다.
- 용접부는 도장을 위하여 용접 비드부의 거친 표면을 연마하여 매끈한 상태로 표면처리를 한 후에 도장시방에 따라 도장을 실시한다.

(2) 개폐장치 설치

1) 치수표시

개폐장치를 설치하기 전에 수문의 중심선과 권양기의 중심선 등을 측정하여 콘크리트에 표시한다.

2) 개폐장치 설치

- 스텐드를 수문의 힌지와 일치시켜 설치하고, 스템과 수문의 힌지에 일치하여 조립시켜서 스템이

흔들림이나 비틀림이 발생하지 않도록 한다.

- 호이스트 드럼에 와이어를 감고 와이어로프 길이는 수문을 완전히 닫혔을 때를 기준하여 3바퀴 감기도록 하고, 드럼에 감긴 와이어가 슬립현상이 발생하지 않도록 견고하게 고정한다.
- 개폐장치 현장조작반과 터미널블록까지 내부회로 및 리미트 스위치간의 전기배선공사를 시행한 후 임시전원을 연결하여 내부회로를 점검한다.
- 임시동력을 이용하여 수문의 개폐를 반복 시험하고 리미트 스위치를 조정하며, 이때 수밀고무가 건조한 상태이므로 물을 뿌려가며 손상되지 않도록 주의하여 시운전한다.
- 유압실린더의 스트로크는 수문이 완전히 닫혔을 때를 기준하여 50 mm 이내의 여유를 고려한다.

3) 윤활

- 문짝의 롤러와 힌지부, 회전부 및 접동부에는 윤활을 한다.
- 윤활방법은 설비의 목적, 사용조건 및 윤활관리를 고려하여 적절한 것을 선정한다.

3.7 밸브 설치

3.7.1 일반사항

- 각 밸브에서 현장조작반까지의 전원 및 제어에 필요한 전기배관 및 배선공사는 각 부하에 필요한 배선 및 배관규격으로 전기공사와 연관하여 선정하고 시공한다.
- 모든 밸브, 조작기, 스템확장, 조작대와 부속품은 공정에 지장이 없는 조건하에서 설치지침에 따라 설치한다.
- 밸브는 유체 흐름방향과 밸브 표시방향을 확인한다.
- 밸브 내외면은 이물질을 깨끗이 제거하고 청소한다.
- 밸브의 설치와 관로(배관)공사를 분리하여 발주하거나 기존의 관로 플랜지에 접합하는 경우에는 플랜지 접속에 지장이 없도록 적용 규격을 사전에 확인한다.
- 플랜지 접합형식인 경우에는 사용유체, 압력 등 사용조건에 적합한 플랜지규격을 사용한다.
- 설치 시 건설기계를 사용하는 경우에는 와이어로프 점검이나 크레인의 안전운전 수칙을 철저히 준수한다.
- 밸브는 배관의 응력을 받지 않도록 견고히 지지되어야 한다.

- 모든 밸브는 작동, 해체와 유지관리가 용이하도록 설치되어야 하고 밸브조작기와 구조물, 핸드레일 또는 다른 장치와 간섭을 피하도록 한다.

3.7.2 밸브 설치

- 밸브 설치 시 밸브에 표시된 흐름방향의 화살표를 확인하여 밸브를 배치하고, 전동식 및 유압식 밸브조작기의 설치 위치를 고려하여 설치한다.
- 플랜지면의 개스킷 자리에 긁힘 부분이 없는지 상태를 확인한다. 플랜지면은 취부 전에 도장해서는 안된다.
- 플랜지 체결용 볼트너트는 반드시 규정된 재료와 치수의 것을 사용하여 볼트머리가 너트 높이의 1/2 이상 너트로부터 돌출되게 한다.
- 볼트 체결시 너트에 맞는 스패너를 사용하여야 하며 전동공구 등을 사용하는 경우에는 규정 토크를 넘지 않도록 주의하여야 한다.
- 플랜지 형식의 경우 개스킷이 비틀어지거나 돌출되지 않도록 주의하여 너트를 체결한다.
- 플랜지 볼트의 조임은 개스킷을 균등하게 압축하도록 대칭 방향으로 번갈아 체결하고 임시 체결 후 본 체결을 하여 응력집중을 방지한다. 볼트는 규정된 토크를 얻을 때까지 조이되 수회에 걸쳐 점진적으로 체결한다.
- 관과 밸브의 플랜지면은 항상 평행한 상태가 되도록 한다.
- 상대 플랜지면이 크거나 간극이 큰 경우에는 수정 설치하여 플랜지 취부에 무리하지 않아야 한다.
- 밸브 설치 시 밸브에 과다한 하중이 걸리지 않도록 하고 수평을 유지하여 변형이 생기지 않도록 하며, 필요에 따라 지반침하가 우려될 경우 대책을 강구한다.
- 밸브지지용 다리가 있는 밸브는 밸브기초와 수평에 주의가 필요하다. 밸브는 먼저 지지콘크리트를 수평으로 타설과 동시에 앵커볼트 상자를 설치하고 콘크리트가 소요의 강도가 된 뒤에 설치한다. 버터플라이 밸브는 밸브 본체 바닥 중앙의 조정나사 부분을 포함한다. 앵커볼트의 상자 빼기부는 설치완료 후 지지콘크리트와 동등한 강도 이상의 콘크리트로 충진한다.
- 밸브 설치 후 밸브 조작용 축의 상단과 지표면은 약 30 cm의 간격을 유지하여야 한다. 연결 축을 사용할 경우에는 진동방지기능이 구비된 것이어야 한다.
- 개도지시계는 손상, 변형되지 않도록 포장재로 밀봉하여 보호하거나 주의를 요한다.
- 주요 밸브류는 밸브 몸통의 보기 쉬운 곳에 제작자 명, 설치년도, 구경, 회전방향 및 회전수, 조작토크 등 유지관리에 필요한 내용을 포함한 명판을 부착한다.

- 밸브의 반입 또는 설치 작업 시 손상된 도장 부위는 도장시방에 따라 보수 도장을 하며, 특히 세라믹이나 분체라이닝을 한 밸브는 도장면이 손상되지 않도록 취급에 주의한다.

3.8 배관 설치

3.8.1 배관 작업

(1) 절단

- 파이프 및 관 이음쇠류 등의 절단은 열 절단 또는 기계 절단을 사용한다. 단, 가열에 의해 변형이 발생하기 쉬운 얇은 판이나 자동용접이음 및 내로우 갭 용접이음 등과 같이 높은 정밀도가 요구되는 그루브 가공에는 기계절단을 한다.
- 가스 및 아크 절단 등은 거친 절단할 때만 사용한다. 이 경우는 절단한 단면을 2 mm 정도 가공하여 평평하고 원활한 면 상태를 만들어 준다.
- 자동 가스 절단기를 사용하여 절단한 저탄소 합금강은 전 항에 구애되지 않는다.
- 절단 전에 예열을 필요로 할 경우에는 재질에 따라 적절한 예열을 한다.
- 탄소 강관의 개선(베벨링)은 베벨링 머신, 베벨링 툴, 그라인더 등에 의한다. 현장 작업에 한해서 가스 절단을 하였을 경우에는 산화물이 제거될 때까지 그라인딩을 실시한다.
- 주철이나 스테인리스강 등의 고합금강과 비철합금은 가스절단이 곤란하므로 플라즈마를 이용한 용융 절단법 또는 기계절단법으로 절단한다.

(2) 굽힘 가공

- 모든 굽힘 가공은 KS 규격에 따른다.
- 과다하게 굽힌 자국 또는 파이프 벤더, 벤딩 머신에 의하여 눌린 자국 등이 발생되지 않게 한다.
- 도면에 특별히 표시되지 않는 한 관경의 5배 이하의 반경을 가지는 굽힘은 할 수 없으나, 굽힘을 해야 할 경우에는 굽힘 가공에 대한 상세한 방법을 숙지하고 시공한다.
- 탄소강의 굽힘 가공은 냉간 또는 열간 중의 적당한 방법으로 할 수 있다.
- 열간 굽힘 가공 중 가스토치 작업시는 작업장 내에 인화 물질이 없는지 확인한 후 작업한다.

(3) 나사 접합

- 접합용 나사를 접합할 때는 수 나사부에 사용하는 밀봉테이프, 액상개스킷 또는 충전 재료 등은

가능한 한 소량으로 하고 굳은 페인트 및 퍼티 등은 사용하지 않는다. 라이닝 강관류 및 도복장 강관 등에서는 관 단면 또는 이음쇠의 나사단부에 관과 동질재의 방식제를 충분히 바른 후에 나사를 조인다.

- 나사의 테이퍼 가공은 과대한 연삭으로 인해 관의 두께가 얇아지지 않도록 한다.
- 나사 접합시 나사산의 마모, 부식 및 누수의 방지를 위하여 접합제는 밀봉 테이프를 사용하며, 접속 후 노출되는 나사산의 수는 2~3산으로 한다.
- 접속 후 노출 나사산 부위는 접합제를 제거한 후 광명단 도포 또는 코킹 콤파운드로 밀실하게 마감 시공하여 습기 등에 의한 부식이 발생하지 않도록 한다.
- 나사형 배수관 이음쇠 접합방법은 전항에 준하고, 관 단면과 암나사의 안쪽 끝과의 사이에 약간의 틈이 있을 정도로 조심하여 조인다.

(4) 강관 용접

- 관의 맞대기 용접은 가용접을 3~4개소 용접하거나 클램프를 사용하여 관을 회전시키면서 아래보기로 용접한다. 단 관을 회전시킬 수 없을 경우에는 밑에서 위로 용접한다. 용접부 원주상에 가용접이 된 경우에는 가용접 위치에 도달하면 그라인더 등으로 가용접부를 완전하게 갈아낸 후 본 용접을 행한다.
- 용접할 때에는 관의 변형을 교정하고, 관 끝에 지나친 구속을 주지 않는 정도로 정확히 고정하여 가용접을 최소한으로 한다.
- 비드(bead)의 덧살(excess metal)은 모재면보다 낮아서는 안되며, 높이 여유치는 1~3 mm이어야 한다.
- 아크 용접은 용접부의 수축응력이나 용접변형을 적게 하기 위하여 용접열의 분포가 균등하게 되도록 용접순서에 유의한다.
- 용접을 시작한 후 한층이 완료되기까지 연속해서 용접한다.
- 용접은 각 층마다 슬래그, 스패터 등을 완전히 제거하고 청소한 뒤 실시한다.
- 양면 맞대기 용접인 경우에는 한쪽의 용접을 완료한 뒤 반대측을 측정하여 건전한 접층까지 따낸 다음 용접한다.
- 굴곡 개소에 대한 용접은 그 각도에 따라 관 끝을 절단한 뒤 관 끝을 규정된 치수로 다듬질한 다음에 실시한다. 중간에 절관을 사용하는 경우에도 이에 따른다.
- 현장용접은 원칙적으로 한쪽 방향에서부터 차례로 실시하되 용접으로 인한 변형이 없도록 하여야 한다.
- 임시로 가용접한 뒤에는 즉시 본 용접하는 것을 원칙으로 하고 임시 고정 가용접만을 선행

하는 경우에는 연속 3본 이내로 그쳐야 한다.

- 용접 후 급격한 냉각을 해서는 안되며, 필요한 경우 후열하여야 한다.
- 플랜지 용접은 플랜지면이 관에 직각이 되도록 맞추고 볼트구멍을 일치시켜서 3~4개소 가용접한 후 본용접을 행한다. 관경 65 mm 이하는 단면 용접하고 관경 80 mm 이상은 양면 용접한다.
- 강관 용접시 가능한 상향 용접은 피한다.
- 관의 틈새가 큰 경우 쇠붙이나 금속조각으로 메우지 말고 정성들여 육성용접을 실시한다.
- 주요 공정에 대해서 필요할 경우 비파괴검사를 실시할 수 있으며, 시험대상 및 기준은 비파괴검사 시방서에 따라서 실시한다.

(5) 신축이음

- 밸브 설치 부위, 온도응력이 일어나 파손될 염려가 있는 곡관, T형관 등 이형관 설치 부위에 신축이음을 설치한다. 또한 배관길이가 길 경우 관경, 재질 등을 고려하여 20~30 m 간격으로 신축이음을 설치한다.
- 신축이음의 종류에 대해 명시되어 있지 않을 경우 신축이음은 드레서(dresser)형, 텔레스코픽(telescopic)형, 빅토릭(victaulic)형, 벨로우즈(bellows)형 중 하나이어야 하며 적합한 형식을 설치하여야 한다.

(6) 이종관의 접합

- 재질이 서로 다른 관을 접합하면 전위차에 의한 갈바닉(galvanic) 부식의 원인이 된다. 따라서 주철제 펌프와 스테인리스관의 접합부, 밸브와 스테인리스관의 접합부 등의 이종 재질 연결부는 절연을 하여야 한다.
- 플랜지 연결시 체결볼트에는 절연 슬리브를 사용하고 양쪽 플랜지 볼트 연결부는 절연 와셔를 사용한다.
- 소형관의 경우 절연 유니온을 사용한다.

3.8.2 배관시공

(1) 배관설치

- 배관 조립(플랜지 이음, 플러그, 니플 등의 부착)은 배관 기기, 계기 등에 무리한 힘이 가하지 않도록 하며, 또한 누설이 생기지 않도록 한다.

- 배관의 조립에 있어서 이에 필요한 재료가 도면 및 시방서에 적합한가를 확인한 후 시공한다.
- 관은 조립전에 깨끗이 세척을 하고, 관내 스케일, 모래 등의 이물질을 충분히 제거하고, 그 양단을 적절히 밀봉하여 보관한다. 배관 시에는 도면과 상이여부, 관내의 청결 여부를 확인한 후 작업한다.
- 배관은 조립전 무구속시에 배관 조립 허용 칫수 내에 들도록 해야 한다.
- 배관나사 가공은 기계 절삭을 원칙으로 하나, 현장 작업에 있어서는 탭에 의하여 나사 절삭을 해도 무방하다. 나사 조립부 실 용접은 나사부를 깨끗히 잘 씻어 충분히 건조시킨후 페이스트(paste) 기름 등을 바르지 말고 충분히 박은 후 시행한다. 또 실 용접부는 여분의 나사가 남지 않도록 보강 살붙임을 한다.
- 플랜지 배관의 플랜지를 조일 때에는 중심의 엇갈림 또는 플랜지면의 평행 상태를 확인하고, 볼트가 한쪽만 조여지지 않도록 한다. 플랜지를 부착할때는 볼트 구멍이 수직선이나 수평선 또는 동서선이나 남북선의 중심선에 걸리지 않도록 중심 백분율하에 결합한다.

(2) 배관 지지대의 설치

- 배관은 지지 구조물에 강제로서 지지하며, 특히 중량이 있는 밸브류는 단독으로 지지한다.
- ㄷ형강에 붙이는 U–볼트 등의 지지구는 느슨해지지 않도록 테이퍼 와셔(taper washer)로서 견고히 고정하고, 배관과 U 볼트 사이에 고무판으로 감싼다.
- 직관 부분의 지지 개소는 1본당 2개소로 지지 간격은 3 m 이내로 한다. 단, PE관의 지지 간격은 2 m 이내로 하며, 필요한 지지 개소에는 추가로 설치할 수 있다.
- 바닥에서 지지하는 지지대의 앵커(anchor)는 콘크리트에 스트롱 앵커로서 고정한다.
- 브라켓트형(bracket type) 지지대는 앵커로 연결하고 하중이 작은 경우는 세트 앵커로 할 수 있다.
- 천정에서 걸이형의 배관 지지는 중량 및 진동에 여유가 있고 지지력이 있는 앵커로서 고정해야 한다.
- 곡관부는 1본에 1개소 이상 지지하고 앵커(anchor)로 연결하며 하중이 작은 경우는 세트 앵커로 할 수 있다.
- 배관 지지대의 설치는 배관에 앞서 수평 또는 수직을 나타내어 파이프 설치시 중심을 나타내기 쉽게 한다.
- 유동 배관용 지지점은 열팽창 또는 열수축 외에 설계상의 이유로도 파이프의 이동이 자유롭도록 제작 설치한다.

(3) 밸브, 신축이음관 및 플렉시블 이음관 설치

- 밸브를 설치할 때는 내부를 청소한 후 반드시 닫은 상태로 설치한다. 특히 배관 시공 중에는 밸브 개폐를 절대로 하여서는 안된다.
- 밸브류는 닫힌 상태로 유체의 흐름 방향에 유의하여 설치하며, 신축이음관은 그 작용에 유의하여 편심되지 않도록 설치한다.
- 배관이 구조물을 관통하고 땅속에 매설되는 등의 지지 구조물이 다를때는 플렉시블 이음관을 사용한다. 지중 매설관에 사용되는 플렉시블 이음은 토압을 충분히 고려해야 한다.
- 구조물과 구조물의 접속부(콘크리트 구조물의 이음새 부분등)의 배관에서 주철관, 강관에는 플렉시블 이음관을 설치한다.
- 온도 변화에 따른 신축이 있는 곳은 신축 이음관을 사용한다.
- 플렉시블 이음관을 설치하는 배관에는 앞뒤에 배관지지대를 설치한다.
- 기기주위의 배관은 펌프, 스트레이너 등과의 접속은 기기의 중심을 잡은 후 설치한다. 만일 기기측의 중심이 일치하지 않는 배관측은 수정해야 한다. 또한 배관의 하중, 열팽창 및 수축에 의한 응력이 기기에 미치지 않도록 하고, 계기류는 필요시 우회 배관과 배수관을 반드시 설치한다.(농도계, 유량계, 압력계 등)
- 계기류의 설치는 모든 계기는 계기 번호를 확인한 후 조작이 적합한 장소에 파이프 또는 기기의 청소가 끝난 다음에 정확히 설치한다. 계측 기기의 상부에는 공기가 차지 않고 항상 사용유체가 차 있도록 배치하여 계측에 오차가 없도록 한다. 또한, 압력계 등은 반드시 콕 밸브를 설치하고, 배관을 1회전 구부린 후 계기를 설치한다.
- 계장 덕트, 케이블 덕트 부근에서의 화기를 사용할 때는 케이블이 손상되는 일이 없도록 보호조치를 하고 시공한다.
- 콘크리트 구조물 등의 배관 관통부는 강관제 파이프 슬리브 또는 플랜지 이음형 본관을 설치한다. 방수를 필요로 하는 곳은 물이 새지 않도록 물막이판 등을 설치하고 관통부의 양면을 방수 처리 마감한다. 또 배관 관통부의 양측 직관에는 플랜지 등을 설치한다. 방화 구역을 관통하는 경우는 불연재로 충진한다.
- 주관에서 분기하는 분기관에는 원칙적으로 밸브를 설치한다.
- 땅속 매설 부분에서 분기하는 밸브를 설치하는 경우는 콘크리트제의 밸브실을 만들 수 있도록 한다.
- 배관의 땅속 매설깊이는 특기사항이 없으면 터파기는 1.0 m 이상으로 한다. 땅속에 매설하는 부분은 굴삭 후에 굳게 다진 후 고운모래를 깔고 그 위에 배관한다.
- 배관의 입상관에는 공기밸브 및 드레인밸브를 반드시 설치한다.

- 매설 배관을 하는 개소에는 배관 작업에 위험이 없도록 흙막이, 화살판 등을 만든 후 터파기하여 배관한다. 또한 배관 완료 후 검사가 완료될 때까지 되메우기 해서는 안된다.
- 배관은 무리한 외력이 가해지지 않도록 시공한다. 관의 절단, 굽힘 등의 가공은 쪼개짐, 휨 및 유해한 손상이 없어야 한다.
- 배관은 필요에 따라 기울기를 주어 배수에 지장이 없도록 한다.
- 기기와 관을 접속하는 경우, 관 및 이음관의 규격에 맞아야 한다.

3.8.3 배관 청소

(1) 물 세척

- 물로 배관을 세척하기 전에 배관 내부에 작업 후 잔여물이나 이물질 등을 깨끗하게 청소를 하고 확인 후에 물로 세척한다. 청소는 물 세척의 방법이나 범위에 대하여 충분히 협의 후 실시한다.
- 배관계에 부속되어 있는 제어밸브, 오리피스관, 유량계 등의 계기류는 분리하고, 그에 맞는 단관을 삽입하여 시행한다. 또 펌프의 흡입측에는 임시 여과기(temporary system)를 삽입해두고, 사용되는 물은 공업용수 이상으로 사용한다.
- 세관 중 펌프의 전동기는 과부하가 되지 않는 한 다량의 물을 순환시키고 흡입측에 스트레이너를 수시 관찰하고 진행한다.
- 배관 위치 중 낮은 곳에 이물질 제거용 단관을 설치하고, 일정시간 물을 순환시킨 다음 이물질 제거용 단관을 통하여 이물질을 배출한다.
- 세관 후 각종 계기류를 재설치하고 이상 여부를 확인한다.
- 세관이 완료된 배관은 표시를 붙이고, 세관 계통도에 명확히 표시해 둔다.
- 현장 사정에 의하여 물 세관이 여의치 못할 경우는 공기로 세관할 수 있다.

(2) 공기 세척

- 공기 세척하기 전에 배관 내부를 깨끗하게 청소하여 이물질이 발생하지 않도록 한다.
- 공기를 사용하는 모든 배관은 공기 세척을 실시하도록 하고, 방출 개소는 안전을 고려하여 관계자 이외의 사람은 출입을 금하고 필요에 따라 보호관을 설치하고 밸브의 개폐는 책임자를 선정하여 실시한다.
- 세관은 연속적으로 행하는 것을 원칙으로 하고, 배기밸브는 짧은 시간 내에 연다.
- 세관은 소구경에 있어서는 연속적으로 행할 경우에는 5분 정도 행하고 대구경관에 압력을 유

지하고 단속적으로 행할 경우에는 2~3회 반복하여 세관을 실시한다.

- 세관 종료 후 밸브 시트부에 녹이 들어가 막히지 않았는가 항상 염두에 두고 개폐 하기 전에 시트부가 서로 맞는가 확인한다.

3.9 크레인 설치

3.9.1 설치 일반

크레인의 형식은 수동식 체인블럭, 수동식 트롤리(trolley)형, 전동식 트롤리형으로 분류되나, 시공은 설치대의 콘크리트가 소정의 강도에 달할 때 충분한 양생기간을 두고 작업바닥으로서의 안전성을 충분히 확보한 후에 수평으로 설치할 필요가 있다. 또한 크레인 등 안전규칙에 의한 정격하중을 명시하는 것이 규정되어 있으므로, 설치완료 후 명시한 정격하중을 확인한다. 설치 후에는 다음 사항을 점검을 하여 정비를 한다.

- 청소, 급유가 충분한가.
- 이상한 음량이나 진동이 없는가.
- 조작기능은 정상인가.
- 안전장치가 완비되어 있는가.
- 달아 올리는 높이의 확보가 설계와 같은가.

크레인은 산업안전보건법 안전규칙에 준하여야 하며, 달아 올림 및 설치작업에 관한 유의할 사항은 다음과 같다.

- 달아 올리는 하중 5 t 이상의 크레인을 사용하는 경우는 지명된 사람 이외는 조작을 하지 않는다.
- 각각 정해져 있는 정격하중 또는 적재하중을 초과하는 하중을 실어서 사용하지 아니한다.
- 횡력이나 급격한 조작은 피하고, 선회는 매달은 물체의 정지를 기다려서 한다.
- 매달은 물체의 운반범위에는 출입을 금지한다.

3.9.2 크레인 설치

- 각 전기 급전장치의 설치 및 이에 필요한 부자재, 현장마감을 위한 페인트작업 등을 준비하며, 전기 결선작업을 수행한다.

- 빔의 절곡은 기계절곡을 하여야 하며 산소, 아세틸렌가스에 의한 절곡은 허용되지 않는다.
- 모든 기초볼트는 토목 및 건축의 콘크리트 타설 공정에 맞추어 구조물에 설치되어야 하며 구조물의 파괴는 절대 불가하다.
- 스팬 및 주행, 권상 등의 치수는 토목 및 건축의 현장 시공에 따라 맞추어야 하며, 설비제작자와 협의하여 관련되는 사항이 설비 제작 전에 전달되어 문제가 발생하지 않도록 조치하여야 한다.
- 각 기둥의 끝에는 벽체 등에 충돌을 방지하기 위한 멈춤대가 설치되어야 한다.
- 거더와 새들의 현장조립 시의 현장맞춤을 위한 개조는 허용되지 않는다.
- 배선 공사는 배선재료를 사용하여 주회로용 주행 집전기 일체의 집전장치, 전선 부설 결선공사 등을 시공한다.
- 기기 배선은 전류용량이 충분한 절연전선의 경우 후강판 전선관 및 덕트를 설치하여 배선한다.
- 윤활유는 초기 운전용으로 필요한 오일과 그리스를 공급해야 한다.
- 설치 작업 시 손상된 도장 부위는 도장하여야 한다.

3.10 환기설비 설치

3.10.1 설치 일반

설비 기초는 기기의 중량 및 외력에 견디고, 설치에 충분한 지지면을 가진 철근콘크리트조 또는 콘크리트조로 하며 지지력이 있는 바닥 또는 지반 위에 설치하고, 충분한 강도를 갖는 앵커볼트 등으로 견고하게 고정한다.

본체에는 배관 등의 중량이 직접 걸리지 않게 시공하며 방진재를 사용할 때 방진재는 기기의 진동수, 운전시의 중량, 진동전달율 등을 고려하여 특성과 개수를 결정한다.

3.10.2 환기설비 설치

(1) 송풍기, 팬 설치

- 바닥설치형일 때에는 콘크리트기초 또는 형강재 베드위에 직접 고정하거나 방진재를 사용하여 방진구조 위에 설치한다.
- 천장걸이형일 때에는 송풍기 또는 팬의 운전중량에 충분히 견딜 수 있는 구조와 강도를 가진 형강재 철물을 이용하여 건물의 구체에 견고히 고정시키고 필요시 방진재를 사용하여 진동의

전달을 방지한다.

- 덕트와 접속하는 송풍기의 흡입측과 토출측에는 플렉시블 이음재를 설치한다.

(2) 덕트 설치

- 공기조화 및 환기용 덕트는 내부의 공기압력에 대해서 변형이 적고, 또 공기의 저항 및 누설이 적으며, 기류에 의한 발생소음이 적은 구조로 설치조건을 만족시키도록 한다.
- 덕트 만곡부의 구조는 덕트 만곡부의 내측반경은 원칙적으로 장방형 덕트의 경우는 반경방향 덕트 폭의 1/2 이상, 원형덕트는 직경의 1/2 이상으로 한다.
- 덕트 단면을 변형시킬 때에는 급격한 변형을 피하고, 점진적인 확대 또는 축소형으로 하며, 그의 경사각도는 원칙적으로 각각 15°, 30°의 범위내로 한다.
- 주방, 욕실 등 다습한 장소에 사용하는 배기덕트 등의 이음매는 외면에서 땜납하거나 밀봉을 한다.
- 방화구획 이외의 벽면을 관통하는 덕트의 틈새는 암면 이외의 불연재로 메운다.
- 방화구획의 관통부에는 방화댐퍼를 부착하지만 구획에 설치되지 않는 경우의 방화구획과 댐퍼 사이의 덕트는 1.6 mm 이상의 강판재로 한다.
- 풍량조절댐퍼의 설치는 기밀이 유지되고, 조정이 용이하게 이루어질 수 있도록 설치한다. 천정이나 샤프트내에 댐퍼를 설치하는 경우는 점검구를 설치하여 점검이 가능토록 한다.

3.11 전기설비 설치

(1) 변압기

1) 설치조건

- 변압기는 견고하게 설치하고, 바닥에 수평이 되도록 고정시킨다.
- 변압기의 진동방지를 위하여 방진고무(두께 12 mm 이상)를 설치한다.
- 변압기와 동대의 접속은 가요도체를 사용하여 변압기의 진동이 모선에 전달되지 않도록 한다.
- 예비용 변압기는 먼지 또는 습기로 인한 손상이 없도록 적절한 보호시설을 한다.
- 다이얼 온도계 및 이상온도 경보장치는 변압기 반에 설치한다.

2) 변압기 설치

콘크리트 기초작업이 끝나고 변압기 기초대를 설치할 때는 변압기 출력단자 중 중앙단자를 기준으로 수직 및 수평거리를 정확하게 측량하여 중심을 잡은 다음에 설치한다.

3) 외부 부분품 취부

대용량 변압기는 제작공장에서 건조 및 시험 후 수송되는데, 수송 중량 및 부피의 제한 등으로 외부 부분품을 별도로 분리하여 수송하게 되므로 현장에서 이를 조립한다. 이들 부분품을 취부하는 순서는 제작자의 표준에 따라 견고하게 조립한다.

4) 접지

- 접지개소 및 접지선의 굵기는 전기설비기술기준에 적합하게 설치해야 하고 접지 저항치 및 접지 방법은 전기공사 규정에 따른다.
- 접지공사는 접지설비에 따른다.

(2) 배전반

1) 배전반 이격거리

수전설비가 큐비클(cubicle)인 경우의 금속함 주위와의 이격거리 또는 조영물이나 기타의 것과의 이격거리는 아래에 따른다.

- 앞면 : 특별 고압용은 1.7 m 이상, 저압 및 고압용은 1.5 m 이상
- 뒷면 또는 점검면 : 내부에 기기가 설치되는 경우 사람이 통행할 수 있도록 내선규정에서 정한 값 이상으로 한다.
- 옆면 : 0.6 m 이상

2) 설치조건

- 베이스용 형강의 윗면이 수평이 되도록 조정하고, 기초볼트를 바닥면에 고정시킨다.
- 배전반은 고정된 베이스용 형강 위에 설치하고, 볼트로 고정한다.
- 옥외형 배전반은 침수에 주의하고, 배전반의 중량을 안전하게 지지할 수 있는 기초위에 설치한다.
- 옥외 변전설비의 울타리의 출입구에는 시건장치를 설치한다. 그리고 출입구에는 안전표지판을 시설한다.

3) 배전반의 설치

- 반의 취부는 작업공간을 확보하기 위하여 반입구보다 먼 쪽에서 설치하되, 면수가 많은 경우 설치 오차를 줄이기 위하여 중앙부분부터 설치할 수 있다.
- 반의 배치를 완료한 후 반과 베이스간, 반과 반 사이에 레벨조정을 하고, 수직 및 수평오차는 제조자의 표준에 의한다.

- 배전반은 수평, 수직이 되도록 설치한다.
- 배전반은 동물이 내부로의 접근을 방지할 수 있는 조치를 한다.

4) 아크를 발생하는 기구의 시설

고압용 또는 특별고압용의 개폐기, 과전류차단기, 피뢰기 기타 이와 유사한 기구로서 아크를 발생하는 것은 내선규정 700-5의 규정에 적합하게 설치한다.

(3) 교류차단기

1) 설치기준

고압 또는 특별고압의 개폐기를 시설하는 경우에는 내선규정 700-5 및 700-6의 규정에 적합하게 설치한다.

2) 구조일반

- 차단기는 각 부에 양질의 재료를 사용해서 전기적 및 기계적으로 충분한 내구성을 갖고, 조작은 원활하며 충격이 적고 설치 상태에서 필요로 하는 외부 점검을 안전하고 쉽게 할 수 있는 구조이어야 한다. 특히, 볼트 체결부분은 기계적 충격에 의하여 이완되지 않는 구조이어야 한다.
- 차단기의 각부는 조작 시의 충격하중, 단락시의 전자력에 최대 풍속 40 m/s의 풍압하중(옥외용에 한함)이 중첩되어도 이에 견딜 수 있는 충분한 강도를 가져야 한다.
- 차단기의 부품 중에서 마모 또는 열화로 대체가 필요한 부분은 부품 또는 부품 군별로 용이하게 바꿀 수 있는 호환성을 가져야 하며, 대체는 간단히 행할 수 있어야 한다.

3) 접지

- 개폐기 몸체에는 도체지름 2.6 mm 이상(공칭 단면적 25 mm^2 이하)의 접지선을 접속할 수 있는 구조이어야 한다.
- 독립된 제어장치에는 도체지름 1.6 mm 이상(공칭 단면적 6 mm^2 이하)의 접지선을 접속할 수 있는 구조이어야 한다.
- 단자에는 접지선을 확실하게 고정할 수 있는 볼트, 너트를 부속시켜야 한다.

(4) 고압전동기 기동반

1) 기동반 이격거리

기동반은 금속함 주위와의 보유거리 또는 조영물이나 기타의 것과의 이격거리는 아래에 따른다.

- 앞면 : 1.5 m 이상
- 뒷면 또는 점검면 : 내부에 기기가 설치되는 경우 사람이 통행할 수 있도록 내선규정에서 정한 값 이상으로 한다.
- 옆면 : 0.6 m 이상

2) 기동반 설치

- 기동반은 수평, 수직이 되도록 설치한다.
- 기동반은 동물이 내부로의 접근을 방지할 수 있는 조치를 한다.

(5) 저압동력설비

1) 시공일반

- 일반 동력설비 공사의 기기 및 배관 배선 등의 설치, 운전, 유지에 관하여는 전기설비기술기준, 내선규정 등을 참고하여 설치한다.
- 동력설비에 사용되는 유도전동기의 부하 산정 시 내선규정에 의한 전동기 규약전류를 기준으로 하며, 선정된 용량(VA)에 의하여 전선, 케이블 및 MCC 등의 규격을 산정한다.

2) 배선

- 전동기 등의 접속개소 0.5~1.5 m의 배선에는 금속제 가요전선관으로 하고 습기진 장소, 물이 튀길 수 있는 장소 등에는 방수형 등 사용장소에 적절한 가요전선관을 사용한다.
- 수중전동기에 접속하는 케이블은 물기가 있는 장소에서 접속하지 않는다.
- 전동기의 발열에 영향을 받는 장소에서 전동기와 배선의 접속 부분에 절연테이프처리를 행할 경우에는 전동기의 절연등급을 고려하여 절연등급에 상응한 내열성능을 가진 절연테이프를 사용한다.

3) 동력제어반의 시설

- 동력반, 전동기 등의 설치 위치는 시공상세도에 의하며, 배관공사를 시작하기 전에 각종 기기의 정확한 설치 위치 및 전원 등의 연결지점을 정확히 판단한 후 배관, 배선공사 등을 시행한다.
- 동력제어반은 건조한 장소에 시설하며, 전기회로를 쉽게 조작할 수 있는 장소, 안전한 장소에 시설한다.
- 대지전압이 150 V를 넘는 회로에 콘센트를 설치하는 경우에는 접지극이 있는 것으로 한다.

4) 전동기 및 부하의 시설

- 전동기 1대 마다 전용의 분기회로를 시설한다.
- 진상용콘덴서는 개개의 전동기에 설치하는 것을 원칙으로 하며, 인버터를 설치하는 경우에는 콘덴서 설비를 생략할 수 있다.
- 전열기의 과열 부분에 부착하는 모든 기기는 내열구조이며, 배선은 내열전선을 사용한다.

5) 전동기 제어반 이격거리

전동기 제어반 금속함 주위와의 보유거리 또는 조영물이나 기타의 것과의 이격거리는 아래에 따른다.

- 앞면 : 1.5 m 이상
- 뒷면 : 문의 폭이 제일 큰 쪽의 문폭에 0.3 m를 가산한 값 이상으로 하며, 어떠한 경우라도 1.2 m 이상으로 한다.
- 옆면 : 0.6 m 이상

6) 접지

기계기구의 구분	접지공사
400V 미만의 저압용	제3종 접지공사
400V 이상의 고압용	특별 제3종 접지공사
고압용 또는 특별고압용	제1종 접지공사

(6) 자가발전장치(디젤기관)

1) 발전기 및 원동기 설치

- 콘크리트 기초 위에 수평, 중심선 등의 관계 위치를 바르게 하고 받침판을 조립한다.
- 발전기, 원동기의 수평, 중심선, 입출력 축 부의 휨 등에 대해서 적절한 보정을 한다.
- 발전기, 원동기의 조립 설치 완료 후 라디에이터 등 부대시설을 설치하고, 축중심 등의 조정을 하고, 받침판의 수평을 확인하면서 기초 볼트에 의하여 견고하게 고정한다.
- 발전기 및 원동기의 내부에 수분, 먼지 등 유해한 물질이 들어가서는 안된다.
- 발전기 및 원동기에 쥐 등 작은 동물의 침입을 방지하도록 한다.
- 발전기 몸체 및 배기관은 방진스프링마운트 및 방진 행거를 사용하여 진동을 최대한 흡수할 수 있도록 설치한다.

- 발전기 및 원동기의 내부에 수분, 먼지 등 유해한 물질이 들어가서는 안된다.

2) 배기관

- 배기관의 배관은 원동기 출구에 배기 가요관을 삽입하여 접속하고, 소음기를 경유하여 배기한다.
- 실내 부분의 배기관은 다음에 의하여 단열을 한다.
  - 단열재는 유리섬유(두께 75 mm 이상) 또는 이와 동등 이상의 효과가 있는 제품을 사용한다.
  - 단열재는 철선으로 고정하고 용융 아연도금강판 또는 도장 용융 아연도금강판으로 감아 마감 처리한다.
- 배기관의 지지간격은 1.8 m 이하로 한다.

3) 환기덕트

- 환기덕트와 원동기의 연결은 플렉시블 덕트 커넥터로 연결한다.
- 환기덕트의 지지간격은 1.8 m 이하로 한다.

4) 연료탱크 통기장치(별치형 연료탱크 한함)

- 연료탱크의 통기장치는 위험물 안전관리법 시행규칙 제30조, 제31조에 준하여 설치한다.
- 통기관의 지름은 30 mm 이상으로 한다.
- 통기관의 선단은 수평면에 대하여 아래로 45° 이상 구부려 빗물 등이 들어가지 않도록 한다. 단, 빗물이 들어가지 않는 구조의 통기관의 경우에는 그러하지 아니하다.
- 가는 눈의 동망 등으로 인화방지 장치를 한다.

5) 내진처리 및 기초

- 자가발전장치는 수평이동, 넘어짐 등의 사고를 방지할 수 있도록 안전하게 설치한다.
- 기기의 하중에 대하여 충분한 강도가 있는 것으로 하고, 지지력이 있는 바닥 또는 지반면에 구축한다.
- 기기설치면은 기기에 적합한 기초볼트를 설치한다. 기초볼트는 시설물이 안전하도록 충분한 강도를 갖는 것으로 한다.

6) 물계통 배관

- 배관에는 적당한 개소에 플랜지 커플링 등을 압입하고, 떼어내는 것을 용이하게 한다. 또한, 호칭관경 25 A 이하의 보이지 않는 배관에는 코니컬형 유니온을 사용해도 된다.

- 배관 중에 공기의 멈춤이 생기는 부분에는 공기빼기 밸브를 설치한다.
- 냉각수 탱크에서 흡입관은 그 단말에 스트레이너 및 풋밸브를 설치하고, 배관피트를 경유하여 수냉식 원동기의 냉각수 펌프 입구 혹은 전동 냉각수 펌프 입구에 접속한다.
- 냉각수 탱크의 환수관은 수냉식 원동기의 출구에서 물탱크까지 배관하고, 물이 물탱크 내에 뿌려질 수 있도록 한다.
- 물자켓 및 수계통 배관의 최하부에는 원칙으로 드레인 코크를 설치한다.
- 수냉식 원동기, 감압수조 혹은 초기 물주입 탱크 및 냉각탑으로의 접속에는 가요성을 가진 커플링을 사용하는 외에 다음에 의한다.
  - 금속제 플렉시블 조인트는 스테인리스제로 하고, 플랜지 부분은 강제로 한다.
  - 금속제 이외의 플렉시블 조인트는 강제 플랜지붙임으로 보강재를 압입한 합성 고무제로 하고, 위의 표에 상당하는 수직각 변위량을 가진 것으로서 내후성, 내열성 및 내압강도를 만족하는 것으로 한다.
- 배관, 커플링 및 밸브류는 워터해머 등의 장애에 견딜 수 있는 강도를 가진 것으로 한다.
- 라디에이터 냉각방식을 제외하고, 자가발전장치의 냉각수 출구관에는 사이폰 차단기를 취부한다.

7) 배선

- 배선은 원동기 등에서 발생하는 열의 영향을 받지 않도록 고온부에서 0.05 m 이상 이격한다. 단, 수온검출스위치 등 0.05 m 이상 이격하는 것이 곤란한 경우는 내열비닐전선 등의 내열성이 있는 전선을 이용한다.
- 충전부에는 손을 댈 수 없도록 보호 덮개 등을 설치한다.

(7) 자가발전장치(가스터빈)

1) 발전기 설치

- 콘크리트 기초 위에 수평, 중심선 등의 관계 위치를 바르게 하고 받침판을 취부 조립한다.
- 발전기의 조립 설치 완료 후 라디에이터 등 부대시설을 설치하고, 축 중심 등의 조정을 하고, 받침판의 수평을 확인하면서 기초 볼트에 의하여 견고하게 고정한다.
- 발전기 및 원동기의 내부에 수분, 먼지 등 유해한 물질이 들어가서는 안된다.

2) 급기관

급기온도 상승 시 출력감소 우려가 있으므로 충분한 급기량이 필요하며 외부 급기공간(dry area, pit등)을 확보해야 하며 그 크기는 설계도면에 의한다.

3) 배기관

- 연소실에서 터빈을 회전시킨 후 배출되는 배기가스는 400~600℃의 고온, 고압이므로 연도의 단열에 주의해야 한다.
- 배기관의 배관은 원동기 출구에 배기 가요관을 삽입하여 접속하고, 소음기를 경유하여 배기한다.
- 배기량을 저항 없이 처리할 수 있는 크기로 하며 그 크기는 설계도면에 의한다.
- Back Pressure를 300 mmAq 이하가 되도록 한다.
- 배기관의 단열은 AS Pipe(2개의 공기층을 갖는 pipe) 형식을 채용하거나 이에 준하는 방식을 채용하여야 한다.

4) 환기덕트

- 환기덕트와 원동기의 연결은 플렉시블 덕트 커넥터로 연결한다.
- 환기덕트의 지지간격은 1.8 m 이하로 한다.

5) 내진처리 및 기초

- 자가발전장치는 수평이동, 넘어짐 등의 사고를 방지할 수 있도록 안전하게 설치한다.
- 기기의 하중에 대하여 충분한 강도가 있는 것으로 하고, 지지력이 있는 바닥 또는 지반면에 구축한다.
- 기기설치면은 기기에 적합한 기초볼트를 설치한다. 기초볼트는 시설물이 안전하도록 충분한 강도를 갖는 것으로 한다.

6) 배선

- 배선은 가스터빈 등에서 발생하는 열의 영향을 받지 않도록 고온부에서 이격한다. 단, 수온검출스위치 등을 0.05 m 이상 이격하는 것이 곤란한 경우는 내열비닐전선 등의 내열성이 있는 전선을 이용한다.
- 충전부에는 손을 댈 수 없도록 보호 덮개 등을 설치한다.

(8) 무정전 전원장치

1) UPS

- UPS는 보수점검에 편리하도록 설치한다.
- 국부적인 온도 상승이나 직사광선을 피하여 설치한다.

- 장치로부터의 발열량을 검토하여 필요한 환기설비 또는 공조설비를 한다.
- 배전반 등은 기초 및 설치대 등에 앵커볼트로 확실히 고정하고, 배전반의 형태에 따라 천정, 벽에 지지한다.
- 비상용 및 컴퓨터용과 같은 중요한 설비기기에 공급하기 위한 배선은 내화배선을 사용한다.

2) 접지

접지부분은 터미널단자로 처리하며, 신호(signal)접지와 외함 접지 단자는 중성선(N)과 전기적으로 분리되도록 한다.

(9) 직류전원장치(정류장치)

1) 정류장치의 설치

① 시스템 구성

직류전원장치는 수변전설비의 조작용 전원, 비상용 조명장치 등의 예비전원 등으로 사용되는 것으로, 정류장치의 반과 축전지를 설치대에 시설한 것 또는 정류장치와 축전지를 함체에 수납한 스위치기어식 직류전원 장치로 구성된다.

② 구조

- 정류장치의 반과 축전지를 설치대에 시설한 것 또는 정류장치와 축전지를 함체에 수납한 스위치 기어식 직류 전원 장치식으로 한다.
- 정류장치의 전면은 문짝으로 한다.
- 전면에는 도면에 표기된 계기, 표시등, 명판 등을 부착한다.
- 축전지의 보수점검을 할 수 있는 구조이어야 한다.
- 본 장치에는 과전류로부터 반도체를 보호할 수 있는 휴즈를 교체하기 쉽게 전면에서 판독할 수 있도록 한다.
- 기기 전. 후면의 도어에는 핸들을 부착하고 자물쇠(key)로서 잠글 수 있도록 한다.
- 제어배선용 단자대는 5단자 이상 또는 20% 이상의 여유를 가지고 전압의 크기에 따라 충분히 이격한다.
- 외부잡음에 영향을 받는 주 제어 소자 제어 전원선은 잡음의 영향을 받지 않도록 한다.
- 함은 방청처리를 하고, 난연성 및 내구성이 좋은 도료로 도장한다. 축전지를 내장하는 부분은 축전지의 종류에 따라 내산 또는 내알카리성 도료로 도장한다.
- 함은 견고한 구조로서 내장기구, 기기의 무게, 부품의 작동 등에 충분히 견디는 것으로 한다.

2) 축전지

① 일반사항

- 축전지는 양극판, 음극판, 격리판, 전조 덮개, 전해액 등으로 구성되며, 주위 온도 −15℃ ~+45℃에서 이상 없이 사용할 수 있는 것이어야 한다. 다만, 납 칼슘 축전지와 촉매전식 환수형 축전지는 사용 시 주위온도의 하한을 −5°C로 한다. 또한, 축전지는 양극단자와 음극단자를 가진 것으로 6V 전지에서는 커넥터로 단자 사이를 접속한 것으로 한다.
- 축전지는 보수를 필요로 하지 않는 기능을 갖추어야 한다.
- 누액이 없는 구조이어야 한다.
- 축전지는 통상 사용 상태에서 축전지 외부에 점화원이 있더라도 축전지 내부에 인화, 폭발이 없어야 한다.
- 격리판은 KS C 2202의 규격에 적합한 격리판 또는 이와 동등 이상의 성능을 가지는 것으로 한다.
- 전조는 액면을 볼 수 있는 내산성의 KS C 2207의 규격에 적합한 합성수지 전조로 한다.
- 단자는 볼트와 너트로 접속할 수 있는 것으로서, 사용하는 볼트는 KS B 0201(미터보통 나사)의 규격에 적합한 것이어야 한다.
- 전지는 양극판에 클래드식 또는 페이스트식, 음극판에 페이스트식 극판을 사용한 것으로 한다. 클래드식 극판은 납합금의 내산, 내산화성 재료로 만들어진 다공성 튜브 사이에 활물질을 충전시킨 것이고, 페이스트식 극판은 납합금의 격자에 활물질을 충전시킨 것이다.
- 보통상태에서 그 기능이 안정적이고 지속되어야 한다.
- 환수형 축전지의 밀폐 구조는 보통상태에서 장기간 안정적으로 지속되어야 한다.

② 설치기준

- 직류 전원 장치는 보수 점검이 편리하도록 시설되어야 한다.
- 국부적인 온도 상승이나 직사광선을 피하여 설치한다.
- 축전지는 큐비클 내에 내장하여야 한다.
- 직류전원장치는 기초 및 설치대 등에 앵커볼트로 확실히 고정하고, 배전반의 형상에 따라 천장, 벽 등에 지지한다.
- 장치로부터의 발열량을 검토하여 환기설비 또는 공조설비를 한다.
- 비상용 및 컴퓨터용과 같은 중요한 설비기기에 공급하기 위한 배선은 내화전선을 사용한다.
- 지진시의 수평이동, 전도시의 사고를 방지할 수 있도록 내진처리를 실시한다.

(10) 피뢰 설비

1) 설치조건

- 피뢰설비 공사는 KS C IEC 62305-1~4, NFC 780 기준 등에 준하여 시공한다.
- 고층건축물 등의 경우에는 건축물 높이, 수뢰부의 배치, 보호레벨 등에 따라 보호각의 기준이 다르며, 국제전기표준협회 국제규격 IEC 102E04010, NFC 780 규정에 의하여 시설할 수 있다.

2) 돌침부

- 돌침은 건축물의 맨 윗 부분으로부터 25 cm 이상 돌출시켜 설치한다.
- 돌침을 지지 철물에 고정할 때에는 나사로서 견고히 접속한다.

3) 피뢰도선

- 피뢰도체에 연결되는 인하도선(피뢰도선)의 수는 2조 이상으로 한다. 단, 피보호물의 수평 투영 면적이 50 m^2 이하의 것에 대하여는 1조로 할 수 있다.
- 인하도선 사이의 간격은 30 m 또는 50 m 이내로 한다.
- 피뢰도선은 가연성 물질과는 20 cm 이상, 전선, 전화선 또는 가스관과는 1.5 m 이상 이격하여 시설하며 피뢰도선에서 1.5 m 이내의 거리에 있는 전선관 기타 금속체는 접지를 하여야 한다. 단, 피뢰도선과 전선, 전화선, 가스관, 전선관 기타 금속체와의 사이에 철근콘크리트의 벽 등 절연체가 있는 경우에는 그러하지 아니하다.
- 피뢰도선은 합성수지관에 넣어서 설치한다.
- 피뢰침 접지도선의 곡률반경은 20 cm 이상으로 한다.

4) 수평도체

수평도체는 1.5 m 이하마다 애자 및 절연체를 사용한 지지 금구를 이용하여 견고하게 지지하고, 30 m 이하마다 신축 보호용 연결 도체를 사용한다.

5) 접지극

- 각 인하도선 당 2개소 이상의 접지극을 지하 3 m 이상 또는 상수면 밑에 매설한다.
- 피뢰침의 접지저항은 5Ω 이하가 되도록 시공한다.
- 1조의 인하도선에 2개 이상의 접지극을 병렬로 접속할 경우 그 간격은 2 m 이상으로 하고, 지하 50 cm 이상의 깊이에서 30 mm^2 이상의 나동선으로 접속한다.
- 다른 접지극과의 거리

– 내선규정 1445–16에 따른다.

– 전등, 전력용 등 다른 접지극 또는 접지선은 피뢰침용의 접지극 및 접지선과 2 m 이상 격리하여 시설한다. 다만, 건축물의 철골 등을 각각의 접지극 및 접지선에 사용하는 경우에는 그러하지 아니한다.

6) 접속

돌침과 피뢰도선, 피뢰도선 상호간 및 피뢰도선과 접지극의 접속은 다음과 같이 적합하여야 한다.

- 피뢰도선과 관련된 모든 접속은 발열용융접속(캐드웰딩)을 원칙으로 한다.
- 접속부의 인장강도는 접속된 도체 중 약한 쪽 도체의 인장강도에 80% 이상으로 한다.
- 접속부의 전기저항은 접속된 도체 중 저항이 높은 쪽 도체 자신의 접속부와 같은 길이의 저항보다 높아서는 안된다.
- 서로 다른 종류의 금속상호간을 접속할 경우에는 접속부분에 전기적 부식이 생기지 않도록 한다.

7) 접지저항 규정 값 미달일 경우 접지극 보강

설계도면에 따라 시공하더라도 접지저항이 규정 값 미달일 경우에는 접지극을 추가로 설치하여 규정 값에 적합하게 시설한다.

(11) 접지 설비

1) 설치조건

- 전기를 사용하는 모든 전기기계기구는 사고 시 충전될 우려가 있는 도체, 피뢰설비, 중성점을 갖고 있는 저압회로의 중성점 등은 반드시 전기설비기술기준 및 내선규정이 정한 바에 따라 접지를 한다. 다만, 사용전압이 150 V 이하로서 건조한 장소에 시설되거나 사람의 접촉이 거의 불가능한 개소 또는 법이 정하고 있는 불가피한 개소 등과 제반 규정이 인정하는 고속형 누전차단기를 시설하는 경우 등에는 접지공사를 하지 아니할 수도 있으나 협의하여 결정한다.
- 접지공사는 모든 전기공사에 적용되며, 전기설비기술기준, 내선규정, 배전규정 등에서 규정하고 있는 기준에 적합하게 시공한다. 단 경우에 따라 NEC 250 규정의 접지항목을 적용할 수 있다.
- 접지공사에 사용되는 접지선, 접지극은 KS 또는 이와 동등 이상으로 한다.
- 접지공사에는 제1종 접지공사, 제2종 접지공사, 제3종 접지공사 및 특별 제3종 접지공사의 4종류가 있으며, 전기설비기술기준에서 정하고 있는 접지 저항치는 최대값이므로 필요 개소의 접지저항은 이 값보다 항상 적은 값으로 유지될 수 있도록 접지공사를 한다. 단, NEC 250 규정에

따를 경우 접지공사 종류를 구분할 필요가 없다.

- 접지공사는 공사시방서 및 설계도면에 따라 접지봉을 설치하여도 소정의 접지저항값을 얻을 수 없을 때에는 소정의 접지저항을 얻을 수 있을 때까지 접지봉을 추가로 설치하거나 위치 및 시공 방법을 조정하여 필요한 접지저항값을 얻도록 한다. 접지봉 매설 시 정확한 매설위치를 도면에 표시한다.
- 접지저항값은 언제 시험하여도 소정의 저항값 이하를 얻을 수 있어야 하며, 접지극 및 접지모선의 설치 위치는 도면에 명확히 표시되어야 하고, 측정된 저항값은 기록하여 둔다.
- 접지와 전기적 접속(본딩)의 목적과 의미는 크게 다르므로 이를 혼용하여 시설하지 않는다. 접지는 이상전류를 대지로 방류하기 위한 의도적인 설비로 항상 전압이 인가되거나 발생할 수 있는 설비를 대상으로 하고, 전기적 접속(본딩)은 평상시 전압이 인가되지 않는 단순 금속체를 낮은 저항으로 서로 연결함을 원칙으로 한다.

2) 접지

- 제1종 접지공사, 제3종 접지공사 및 특별 제3종 접지공사의 접지선은 다음에 적합하게 설치한다.
  - 접지선이 외상을 받을 우려가 있는 경우에는 금속관(가스철관 등을 포함한다), 합성수지관 등에 넣는다. 다만, 피뢰기용 접지선은 노출시공을 원칙으로 한다.
  - 접지선은 피접지 기계기구에서 60 cm 이내의 부분과 지중부분을 제외하고는 금속관, 합성수지관 등에 넣어 외상을 방지한다.
  - 접지하는 전기기계기구의 금속제 외함, 배관 등과 접지선과의 접속은 전기적으로나 기계적으로 확실하게 한다.
- 전기실 이외의 접지선을 전주, 옥측 기타 사람이 접촉될 우려가 있는 장소에 시설하는 제1종 및 제2종 접지공사의 접지선은 다음에 의한다.
  - 접지극은 지하 75 cm 이상의 깊이로 매설한다.
  - 접지선은 접지극에서 지표상 60 cm까지의 부분에는 절연전선, 캡타이어케이블, 또는 케이블을 사용한다.
  - 접지선의 지표면하 75 cm에서 지표상 2 m까지의 부분에는 합성수지관(두께 2 mm 미만의 합성수지제 전선관 및 콤바인덕트관은 제외한다) 또는 이와 동등 이상의 절연효력 및 강도가 있는 것으로 덮는다.
- 전등전력용, 소세력 회로용 및 출퇴근 표시등 회로용의 접지극 또는 접지선은 피뢰침용의 접지극 및 접지선에서 2 m 이상 이격하여 시설한다.

3) 접지극의 설치

- 접지극은 가급적 물기가 있는 장소로서 가스, 산 등으로 인하여 부식될 우려가 없는 장소를 선정하여 지중에 매설하거나 때려 박는다.
- 접지선과 접지극은 발열용융 접속(캐드 웰딩)법에 의하여 접속한다.
- 금속제 수도관로를 접지극으로 사용하는 경우의 공사방법은 다음의 각 호에 적합하게 시설한다.
  - 접지선과 금속제 수도관로와의 접속은 안지름 75 mm 이상의 금속제 수도관로의 부분에 또는 여기에서 분기된 안지름 75 mm 미만인 금속제 수도관로의 분기점에서 5 m 이내의 부분에서 한다. 다만, 금속제 수도관로와 대지간의 전기저항치가 2Ω 이하일 경우에는 분기점에서의 거리는 5 m를 초과할 수 있다.
  - 접지선과 금속제 수도관로와의 접속개소를 수도계량기에서 수도 수용가 측에 설치할 경우에는 수도계량기를 사이에 두고 견고한 본드선을 부착한다.
  - 접지선과 금속제 수도관로와의 접속개소를 사람이 접촉될 우려가 있는 곳에 설치할 경우는 손상을 방지하기 위하여 방호장치를 시설한다.
  - 접지선과 금속제 수도관로의 접속에 사용하는 접지금구는 접속부에 전기적부식이 발생되지 아니하는 것을 사용한다.

4) 접지 저항 규정값

- 제1종 접지공사 : 10Ω 이하(NEC 규정적용 시 권고 : 5Ω 이하)
- 제2종 접지공사 : 변압기의 고압측 또는 특별고압측 전로의 1선 지락전류의 암페어수로 150(변압기의 고압측 전로 또는 사용전압이 35,000V 이하의 특별고압측 전로와 혼촉에 의하여 대지전압이 150V를 초과하는 경우로서 1초를 넘고 2초 이내에 자동적으로 고압전로 또는 사용전압이 35,000V 이하의 특별고압전로를 차단하는 장치를 한 경우에는 300, 1초 이내에 자동적으로 고압전로 또는 사용전압이 35,000V 이하의 특별고압전로를 차단하는 장치를 한 경우에는 600)을 나눈 값과 같은 Ω 수 이하(NEC 규정적용 시 권고 : 5Ω 이하)
- 제3종 접지공사 : 100Ω 이하(NEC 규정적용 시 권고 : 5Ω 이하)
- 특별 제3종 접지공사 : 10Ω 이하(NEC 규정적용 시 권고 : 5Ω 이하)

5) 접지공사의 겸용

- 동일개소에 2종류 이상의 접지공사를 시행하는 경우에는 접지저항치가 낮은 쪽의 접지공사로서 다른 접지공사를 겸용할 수 있다.
- 한 개의 접지극을 공용하는 경우에 사용하는 접지선의 공통모선 또는 접지 전용선의 굵기는

공용하는 접지극과 접지를 필요로 하는 개개에 의하여 선정한 굵기 중에서 최대 굵기의 것을 사용한다.

(12) 조명 및 전력 자동제어 설치

1) 일반사항

- 반, 장치, 기기류의 설치, 전기배관 및 배선 등 공사 범위에 대해서는 관련 공사와 협의하여 시공한다.
- 주위 온도조건은 5~40℃이며, 먼지, 습도, 진동충격이 없고 부식성 기체가 없는 장소에 설치한다.
- 반, 장치, 기기류의 상호간 또는 기기류와 반 등의 간격은 운전 및 보수 상 지장없는 간격으로 하고 감시조작이 용이하도록 배치한다.
- 반, 장치의 운반, 반입에 있어서는 외함의 오염이나 손상이 없도록 하고 또 반 전면, 반 내부, 장치면, 장치내에 부착된 기기류에 나쁜 영향이 미치지 않도록 반, 장치의 크기, 중량 및 내용물에 따라 적절한 보호와 포장을 한다.
- 반, 장치의 설치 후 운전 시까지 장기간 방치될 경우에는 먼지, 습기 등으로 인한 기능 저하를 방지하기 위하여 충분히 보호 조치한다.
- 옥외 등 특수장소에 설치되는 함은 설치조건에 적절한 것이어야 하며, 별개의 독립기초가 필요한 경우에는 강도 180 kg/m^3 이상의 콘크리트를 타설 하고 가로×세로는 함의 가로×세로 크기보다 200 mm정도 커야하고, 기초 깊이는 동결선 이하 200 mm 이상 되도록 설치하며, 함의 밑 부분이 침수되지 않도록 하고 기초에는 함 고정에 필요한 앵커 볼트를 4개 이상 설치한다. 또한 함 내로 연결되는 전선관의 연결 부위와 끝부분은 물의 침입이 안 되도록 적절한 방호조치를 취하여야 한다.

2) 배관 배선 공사

- 외부배선과 반 간의 배선은 전자 유도 등에 의한 노이즈(noise)에 의해 장해를 받지 않도록 전력선과 분리하여 시공한다. 제어용 케이블은 KS C IEC 60502-1, NEC 340 등을 참조한다.
- 특수한 케이블을 사용하는 경우는 제조자가 지정하는 공법으로 시공한다.

3) 중앙감시제어장치 및 현장 처리장치의 설치

- 중앙감시제어장치 또는 주 조작장치의 설치는 제작사의 규격에 따라 견고하게 설치한다.
- 현장처리 장치의 설치는 다음에 따른다.

– 현장처리 장치는 자립형과 벽걸이형이 있으며, 외부로부터의 간섭을 받지 않도록 일정한 규격의 외함으로 적절히 보호하고, 제작사의 규격에 따라 견고하게 설치한다.
– 벽걸이형 장치의 설치는 그 중량 및 설치장소에 적합한 방법으로 하고, 중량이 큰 것 또는 설치방법이 특수한 것은 미리 설치상세도를 제출하게 하고 제작자의 입회하에 설치한다.
– 대 전류회로를 갖는 반을 설치하는 경우는 반의 금속부분 또는 그 고정하는 금구와는 전기적으로 절연하여 설치한다.

4) 청소 및 뒷정리

현장에서 작업 후 발생하는 모든 포장상자나 각종 쓰레기 등은 현장 밖으로 운반 처리하여야 한다.

3.12 감시운전 제어설비 설치

(1) 중앙 감시제어설비

1) 일반사항

각 중앙 감시제어설비의 구성품들은 사용목적에 적합해야 하며, 감시제어설비의 각 단위는 모든 기본구조, 운영체제, 통신망, 서버, 중앙제어반, 프린터 등 필요한 부속품들을 포함한다.

2) 시스템 설치

- 중앙 감시제어실 내 시스템 및 감시제어반의 설치와 배치를 고려한 천장높이, 바닥하중, 조명, 전기, 배관·배선의 경로 및 설치 등이 반영되도록 건축공사와 사전에 협의한다.
- 시스템 및 감시제어반의 설치에 필요한 볼트, 선반, 클램프, 밴드, 케이블을 포함한 기타 부속자재를 공급한다.
- 운전 조작 및 감시를 용이하게 할 수 있도록 설치한다.
- 조작대(console)는 운용자가 압박감을 느끼지 않도록 인체공학적으로 설계한다.
- 전체 시스템에 대한 배치상 균형이 이루어져야 하며, 유지보수 공간을 확보한다.
- 액세스 플로어(access floor) 위에 시스템을 설치 시에는 시스템의 하중을 고려하여 바닥에 기초 프레임(base frame)설치하고 볼트로 견고하게 고정하며, 바닥으로부터 이물질이 올라오지 않도록 한다.

(2) 현장 감시제어 설비

1) 일반사항

현장 감시제어설비는 중앙감시제어설비, 원격감시제어설비, 기타 공급장치 등과 완전 통합된 단일 제어계통으로 구성한다. 각 현장 감시제어설비는 중앙감시제어실 서버와 동일 LAN 상에서 고속 전송이 가능하여야 한다.

2) 시스템 설치

- 현장 감시제어설비는 최소한 CPU(central processing unit), 통신제어장치, 전원공급장치를 이중화하고 그밖에 I/O 장치도 이중화할 수 있는 구조로 하며, 이중화 운용시 소프트웨어, 하드웨어를 임의절체가 가능하도록 한다.
- 이중회선의 자동절체 운용방안을 제시한다.
- 주 회선에서 통신장애 및 에러(error)가 발생할 시에는 예비회선으로 자동절체가 되도록 구성하며, 이 상태가 콘솔 및 기록기로 경보처리한다.
- 시스템의 각 Node를 상호 연결시키는 고속 통신선로로서, IEEE 802.3 규격을 만족하는 이중화 구조를 원칙으로 하며, 각 시스템을 LAN Network에 접속하는 접속장치 및 케이블을 포함한다.
- 현장 감시제어설비는 현장 계측기기로부터 실시간(real-time) 정보를 취득, 서버에 전송하고 피드백(feedback)제어와 시퀀스(sequence)제어, 프로세스(process)신호의 입출력 업무를 수행하는 분산처리 개념의 장치로 시설별로 설치한다.
- 부팅(booting) 프로그램 및 데이터(data) 저장을 위한 메모리(memory) 장치를 갖춘다.
- 운전중인 카드의 삽입, 인출, 교환이 가능하여야 하며, 카드(card)에 오류가 발생했을 경우 다른 카드에 영향을 주어서는 안된다.
- 소음(noise)에 따른 장비 파손 및 오동작 방지를 위한 피뢰기(arrester)를 취부한다.
- 시스템 솔루션으로 유연성을 제공하는 산업표준의 네트워크(network)를 제공한다.
- 실시간 시퀀스제어와 일반 제어를 위한 최적화 어플리케이션프로그램으로 구성한다.

(3) 원격 감시제어설비

1) 일반사항

완전한 성능을 발휘할 수 있는 모든 원격 감시제어설비와 S/W 및 부속품을 포함한다. 배수펌프장 처리를 위한 전체 시스템과 원격 감시·제어설비와의 연계성을 고려하여 하나의 단일시스템으로 한다.

2) 시스템 설치

- 옥외의 TM/TC 설치는 습기나 직사광을 받지 않도록 하며, 필요시 히팅코일(heating coil)이나 배기휀 등의 보호장치를 설치한다.
- 기둥과 기둥 사이의 한 구획(bay)을 건립시 바닥은 ㄷ자 형강을 사각으로 받치고 기기의 수직, 수평을 확인하 후 앵커볼트로 견고하게 방진재와 함께 고정시키며 소요케이블 인입 후 케이블 인입구 여백에는 콤파운드로 메워준다.
- 전체 시스템에 대한 배치상 균형이 이루어져야 하며, 유지보수 공간을 확보한다.

(4) 제어반

1) 일반사항

제어반은 조작대, 외함 등에 내장되는 제어기, 함내부 조절장치, 계기와 구성품, 계통의 동력 및 내부결선을 포함한 완전한 계측제어반으로써 조립·공급되어야 한다. 중앙제어실에 설치되는 제어반은 저소음으로 설계·설치하며, 현장제어반(LCP)는 표준 제작의 함이어야 한다. 제어반에는 계측제어기기를 내장하여 제어반의 완전한 기능이 될 수 있도록 한다.

2) 설치

① 위치선 설정

- 설치면의 기초 콘크리트를 깨끗하게 청소한다.
- 공구 및 재료를 준비한다.(수평기, 줄자, 철자, 앵커볼트, 드릴)
- 설치용 베이스의 위치 치수를 확인한다.
- 기초 위에 위치선을 설정한다.

② 설치용 찬넬 베이스(channel base)의 설정

- 설치용 베이스를 정위치에 놓고 수준기를 사용하여 정확하게 수평도를 내고 매입 금물에 용접을 한다.
- 용접으로 고정된 베이스는 라이너의 고정을 거쳐 모르타르(mortar)로 반매입한다.

③ 계기반의 설치

- 설치용 베이스 위를 깨끗이 청소한다.
- 크레인으로 설치 장소까지 옮겨, 계기반은 신중하게 포장을 해체한다. 이 경우 계기반 및 계기류의 손상 유무를 확인하고 손상이 있으면 그 상황을 기록한다.

- 계기반은 단위면 마다 스키드롤러(skid roller)를 사용하여 옆으로 끌어 신중하게 베이스위에 설치한다.
- 각부의 취부 접속 볼트는 스프링와셔를 삽입하고 견고하게 취부하여야 한다.
- 설치가 완전히 끝나면 계기반을 재점검하여 이물질이 남아 있는지를 확인하고 끝으로 내·외부를 깨끗하게 청소한다.

(5) 영상 감시·제어반

1) 일반사항

영상 감시·제어반은 스크린 또는 특수하게 제작된 화면에 화상을 확대하여 넓은 공간에서 대형화면으로 처리 공정의 전반적인 사항을 감시 및 제어하기 위한 시스템으로써 조립·공급한다.

2) 시스템 설치

- 프로젝터(projector)의 스크린(screen) 위치는 전체 중앙감시 제어실 배치를 고려하여 운영자가 보다 용이하게 감시기능을 수행할 수 있도록 선정한다.
- 스크린 및 프로젝터는 가벼운 진동이나 충격에 영향을 받으므로 견고하게 설치하여야 한다.
- 스크린과 전체 중앙감시 제어실과 조화를 이룰 수 있도록 설치한다.
- LCD 프로젝터의 화면 선택스위치 및 컴퓨터 인터페이스(interface)는 OIS Desk에 설치하여 운전원이 쉽게 화면을 선택 조절할 수 있도록 한다.

(6) 감시제어 소프트웨어

1) 일반사항

감시제어 소프트웨어(S/W)는 완전한 성능을 발휘할 수 있는 모든 감시·제어 소프트웨어를 공급하며, 운영체계(operating software), 응용 소프트웨어 및 데이터 베이스 등 구축 및 설치하고, 모든 소프트웨어는 정품을 사용하며, 설치 후 라이센스와 함께 제출한다.

2) 소프트웨어 설치

- 감시·제어 소프트웨어는 인터랙티브(interactive), 멀티 유저(multiuser), 멀티 프로세싱(multiprocessing), 멀티태스킹 작업(multitasking job)을 수행할 수 있는 운영체제(operating system)를 갖추고 배수펌프장 시설을 위한 온라인(on-line)업무를 처리할 수 있어야 한다.
- 소프트웨어의 항목과 내용을 상세히 제시한다.
- 시설의 증가 및 감시제어 항목의 증가에 대비한 충분한 확장이 보장되어야 하며, 공급되는

소프트웨어에 정의된 시스템 확장능력을 장치 및 기능별로 구분하여 제출한다.

- 감시제어 소프트웨어는 설치 당시 최신 버전(version)을 사용하며, 기능별 표준은 다음과 같다.
  - 운영체제 : Unix, Window 등
  - 응용언어(application language) : C/C++, Visual Basic 등
  - 통신 규약(communication protocol) : TCP/IP 등
  - 데이터 베이스 : Oracle, SQL 등
  - 시스템 운영체제는 시공 당시 최신 버전을 사용한다.

(7) 수위계

1) 일반사항

배수펌프시설을 운영하기 위하여 설치하는 수위계의 설치에 대하여 적용하며, 특별한 경우 원격감시제어설비와의 조합하여 설치한다.

2) 설치

① 초음파 수위계

(가) 일반

- 전송기에 노이즈 방지를 위하여 동력용 전원, 대용량 변압기, 동력선 등의 노이즈원과 분리하여 배선한다.
- 단자함은 방수구조로 하며 설치 시에는 전기 배선기구를 통하여 우수가 들어가지 않도록 전기 배선기구에 전선관 등을 사용하여 우수의 침입방지 대책을 세워야 한다.
- 피뢰기 내장형의 경우는 전송기 가까이에 접지를 한다.

(나) 검출부

- 1 m 이상 불감대를 설정하여 수신과 측정시 안전성을 확보한다.
- 측정면까지의 사이에 장애물이 없도록 설치한다.
- 부착성이 강한 잔여물과 거품이 많은 곳은 피하도록 타 공종과 협의한다.
- 옥외 설치시 직사광선이 닿지 않도록 설치한다.

(다) 변환기

- 진동이 없고, 보수작업이 용이하도록 설치한다.
- 염소 성분이 있는 지역은 염소 성분에 부식되지 않는 재질을 사용한다.
- 직사광선 및 비바람의 영향을 받지 않도록 설치하며 필요시 차폐장치를 한다.

② 투입식 수위계

(가) 일반

- 유체의 유입, 유출구를 피하고, 유체의 출렁거림 또는 유체의 흐름이 없는 장소에 설치하도록 타공종과 협의한다.
- 유체의 출렁거림, 유체의 흐름, 바람이 없는 경우를 제외하고는 설치시에 필히 보호관(guide pipe)을 설치한다.
- 옥외 설치의 경우 커버를 설치하여 비바람으로부터 보호한다.
- 설치 및 보수 작업이 용이하도록 설치한다.

(나) 검출부

- 설치장소에 물의 흐름 등 물의 움직임이 있는 경우에는 무거운 추를 부착하거나 또는 보호관을 설치하여 검출부가 흐르지 않도록 한다.
- 검출부는 강한 충격을 받지 않도록 하여 감압소자가 파손되는 것을 방지한다.
- 중공 케이블에는 대기압 도입용의 튜브가 포함되어 있으므로 케이블에 강한 충격을 주거나 극단적으로 구부러지지 않도록 한다.
- 중공 케이블의 말단은 설치시에 물에 잠기지 않도록 주의하여야 한다.

(다) 변환기

- 진동이 없고 보수 작업을 용이하게 실행할 수 있는 장소에 설치한다.
- 부식성 가스가 방출될 우려가 없는 곳에 설치한다.
- 온도 변동이 적은 장소에 설치한다.
- 직사광선 및 비바람을 받는 장소는 가능한 한 피하여 설치하고, 피할 수 없는 경우에는 덮개로 차양 등을 설치한다.

(8) 수위 스위치

1) 일반사항

배수펌프장을 운영하기 위하여 설치하는 수위 스위치의 설치에 대하여 적용하며, 특별한 경우 원격 감시·제어설비와 조합하여 설치한다.

2) 설치

① 부상 수위 스위치(float type water level switch)

- 흄관 또는 염화비닐관의 보호관을 설치하여 흐름의 영향을 제거하고, 방파효과를 갖도록 한다.
- 보호관에는 레벨 스위치를 설치위치 아래에 ϕ50 구멍을 15~20개 정도 뚫어야 한다.

- 보호관 내에는 ϕ22의 염화비닐관을 설치하고 이 내부에 플로트식 레벨 스위치의 배선을 통하여 필요한 검출 레벨 장소에 구멍을 뚫어 플로트식 레벨 스위치의 본체를 꺼내고 수위 상·하강 시에 발생하는 배선의 꼬임을 방지한다.
- 사용전선 : CVVS

② 전극식 수위 수위치
- ϕ100의 염화 비닐관을 설치하여 흐름의 영향을 제거하고, 방파효과를 갖도록 한다.
- 염화비닐관은 2곳 이상 지지 고정한다.
- 배선은 전극 제어기 가까이까지 전선관으로 유도하고 이것에 의해 전극 제어기까지 플렉시블 전선관을 사용하여야 한다.
- 전선은 CVVS를 사용한다.

(9) 압력계

1) 일반사항

배수펌프 시설을 운영하기 위하여 설치하는 압력계의 설치에 대하여 적용한다.

2) 설치

① 압력 전송기
- 압력 취출구는 수평으로 소켓을 용접하여 압력계가 기울어지지 않도록 한다.
- 부식성 유체의 경우 내식 재질의 배관을 사용한다.
- 도압배관은 내부를 잘 청소한 후 배관한다.

② 차압 전송기
- 도압배관은 2/10 이상의 윗 방향, 하부는 1/10 이상의 윗 방향으로 기울어지도록 한다.
- 도압배관의 구부러짐은 반경 80 mm 이상으로 하고 적당한 지지구에서 고정한다.

③ 공통
- 압력계는 다이어프램 손상여부, 계기판 오일 누유, 도압부 부식 등의 이상유무를 확인한 뒤 설치한다.
- 압력계를 설치하는 경우에는 설치조건과 환경조건에 유의하며, 액체의 종류(액체의 성상, 밀도, 부식성, 유독성)에 적합한 것을 선정한다.

- 압력계는 충격과 진동이 없는 장소에 설치한다.
- 액체가 동결할 우려가 있는 경우에는 보온하여야 하며, 도압 배관의 지상 노출 등으로 동파가 우려될 경우는 발열케이블 등의 보완조치를 병행한다.
- 용이하게 보수점검하거나 교체할 수 있도록 압력전송기는 단독으로 떼어낼 수 있는 배관과 조인트를 설치하며, 이물질 제거, 시료채취 및 압력계 동작시험이 가능하도록 드레인 밸브를 설치한다.
- 압력계는 유체 유동을 감안하여, 최대 발생압력의 1.5배 이상의 제품을 선정하며, 펌프후단 등 수충격이 발생하는 개소에는 이를 반영한 압력 범위(range)를 결정한다.
- 압력계 지시 단위는 Pa로 통일하여 사용한다.
- 밸브실에 설치하는 압력계는 직관거리가 짧은 상류에 설치하는 것이 안정적이다.
- KS B 2101 밸브의 용량계수 시험방법에는 압력계 직관 길이는 밸브 상류 2D, 밸브 하류 6D지점에 설치한다.
- 압력 탭은 6~12 mm 사이로 한다.
- 펌프 후단 등 수충격(맥동)이 발생하는 장소에는 압력계 고장을 방지하기 위하여 모세관(capillary tube) 또는 오일 충만형을 사용한다.
- 도압배관은 배관높이 이하에 이물질제거용 드레인 밸브를 설치하고, 압력계 설치위치 이상에 에어드레인 밸브를 설치한다.
- 압력전송기 설치시 침수가 우려되는 지하 매설물, 시설물내 설치시 압력계 전원, 신호케이블 인입단자에 방수가 되도록 단자 내외부에 방수처리를 하여 압력전송기 내부 액체 유입에 따른 고장 발생을 방지하도록 한다.

제4장 운영 및 운전관리

4.1 일반사항

배수펌프장은 우기 시 가동되어 국민의 생명과 재산을 보호하는 중요한 방재시설물이므로, 정전이나 기계고장 등으로 인해 필요시에 펌프가동이 곤란하게 되는 사태가 발생되지 않도록 평상시에 충분한 사전점검과 유지관리 체제를 확립하여 항상 그 기능이 발휘될 수 있도록 하여야 한다.

(1) 운영의 기본방향

배수펌프장은 우기 시 하천의 외수위가 상승하여 제내지측 저지대 우수의 자연배수가 어려운 경우, 펌프설비를 가동하여 우수를 강제 배수토록 하는 시설이다.

배수펌프장은 내수침수로 인한 인명피해를 방지하고 공공의 안녕과 피해의 위험도를 감소시킬 수 있어야 하며, 내수침수 또는 담수로 인한 개인과 공공재산 피해의 발생 위험도를 감소시킬 수 있어야 한다. 또한 하천에 인접한 공공시설의 침수로 인한 지표수와 지하수의 수질악화를 방지할 수 있어야 하고, 도시지역 하천과 토지이용의 안전성 증대 및 고도화, 공간생활의 질을 증진시킬 수 있어야 한다.

배수펌프장의 설치 목적을 달성하기 위해서는 그 기능이 충분히 발휘되도록 지속적인 시설물 유지관리와 적절한 운영이 매우 중요하다.

배수펌프장을 적기 운영하여 목적한 기능을 수행하기 위해서는 초기가동수위를 적절하게 설정하는 것이 중요하다. 초기가동수위는 배수펌프장(또는 유수지)의 계획홍수위와 함께 설계단계에서 설정할 수 있으며, 이를 근거로 각종 수리, 수문분석을 수행하여 배수펌프장의 각종 제원을 결정하게 된다.

그러나, 설계조건과 현장여건이 상이할 수 있으므로 배수펌프장 설치 초기에는 설계단계에서 설정한 초기가동수위를 기준으로 배수펌프장을 운영하고, 다양한 외수위 조건 및 내수유출 조건에 따른 펌프장 가동 결과 및 경험을 토대로 초기가동수위를 보정하거나 최적의 운영방안을 마련해야 한다.

[그림 4-1]은 유수지 내외수위의 변화에 따른 수문의 작동과 배수펌프의 가동에 필요한 원칙으로서 배수펌프장의 운영흐름도를 보여주고 있다.

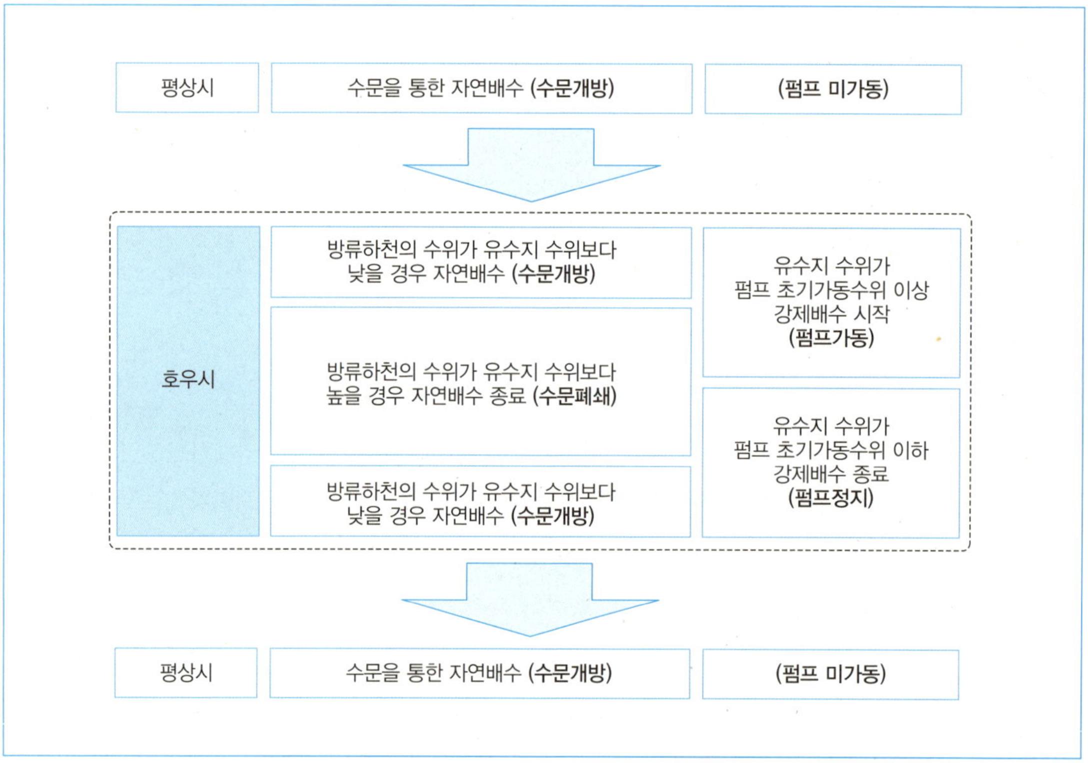

[그림 4-1] 내외수위 변화에 따른 배수펌프장 운영 흐름도[1)]

(2) 배수펌프장 소요인력 배치

배수펌프장 및 수문의 관리 인력은 전기사업법 제73조(전기안전관리자의 선임 등)를 근거로 하여 아래와 같이 배치할 필요가 있다.

- 기계, 전기 분야의 전문 기술 인력을 배수 펌프장 별로 1인 이상 배치한다.
- 다만, 소규모 배수펌프장 중 전압이 600V 이하이고, 용량이 200 kW 미만인 배수펌프장은 1 km 이내의 거리 내에서 통합하여 전문 기술 인력을 1인 이상 배치한다.

1) 배수펌프장 관리 및 운영편람(2018. 2 행정안전부)

• 홍수기 재해 대책기간 중에는 일일 2~3 교대근무가 가능하도록 예비인력을 반영한다.

(3) 운영관리계획

배수펌프장은 관리계획, 운전계획, 유지보수계획을 수립하여 체계적으로 관리하는 것이 필요하며, 관리주체는 소관시설물에 대해 시설물안전관리에 관한 특별법 제4조 및 영 제5조에 따른 안전 및 유지관리계획을 매년 수립하여 매년 2월 15일까지 제출하여야 한다. 또한, 사전예고 없이 뜻하지 않은 사고발생을 대비하여 초기에 신속하고 적절한 대응을 위한 비상대비 매뉴얼을 갖추고, 평상시 모의훈련으로 대응능력을 키워 실제사고 발생 경우에 피해와 파급영향을 최소화하고, 단기간에 복구가 가능한 시스템을 갖추어야 한다.

1) 관리계획

배수펌프장 관리에 필요한 시설물 안전관리에 관한 특별법 등 법률상 의무사항, 정기적으로 실시해야하는 점검, 계절적 변화에 따른 환경정비 및 청소 등을 반영하여 계획한다.

2) 운전계획

• 배수유역의 특성과 취약지역의 침수예방을 위해 강우량별 유입량과 흡수조 수위에 따라 가동해야할 펌프 대수를 포함하여 운전계획을 수립한다.
• 펌프운전을 시작하는 초기가동수위를 지정하여 운영한다.
• 년도별 강우량별 가동실적과 비용을 포함하여 계획을 수립하는 것이 관리에 유리하다.

3) 유지보수계획

모든 시설을 정상적으로 유지관리 하기위한 계획이며, 노후화되거나 훼손된 시설의 원상복구와 각종 설비의 성능과 수명을 유지하고 연장하기 위한 모든 보수작업을 포함하여 계획을 수립한다.

4) 비상대비 매뉴얼

화재, 침수, 정전 등의 배수펌프장의 가동에 중대한 영향을 미치는 사고가 발생할 경우를 대비하여 신속하고 적절한 조치로 사고의 피해를 최소화 함으로써 배수펌프장의 기능을 조기에 회복하기 위한 상황별 시나리오를 매뉴얼로 작성하여 관련 종사자에 대한 교육·훈련을 실시한다.

(4) 각종 현황판 정리 비치

배수펌프장 및 수문 등에 대한 각종 도면과 도서는 관리 주관기관과 각 배수펌프장에 항상 비치하고, 각 배수펌프장에는 아래와 같이 필요한 현황판을 게시하여야 한다.

- 근무수칙(응급조치요령, 펌프장내 사고시 지휘체계 및 대처요령)
- 배수펌프장 도면(평면도, 단면도, 유역도)
- 해당 펌프장으로 유입되는 하수관망도 및 유역도
- 강우량 별 펌프장으로 유입되는 우수 도달시간 및 유입량
- 저지대 침수 우려지역 및 지반고
- 배수펌프장 시설 현황 및 운전 순서도(펌프의 초기 가동 수위, 펌프 가동 계획)
- 유관기관 비상연락망(위탁관리자 포함, 운영요원 비상연락 체계, 중앙제어실과 주요시설 간의 연락체계)
- 수해예방서비스 현장 등
- 전력계통도 및 전기안전수칙
- 긴급복구를 위한 주요 장비구입 및 동원체계(각종 기기별 제조업체 및 연락처 및 담당자 등)
- 예비장비 확보 상태 및 계획
- 산업안전보건법에 따른 안전표지판과 안전표식의 부착

○○ 펌프장 수리계통도

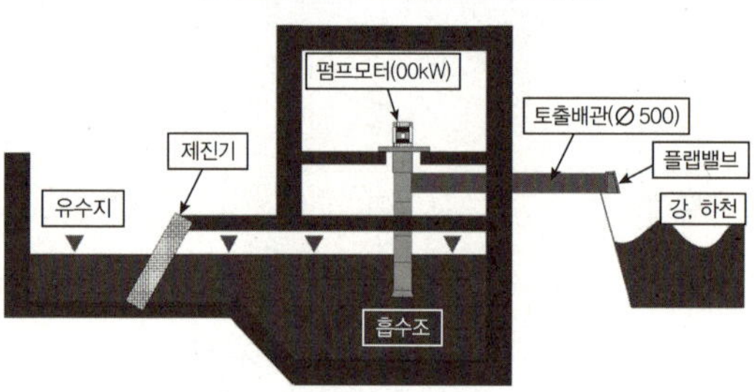

○○ 배수펌프장 가동요령

1. 배수문의 '닫힘'상태를 확인한다.
2. 전원을 투입하고, 제진기를 가동한다.
3. 초기가동수위를 확인한다.
4. 토출밸브를 열고, 펌프를 기동시킨다.
5. 유입유량과 수위에 따라 펌프 가동대수를 증감한다.
6. 하천수위가 유수지 수위보다 낮아지면 배수문을 열고, 펌프가동을 중지한다.

○○ 배수펌프장			
위치	○○도 ○○시 ○○동 (설치년도: '00)		
하천등급 및 하천명		직할하천 ○○강	
건물구조	철근 CON'C 슬라브	면적 및 연면적	114 m^2 1층
전동기	55kW 2대	제작사	○○○(주)
펌프형식	Ø500 mm 2대	배수량 (토출량)	33 m^3/분, 2대
동력전기/계약전력	22,900V/ 150kW	크레인 형식	3ton 1대
유수지 용적	11,250 m^3 (길이 30 m, 폭 15 m, 높이 25 m)	저수량	11,250 m^3
유역면적	216.64 m^2	침수면적	20.91 m^2
사업기간	'00.0월~'00.0월	시공자	○○○○(주)
펌프장 가동시기	하천수위 (00.0)m 시 배수문 폐쇄 후 유수지 수위 (00.0)m 이상일 때 펌프장 가동실시		

[그림 4-2] 배수펌프장 수리계통도 및 현황도(예)

4.2 시설관리

배수펌프장의 시설물은 안전점검과 적정한 유지관리를 통하여 재해와 재난을 예방하기 위하여 시설물의 효용을 증진시킬 필요가 있다. 시설관리의 주요사항은 시설 및 설비의 기능을 보전하고, 시설물 이용자의 편의와 안전을 높이기 위하여 일상적으로 점검·정비하고, 손상된 부분을 원상복구하며, 경과시간에 따라 요구되는 시설물의 개량·보수·보강에 필요한 활동을 하는 것을 말한다.

(1) 법정 관리사항 준수

배수펌프장 및 수문은 '시설물 안전관리에 관한 특별법'상 유지관리 대상 시설물이며, 배수펌프장의 안전점검과 정밀안전진단을 위한 시설물의 등급 분류는 아래 〈표 4-1〉과 같다. 전기설비와 크레인 및 소방설비는 관련법에 따라 정기적으로 안전점검 등을 실시하여야 한다.

〈표 4-1〉 제1종 및 제2종 시설물의 등급 분류

구분	제1종 시설물	제2종 시설물
배수펌프장	특별시 및 광역시에 있는 국가하천의 빗물펌프장	• 1종 시설에 해당하지 않는 국가하천의 배수펌프장 • 특별시, 광역시, 특별자치시 및 시에 있는 지방하천의 빗물펌프장
수문 및 통문	특별시 및 광역시에 있는 국가하천의 수문 및 통문	• 1종 시설에 해당하지 않는 국가하천의 수문 및 통문 • 특별시, 광역시, 특별자치시 및 시에 있는 지방하천의 수문 및 통문

(2) 시설관리 유의사항

1) 배수구역, 각종 설비에 대한 설계내용의 사후 변경 시 대응

- 배수펌프장 설계 또는 시공 후 배수구역의 지형, 형질 등 변경으로 인한 하수 유입량이 배수펌프장 허용배수용량 이상으로 증가될 경우 증설이나 변경에 대한 대책 수립을 추진해야 한다.
- 펌프가동 수위 등 당초 설계 시 설정된 시설장비 운영기준을 임의로 조정하여 운전하는 행위를 하여서는 안된다. 시설장비 운영기준은 설계 시 수리수문 조사 등 종합분석을 통하여 결정된 것으로 이를 변경할 시에는 기존 검토내용을 포함하는 기술검토나 진단을 통하여 결정할 필요가 있다.
- 전기실 주차단기의 과전류계전기(OCR) 설정값은, 평소 낮은 가동율을 기준으로 계전기(OCR)을 설정하였을 경우 펌프 100% 가동 시 차단기 작동으로 정전되는 사고가 발생하게 되므로 모든 펌프를 가동하는 기준으로 설정을 유지해야 한다.

2) 공사, 작업에 의한 시설 훼손 방지

외부인이 포함된 작업은 작업자가 시설물에 대한 구체적인 파악이 어려우므로, 시설관리자 또는 감독자는 작업전에 작업범위와 시설에 대한 사전설명과 주의사항을 전달하고, 작업중에 입회하여 시설물 손괴사고를 예방하며, 특히 배관이나 전선 등의 지하매설 시설의 손상을 예방하도록 노력하여야 한다.

3) 우천시 배수로 점검실시

옥상배수구, 주변 배수로에 낙엽이나 쓰레기 막힘으로 인한 침수나 토사유실이 시설물에 큰 사고로 이어질 수 있으므로, 일기예보에서 큰비가 온다는 예보가 있을 경우 강우전과 강우중에 현장점검을 수시로 실시하고, 배수구 막힘이나 배수로 이상을 발견시 가능한 범위에서 즉각적인 임시조치를 하고 추가로 조치가 필요한 부분은 신속히 보고하여 지원을 받아야 한다.

4) 전기화재 예방

수배전반의 화재는 그 피해가 매우 심각하며 복구에 어려움이 크므로, 내부의 기기에 허용 이상의 발열이나 변형, 볼트 풀림 등으로 인한 이상한 소리 등이 발생하는지 여부에 점검을 철저히 하며, 이러한 점검정비를 통해 조기발견과 조치로 사고 예방에 노력하고, 개별 판넬형의 소화기와 전기실 전체 소방시설의 작동신뢰성 확보 위해 평소 유념하여 관리하여야 한다.

5) 낙뢰피해 예방조치

잦고 강한 천둥, 번개가 발생할 경우 계측기나 CCTV 설비에 서지로 인한 고장이 많이 발생하므로, 피해 감소를 위해 일시적으로 해당 전원을 차단하였다가 천둥번개가 지나간 후 복귀할 수 있다.

6) 흡입수조 침사 제거

흡입수조에 모래가 쌓이면 제거해야한다. 모래는 펌프에 마모를 일으켜 성능저하의 원인이 되며, 스터핑박스까지 들어가 패킹, 슬리브에 수명을 단축시키게 된다. 또 흡입수조 내의 물의 흐름을 좋지 않은 쪽으로 변화를 주어 이상 현상을 발생시킬 수 있기 때문이다.

(3) 펌프장 가동시 유의사항

1) 펌프의 초기가동 및 가동대수 조정

근무자는 운전계획에 따른 초기가동수위에서 펌프를 가동하고, 수위와 강우량의 변화와 흡수조의 수위에 따른 펌프 가동 대수를 조정한다. 평소에 배수유역의 특성과 강우량별 유수지로 유입되는 우수도달시간과 유입량을 숙지하고, 취약지역의 침수예방을 위해 적극적으로 대처하여야 한다.

2) 휴지 후 설비의 일제점검

6개월 이상 오랫동안 사용치 않은 펌프를 가동할 때에는 가동 전에 펌프, 밸브, 제진기, 수문 등 모든 설비에 대한 개별 작동점검을 사전에 실시하여 이상 여부를 확인하여야 한다.

3) 제진기 관리의 중요성

배수펌프장의 특성상 부유물의 유입이 많을 수 밖에 없으므로 제진기를 주펌프 가동 전에 작동하고, 스크린의 청결상태가 미흡할 경우 별도의 인력을 동원하여 스크린 전면부에 부착된 부유물 제거 작업을 실시한다.

4) 수문관리의 중요성

수문은 유수지 관리에서 홍수피해의 발생여부에 영향을 주는 매우 중요한 시설이므로 수시로 점검하여 유수지 내·외부의 수위 변화에 따른 수문 개폐 여부 결정하고, 조작을 할 때는 현장 또는 CCTV로 조작 완료를 확인한다.

5) 배수로 순찰

유수지내 법면(호안블럭, 떼붙임)과 배수로를 수시로 순찰하여 이상 여부를 확인한다.

6) 정전 등 각종 사고시 대응

인입전원에 문제가 생겨 정전이 발생할 경우 및 각종 사고 대한 대응방법을 숙지하고 있어야 한다.

7) 흡입수조의 관리

연간 사용이 완료된 흡입수조는 외수유입을 차단하고 지배수펌프를 가동하여 건조상태를 유지할 필요가 있다.

(4) 시설관리 사례

배수펌프장의 시설을 1년 동안 관리한 사례를 아래에 정리하였다.

1) 수문 유지관리 및 실적관리

(가) 대상

수문 1종, 2종 시설물(정밀안전진단, 정밀점검, 성능평가)

※관련법규 : 시설물의 안전관리에 관한 특별법 제6조

(나) 시설물 웹기반 서비스

시설물 안전 및 유지관리 계획·실적을 관리하기 위해 제공하는 웹기반 시설물정보 홈페이지

(다) 시설물 안전 및 유지관리 계획·실적 관리절차

- 관리주체 사용 등록 : 통보받은 사용자번호 입력 후 사용자 ID, 비밀번호 등록
- 시설물 등록 및 유지관리계획 입력
  - 시설물 등록 내용 : 기본현황, 상세제원, 시설물안전 및 유지관리 계획 입력
  - 기존 시설물 유지관리계획 및 실적 입력(관리주체)

(라) 시설물 유지관리계획 취합(기 입력자료 및 신규 입력자료)

(마) 시설물 유지관리계획 및 관련자료 통계 : 국토교통부

(바) 시설물 웹기반 서비스에서 관리되는 사항

- 관리주체의 기존 시설물 확인
- 신규 관리주체 등록
- 신규시설물 등록
- 정밀안전진단, 정밀점검 실시현황 및 보수·보강 현황
- 관리주체 도면보유현황 및 안전기술공단 도면 제출 현황
- 관리주체의 시설물 안전 및 유지관리 계획, 실적 입력
- 취합기관에서 관리주체가 입력한 계획/실적 승인
- 제출기관에서 관리주체가 입력한 계획/실적 조회

2) 시설점검 및 정비 일정

- 1. 15~2. 28 : 제작사, 전문기관 점검 및 정비계획 수립
- 3. 01~4. 30 : 점검결과 지적사항 정비 보수
- 5. 01~5. 15 : 시운전 점검(구청, 시청, 주민입회)
- 5. 15~10. 15 : 수해방지활동(여름철 재해방지대책기간)
- 10. 16~2. 28(익년) : 가동 후 사후정비 및 동절기 관리

3) 전력수급

- 4. 30 : 전기수전
- 5. 01~5. 15 : 관리운전 및 점검정비 실시
- 6~10월 : 펌프 및 전기설비 실가동 운영

4) 제작사 점검

- 대상시설 : 펌프, 수문, 밸브, 제진기, 각종 기록계, 크레인 등
- 점검방법 : 관리주체별로 제작사와 협의 매년 적정한 시기에 점검 실시와 함께 전년도 수해방지 시설 운영 중 발견된 미비점도 제작사의 자문을 받아 보수·정비
- 조치방법 : 경미한 부분은 자체 조치하고, 자체 정비가 어려운 사항은 공사 발주하여 매년 재해방지대책기간 전까지 정비 완료

5) 정기검사 및 요청검사(전기설비 분야)

(가) 정기검사(법적검사)

- 대상시설 : 수변전 설비
- 점검주기 : 3년
- 검사기관 : 한국전기안전공사

(나) 요청검사

- 대상시설 : 수변전 설비 및 부하시설
- 점검주기 : 정기검사를 실시하지 않는 해에 실시
- 점검기관 : 한국전기안전공사, 한국전력기술인협회, 전기안전관리대행사업체 등

6) 노후펌프 안전진단 실시

- 대상 : 내구년한이 경과하였거나 성능이 저하된 노후 펌프
- 진단시기 : 매년 우기 이전 실시
- 진단방법 및 정비·보수
  - 내구연한 경과하였거나 성능이 저하된 노후펌프에 대해 전문기관 안전진단 실시
  - 진단결과에 따라 교체 또는 정비보수
  - 정비·보수대상 펌프는 재해방지대책기간 전까지 정비·보수 완료 수해방지 대비
  - 펌프안전진단비 및 정비·보수비의 예산 확보 강구

4.3 안전관리

재난 및 안전관리기본법과 산업안전보건법 등 각종 안전관리에 관한 법률에 저촉하지 않고 근로자와 국민의 안전을 확보하며 시설을 운영관리하기 위하여, 책임자와 근무자는 항상 안전을 유념하며

행동하여야 한다.

(1) 안전관리 일반사항

- 작업책임자와 작업원은 자기 자신의 안전뿐만 아니라 공중을 보호하기 위하여 다음 안전점검 내용을 숙지하고, 충분히 보호 예방조치를 하여야 한다.
- 작업책임자는 작업자의 안전에 필요한 장비의 확보여부를 확인하고 지원해주어야 한다. 작업자는 안전장구나 보호 장구를 반드시 착용한다.
- 작업원은 작업의 종류에 따라 필요한 안전수칙을 충분히 이해하고 담당 작업에 적용되는 모든 사항을 준수하여야 한다.
- 작업원은 동료 상호간 또는 책임자에 대한 예의를 지켜야 하며, 안전작업을 위하여 상호간 소통하여야 하고, 임의로 작업하거나 독단행동을 해서는 아니 된다.
- 작업중 음주, 언쟁, 불필요한 여담을 하지 말아야 한다.
- 작업에 앞서 위험 여부를 미리 검토하여야 하며, 안전한 작업에 의심이 생기면 책임자에게 문의 지시를 받아야 한다.
- 단독 작업의 경우 기술적으로나 숙련도로 보아 이를 감당키 어려울 때 임의조치하지 말고 책임자의 지시를 받도록 한다.
- 크레인이나 중장비와 동반한 작업일 경우 작업 반경 내 접근은 매우 조심하여야 하고, 신호를 해줄 수 있는 안전원이 있어야 한다.
- 중량물 작업시 위험요인에 대한 안전점검 항목을 〈표 4-2〉, 전기 취급작업에 대한 점검내용을 〈표 4-3〉에 나타내었다.

(2) 펌프장내 안전관리 유의사항

- 펌프장 내외부의 환경을 깨끗이 하고 정리 정돈을 철저히 하여 불안정한 환경에서 발생되는 재해를 막아야 한다.
- 작업복장은 몸에 꼭 맞는 것으로 단정하여야 하며, 안전모와 안전화를 착용한다.
- 돌아가는 회전체(커플링)와 가동부(벨트류)에는 안전덮개를 설치하고, 색채로 구분하여 쉽게 알아볼 수 있도록 하여 안전사고를 예방하도록 한다.
- 크레인을 사용하여 작업을 할 때는 '중량물 작업시 위험요인 점검표'를 활용하여 점검을 실시한다.
- 전기사고는 감전이나 화재로 이어지는 심각한 사고인 경우가 많으므로, 작업이나 점검시 특히 안전에 주의하여야 하며, 눈에 보이지 않는 발열부를 찾아내는 열화상측정기를 활용한 예방

점검을 정기적으로 실시할 필요가 있다.

- 전기에 대한 점검이나 작업을 할 때는 '전기 취급작업 안전점검표'를 활용하여 점검을 실시한다.
- 전기, 개폐기 부근에는 인화물질을 놓아두거나, 젖은 손으로 전기 스위치를 조작해서는 안 된다.

〈표 4-2〉 중량물 작업시 위험요인 안전점검표

순번	구분(행동, 상태)	위험요인 평가항목	양호	보통	불량
1	행동	작업자가 운반물을 들어 올릴 때 편하중이 생기지 않는 위치 및 줄걸이 작업방법에 대해서 알고 안전한 행동을 하고 있는가?			
2	행동	운반물 형상 및 중량에 적합한 운반지그 또는 보조로프를 사용하고 있는가?			
3	행동	운반물 취급방법 순서 등을 작업자가 숙지하고 있는가?			
4	상태	붕괴 낙하 위험이 있는 운반물은 견고하게 묶었는가?			
5	상태	운반물의 중량은 장비의 정격하중 이내로 사용하고 있는가?			
6	상태	운반이 용이하도록 통로는 안전하게 확보되어 있는가?			
7	상태	작업지휘자를 지정하는등 관리감독을 실시하고 있는가?			
8	상태	안전화 안전모등 개인보호구를 착용하고 있는가?			
		– 추가항목 작성 –			
개선사항					

〈표 4-3〉 전기 취급 작업 안전점검표

번호	점검내용	구분			점검결과	조치사항
		일일	주간	월간		
1	노출 충전부 절연처리 또는 덮개 설치상태					
2	전기기계·기구 외함 접지 상태					
3	이동형 또는 휴대형 전동기계 전원에 누전차단기 설치 상태					
4	변전실내 특별고압 구간과 저압구간 구분 표시					
5	특별고압 충전전로에 접근한계 거리 표지판 부착 상태					
6	변전실내 점검·보수 시 접근한계 거리이내 접근 금지					
7	작업구간 인접 충전전로에 절연 방호구 설치					
8	정전작업 구간 양측에 단락 접지 기구에 의한 단락접지					
9	정전 작업시간 준수					
10	정전작업시 검전기 착용여부					
	– 추가항목 –					

(3) 안전점검

1) 안전점검의 기본

안전점검은 안전 확보를 위해 작업장의 전반적인 상태나 인간의 불안전한 행동에서 생기는 결함을 발견하고, 안전 이상 상태를 확인하는 행동으로서 각종 작업이 이루어지는 각 과정에서 인간의 착오 등에 의한 위험요인을 사전에 제거하는 것이다.

안전을 확보하기 위한 기본은 '5C'이며,

- 복장단정(Correctness)히 하고,
- 정리정돈(Clearance)하고,
- 청소, 청결(Cleaning)히 하고,
- 점검, 확인(Checking)을 하고,

• 전심전력(Concentration)으로 작업에 임하여야 한다.

2) 안전점검의 대상

• 안전 활동 계획의 수립 및 추진사항
• 안전교육 계획 및 실시 사항
• 관계법령에 의한 기계설비의 안전장치 적합 여부, 성능유지 및 관리상태
• 온도, 습도, 환기, 소음, 분진 등의 작업장 내 환경
• 보호구의 종류, 수량, 성능 및 관리상태
• 작업장에서 사용하는 수공구의 정리정돈 상태
• 위험물의 표식, 표시, 저장 및 보관상태
• 사업장 관련시설물 상태
• 운반설비

3) 안전점검의 실시 방법

① 점검자

관리감독자 등이 주체가 되어 관계 법령에 의한 의무사항 이행여부, 각 시설에 대한 안전점검 실시사항 및 누락사항을 확인한다.

② 점검방법

• 외관점검 : 기기의 배치, 상태, 변형, 균열, 손상, 부식, 볼트 풀림 등의 유무를 시각 및 촉감 등에 의해 조사한다.
• 기능점검 : 간단한 조작을 행하여 기기 기능의 이상 유무를 확인한다.
• 작동점검 : 안전장치나 누전차단장치 등을 정해진 순서에 의해 작동시켜 정상작동 유무를 확인한다.
• 종합점검 : 정해진 점검 기준에 의한 측정 및 일정한 조건하에서 운전시험을 행하여 그 기계 설비의 종합적인 기능을 확인한다.
  점검 시의 재해방지를 위해서 점검 작업을 표준화하고, 점검자는 필요한 자격 요건을 갖추거나 교육을 이수하고, 점검 작업에 적합한 지휘감독자를 배치한다.

4) 작업시작 전 점검사항

[산업안전보건기준에 관한 규칙_제35조 제2항]에 의거 사업주는 작업을 시작하기 전에 관리감독

자로 하여금 필요한 사항을 점검하게 하여야 하며, 점검결과 이상이 발견되면 즉시 수리하거나 그밖에 필요한 조치를 하여야 한다.

① 현상의 파악

작업자나 기계장치에 "불안전한 상태 및 불안전 행동이 있는가? 없는가?"를 확인하는 것을 말한다. 안전을 위해 작업장 주변의 청결과 정리정돈은 필수적이며, 참여자 모두가 작업의 내용과 위험요소를 공유하고 있는지에 대해 충분히 인지하고 있어야 한다.

② 결함의 발견

발견된 현상에 대해 "이상이 있는가? 없는가?"를 판정하기 위해서는 전문적인 판단능력을 가진 기술자가 필요하다. 결함에 대해 정확히 판단한 후 작업이나 운전에 착수하여야 한다.

4.4 주펌프 설비 운영관리

(1) 펌프 운영관리 일반사항

1) 펌프 매뉴얼의 숙지

펌프를 정상적으로 관리하기 위해서는 펌프제작사와 공급자가 제공한 유지보수 및 정비매뉴얼을 숙지하고 지키는 것이 필요하다.

2) 펌프 성능의 이해

펌프가 성능을 최대로 발휘하는 구간에서의 경제적 운전을 위해서는 펌프성능곡선상에서 운전양정의 범위, 동력과 효율간의 이해가 필요하다. 배수펌프장의 배수 주펌프는 저양정 대유량의 특성을 갖는 경우가 일반적이므로, 흡입수조 수위변화에 따른 양정의 변화가 커서 유량과 동력이 크게 변하므로 관리하는 기술자는 항상 관심을 가져야 한다.

3) 펌프의 균등 가동

가동 기록을 수시 검토하여 동일한 규격과 성능을 가진 펌프이면 가급적 균등하게 가동시킨다.

4) 펌프의 연속운전

펌프의 시동·정지는 가능한 한 적게 해야 하며, 일단 시동이 되면 연속 운전하는 것이 바람직하다.

5) 토출밸브 개폐순서

토출측 밸브는 축류형에서는 배수 주펌프 시동 전에 열어준다. 축류형 펌프 형식일 경우 토출밸브가 닫힌 상태에서 운전하는 경우 과부하가 발생하여 전동기 소손이 발생될 수 있으므로 반드시 토출밸브를 열고 운전해야 한다.

6) 관리운전

배수펌프장의 펌프는 우기에 강우가 집중될 경우에만 가동하게 되므로, 우기 전에 펌프의 상태를 점검하기 위한 관리운전이 필요하다. 관리운전을 통해서 장기간 휴지 후 펌프의 운전과 관련된 기계설비, 전기 및 제어설비에 이상이 없는지 확인한다.

배수펌프장이 "제2장 설계 2.2.4 유지관리 대응"에 보여준 구조를 갖고 있을 경우, 펌프의 관리운전에 필요한 일정량의 물을 흡수조에 확보하고, 물을 순환하는 방식으로 펌프를 실제 가동하면서 관련 설비 전체를 점검하여 설비의 신뢰성을 우기 이전에 확보한다.

관리운전 조건을 만들기 어려운 배수펌프장에서는 간이방식으로 펌프의 실제 점검이 가능하도록 물윤활베어링에 연속적으로 물을 흘려주는 윤활수 공급장치를 설치할 필요가 있다. 수직축형 펌프는 펌프를 시동할 때는 흡입수조에 물이 있고 흡입관 입구와 펌프가 항상 물에 잠긴 상태로 만들어 주어야 물윤활베어링의 손상을 방지할 수 있다.

7) 회전 방향의 예비점검

동력 설비 등 펌프 관련 전기공사를 시행한 후 처음 가동할 때는 그리스 펌프 등 소형펌프를 먼저 가동하여 정상적인 회전방향을 확인 후 가동하여야 한다.

8) 협잡물의 펌프유입 예방

펌프는 마모를 발생하는 물질과 내부에 걸리거나 손상을 유도하는 이물질로 부터 보호되어야 한다. 그러므로 흡입수조 입구에 설치된 스크린에 걸린 협잡물을 제거하므로서 물의 유입을 원활하게 하고 이물질로 인한 펌프의 과부하 발생을 방지하도록 한다.

9) 토출배관 내부 공기 배출

배수펌프장의 배관 형상은 사이폰 형상이 많아 토출배관부에 배기밸브나 배기관이 설치된 경우가 일반적이다. 배관내부의 공기는 통수능력에 지장을 초래하므로 펌프 가동 후 배기밸브를 열어 통수단면적을 정상화시켜 준다.

(2) 주펌프 운전

1) 시동 전 점검사항

① 스터핑박스

펌프는 스터핑박스의 윤활수 정도를 확인한다. 운전 중에 윤활수가 한 방울씩 연속해서 떨어지도록 하여 패킹박스를 냉각토록 한다. 패킹누르개를 너무 과도하게 조이면 윤활수의 공급이 차단되고 패킹이 과열되어 스터핑박스 패킹과 축보호 슬리브가 손상된다.

② 물 윤활(솔돈 또는 고무) 베어링

청수 공급 계통의 정상적인 기능을 항상 확인하여야 한다(외부수 공급의 경우). 무급수베어링(솔돈베어링)은 무급수 상태에서 1분 이내 운전이 가능하지만, 고무베어링의 경우는 무급수 상태에서 운전된다면 베어링은 곧바로 파손된다.

③ 회전 방향 확인

현장 설치 후 시운전이나 원동기의 재설치 후에만 필요하며, 자세한 내용은 기계설비 점검정비 부분을 참고한다.

2) 운전

① 시동준비

- 축류형 펌프일 경우 토출밸브를 열어준다.
- 압력게이지 코크를 연다.
- 베어링이 외부 청수 윤활일 경우, 윤활수 공급을 시작한다.

② 기동

- 전류계를 보면서 원동기를 구동한다.
- 펌프의 성능 곡선도를 확인하여 차단점 기동이 불가능한 경우 토출밸브를 열고 펌프를 운전한다. 일반적으로 축류형 펌프일 경우 토출밸브를 열어준다. $N_s>900$의 사류펌프의 경우도 토출밸브를 열어준다.
- 고무베어링을 사용하며, 청수를 펌핑할 경우 외부 윤활수 공급에서 자체 윤활 공급으로 전환 가능하다. (이때는 펌프 토출측에서 윤활수 배관이 설치되어 있어야 함)

③ 펌프 베어링의 점검 및 주유

펌프에서 고속으로 회전하는 예민한 부품으로 운전자는 지속적으로 진동과 온도를 점검하고 그리스를 주유하여 베어링 관리를 해주어야 한다. 자세한 내용은 "5장 점검 및 정비"를 참조한다.

④ 주펌프 가동 시 주요 점검항목(check list)

점검항목	비 고
• 그리스 펌프 가동 및 그리스 양 충만 상태 수시 확인	
• 기동반 전류, 모터 권선, 베어링 온도 및 계기 확인	
• 모터, 펌프 이상음 발생여부 확인	
• 흡수조로 유입되는 우수 유입량 수시 확인 (스크린 장애로 인한 유수지와 흡수조의 수위차에 의한 장애발생 방지)	
• 제진기 및 컨베이어 가동	
• 스크린에 걸려있는 협잡물 제거	
• 작동상태 점검 및 협잡물 제거 – 제진기가 이상없이 가동되는지 수시확인 – 스크린에 대형 협잡물이 걸렸을 경우 갈퀴 등을 이용하여 제거	
• 조작 판넬 전원상태 확인 및 기기 이상 유무 확인	
• 개폐 수위에 도달하기 전 수문 개폐 준비	
• 수문 개폐 수위 도달 및 역류 시점에 수문을 닫음	
• 개폐시 이상음 발생 등을 확인하면서 가동	
• 수문이 완전히 닫혔는지 개도계 및 육안 확인	
• 내·외수위(방류하천)의 수위변화를 주시 자연방류가 가능 할 경우 수문 조절	

⑤ 정지

- 원동기의 스위치를 끈다.
- 토출밸브를 닫는다(펌프가 정지하면서 역류방지밸브가 닫힌다). 압력계 콕밸브를 잠근다.
- 그리스 펌프를 정지 시킨다. (그리스 윤활일 경우)
- 외부 윤활수 공급을 중단한다. (외부에서 축봉수를 공급할 경우)
- 역류방지밸브가 부착된 경우 이상 유무를 확인한다.

3) 주펌프의 유량 동력 특성

전동기의 소요 전류나 펌프 토출 압력을 비교하면서 펌프와 전동기가 허용하는 범위에서 토출밸브 개도를 조절하여 유량을 조절한다.

사류펌프의 소요동력은 유량이 감소함에 따라 차단점(유량=0)을 향하여 서서히 증가하는 경우와 유량이 감소함에 따라 최고로 증가했다가 다시 감소하다가 증가하는 경우가 있다.

축류펌프는 차단점(유량=0)에서 동력이 가장 크고 전류가 높아서 과전류로 인해 모터가 소손될 위험이 매우 커지므로 펌프기동 시 토출밸브를 개방한 후 가동하여야 한다. 기동 후에는 빠르게 양정감소, 유량 증가되고 동력은 감소하는 특성이 있음으로 펌프성능곡선도를 이해하고 운전에 주의해야 한다.

유량이 증가함에 따라 동력곡선이 상승하는 펌프에서는 토출밸브가 '닫힘' 상태에서 기동해야 한다. 펌프를 기동하고 토출밸브를 빨리 여는 것은 불안전한 운전상태를 가능한 빨리 넘기려는 것이다.

4.5 유수지 관리

유수지는 홍수 시 저지대의 우수를 신속히 배제하기 위한 시설물로서 유입수를 일단 체류시켜 펌프에 의해 제외지로 강제 배출시키거나 자연유하로 배출되게 함으로써 저지대 침수예방을 위한 시설물이다.

유수지는 유입되는 우수를 본류하천의 배수영향을 받기 전까지 유수지를 거치지 않고 자연적으로

[그림 4-3] 배수펌프장과 유수지 전경

배수본류하천으로 충분히 소통시킬 수 있는 자연방류시설과 제방을 보호하기 위한 유수지 호안, 그리고 평상시에 유수지 바닥이 항상 건조한 상태가 유지되도록 설치되는 도수로로 이루어진다. 자연배수가 불가능한 시간의 내수 유입량 전량을 강제배수하면 펌프장 건설비, 연간유지관리비 등이 고가가 되어 비경제적이 될 수 있으므로, 경제적 관점에서 강제배수량을 줄이고 강제배수능력을 초과하는 내수유입량을 일시 저류시키는 역할을 수행한다.

유수지는 집중강우 시 제내지와 저지대의 우수를 하천으로 내보내기 쉬운 하천변이나 우수가 모이는 저지대에서 주거환경을 저해하지 않는 곳에 설치된다.

유수지는 장마철이 끝나는 9월 중순부터 정비(준설 및 정리)하여 우수와 함께 유입된 각종 오물이 해를 넘겨 누적되지 않도록 관리하며, 하수는 도수로를 따라 흐를 수 있도록 도수로를 준설하고 도수로 경계 벽체의 파손, 유실 등에 대해 보수정비 한다.

유수지 관리내용은 다음과 같다.

① 호안은 침식, 유실 여부를 수시로 점검하고 호안블럭 등이 침하되면 신속히 복구(임시복구 포함)한다.
② 펜스는 절단되거나 지지주의 파손으로 훼손되는 사례가 없도록 항상 청결하게 하여 기계나 전기설비의 고장 원인이 되지 않도록 한다.
③ 도수로에는 각종 오물이 유입되고 누적·부패되어 악취가 발생하므로 이를 수시로 제거하여 민원 발생 사례가 없도록 한다.
④ 흡입수조에는 유입된 토사가 누적되어 펌프가동에 지장을 초래하지 않도록 우기가 지난 후 준설해야 한다.
⑤ 토출관로 부분을 수시로 점검하고 자연수로의 하수 유하상태를 감시하여 이상 유무를 점검한다.
⑥ 흡입수조 앞부분의 스크린에 유입되는 각종 오물은 제진기 및 인양기 등을 적시에 가동하여 비상시 펌프가동에 지장이 없도록 조치한다.
⑦ 우기 시 시설물의 일부가 훼손되거나 유실된 경우에는 긴급복구 작업반을 편성하여 일단 조치하고, 우기 종결과 동시에 완전 원상 복구한다.
⑧ 펌프장 가동 중에 토출관로 부분의 누수 발생 시에는 누수부분에 사람접근을 통제하고 극심할 시에는 장비를 동원하여 긴급 누수방지 작업을 실시하여 일단 펌프가동에 지장이 없도록 한다.
⑨ 유수지 부지의 무단사용을 방치하여 유수지 본래의 기능을 저해하는 사례가 없도록 관련법규를 준수하여 관리를 하여야 하며, 유수지 관리계획 수립 시 지정된 부서는 사용 시설물의 점검

정비 등 시설물을 관리지침에 따라 관리하여야 한다.

[그림 4-4] 유수지내 준설 및 청소 작업

4.6 수문 운영관리

수문은 방류하천과 유수지의 수위를 비교하면서 개방하거나 폐쇄를 하게 된다. 평상시, 수문을 개방하여 유수지의 물을 하천으로 자연적으로 배수하는 역할을 하며, 호우 시, 방류하천의 수위가 유수지 수위보다 낮을 경우 수문을 개방상태에서 자연배수를 유지하고 있다가, 방류하천의 수위가 유수지 수위보다 상승하려 할 때 수문을 폐쇄하여 외수가 유수지로 유입하지 못하도록 방어하고, 강우가 종료되고 하천수위가 낮아져 자연배수 여건이 될 때까지 유수지의 물을 펌프로 강제배수하는 배수펌프장의 핵심이 되는 중요한 시설물이다.

수문의 정확한 조작은 매우 중요하며, 수문의 개방과 폐쇄가 확실하게 확인되어야 한다. 수문관리자는 조작방법을 충분히 습득하여 수문에 무리가 가지 않도록 조작해야 한다. 또한, 수문조작 시기를 놓치는 실수로 엄청난 홍수피해를 입지 않도록 적기에 신속히 조작해야 한다.

(1) 수문관리의 일반사항

1) 수문 점검

- 수문별로 보관함을 설치하고, 점검표를 비치한다.
- 수문점검 요령 및 기록요령에 따라서 수문관리자는 정해진 횟수 이상으로 정기점검을 실시하고 그 결과를 수문점검표에 기록한다.
- 수문점검표에 기록이 끝나면 관리기관에 비치된 수문안전관리 점검표에 기록하고 관리감독자의 확인을 받는다.

2) 수문조작의 기록

- 수문개폐 현황을 매 폐문시마다 시간과 수위(제내지 및 제외지)를 비치된 기록표에 기록한다.
- 관리주체기관의 수문관리자는 수문점검 요령에 의거 10월~3월에는 월 1회 이상, 4월~9월에는 월 2회 이상 각각 정기점검을 실시하고 그 결과를 권양기 주변에 비치된 점검카드에 기록한다.

3) 수문조작

- 하천의 수위상승으로 역수 우려가 있을 때 수문을 닫고, 하천수위가 하강하여 역수우려가 없을 때 수문을 열어 신속히 내수를 배제시킨다.
- 수위가 상승하면 수문관리자는 수문조작을 준비한다.
- 수문에 쓰레기가 끼여 수문 작동에 이상이 없는지 관찰한다.
- 수문조작을 한 후에는 조작 내용을 일지에 기록한다.

4) 수문 및 안내판, 양수표, 기타 구조물 정비

- 권양기의 기어, 각종 부품에 오물이 끼지 않도록 청소하고 주유를 정기적으로 실시하여 녹이 발생하지 않도록 정비한다.
- 수문은 필요시 부품의 녹을 제거하고 도색을 한다.
- 문짝 및 문틀은 누수확인 여부, 고무패킹 부식 확인, 문틀 내 오물의 끼인 상태를 확인하여 제거한다.
- 난간, 맨홀뚜껑, 맨홀사다리, 권양기대는 연 1회 이상 점검하고 필요시 도색하며, 위험한 사다리는 즉시 교체하여야 한다.
- 수문의 유입 및 유출구 쪽의 도수로는 연 1회 이상 점검하고 필요시 퇴적물을 준설하여 유수의 소통이 원활하도록 한다.
- 수문마다 안내판에 수문별 번호와 관리자(지방자치단체, 주민) 소속 성명을 표시하고 퇴색된 것은 재도색하며, 각 관리자에게 수문관리 및 점검사항을 주지시킨다.
- 권양기의 정상작동 여부, 고정핀이나 기어의 접속상태(이탈과 밀착) 등을 확인 후 이상 있을시 제작사에 점검 의뢰한다.

(2) 수위표 설치 및 관리

- 수문별로 수위표를 설치하여 수문 개폐에 활용토록 한다.
- 수위표는 선명하게 도색을 하되 수위관측이 용이한 채색을 택하여 기점 수위표선을 변동시키는 일이 없도록 재확인한다.

4.7 전자통신설비 운영관리

(1) 원격감시제어시스템

원격감시제어시스템이란 배수펌프장 및 수문 등의 원격감시제어 및 자동운전을 위해 설치한 모든 정보통신 설비를 말한다.

감시제어시스템은 「중앙집중감시-분산제어 방식」으로 구성하며, 중앙운영실 시스템 기능이 정지되더라도 현장의 모든 프로세서는 연속운전이 가능하고 부분적인 고장이 계통 전체로 확대되지 않도록 시스템이 구성되어 있다.

1) 운전 기본원칙

펌프장별 강우강도에 대한 펌프의 가동경향과 수위조건 등 필요한 상황을 동일한 시간에 쉽고 빠르게 파악할 수 있어야 한다. 배수펌프장 및 수문 가동 시 자동운전을 우선으로 하되, 긴급상황 발생 시 현장에서 수동운전이 가능하도록 유지하여야 한다.

2) 시스템 점검

시스템의 점검은 재해대책기간에는 월 2회 이상, 이외의 기간에는 정기적인 점검 계획을 수립하여 시행하여야 한다. 제어시스템의 유지관리는 전문업체에 위탁 관리하는 것이 일반적이다.

3) 일반적인 점검사항

① 계측감시 제어장비에 대한 점검

- 전류 발생기 등을 이용하여 각종 계측기기의 선로 확인
- HMI 프로그램에 경향 데이터 표시 및 저장 유무 확인
- 원격운전 실시 및 가동일지 작동 유무
- PLC 도면 숙지와 함께 각각의 제어 및 감시 포인트에 대한 PLC-I/O 모듈 채널 확인
- 중요 장비에 연결된 계측기기의 수시 확인
- 수위계 선로 상태 확인 및 HMI 프로그램이나 기록계에 정확한 자료의 기록, 저장 여부 확인
- 각종 계전기의 동작상태 확인

② HMI(human-machine interface) 프로그램 상태 점검

- PC 하드디스크의 수시 점검을 통한 충분한 저장용량 확보
- 데이터의 저장 위치를 파악, 전년도 데이터에 대한 백업상태 확인 및 각종 백업장비(USB 등)를

이용해 저장, 관리(경보, 경향, 가동기록, 수위일지 등 데이터의 저장 위치 등 반드시 숙지)

- 원격제어 장비 점검 시 생성된 데이터 확인
- HMI 프로그램 백업용 및 데이터 저장용 하드디스크 별도 확보
- 펌프 및 수문 가동 기준수위 도달 이전에 경보음과 문자정보를 발생하며 관리자에게 SMS 전송

③ 전용회선 선로의 점검

- 전용회선 번호 식별을 용이하도록 하고(통신장비 등에 부착), 통신 선로 문제시 신속한 조치
- 통신 상태를 확인할 수 있게 모뎀의 통신상태 표시램프(DCD, SQ, RXL) 등 중요 용어 숙지
- 전용회선 고장 시 전화국 시험실과 상호 테스트가 가능하도록 시스템에 대한 충분히 이해 필요

④ 펌프가동 전 점검사항

- 펌프 및 수문 등 가동 전에는 중앙상황실 컴퓨터와 현장 컴퓨터간의 시간 동기화 상태 확인
- 모뎀 표시램프(SQ, RXL, DCD)의 상태 점검
- 현장 단말기(PCL, RTU)와 PC간의 통신 상태 확인
- 수위에 대한 각종 보고서나 기록계 상태 확인

⑤ 펌프가동 후 점검사항

- HMI 프로그램의 경향 데이터 저장 상태 확인
- 펌프가동 일지 저장상태 확인
- 수위데이터의 저장상태 확인
- 가동일지, 수위데이터, 중요 경향 데이터의 문서화 및 보관

(2) 수해방지 정보공유 PC

하천수위, 배수펌프장 가동상황, 강우데이터 등을 종합적으로 수집/공유하기 위해 지방자치단체 또는 해당기관 중앙상황실에 PC(이하 '수해방지공유 PC'라 한다.)를 설치하며, HMI PC를 통해 정보를 수집하고, 수문정보시스템과 홍수정보시스템을 통하여 정보를 제공한다.

1) 관리체계

- 수해방지공유 PC의 가동은 1일 24시간, 여름철 재해대책기간 동안 가동을 원칙으로 하며, 필요시에는 비재해대책기간에도 가동할 수 있다.
- 안정적인 관리를 전담할 관리담당자를 지정·관리하여야 한다.

- 24시간 운영됨을 알 수 있도록 해당 본체와 모니터에 각각 안내문구를 부착한다.
- 정보의 정확성을 위해 표준시 프로그램을 설치·사용해야 하며, 표준시 프로그램 사용이 불가능한 경우 최소 1일 1회 이상 표준시를 수동으로 동기화시켜야 한다. (표준시 프로그램은 http://www.kriss.re.kr의 표준시각 맞추기에서 다운받아 사용한다.)

2) 유지보수

유지보수는 정기점검, 수시점검, 장애 발생 시에 이루어진다. 정기점검은 종합적인 가동상황 점검을 위해 월 1회 실시하며, 수시점검은 PC의 동작여부를 위해 수시 확인하여야 한다. 장애발생시 유지보수는 PC 유지관리 방법대로 처리하며, 수해방지 관련 프로그램에 이상이 생길 경우에는 즉시 상위기관에 연락하여 조치를 받는다.

(3) 수위 및 가동기록계 관리

배수펌프장에서 관리하는 각종 수위와 가동기록 데이터를 저장하며, 아래 항목의 운영관리를 편리하게 하고, 펌프 가동정지 및 수문의 작동 등 의사결정을 지원하는데 활용한다.

- 유수지 내외 수위차 자동기록관리 및 운영관리
- 가동실적(시간별 내·외수위, 수문개폐시각, 펌프가동시기, 강우량 등) 저장
- 경제적인 펌프 가동시기 의사결정 지원 및 데이터 저장

1) 외수위

- 자동 수위계로 수위가 측정되고, 측정된 수치는 지시계에 나타나고 기록계에 기록된다.
- 수위가 수문 OFF지점에 도달하면 수문 OFF 램프가 켜지고, 경보가 울린다.
- 수문을 '닫힘' 동작시킨다.
- 범람 수위에 이르면 홍수경보가 울린다.
- 수위가 하강하여 LOW 위치가 되면 수문을 '열림' 동작시킨다.

2) 내수위

- 자동 수위계로 수위가 측정되고, 측정된 수치는 지시계에 나타나고 기록계에 기록된다.
- 내수위가 배수 주펌프의 가동수위에 오면 배수 주펌프 ON 표시등이 켜지고 경보가 울린다.
- 배수 주펌프를 가동시킨다. (펌프 가동전에 펌프가동기록계 ON 스위치를 작동시킨다.)
- 강우 시 신속하게 펌프를 가동할 수 있는 초기가동수위 설정 후 운전여부를 관리하고 기록한다.
- 범람수위에 이르면 홍수경보가 울린다.

- 수위가 하강하여 LOW 위치가 되면 배수 주펌프를 정지시킨다.(펌프 가동 기록계 OFF 스위치를 눌러 정지시키고, 펌프별 가동시간을 확인하여 일지에 작성하고, 기록지를 잘 보관한다.)

3) 초기가동수위

가동 시 신속하게 주펌프를 가동할 수 있는 초기가동수위를 설정 후 운전 여부를 관리하고 기록한다.

4) 기타

- 펌프장별로 경보를 울리는 수위를 정확히 조사하여 판넬에 표시·입력
- 점검정비는 연 2회 이상 실시하여 작동에 지장이 없도록 한다.(기기접점, 케이블 이완, 잉크 교환, 기록지 확보 등)
- 가동기록계 운영기간은 중앙정부부처가 지정한 재해대책기간 중 계속 작동할 것(단, 펌프장 지역에 따라 기간조정)

4.8 제진기 운전

강우시 유수지로 유입된 협잡물을 스크린에서 수집하고, 제진기로 인양하여 컨베이어로 이송하여 펌프 및 기타 구조물을 보호하는 설비이며, 주로 유압식·기계식·로터리식 등의 제진기가 설치·운영 중에 있다. 운전자는 아래 사항을 유의하여 관리할 필요가 있다.

- 스크린의 부착 협잡물은 스크린 전후의 수위차가 커지지 않도록 신속히 제거해야 한다. 제거가 늦어지면 스크린을 변형시키는 원인이 되고 제진기 성능이 나빠지게 되어 협잡물의 제거가 매우 어려워지게 된다.
- 강우시는 연속하여 운전하는 것이 효율적이다.
- 제진설비가 제대로 작동하지 않으면, 스크린이 막혀 유수지 수위는 높은데도 불구하고 흡입수조 수위가 낮아져 배수 주펌프의 가동이 곤란하여 펌프장의 역할이 현저히 저하되고 저지대 취약지의 침수피해가 크게 발생할 우려가 있다.
- 운전 중 제진설비가 고장 났을 때는 긴급복구하고, 스크린 전후 수위차가 커질 때는 부상스크린 등을 이용 부유물 제거에 총력을 기울여야 한다.
- 스크린 설비에 범죄 등에 관련된 물체(사체, 이상투기물)등이 발견될 시는 관계기관에 통보하고

조치를 구한다.

- 스크린에서 제거한 부유물은 방치할 경우 악취를 발산하게 되므로 신속히 반출하고 세정한다.
- 스크린 및 제진설비는 작업 종료 후 다음 가동을 위해 깨끗이 정비해 둔다.

제5장 점검 및 정비

5.1 시설물 안전점검 및 진단

(1) 안전점검 및 진단의 개요

1) 안전점검

경험과 기술을 갖춘 자가 육안이나 점검기구 등으로 검사하여 시설물에 내재(內在)되어 있는 위험 요인을 조사하는 행위를 말하며, 점검목적 및 점검수준을 고려하여 국토교통부령으로 정하는 바에 따라 정기안전점검 및 정밀안전점검으로 구분한다.

① 정기안전점검 : 시설물의 상태를 판단하고 시설물이 점검 당시의 사용요건을 만족시키고 있는지 확인할 수 있는 수준의 외관조사를 실시하는 안전점검

② 정밀안전점검 : 시설물의 상태를 판단하고 시설물이 점검 당시의 사용요건을 만족시키고 있는지 확인하며 시설물 주요부재의 상태를 확인할 수 있는 수준의 외관조사 및 측정·시험장비를 이용한 조사를 실시하는 안전점검

2) 정밀안전진단

시설물의 물리적·기능적 결함을 발견하고 그에 대한 신속하고 적절한 조치를 하기 위하여 구조적 안전성과 결함의 원인 등을 조사·측정·평가하여 보수·보강 등의 방법을 제시하는 행위를 말한다.

3) 긴급안전점검

시설물의 붕괴·전도 등으로 인한 재난 또는 재해가 발생할 우려가 있는 경우에 시설물의 물리적·

기능적 결함을 신속하게 발견하기 위하여 실시하는 점검을 말한다.

4) 유지관리

완공된 시설물의 기능을 보전하고 시설물 이용자의 편의와 안전을 높이기 위하여 시설물을 일상적으로 점검·정비하고 손상된 부분을 원상복구하며 경과시간에 따라 요구되는 시설물의 개량·보수·보강에 필요한 활동을 하는 것을 말한다.

(2) 안전점검 및 정밀안전진단 대상 시설

배수펌프장 시설물의 안전점검 및 정밀안전진단 실시 범위에 대한 세부적인 대상시설은 〈표 5-1〉과 같다.

① 기본 시설물을 제외한 시설물의 안전점검 및 정밀안전진단은 해당 시설물(건축물, 수문, 옹벽, 제방 등)에 따라 실시하여야 한다.

② 부대 시설물이 1종 또는 2종 시설물에 해당되는 경우에는 1종 시설물은 정밀점검 및 정밀안전진단을 실시하여야 하고, 2종 시설물은 정밀점검을 실시하여야 한다.

〈표 5-1〉 배수펌프장 시설물의 안전점검 및 정밀안전진단 대상시설 범위

구분	시설물명	점검 및 진단 실시범위		
		정기점검	정밀점검	정밀안전진단
기본 시설물	본체시설[주1)]	○	○	○
	기계·전기 설비	○	○	○
기타 시설물	수문[주2)]	○	○	○
	관리동 등 건축물[주3)]	○		
	유수지[주4)]	○		

주) 1. 본체시설에는 침사지, 흡수조, 토출수조, 펌프실, 유입수문, 토출수문, 스크린 등을 포함한다.
2. 배수펌프장에 포함되어 있는 수문은 점검 및 진단 시 안전점검 및 정밀안전진단에 포함하여 실시하여야 하며, 이 경우 대가를 별도로 반영하여 실시하여야 한다.
3. 토목구조물과 건축물이 일체로 된 경우의 건축물은 기본 시설물에 포함된다.
4. 기타시설 중 하나인 유수지의 경우 안전점검 및 정밀안전진단을 실시하여야 하며, 이 경우 대가를 별도로 반영하여 실시하여야 한다.
*본체 시설물의 안전등급에 영향을 미치지 않는 기타시설물의 경우 종합 평가 시 반영하지 않는다.

(3) 시설물의 점검항목

1) 토목 구조물

손상 및 결함	점검항목	비고
침하 / 부상	구조물의 침하나, 부상 정도	
경사	구조물의 경사 정도	
활동	구조물의 활동 정도	
기초세굴	구조물 기초의 세굴 정도	
식생 및 퇴적	식생 및 토사의 퇴적 정도	
콘크리트 균열	• 수밀성 콘크리트의 허용 균열폭 • 균열 폭 및 면적율	
콘크리트 박리	박리의 깊이 및 면적	
콘크리트 박락 / 층분리	박락 / 층분리의 깊이 및 면적	
철근노출	철근노출 면적	
누수	누수흔적 및 진행정도	• 콘크리트 부재 • 신축이음 부위
백태	백태 발생 면적율	
콘크리트 파손	콘크리트 파손 깊이 및 면적율	
신축이음 탈락 / 열화	신축이음 탈락 및 열화 정도	

2) 펌프설비

손상 및 결함	점검항목
작동 유무 확인	펌프의 정상작동 유무
펌프베드 기초불량	기초볼트 부식 및 이완, 그라우팅 훼손
진동 과다 발생	펌프 및 전동기의 진동
소음 과다 발생	펌프 및 전동기의 소음

3) 스크린 및 제진기

손상 및 결함	점검 항목
작동 유무 확인	제진기의 정상작동 유무(운반장치 벨트 컨베이어 등) 작동유무 포함
설치 상태	스크린바의 부식, 유효목폭, 변형 및 변위 정도

4) 펌프 장내 배관

손상 및 결함	점검 항목
관체의 손상	부식, 도장탈락 및 누수 등의 손상정도
관연결부 손상	관연결부의 부식, 누수 및 도장상태
밸브 손상	밸브본체, 연결플랜지부, 축봉부 등의 외관 및 작동상태 등

5) 전기 및 계측제어설비

손상 및 결함		점검항목	비고
점검대상	대상기기		
수변전 설비	• 특고 수전반 • 고압 배전반 • 저압 배전반	• 외관상태·시험 및 측정	• 상세 육안점검 • 접지저항 측정 • 적외선 열화상 측정
펌프모터 설비	• 기동반 • 현장조작반 • 콘덴서반 • 배수펌프용 모터	• 외관상태 • 시험 및 측정 • 작동상태	• 상세 육안점검 • 절연저항 측정 • 접지저항 측정 • 적외선 열화상 측정 • 작동시험(전압, 운전 전류 등)
예비전원 설비	• 비상발전기	• 외관상태 • 시험 및 측정 • 작동상태	• 상세 육안점검 • 절연저항 측정
피뢰설비	• 수뢰부 • 인하도선 • 접지극	• 외관상태 • 시험 및 측정	• 상세 육안점검 • 접지저항 측정
계측설비	수위계	계측상태	신호확인

6) 유수지

손상 및 결함	평가항목
식생 및 퇴적 상태	유수지 내 식생 및 토사 퇴적 상태 및 장애물의 유무

(4) 시설물별 현장조사 및 재료시험의 요령

1) 외관 조사망도 구성

개별부재를 하나의 외관 조사망도 단위로 구분하는 것을 원칙으로 하고, 길이가 긴 공동구나 옹벽 등과 같은 구조물에 대해서는 책임기술자의 판단에 따라 신축이음부, 불연속면 등을 기준으로 구간 분할하여 작성할 수 있다.

2) 지반(시추) 조사

지반(시추)조사는 다음의 경우에 실시하며, 책임기술자의 판단에 의해 결정한다.

- 외관상태 조사 결과 중대한 구조적 결함의 발견
- 구조물에 작용하는 하중조건이 크게 변하였거나, 변화가 예상되는 경우

3) 코어채취

수밀을 요구하는 배수펌프장의 토목구조물 특성과 경제성 및 작업성 등을 고려할 때 코어채취에 의한 콘크리트강도 조사는 과업의 범위 및 내용이나 외관상태 조사결과 또는 비파괴시험에 의한 콘크리트강도 조사결과 등에 따라 관리주체와 책임기술자가 협의하여 코어채취에 의한 콘크리트강도 조사여부를 결정한다.

4) 유수지 조사

유수지는 시설물에 따라 물이 채워져 있는 경우가 있기 때문에 기본적인 조사는 육안검사를 통해 식생상태나 부유물 등을 기본으로 실시하며, 물이 채워져 있는 유수지 바닥의 퇴적물에 대한 수중조사는 관리주체와 책임기술자의 협의에 의해 결정한다.

5) 기계설비

① 소음·진동 측정

각종 기기 중 구조물에 영향을 미치는 진동을 일으키고 펌프장 운영자의 심신에 스트레스를 유발하는 소음을 발생시키는 주요 기기는 각종 펌프 등으로서, 이들의 기기에서 소음·진동이 크게 발생하거나 콘크리트 외관상태 조사 결과 균열 등의 결함이 기기 및 배관의 진동에 의해 발생되는 징후를 보일 경우, 이러한 기기 및 배관에 대한 소음·진동치를 측정하여 허용치 초과여부를 확인하고 그 원인을 파악하여 대책을 강구하는 것이 필요하며 또한, 기기의 소음·진동 정도를 측정함으로써 기기의 상태를 간접적으로 파악할 수 있다.

- 펌프의 소음측정 : 펌프의 작동유무확인을 시행하여 펌프의 부하측, 반부하측 및 모터 반부하측을 기준으로 수평거리 1 m에서 측정한다.
- 펌프 및 배관 등의 진동측정 : 펌프의 작동유무확인을 시행하여 기기의 진동측정 회수는 펌프의 부하측 및 반부하측을 수직, 수평, 축방향에 대하여 측정한다.

② 배관두께(초음파 측정)

각종 배관들이 부식이나 이음부위의 체결불량 또는 손상 등으로 누수가 발생될 경우, 펌프장의 운영에 막대한 지장을 초래할 뿐만 아니라 안전사고로 이어질 수 있기 때문에 부식발생 우려가 높거나 관 내압이 크게 작용하는 배관에 대해서는 관의 두께가 소요두께 이상을 확보하고 있는지를 조사할 필요가 있다.

따라서 각종 배관에 대한 관의 두께조사(초음파 측정)는 배관의 특성 및 상황 등을 고려하여 책임기술자가 실시여부를 정한다.

③ 스크린 및 제진기의 상태

스크린은 유수에 포함된 부유물질이나 퇴적물이 펌프에 손상을 입히지 못하도록 하는 중요한 시설물로 스크린 바의 부식에 의한 용접두께 감소나 파손 및 변형 등에 의한 용접두께 유효폭을 확보하고 있는지를 조사할 필요가 있다.

④ 각종 기기(기타설비)의 작동유무 확인

배수펌프장의 정밀안전진단 시 각종 기기의 작동유무확인을 실시하여야 할 주요 기기로는 각종 펌프·밸브, 제진기, 수문의 문짝, 크레인 및 호이스트 등이 있다.

6) 전기설비

① 절연저항 측정

전기설비에서 누전이 발생되면 감전사고 및 전기화재 발생 우려가 높아 이를 방지하기 위한 대책으로 절연저항측정을 실시하며, 절연저항 측정 시 케이블 인출 단자대에서 케이블과 모터 권선을 일괄 측정하여 절연저하 여부를 판단한다.

수변전설비에서 중요도가 높은 차단기, 변성기, 기동리액터 등의 3상 전력설비는 절연 저항계를 사용하여 절연상태를 조사하여야 한다.

② 접지저항 측정

접지란 전기설비를 대지와 전기적으로 접속하여 대지의 전위와 동일하게 하는 것으로써 전기설비에서 가장 기본적인 안전대책이다. 접지저항 측정은 기본적으로 전위강하식(현장여건에 따라 후크온식) 접지저항계를 사용하여 해당 접지단자함 또는 접지간선에서 측정하며, 관련기준에서 제시하는 기준 값 이하를 유지하는지 여부를 판단한다.

③ 적외선 열화상 측정

전기설비에서 과부하, 접촉 불량, 불평형 전류 발생 시 설비에 이상발열이 발생하므로 운전상태의 전기설비를 적외선열화상카메라로 촬영하여 이상 여부를 판단한다.

④ 작동유무 확인

배수펌프장의 모터설비는 가장 중요한 핵심설비로써, 운전 시 전압강하 및 과부하 여부를 판단하기 위한 시험으로, 전력분석기를 사용하여 공급전압, 운전전류를 측정하여 이상 여부를 판단한다.

(5) 배수펌프장 시설물의 점검주기

시설물명		점검명	대상	점검주기	점검기관	관련법규
배수펌프장, 수문		정기 안전 점검	제1종 및 제2종시설물	A·B·C등급 : 반기 1회이상 D·E등급 : 1년 3회이상	기술자격 소지하고 교육을 이수한 자	시설물 안전관리에 관한 특별법 제11조, 제12조
		정밀 안전 점검	제1종 및 제2종시설물	A등급 : 3년 B·C등급 : 2년 D·E등급 : 1년	한국시설안전공단 /안전진단전문기관	
		정밀 안전 진단	제1종시설물	A등급 : 6년 B·C등급 : 5년 D·E등급 : 4년		
		성능 평가	1종 및 2종에 해당하는 국가하천의 수문 및 통문	5년		시설물 안전관리에 관한 특별법 제40조
기계 설비	크레인	안전 검사	크레인	최초 3년/이후 2년	한국승강기 안전기술원 /안전인증기관	산업안전보건법 제36조
전기 설비	수배전반 변압기	정기 검사	자가용 전기설비	3년	한국전기안전공사	전기사업법 제65조
기타	소방설비	종합 정밀 점검	연면적 1천 m^2 이상으로 옥내 소화전 또는 자탐설비가 설치된 것	1년	소방시설관리업자, 소방안전관리로 선임된 소방시설 관리사 또는 소방 기술사	화재예방,소방시설 설치·유지 및 안전관리에 관한 법률 제25조

5.2 설비 점검 정비 일반

(1) 개요

펌프설비는 그의 설치목적을 달성하기 위해서는 항상 신뢰성이 높은 상태를 유지하고 있을 필요가 있기 때문에 고장발생을 미연에 방지하고, 정상적인 운전 상태를 유지하기 위해 정기적인 점검, 정비를 실시하여 설비의 신뢰성확보, 기능의 유지 노력을 하여야 한다.

유지관리에 있어서는 열화 상황, 보수의 이력, 부적합 발생 상황 등의 기록 등 여러 데이터의 축적과 경향 등의 관리 분석을 실시하여 예방보전의 노력을 해야 한다.

시설의 기능에 이상이 있을 경우를 대비 부품공급이나 교환 수리 등의 대처가 가능한 곳의 연락처를 정리 보관해 둘 필요가 있다.

(2) 점검

펌프설비의 점검은 설치목적, 구성기기와 그 특성, 설치조건, 가동형태 등에 따라 적절한 내용으로 정해 실시한다. 점검 결과의 데이터는 고장의 파악과 구성기기 등의 건전도 평가에 활용한다.

배수펌프설비의 정기점검(년 점검, 월 점검)과 임시점검은 대기 중에 발생할 수 있는 고장과 고장을 일으키는 균열, 마모, 부식 등을 발견하고 복구함으로서 배수조작 시에 확실한 펌프운전을 가능토록 하는 것이다. 운전 시 점검은 운전 시에 이상 징후를 조기에 발견하는 것이므로 각각의 상황에 맞게 적당한 내용(항목)으로 점검한다.

- 일상점검 : 일상운전 시 필수 확인사항을 점검한다. 이상발견 시 즉시 원인을 조사하여 적절한 조치가 필요하다.
- 정기점검 : 정기적으로 시설을 점검하여 이상의 유무를 감시하여 간단한 청소나 윤활유 공급 등을 행하고, 운전 중에는 작동상태를 점검하여 경미한 고장은 즉시 처리하고 중요한 부분은 전문가에 의뢰하여 처리한다.

(3) 정비

정상적인 정비는 점검과 함께 실시함이 좋으므로 주요기기의 분해정비는 유지관리 계획에 의해 계획적으로 실시한다. 점검과 함께 실시하는 청소, 조정, 급유, 부품교환, 보수 도장 등의 정비는 고장율을 감소시키고 수명을 연장시키는 중요한 역할이다. 그러나 주요기기의 부품은 보이지 않는 부분도 많아(펌프의 임펠러, 수중베어링, 케이싱 내부의 주축, 감속기 내부의 기어와 베어링, 주원동기 내부의 기기 등) 정기점검만으로는 열화를 파악하거나 복구가 되지 않는 경우가 있어 장기적인 신뢰성 확보가 되지 않으므로 분해정비를 계획적으로 실시할 필요가 있다.

- 정기정비 : 주로 분해하여 행하는 정비로서 저하된 기능을 복원시키는 것이 주목적이다. 이 정비는 전문가의 진단에 따라 행하고 손상, 마모, 기타 이상 부분을 보수, 불량품 교환 등을 행한다.
- 임시정비 : 정기점검 시기가 도달하지 않았더라도 일상점검이나, 정기점검 시 이상이 확인된 경우 사고를 미연에 방지하기 위해 임시정비를 해야 한다.
- 휴지(비운전시)정비 : 장시간 휴지상태로 있는 펌프는 점검이나 단시간 운전으로 안전을 확인하여 항상 운전가능상태가 될 수 있도록 하여야 한다. 특히 디젤기관의 보수(방청)운전을 행하는 것이 필요하다. 또 보수 운전이 불가능할 경우 엔진을 수회 손으로 돌려 피스톤의 위치 변경 정도는 필히 행하는 것이 좋다.

(4) 갱신

펌프설비는 설치 후의 운영상황 등의 분석과 점검, 정비에 따른 기능보전이 한계에 달했다고 판단될 때는 종합 진단을 실시하고 개, 대체 등의 적절한 조치를 취해야한다.

설비 설치 후 사용 연수가 오래된 설비는 경년열화도에 따르며, 급격한 도시화나 요구의 다양화 등 사회 환경의 변화와 기능 고도화와 기존설비의 부식화 등 여러 요인으로 부터 설비가 내용한계에 도달하고 운용상의 요구를 충분히 만족시키지 못할 것으로 예측되면 설비의 기능회복을 위해 최적의 조치방법을 찾기 위해 수선, 갱신, 개조 등이 필요하다.

(5) 상태감시보전

기기의 진동, 온도, 전류, 절연저항 등의 계측치를 보고 해당기기의 건전도를 파악하는 상태감시에 의거 수선이나 갱신 시기를 결정하는 보전방식을 "상태감시보전"이라 한다. 시간(기간)을 정해 수선이나 갱신을 하는 시간계획보전에 비해 설비의 수명연장에 따른 경제성 향상이 가능하다. 보이지 않는 부분 때문에 실시하는 분해정비는 경비가 많이 들기 때문에 상태감시나 전문기술자에 의한 건전도평가 및 실시시기의 최적화를 꾀하는 것이 바람직하다.

5.3 기계설비

5.3.1 주펌프 설비

(1) 육상 수직축 펌프

배수펌프장의 배수펌프는 일반적으로 수직축사류 펌프가 주종을 이루고 있으며, 사류펌프는 터보형 펌프 중 임펠러로부터 토출되는 흐름이 주축의 중심을 축으로 하는 원추면에 있는 것을 말하며, 부하조건에 따라 안전한 운전을 할 수 있다.

펌프의 관리를 위해서는 시방확인은 필수적이며 관련도서는 펌프장에 보관되어 있어야 한다.(펌프의 정격양정, 토출량, 회전속도 등의 항목과 성능특성은 펌프 명판이나 성능시험 성적서 등 도서를 참조한다.)

1) 펌프의 구조 및 주의 사항

① 수직축 사류 및 축류펌프의 특징 및 구조

수직축 사류 펌프는 단지 모양의 케이싱과 반개방형(semi–open type) 또는 밀폐형(closed type)의 사류형 임펠러로 구성된 것이 특징이며, 수직축 축류펌프는 관 모양의 케이싱과 개방형(open type)의 축류형 임펠러로 구성된 것이 특징이다. 사류 펌프와 마찬가지로 수직방향으로 설치되어 임펠러는 항상 물속에 충분한 깊이로 잠겨져 있기 때문에 운전 전에 프라이밍(priming)에 대한 특별한 장치가 필요 없다.

② 수직형 펌프는 흡입측의 저항에 대하여 대단히 민감하다. 이러한 저항에 의한 흐름의 교란 상태는 불안정한 운전을 발생하여 베어링부의 조기 마모, 토출 양정저하, 효율저하 등 펌프에 중요한 악영향을 미치므로 펌프 흡입측 관련 시공은 주의를 해야 한다. 또한 최소 침수깊이는 펌프에 큰 영향을 미치므로 어떠한 경우에도 최소 침수깊이 이하에서 운전되어서는 안된다. 최소 침수깊이 및 흡입수조 기초는 제조사에서 제출한 외형도에 명기되어 있다. 또 유체의 유동을 임펠러에 원활하게 안내 해주기 위해, 필요 시 와류방지벽 또는 흡입콘이 설치되기도 한다.

2) 기동전 점검 및 조치사항

① 스터핑 박스

펌프는 스터핑 박스의 패킹으로 밀봉된다. 패킹이 정상으로 삽입되어 있고 적당히 조여 있는지 확인한다. 패킹실 바깥쪽 끝에서부터 패킹누르게를 정확히 안내하기 위한 공간을 5 mm 정도만 남겨 놓을 만큼 패킹이 삽입되어 있으면 좋다.

② 그리스 윤활 상부 베어링

펌프가 완전히 조립된 상태라면 상부 베어링에는 그리스가 채워져 제작사로부터 운송된다. 운송하는 동안 베어링내로 먼지나 이물질이 들어갔다는 의심이 있거나 오랜 저장으로 노화가 생겼다면 재주유를 강구해야 한다. 모든 경우에 있어서 베어링은 벤젠이나 벤졸로 깨끗이 세척하고 펌프 운전에 앞서 적당한 양의 새 그리스를 채워야 한다. 베어링내의 빈 부분을 완전히 채워주며 베어링하우징에 1/2 정도 채워지도록 그리스를 주입한다.

③ 오일 윤활 상부 베어링

기동전에 유면계 상의 상한과 하한사이의 중간 위치에 눈금이 오도록 베어링하우징에 오일을 채워준다. 어떤 경우에도 상한과 하한 사이에 눈금이 있어야 한다. 오일 레벨은 정지 시에만 정확하게 측정되며, 운전하는 동안에는 오일이 베어링하우징내에서 회전하기 때문에 더 높은 수준으로 나타난다. 첫 오일 교환은 200시간의 운전 후나 그 이전에 행한다. 사용되었던 오일에는 베어링 케이스에서 나온 미세한 청동 입자가 포함되어 있을 가능성이 있다.

다음 오일 교환은 2000시간의 운전 후에 행한다. 만약 사용되었던 오일에서 다시 청동입자가 발견되면 그 다음의 오일 교환도 2000시간의 운전 후에 행한다. 반면에 두 번째 오일 교환으로 사용되었던 오일이 깨끗하다면 그 다음의 오일 교환은 8000시간의 운전 후에 행해주며, 적어도 1년에 한 번씩은 교환해 주어야 한다. 오일을 교환할 때마다 베어링하우징 바닥에 남아있는 침전물이나 먼지를 벤젠이나 벤졸로 깨끗이 세척해야 한다.

④ 그리스 윤활(메탈) 베어링

모든 윤활 파이프에는 그리스건으로 공기가 들어가지 않도록 그리스를 가득 채워야 한다. 또한 처음으로 기동할 때나 베어링 수리 후 기동할 때는 전체 윤활 장소에 그리스가 완전히 공급될 때까지 충분한 그리스가 주입되도록 한다.

⑤ 물 윤활(솔돈 또는 고무) 베어링

우선 청수 공급 계통의 정상적인 기능을 항상 확인하여야 한다(외부수 공급의 경우). 물 윤활 솔돈 베어링은 무급수 상태에서 1분 정도 운전이 가능하지만, 고무 베어링의 경우는 무급수 상태에서 운전된다면 수초 내에 베어링은 파손된다.

⑥ 회전 방향 확인

원동기의 회전 방향은 펌프와 연결하기 전에 확인되어야 한다. 회전방향이 다를 경우 베어링이 파손되는 경우도 발생하므로 운전 시 특히 주의해야 한다. 수직형 펌프는 통상 원동기 측에서 보아 시계방향으로 회전하는 것이 제작사 표준이지만 예외가 있으므로 회전방향 표시판을 확인해야 한다.

3) 운전 중 점검 및 조치사항

모터의 소요 전류나 펌프 토출 압력을 비교하면서 송출 밸브에 의해 유량을 조절한다. 펌프가 계속 운전 중에 있을 때 그리스 윤활 상부 베어링은 보통 손으로 만졌을 때 따뜻한 정도의 온도에서 운전되며 과열되지 않는다. 그러나 높은 부하조건에서 운전하거나 주위온도가 높으면 베어링하우징은 어느 정도 상승될 것이다. 정상 운전인 경우 베어링 온도가 70℃까지는 안전하게 운전되며, 70℃ 이상 높아지면 재급유 주기를 바꾸어야 하며 100℃을 초과해서는 안된다. 적어도 4,000시간 운전 시마다 그리스를 주입하며 어떤 경우에도 6개월에 한 번은 꼭 주입해 주어야 한다.

베어링 온도	재급유주기
70℃	26주 마다
80℃	13주 마다
90℃	7주 마다
100℃	4주 마다

오랫동안 정지한 후 기동할 때는 운전시간에 관계없이 항상 그리스를 주입해야 한다. 오일 윤활 베어링은 비교적 높은 온도(펌프실 온도보다 거의 60℃ 높은)에서 운전된다. 하지만 운전온도가 100℃를 초과할 수는 없다. 재급유는 베어링 캡에 부착된 그리스 니플을 통해 주입하며, 급유할 때 축과 베어링 케이스 혹은 캡 사이 틈새로 흘러내리지 않도록 과도한 급유를 피한다. 이런 이유 때문에 50℃에서 점성이 4.5~5°E인 윤활유를 사용하며, 운전온도에서의 점성은 약 2°E 정도가 될 것이다.

간헐적으로 베어링의 운전 상태를 확인해야 한다. 거칠고 두들기는 소리는 불순물이나 베어링 접촉면의 손상 때문이고 휘파람 같은 소리는 윤활유가 부족하다는 신호이다. 이런 비정상적인 신호가 있을 때는 즉각 베어링을 점검하여 원인제거를 해야 한다.

4) 점검주기 및 항목

① 운전 중 점검내용은 다음과 같다.

NO.	항목	확인방법	이상 발견 경우 및 조치사항
1	그랜드 온도	그랜드의 온도는 기동 후 실링수의 온도가 적당한지 확인한다.	패킹의 조립상태 및 그랜드의 취부상태를 확인한다.
2	흡입수조의 수위	수위 레벨 게이지를 확인한다.	수위가 낮을 때에는 펌프를 중지하고 수위를 높인다.
3	모터 및 펌프	정상 운전 시와 다른 이상음이나 진동이 있나 또는 각 부의 이상온도 상승이 있나 확인한다. 양정 및 전류치의 정상여부 확인한다.	이상이 있다는 판단이 되면 정지시키고 모터 및 펌프의 유지관리지침서를 참고로 하여 점검한다.

② 수시 점검

- 스러스트 베어링의 그리스 혹은 오일 교체 여부를 확인한다.
- 그랜드 패킹 교체 여부를 확인한다. 패킹을 교환하기 앞서 축보호스리브와 패킹부위를 깨끗이 세척한다.
- 계기를 이용한 진동 유무를 확인한다.

③ 간헐점검

1년 혹은 2년에 한번 씩 분해 점검을 실시한다. 그때 가능하면 흡입수조의 내부를 깨끗이 청소하는 것이 바람직하다.

④ 장기간 정지 시 점검사항

언제라도 펌프가 작동되어질 수 있도록 펌프를 다음과 같이 유지 관리한다.

- 오래된 패킹은 새 패킹으로 교체한다.
- 수중베어링을 깨끗하게 하기 위해서 매주 1번씩 10분 동안 윤활수를 흘려 보내준다. 이때 가능하다면 손으로 펌프를 돌려준다.
- 공기 밸브가 펌프에 부착되어 있는 경우, 밸브를 분리하여 분해 검사한다.
- 습기가 많을 때 모터의 절연성능이 감소되므로 모터를 건조하게 유지하도록 주의한다.
- 모든 금속면은 녹이 슬지 않도록 보호한다.
- 위의 설명은 보조 펌프에도 적용한다.

〈표 5-2〉 정기 점검 시 확인사항

NO.	항목	확인 방법	조치 방법
1	주축	• 부시 및 슬리브의 마모(마이크로메타로 측정한다.) • 편심측정 및 수정(다이얼게이지로 측정한다.)	마모정도가 심하면 교체한다.(기록)
2	슬리브 커플링	내경 및 외경, 키홈, 볼트의 풀림을 점검한다.	기록
3	임펠러 및 웨어링	웨어링의 마모상태 및 임펠러 날개 등의 흠집 및 침식정도 확인	상태 정도를 기록하고 웨어링은 기계적 접촉, 손상이 없으면 교체하지 않는다.
4	안내케이싱 및 케이싱 링	케이싱 링의 접촉 마모 상태, 침식 균열 유무	상태 정도를 기록하고 케이싱링은 기계적 접촉, 손상이 없으면 교체하지 않는다.
5	그랜드부의 점검	축슬리브의 마모정도를 점검하여 마모량이 직경에서 −1.5 mm 이상인 경우 교체한다.	축 슬리브 교체의 판단은 마모 치수와 그랜드의 누수량 정도를 고려하여 결정한다.

5) 펌프고장의 원인과 대책

현상	원인	조치사항
기동이 되지 않는다.	모터 계통에 따른 영향	모터 계통 점검
	시동여건이 적합지 않다.	시동여건 적합여부 확인
	이물질이 끼여 있다.	임펠러, 케이싱, 케이싱링(슈라우드링) 청소
	베어링의 과열	베어링을 교환한다.
요구 시방에서 운전되어지지 않는다.	흡입 쪽에 이물질이 끼여 있다.	스트레이너, 임펠러, 케이싱 청소
	임펠러의 파손	임펠러 교체
	양정이 너무 높다.	전양정을 재확인한다.
	토출측 밸브가 적절히 조정되어져 있지 않다.	토출측 밸브를 적절히 조절한다.
	회전수가 낮다.	모터 회전수의 감소원인을 점검하고 그 원인을 즉시 수리한다.
	공기가 흡입된다.	수위를 올리거나 흡입수조에 와류방지장치를 설치한다.
	임펠러링(슈라우드링)이 닳았다.	교체 혹은 수리한다.
	케비테이션이 발생한다.	흡입수위와 운전점을 점검하고 만약 시방점과 큰 차이가 있다면 수정 조치한다.
	흡입쪽에 펌프회전방향과 같이 와류가 발생한다.	와류 방지벽을 설치한다.
과부하 현상	배관내의 큰 마찰손실	배관내의 마찰손실에 대해 점검하고 수리 조치한다.
	베어링이 과열된다.	베어링을 교체한다.
	펌프 내부에 이물질이 끼어있다.	펌프를 분해하여 이물질을 제거한다.
	흡입 쪽에 회전방향과 반대방향의 와류가 발생한다.	와류 방지벽을 설치한다.
	회전부가 유연하게 회전하지 않는다.	분해하여 수리한다.
	회전수가 높다.	원동기의 과속원인을 점검하고 수리한다.
	패킹이 과도하게 조여졌다.	패킹을 조금 느슨하게 조인다.
스러스트 베어링의 과열	불충분한 윤활유	적절한 양의 윤활유를 공급한다.
	적절치 못한 윤활유	적절한 윤활유를 공급한다.
	베어링이 손상되었다.	베어링을 교환한다.
	커플링의 정열상태 불량	커플링 정열상태를 재조정한다.
	비정상적인 진동	진동 원인을 찾아서 수리한다.

현상	원인	조치사항
펌프의 비정상적인 소음과 진동	커플링의 정열상태와 설치상태의 불량	커플링 정열상태와 설치상태를 재점검한다.
	흡입수조의 수위가 너무 낮다.	수위를 최저수위 보다 높인다.
	캐비테이션의 발생	흡입수위를 높이고 적절한 유량에서 운전한다.
	베어링의 과열	베어링을 교환한다.
	이물질이 존재하며 회전부의 불균형	손상부위를 수리, 교체하고 회전부의 균형을 다시 잡는다.
	축이 구부러졌다.	바르게 수정하거나 교체한다.
	커플링 볼트의 영향	커플링 고무나 커플링 볼트를 교환한다.
	기초가 충분히 단단하지 못하다.	기초를 견고히 한다.
	회전부가 유연하게 회전되지 않는다.	분해하여 수리한다.
	펌프고유 진동수가 회전수와 일치한다.	고유진동수를 변화시키기 위해 수리한다.
패킹 부위의 과도한 누설 및 과열 현상	패킹이 닳았고, 부적합하게 고정시켰다.	패킹을 교환하고, 패킹을 정확하게 고정시킨다.
	패킹누르개가 너무 과도하게 조였거나 불균일하게 조여 졌을 때	다시 정확하게 조여 준다.
	축 보호슬리브가 손상을 입었으며 축심이 일치하지 않을 때	축 보호슬리브를 교환하고 축심을 일치시킨다.

*상기 외의 고장 및 조치사항은 제조사로 문의한다.

(2) 수중 사류 및 축류펌프

1) 구조

수중 사류 및 축류펌프의 구조는 다음과 같다.

① 임펠러(사류) 및 프로펠러(propeller, 축류)

사류펌프의 임펠러는 임펠러의 외경을 조정해서 성능을 조정할 수 있다. 축류펌프인 경우 프로펠러는 2~5개의 날개로 구성되며 날개의 각도 및 형상에 따라 유량 및 양정을 선정할 수 있다.

② 축 실(shaft seal)

2중 미케니컬실(double mechanical seal)로서 저유실(oil chamber) 내에 설치되어 오일의 밀봉 역할을 한다.

[재질] 상부 SEAL : SIC / CARBON
하부 SEAL : SIC / SIC

③ 축(shaft)

임펠러와의 결합체로써 전동기와 동일 축이며, 재질은 탄소강 또는 스테인리스강을 사용한다.

④ 베어링(bearing)

베어링은 상부는 롤러베어링, 하부는 앵귤러콘텍트 볼베어링을 복렬로 조합하여 사용되어 진다.

⑤ 저유실(oil chamber)

저유실과 오일은 축실(shaft seal)의 윤활 및 냉각작용을 한다.

⑥ 전동기(motor)

3상의 농형 유도 전동기로서 기동 방법은 직입기동, 스타-델타기동 또는 리액터 기동 등이 사용된다.

⑦ 감지 설비(모니터링 유닛)

전동기 및 감속기 내부에는 다음과 같은 감지 센서가 설치되어 운전 시의 고장을 감지할 수 있다.

- 모터 온도 센서
- 베어링 온도 센서
- 모터 내부 누수 감지 센서

⑧ 냉각

펌프 및 모터의 냉각은 별도의 냉각장치가 필요 없으며, 양수액에 의해 자동 냉각이 이루어진다.

⑨ 펌프는 예방점검 또는 보수 시 간단히 들어 올려 수행할 수가 있다.

2) 기동전 점검 및 조치사항

① 운전 조건의 확인

- 기동방법은 자동 직입기동 또는 변환기동방법으로 한다.
- 과전류 차단기는 정격 전류에서 차단될 수 있도록 조정한다. 단, 현장조건에 따라 과부하율 1.1의 범위 내에서 조정될 수가 있다.
- 저유실(oil chamber)의 오일 레벨을 확인한다.
- 감지설비 및 모니터링 유닛의 동작여부를 확인한다.

- 임펠러 또는 프로펠러의 회전방향을 확인한다.
- 회전방향은 펌프 아래쪽에서 프로펠러를 바라 볼 때 반시계 회전방향(CCW)이 표준이나 필히 회전방향 명판과 일치하여야 한다.(주의 : 회전방향은 무부하 상태에서 확인하여야 하며, 펌프는 무부하 상태에서 10초 이내 가동)

② 운전 방법

- 판넬의 주전원과 조작전원, 그리고 보호회로 전원이 정상인지를 확인한다.
- 각종 릴레이 및 모든 계기가 정상 작동하는지를 확인한다.
- 기동스위치 조작에 의해 수동 또는 자동운전을 실시한다.
- 기동이 정상으로 이루어지면 모터의 운전 전류, 전압, 펌프의 작동 상태 등을 재확인한다.

3) 운전 중 점검 및 조치사항

- 전류계의 눈금이 정격 전류치 이하에서 가동되도록 관리하여야 한다.
- 정격 양정에 맞추어서 가동해야 한다.
- 성능곡선도의 운전범위를 벗어나서 운전해서는 안된다.
- 3상의 전압 불균형이나 심한 전압강하가 되지 않도록 한다.
- 펌프의 과다한 소음, 진동이 있는지를 항상 점검한다.
- 펌프의 수중 케이블의 보호에 유의한다.
- 펌프의 추천 기동빈도를 준수하여 펌프 안전 운전에 유의하여야 한다.

4) 점검주기 및 항목

① 매일 점검

- 펌프 및 전동기의 진동과 소음
- 펌프의 압력 및 유량

② 년 1회 점검

- 수중 모터의 절연저항을 점검한다.
- 모니터링 유닛의 작동을 점검한다.

③ 장기간 정지 시 보수 점검

보관 장소는 진동이 없고 습기나 유해가스 등이 없어야 하며, 우천 시나 장마철에 침수가 되지 않는 장소에 보관하여야 한다.

케이블의 끝 부분은 그림과 같이 전선 마개 또는 비닐 등으로 밀봉하여 물이나 습기가 침투하지 않도록 보관하여야 한다. 케이블로 물이 침투하여 전동기 내에 들어가면 절연이 파괴되어 제품을 사용할 수 없게 되니 주의하여야 한다. 장시간 정지 후 운전 전 모니터링 작동 및 각종 센서류 이상 유무를 확인한다.

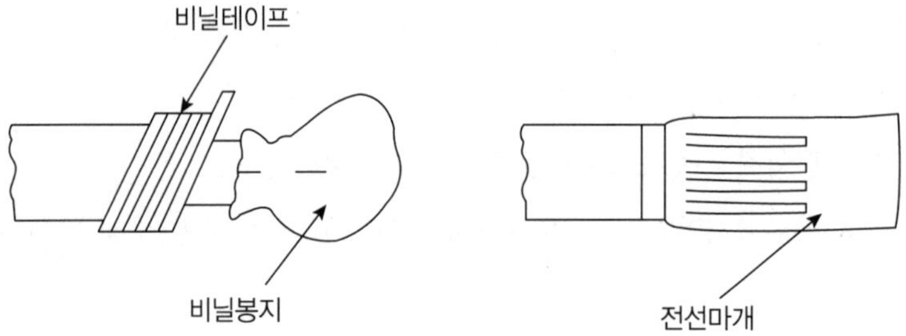

5) 점검 요령

점검 부위별 점검 요령은 다음과 같다.

① 펌프 및 설치시설의 외관 점검

- 마모 또는 손상된 부품은 교환한다.
- 볼트 및 너트의 조임 상태를 점검한다.
- 크레인 등 취급 부속 장비들을 점검한다.

② 웨어링의 틈새

웨어링(wear ring) 사이의 간격이 일정치 이상이면 교환하여주는 것이 좋다.

③ 오일의 양

오일이 차있는지 확인하고, 필요시 보충한다.

④ 오일의 상태

- 오일의 상태를 정기적으로 점검하여 누유의 여부를 확인한다.
- 오일챔버 하부에서 약간 뽑아내어 점검한다.
- 누유가 일정치 이상 된 경우에는, 오일이 우윳빛으로 되거나, 오일과 물이 분리되어 하부에

고여 있는 경우도 있다. 오일 교환을 한 경우에는 1주일 후와 1개월 후 2번 정도 다시 점검한다. 오일의 특성상 장시간 가동 후 생긴 거품 등으로 인해 오일 검사 시 누유가 된 것으로 오인할 경우가 있으니 주의한다.

⑤ 전동기 하우징 내부의 비정적인 누수

전동기 하우징 내부의 누수 원인은 다음과 같다.

- 볼트가 충분히 조여지지 않았을 경우
- O-링이 손상되었을 경우
- 케이블 인입구에서 누수가 되었을 경우

⑥ 케이블 인입구

케이블 클램프의 조임을 확인한다. 케이블 인입구에서 누수된 경우에는 다음과 같이 조치하여야 한다.

- 클램프가 끝까지 인입구로 조여 들어 갔는지 확인
- 케이블을 약간 잘라내고 새로운 곳에 고무 패킹이 위치하게 하여 견고히 클램프를 조여 준다.
- 고무 패킹 및 와셔의 규격이 케이블의 외경과 맞는지 확인한다.

⑦ 케이블

케이블은 손상된 곳이 없는지 철저히 확인한다.

⑧ 감지 설비

감지 설비는 수시로 점검하여 펌프 보호에 대비한다. 부위별 점검은 다음과 같다.

- 신호발생 및 통제기능을 확인
- 릴레이, 램프, 퓨즈 등의 연결 상황을 확인
- 센서가 정상 상태인지 저항 값을 확인, 저항 값은 모니터링 유닛 시방서 및 센서 카타로그를 참조한다.

⑨ 전동기의 절연상태

접지와 각 상 사이의 절연 상태를 확인하여야 한다. 전동기 절연 상태 확인은 〈표 5-3〉에 따른다.

⑩ 파이프, 밸브, 수위감지설비 등 기타 부속 설비의 점검도 동시에 수행하여야 한다.

〈표 5-3〉 점검 시 확인사항

NO.	항목	확인 방법	조치 방법
1	전동기 절연	전동기의 절연저항 측정(절연저항계로 측정한다.) • 저압 : 500 V / 1000 MΩ • 고압 : 1000 V / 2000 MΩ	상태 정도를 기록하고 10MΩ 이하 일 경우 수리를 한다.
2	온도센서	테스터기로 센서 측정(PT100 Ω 또는 바이메탈 타입이 있다)	이상 있을 경우 교체한다.
3	임펠러 및 웨어링	웨어링의 마모상태 및 임펠러 날개 등의 흠집 및 침식정도 확인	상태 정도를 기록하고 웨어링은 기계적 접촉, 손상이 없으면 교체하지 않는다.
4	안내케이싱 및 케이싱 링	케이싱 링의 접촉 마모 상태, 침식 균열 유무	상태 정도를 기록하고 케이싱링은 기계적 접촉, 손상이 없으면 교체하지 않는다.

6) 고장의 원인과 대책

펌프의 사용에 있어서, 만일 고장이 일어난 경우는 신속히 대책을 마련하지 않으면 안된다. 일상적으로 일어나는 고장진단의 방법으로서 고장의 원인과 대책을 〈표 5-4〉에 대표적으로 정리하였으므로, 고장이 발생한 경우는 잘 조사한 뒤 간단히 해결할 수 없는 것은 제조사로 연락하여 조치를 취한다.

각종 공구 및 전기적인 시험 장비를 준비하여야 하며 전원을 이용하여야 하는 점검 외에는 항상 전원 차단을 명심하여야 하며, 모든 전기적인 작업은 숙련된 작업자에 의해 수행되어야 한다.

펌프 고장의 원인을 개략 아래와 같이 정리하였으므로 문제점이 발생 시에는 그 관련 사항을 점검하여 정상운전 상태로 복구해야 한다.

〈표 5-4〉 펌프 고장의 원인과 대책

구분	현상	원인
양정 부족	웨어링의 마모	이물질 혼입, 부시의 과대 마모
	캐비테이션	수위가 낮음, 흡입구가 막힘
	공기의 혼입	수위가 낮음
유량 부족	웨어링의 마모	이물질 혼입, 부시의 마모 – 축의 휨
	회전방향의 반대 및 회전수 부족	잘못된 결선
	안내케이싱의 손상	
	공기의 혼입	수위가 낮음

구분	현상	원인
전동기의 과부하	웨어링의 마모	이물질 혼입, 축의 휨
	유량의 부족	토출밸브가 잠김
	부시의 과대 마모	윤활유 주입 불능, 축의 휨
진동	웨어링의 마모	이물질 혼입, 부시의 마모 – 축의 휨
	캐비테이션	수위가 낮음, 흡입구가 막힘
	공기 혼입	
	회전체 언밸런스	
베어링 온도상승	웨어링의 마모	이물질 혼입, 부시의 마모
	윤활 불량	윤활유 부족, 윤활유 부적당, 윤활유 이물질 혼입
	회전체 불량	

(3) 엔진설비

정비 주기는 운전조건, 날씨, 부하조건, 연료의 성질, 윤활유 및 기타 사정에 따라 조정한다. 주로 정비표준은 총운전 시간에 따라 정하지만 펌프장에서는 간헐적 운전 특성을 고려하여 점검한다. 엔진설비의 점검주기는 〈표 5–5〉에 항목별 점검·정비 주기는 〈표 5–6〉에 나타낸다.

〈표 5–5〉 **엔진설비의 점검주기**

점검명	점검주기	
	장기간 연속 운전시	간헐적 운전시
A	매일	주 1회
B	100~300시간	1~3개월마다
C	500~1,000시간 또는 3개월	6~12개월마다
D	2,000~3,000시간 또는 6개월	1.5~2년마다
E	4,000~6,000시간 또는 1년	필요시 점검
F	8,000~12,000시간 또는 2년	필요시 점검

〈표 5-6〉 엔진설비의 항목별 점검·정비 주기

점검·정비 항목		A	B	C	D	E	F
흡배기 계통	과급기의 가스 및 윤활유의 누설 점검	○	○	○	○	○	
	배기가스의 온도 및 색깔	○	○	○	○	○	
	흡기 압력의 이상 검사	○	○	○	○	○	
	과급기의 스폰지필터 청소		○	○	○	○	○
	과급기의 물분사 노즐 청소			○	○	○	○
	과급기의 필터 엘리먼트 상태				○	○	○
	공기냉각기의 방식 아연편 교환				○	○	○
	공기냉각기의 냉각수로 검사 및 청소				○	○	○
공기 흡배기 계통	과급기의 분해					○	○
	공기 냉각기의 분해 및 수리					○	○
	흡·배기 다기관의 패킹검사					○	○
	벨로우즈의 변형 및 균열검사					○	○
	흡, 배기 다기관의 검사, 청소 또는 수리						○
	공기냉각기의 냉각수커버 검사 및 청소						○
연료 계통	연료량 점검	○	○	○	○	○	
	필터의 오물 및 공기배출검사	○	○	○	○	○	○
	여과망의 막힘검사 및 청소	○	○	○	○	○	○
	누유 검사 및 수리	○	○	○	○	○	○
	필터의 분해 및 검사			○	○	○	○
	분사 밸브의 분사 시험			○	○	○	○
	분사 밸브의 분해 및 검사, 각종 패킹 교환				○	○	○
	분사 밸브 노즐의 교환				○	○	○
	분사펌프의 압력시험					○	○
	분사시기 점검					○	○
	분사펌프의 O-링 및 패킹검사					○	○
	분사밸브 몸체의 노즐접합부의 검사 및 연마					○	○
	분사밸브 스프링 검사					○	○
	분사 펌프의 분해 검사 및 수리 또는 부품교환						○
	분사관의 마포 및 균열검사						○
	배관계통의 막힘, 균열에 대한 검사 및 수리						○
시동 공기 계통	시동공기조의 찌꺼기 배출	○	○	○	○	○	
	시동공기조의 공기 충질	○	○	○	○	○	
	배관계통의 누설 및 열발생검사 및 수리	○	○	○	○	○	○
	시동공기배분 밸브의 시이트부 검사				○	○	○
	시동공기배분 밸브의 분해, 검사				○	○	○
	시동공기배분 밸브의 수리, 부품교환				○	○	○
	시동공기배분 밸브의 주유					○	○
	시동밸브의 분해, 검사, 수리, 부품교환						○
	배관계통의 부식, 균열검사 및 수리						○

점검·정비 항목			A	B	C	D	E	F
윤활유 계통		박용기어 및 엔진 오일팬의 유면 점검	○	○	○	○	○	
		필터의 드레인 및 여과망의 막힘 점검과 청소	○	○	○	○	○	○
		윤활유의 이물질 혼합여부 및 점도 점검	○	○	○	○	○	
		윤활유 소비량 측정 및 유압계의 이상점검	○	○	○	○	○	
		누유검사 및 수리	○	○	○	○	○	○
		시동 전 프라이밍	○	○	○	○	○	
		윤활유 교환, 필터의 분해 및 검사			○	○	○	○
		필터 몸체의 O-링 교환				○	○	○
		윤활유 냉각기의 방식 아연편 교환				○	○	○
		윤활유 냉각기의 분해 검사 및 청소				○	○	○
		윤활유 냉각기의 패킹 및 O-링 교환					○	○
		윤활유 펌프의 분해 및 청소					○	○
		윤활유 펌프의 분해검사, 수리, 부품교환						○
		배관계통의 균열, 막힘검사 및 수리						○
		윤활유 펌프의 기어 검사						○
냉각수 계통		누수 검사 및 수리	○	○	○	○	○	○
		정지 후의 냉각수 흡입(동계)	○	○	○	○	○	
		냉각수 펌프의 윤활				○	○	○
		냉각수 펌프의 분해 및 청소					○	○
		냉각수 펌프의 분해검사, 수리, 부품교환						○
		배관 계통의 부식 또는 막힘 검사 및 수리						○
		크랭크축 관련부품의 점검, 수리 또는 청소						○
		메인 베어링과 스러스트 베어링의 간극측정 및 교환						○
엔진몸체 및 기타	실린더헤드	패킹의 변질 및 손상검사				○	○	○
		냉각수 연결관의 O-링의 검사 또는 교환				○	○	○
		시트링의 마모검사 및 연마				○	○	○
		연소실과 흡.배기구의 검사 및 청소				○	○	○
		방식 아연편 교환					○	○
		연소실 자켓의 검사, 청소 또는 수리					○	○
		헤드 볼트의 재조임					○	○
	흡배기밸브	로터리 캡의 회전상태 점검			○	○	○	○
		밸브헤드의 두께 조정				○	○	○
		밸브시트의 접촉검사 및 연마				○	○	○
		밸브로드와 밸브가이드의 마모상태 점검				○	○	○
		밸브홀더와 부속품의 점검, 수리 또는 교환				○	○	○
		밸브스프링과 부착품의 점검, 수리 또는 교환				○	○	○
		밸브낙하 방지용 링의 교환					○	○
		로터리 캡의 교환						○

점검·정비 항목			A	B	C	D	E	F
엔진몸체 및 기타	베드 플레이트 및 크랭크실	설치 볼트의 재조임(B는 처음만)		○			○	○
		크랭크실 도어 패킹 교환				○	○	○
		타이로드의 재조임					○	○
		베드 플레이트 관련부품의 점검 및 청소						○
		크랭크 게이스						○
	캠축·흡배기 장치	흡, 배기 태피트 간극 조정			○	○	○	○
		캠 표면의 손상 검사					○	○
		캠축 베어링 및 스러스트 칼라의 마모검사					○	○
		롤러 가이드 관련부품의 마모 및 손상검사					○	○
		롤러 가이드 관련부품의 수리 또는 교환					○	○
		푸시로드의 휨, 균열, 마모의 검사					○	○
		록커암의 검사 및 윤활유 구멍의 청소					○	○
		록커암 부시의 간극 검사					○	○
		록커암의 마모, 손상 검사						○
	기어열	관련 기어의 마모 및 접촉상태 검사					○	○
		관련 베어링과 스러스트칼라의 마모상태검사					○	○
		관련 축과 손상 및 마모검사					○	○
		관련 기어의 백래시와 틈새검사						○
		윤활유관과 오일 구멍의 막힘, 균열검사						○
	조속기	링크작동부위와 공급유의 작동상태 확인	○	○	○	○	○	○
		조속기 회전부의 검사, 수리 또는 교환					○	○
		볼베어링의 검사 또는 교환					○	○
	실린더 안전밸브 인디케이트 콕크	실린더 안전밸브의 분해 및 검사					○	○
		실린더 안전밸브의 분해 및 세척					○	○
		실린더 안전밸브의 압력 설정치 검사					○	○
		인디케이터 콕의 분해 및 검사					○	○
		인디케이터 콕의 분해 및 청소					○	○
	실린더 라이너	부식 및 손상유무 점검 및 수리				○	○	○
		마모상태 점검					○	○
		분해검사 및 수리 또는 교환						○
		O-링과 패킹의 교환						○
		방식 아연편 교환						○
	메인베어링 및 크랭크축	디플렉션 측정(B는 처음에만)		○	○	○	○	○
		메인 베어링 점검					○	○
		메인 베어링의 조임력 점검					○	○
		메인 베어링캡의 점검, 수리 또는 교환						○
		크랭크축 관련부품의 점검, 수리 또는 청소						○

점검·정비 항목			A	B	C	D	E	F
엔진몸체 및 기타	피스톤 및 커넥팅로드	피스톤 냉각 유량 점검			○	○	○	
		피스톤흡입, 연소실 및 미끄럼면의 검사 및 청소					○	○
		링의 손상 또는 마모점검, 수리 또는 교환					○	○
		크랭크핀 베어링 핀 피스톤핀 베어링 점검					○	○
		크랭크핀 볼트의 조임력 검사					○	○
		커넥팅 로드의 결합면 검사					○	○
		커넥팅 로드의 주유구멍 및 기름홈 점검청소					○	○
		피스톤의 분해검사, 각 부품의 측정 및 교환					○	○
		피스톤 냉각실의 검사 및 청소						○
		피스톤과의 조임력 점검						○
		피스톤 O-링 교환						○
		커넥팅로드 관련부품의 검사 및 수리 또는 청소						○
		크랭크 베어링의 교환						○
		크랭크핀 볼트의 교환(3년주기)						○
	기타	진동소음 열발생검사	○	○	○	○	○	
		박용기어의 설치볼트 재조임(B는 처음에만)		○			○	○
		박용기어의 윤활유교환(C는 처음에만)			○		○	○
		박용기어의 윤활유 냉각기의 방식 아연편 교환				○	○	○
		게이지의 검사, 교정 또는 교환				○	○	○
		각종 구동축 베어링, 커플링 검사					○	○
		각종 구동기계의 오일실 검사 및 교환					○	○
		각종 구동기계의 볼베어링 검사 및 교환					○	○
		트로코이드 펌프 및 기타펌프의 분해검사					○	○
		프로펠러축과 중간축의 축중심검사 및 수리					○	○
		원격조정밸브, 감압밸브 및 벨로우프램의 검사					○	○
		박용기어 관련부품의 분해 및 검사						○
		프로펠러축, 중간축, 관련부품의 검사 및 분해						○
		전기부품의 접촉 및 단자 검사			○	○	○	○
		원격조종공기 스트레이너의 검사 및 청소	○	○	○	○	○	○
		엔진일지의 기록	○	○	○	○	○	

5.3.2 제진 설비

(1) 스크린 설비

배수펌프장으로 유입되는 우수는 각종 협잡물을 포함하고 있어 흡입수조에 도달하기 전에 제거하지 않으면 펌프설비(임펠러, 배관, 밸브)에 많은 지장을 초래한다. 스크린 설비에는 부유물을 1차적으로 처리하는 부상 스크린과 조목, 세목 스크린이 있다. 도심지역의 펌프장은 대형협잡물이 많지 않아 최근에는 부상스크린, 조목, 세목 구분 없이 1개의 스크린만 설치하는 추세이며, 스크린 유효 목폭은 2.3.2 제진설비에 나타내었다.

스크린 설비의 점검 및 정비는 다음 사항에 유의한다.

- 스크린은 평소 깨끗이 청소하여 청결을 유지할 수 있도록 정비하여야 한다.
- 철재로 된 스크린은 도장이 벗겨져 있는 곳은 부식 전에 도장한다.
- 스크린의 휨, 파손여부를 확인하고 정비한다.

(2) 제진기 설비

1) 유압식 및 링크식 제진기

- 유압장치에 부착된 압력조절밸브와 압력계의 정상 작동 여부
- 유압 실린더에 있는 오일 유입(유출)구의 누유 여부 점검
- 제진기 암이 동작 시 흔들리거나 틀어지지 않는지 점검
- 제진기 암에 설치된 브래킷의 정상 작동 점검
- 레이크 암의 회전이 원활한지 점검
- 레이크와 스크린 사이의 간격이 정상적인지 점검
- 제진기의 모든 하중을 지지하는 프레임이 운전 시 흔들리거나 떨리는지 점검
- 현장제어반의 기능 정상 작동 여부
- 유압탱크의 유압유가 충분한지 점검

2) 체인식 제진기

- 가이드 레일(guide rail)의 홈 파손 여부
- 가이드 레일과 체인(chain)의 맞물림 상태 점검
- 체인의 손상·노화 점검
- 레이크와 스크린 사이의 간격 점검

- 양쪽 체인에 가로질러 일정한 간격으로 장착된 레이크의 부착상태 점검
- 각 체결부위의 볼트 체결상태

5.3.3 수문 설비

(1) 수문점검 요령

1) 기본방향

수문 점검 시에는 육안검사를 지양하고, 실제 조작레버를 끼워서 1 m 이상 상하로 개·폐 조작을 실시하여 작동 및 밀폐상태를 점검하여야 한다. 평상시 정기적인 안전점검으로 유지 관리에 만전을 기해야 한다.

2) 일반사항

수문 경고판은 년 2회(봄, 가을)에 점검·보수하여 청결하게 유지·관리한다(수문관리자 직위, 성명 기재). 매월 유지관리 내용을 점검, 관리하며(우기 시 월 2회), 수문관리대장관리에 기록한다.

3) 안전점검

① 작동 전

- 구조물 박스내 문틀 홈에 이물질이 없는지 확인
- 각종 오일의 누유여부 점검
- 권양기 및 랙크바, 수문의 이상 유무 확인
- 전동기의 회전방향 확인(전동권양기일 경우), 상승(open)버튼을 누른 경우 전동기가 반시계 방향으로 회전

② 작동 후

- 핸드브레이크를 잠금
- 개도지시계 눈금의 정상 위치 점검
- 핸드 레버를 제 위치에 옮김

③ 주유

주유는 수문 설비를 유지하는데 매우 중요하다. 주유형태, 주유 기간 등은 제작사별로 제시하고 있으므로 정상 상태에서의 작동 시와 테스트 시의 작동상태 등을 고려하여 주유량과 주유 간격을

주변 환경 및 운전횟수에 따라서 적절하게 조절하여야 한다.

4) 정기점검 일람표

항목	점검내용	점검주기	점검방법	보수요령
1. 권양기(개폐장치)				
전반적인 청결상태	권양기 내부의 이물질의 부착여부	운전시	육안검사	제거 및 청소
	권양기 내외부의 도장상태	년 1회	육안검사	도장실시
브레이크	밴드, 풋, 원심브레이크의 제 기능 여부	운전시	시운전	이상시 점검의뢰
기어류	작동시 원활하게 작동되는지의 여부	운전시	시운전	떨림·소음발생시 점검의뢰
	기어에 그리스 주입여부	년 1회	분해점검	그리스 주입
개도지시계	수문의 위치와 일치하는가의 여부	운전시	육안검사	전문가에게 의뢰조정
	표시판의 투명도 여부	운전시	육안검사	청소 실시
부싱	그리스 주입여부 및 작동의 원활여부	년 1회	분해점검	그리스콕으로 그리스 주입 (단, 마모시는 교체)
감속기 및 클러치 레버 (전동권양기)	정상 운전시 소음 및 진동의 여부	운전시	청음, 육안검사	이상시 점검의뢰 보수
	클러치 레버의 작동은 원활한가?	운전시	시운전	
	감속기 고정볼트, 너트의 풀림 이탈여부	운전시	시운전후	조임 및 부품 교체
전동기	소음 및 진동의 유무	운전시	청음, 육안검사	모터축의 연결상태 확인 문짝이나 권양기에 과부하가 걸렸을 때의 원인을 찾아 보수(문짝에 이물질혼입, 기어의 손상 및 마모, 운전결함, 베어링 파손, 급유부족)
	이상 발열	운전시	전류계, 전압계	전압 및 전류치의 정상 여부
	푸시버튼 스위치의 작동이상 유무	운전시	시운전	접점 및 배선의 단락 여부 확인후 보수
커플링	볼트, 너트의 풀림에 의한 진동여부	운전시	육안검사	풀린 볼트, 너트의 조임 충격에 의한 커플링의 균열시 보수
핸들레버	작동시 원활한가?	운전시	시운전	고장시 신품으로 교체
덮개	덮개의 파손이 있는가?	월 1회	육안검사	파손시 수리
시건장치	부드럽게 잘 열리는가?	운전시	작동시	키홈으로 윤활유 주입

항목	점검내용	점검주기	점검방법	보수요령
2. 랙크 바				
	랙크 바의 휨 여부	운전시	육안관찰	랙크 바 철거, 유압프레스로 조정, 심한 것 교체
	랙크 바의 부식여부	운전시	육안관찰	녹 제거후 도장실시
3. 문짝				
전반적인 청소상태	문짝의 수밀부, 빔내부의 오물, 토사 등 부착여부	월 1회	육안관찰	청소실시
구조전반	조작중 진동 및 이상소음이 발생하는가?	운전시	청음, 육안검사	이상발생시 전문가에 점검의뢰
	권양시 문짝의 기울어짐 여부	운전시	육안검사	문짝, 문틀 사이에 이물질이 끼었나 확인
	부재의 변형여부	년 1회	육안검사	변형시 점검의뢰
볼트,너트	볼트,너트의 이완 및 이탈여부	년 2회	육안검사	조임 및 부품 교체
스킨플레이트	두께가 규정치 이하로 얇아지지 않았는가? (6.5 mm)	년 1회	계측기기	규정치 이하로 부식시 보강 또는 교체
지수고무	누수여부 확인	년 3회	육안검사	지수고무 손상시 전부 교체
도장상태	벗겨지거나 부식된 곳이 있나?	년 1회	육안검사	년1회 도장
4. 문틀				
전반적인 청소상태	문틀내의 토사, 오물 등이 끼어 있지 않은가?	월 1회	육안검사	청소한다
수밀판	손상, 마모되어 누수 되지 않는가?	년 2회	육안검사	점검의뢰후 보수

출처 : 국토교통부 부산지방국토관리청, 낙동강수계치수사업 고모2제 하천개수공사 유지관리편람서, 2004. 12

5.3.4 밸브 및 배관 설비

배관과 부속밸브의 점검 및 정비사항은 다음과 같다.

- 배관 계통내에서 상시 사용하는 밸브 및 수시로 긴급하게 필요로 하는 밸브에는 표식을 붙이고 개폐방향을 명시한다.
- 배관 이음부의 누수나 볼트의 느슨함, 배관 지지대나 배관가대 볼트의 느슨함 풀림을 확인한다.
- 밸브는 정기적으로 작동이 원활한지, 누수가 있는지, 밸브의 개폐가 완전한지 점검하고, 스핀들

등 구동부에는 그리스를 고르게 도포한다.

- 관의 분해 또는 수리 작업 시 모래·먼지 등으로 오염되지 않도록 유의한다.
- 밸브실 및 펌프 배수관에 고인 물이 있는지 확인하고, 있으면 제거한다.
- 펌프장에 사용되는 배관 및 밸브류는 일반적으로 부식이 빠르게 진행되므로 주의 깊게 점검한다.
- 그리스 주입라인이 막히지 않았는지 확인하고 정상적인 펌프 운전 상태를 점검한다.
- 흡입관 및 토출관과 임펠러의 손상은 없는지 확인한다.

5.3.5 크레인 설비

(1) 크레인 설비 점검 내용

- 최대 감김 방지 장치, 과부하 경보장치, 기타 안전장치
- 브레이크 및 클러치 이상 유무
- 와이어로프 및 체인의 손상 유무
- 훅의 이상 유무
- 배선 스위치 및 컨트롤러의 이상 유무
- 크레인의 점검 및 정비시 안전이나 추락방지에 유의한다.

(2) 크레인 설비 정기 검사 및 자체검사

- 정격하중이 1톤 이상인 크레인(호이스트 포함)은 산업안전보건법 제34조 및 동법 시행규칙 제58조(안전인증대상 기계·기구 등)에 의거 매 2년마다 지정검사기관에서 정기검사를 받아야 한다.
- 크레인(호이스트 포함)은 산업안전보건법 제36조 및 동법 시행규칙 제74조에 의거 자체검사를 실시하여야 한다.

5.4 전기설비

전기설비는 한전으로부터 직접 고압 또는 특별고압으로 수전하는 전기공작물 시설로써 배수펌프장 수전은 다른 설비와 달리 비 우기시에는 휴지했다가 5~6월경에 수전하는 방식을 채택하고 있다. 따라서 수전 개시 전 점검과 수전조작, 수전중의 감시, 정전과 수전 복구시의 조치, 휴지 등에 대하여 상세한 이해가 필요하며, 전원이 끊어졌을 경우를 대비하여 비상발전기 등의 비상전원을

확보하여야 한다.

5.4.1 수전설비

(1) 수전 개시전의 점검

펌프장 휴지 후 초기 수전 시에는 다음과 같이 전반적인 수전 개시 전 점검이 필요하다.

- 단로기, 차단기, 변압기, 피뢰기, 계기용 변성기 등의 각 기기의 외부점검을 실시한다. 특히 애자, 부식 등의 파손, 각부의 조임, 접지선의 손상, 차단기의 칼날, 칼받이의 위치나 접촉사항, 유입기기의 유면이나 누유 등을 점검한다.
- 공기구의 방치 여부, 작업용 보호 접지선의 제거 등을 확인한다.
- 회로의 접지 저항 및 필요에 따라 절연 내력 시험을 한다.
- 보호 계전기의 접점 및 레버 위치의 적합 여부를 확인하고 수동동작으로 차단기의 연계 동작 및 고장 표시 램프의 적정표시 및 경보발신이 되는가를 확인한다.
- 각 계기의 영점을 확인한다.
- 조작용 제어 전원을 확인한다.

(2) 수전조작

수전 개시 전원 스위치의 조작 순서는 먼저 한전에 수전 협조를 얻어 전력회사가 정하는 바에 따라 책임 분기점인 개폐기의 전원측 단자까지 송전되는가를 확인하고 개폐기를 투입한다. 이때 모든 부하는 OFF 상태여야 한다.

차단기 투입 후 각 계기의 흔들림, 평형 및 표시등의 상태에 주의하고 기기의 음향, 진동, 불꽃 발생, 이상한 냄새 등이 없는가를 확인한다.

(3) 수전 중의 감시

수전 중에는 배전반을 감시하면서 시간별 점검사항을 일지에 기록하고 이상 발견 시는 곧바로 관련 차단기를 개방하고 보고한다.

(4) 정전과 수전 복구시의 조치

정전의 원인에는 한전 측에 의한 것과 펌프장 내에서의 사고에 의한 것이 있다. 원칙적으로 펌프장 전원은 무정전이 되어야 하므로 이중선로에 의한 회로 절체 후 정전 사고의 원인을 다음과 같은 방법으로 판단하고 응급조치한다.

- 접지 계전기(GR), 과전류 계전기(OCR), 저전압 계전기(UVR), 수전 전압계(V-meter) 등의 동작표시 및 지시를 확인하고 정전 원인을 찾아낸다.
- 펌프장내 고장 원인으로 한전 측의 정전이 발생하였을 때는 신속하게 한전에 연락한다. 이와 같은 경우를 대비하기 위해 수전변전소, 전기설비업체 등 유관 비상연락망 체계를 갖추어야 한다.
- 저전압 계전기가 작동하지 않고 접지 계전기나 과전류 계전기가 동작했을 때는 고압기기, 전로의 접지 또는 과전류로 인하여 수전용 차단기가 개방된 때문이다. 이때는 계전기의 동작 표시를 기록하고 고장개소를 분리, 또는 복구하여 원인 제거 후 한전측 전원 전압을 확인한 다음 수전용 차단기를 투입한다.
- 기타사항으로 접지시설 점검(terminal 체결상태, 접지저항값)과 함께 중앙감시반의 시퀀스 제어장치와 일반 고압 전기기기가 규정상 접지 저항값이 동일하다고 공동접지하면 제어 약전기기에 잡음이 들어가 오동작 하는 경우가 있으므로 고압과 저압선을 분리해야 한다.

5.4.2 수배전 설비

배수펌프장에 설치하는 수배전반 설비는 차단기, 개폐기, 변압기, 계기용 변성기, 피뢰기, 계전기, 배전반, 전력용 콘덴서, 제어전원 및 기타설비로 구성되어 있다.

(1) 차단기

차단기는 보통 상태의 전로를 개폐하는 동작 외에 이상 상태 특히 단락 상태에서 계전기와의 조합으로 전로를 자동적으로 개방하여 기기를 보호하는 목적에 사용하는 기기이다. 또한 고장 전류를 신속, 확실히 차단하여 고장점을 제거하는데 사용되며, 다음 사항에 대해 유의하여야 한다.

- 조작하고자 하는 회로의 차단기를 확인한다.
- 제어전원이 정상인지 확인한다.
- 점검 작업 후에 통전할 경우에는 작업 등에 관계하는 차단기가 투입되었는지 확인한다.
- 조작 시에는 투입 및 차단기의 소리, 표시등(pilot lamp)의 전환 타이밍이 평상시와 다른 점이 있는지 주의한다.
- 수전용 차단기의 개폐는 한전과 협의한 다음에 조작하고 또 단전을 의뢰할 때에는 사전에 의뢰한다.
- 차단기 사용 전 검사하여야 할 사항으로는 외관검사, 접지저항 측정, 절연저항 측정, 절연내력

시험, 보호장치 동작 시험, 계측 장치 동작 시험 등이 있다.

(2) 개폐기

개폐기에는 전자 개폐기, 전자 접촉기 등이 있으며 조작 시에는 다음 사항에 유의하여야 한다.

- 전자 개폐기, 전자 접촉기 등의 내외 접촉부분의 불일치에 대한 조절은 사용빈도가 심한 경우에는 적절하게 시기를 정하여 점검하는 것이 좋다.
- 접촉부가 거칠고 접촉부의 고정 용수철 등의 압력이 불균등하지 않은가, 개폐가 확실한가, 접촉부에 이물질이 있지 않은가 등을 점검한다.
- 운전 중 접촉부분의 접촉불량 등으로 과열되지 않는지 점검한다.

(3) 변압기

변압기는 한전으로부터 특별고압전력을 공급받아 펌프장의 여건에 맞는 전압으로 조정하는 기기이다. 다음은 변압기의 사용 시 유지, 보수 및 점검 등을 위한 사항으로 항상 주의깊게 관찰하면 변압기의 수명 연장 및 돌발사고에 대처할 수 있다.

1) 점검 시 유의사항

- 성형 권선 및 지지 블럭 표면상의 균열, 방전 코스를 따라 생긴 탄소 흔적 여부
- 성형권선 표면에 기름 먼지가 묻었을 경우 필히 전원을 차단하여 무전원 상태로 만들고 알콜 또는 시너로 적신 깨끗한 걸레로 닦아낸다. 이 경우 에폭시 성형권선의 색깔이 변하더라도 에폭시의 절연체로서의 품질에는 전혀 영향이 없으므로 안심하고 사용할 수 있다.
- 철판 또는 철심 표면에 기름 먼지가 묻었을 경우 필히 전원을 차단하여 무전원 상태로 만들고 알콜 또는 시너로 적신 깨끗한 걸레로 닦아 낸다. 만일 에폭시로 코팅된 면이 벗겨질 경우에는 방청하고 제조사로 연락한다.
- 만일 단락 사고 및 외부 회로 섬락 등이 일어났을 경우 꼭 전원을 차단하여 무전원 상태로 만든 후 이상이 없을 경우 전원을 재투입한다.
- 물 또는 수분이 변압기의 부분 또는 전체에 젖었을 경우 전원을 필히 차단하여 무전원 상태로 만든 후 성형 권선 표면, 지지블럭 표면, 철심 및 단철, 기타 구조물의 표면을 깨끗이 하고 마른 걸레로 닦아낸다. 그 후에 아래의 사항을 점검한 후 비정상 부분이 발견되지 않으면 전원을 인가하여 사용한다.

2) 일상 점검

몰드변압기의 일상 점검은 아래와 같으며, 점검 시 항상 안전에 주의를 하여야 한다.

- 부하의 운전상태 기록(전류, 전압, 역률 및 부하량 등)
- 주위 온도 및 습도
- 이상음, 냄새 및 외관 상태
- 온도계 및 기타 냉각장치 등의 동작 상태
- 변압기가 운전 중에는 성형 권선 표면에 손이 닿지 않도록 한다.
- 금속, 접지된 금속 등이 성형 권선 표면에 근접해 있거나 닿지 않도록 한다.
- 다른 변압기에 비해 큰 소음, 진동 등을 확인한다.
- 악취를 확인한다.
- 변압기의 온도 상승 한계를 확인한다.
- 연결 단자 부분의 색깔이 변했는지를 확인한다.
- 전압, 전류, 주파수, 부하율, 부하 역율, 주위 온도를 확인한다.
- 성형 권선 표면에 먼지 또는 흔적이 발견되면 조심스럽게 전원을 차단하여 무전압 상태로 만든 후 각 상을 접지 시키고 먼지, 탄소 흔적을 마른 걸레로 깨끗이 닦아낸다.
- 냉각 방식이 펜인 경우는 펜이 규정대로 가동되고 있는지 확인한다.

3) 정기 점검

몰드변압기의 정기 점검은 운전 상황 및 주위 조건에 따라 6개월 또는 1년 주기로 간단한 청소 및 외형 상태를 확인하여야 한다. 그리고 검사는 반드시 전원을 차단한 후에 실시하여야 한다.

4) 먼지 및 오염 유무의 점검

- 철심, 권선 및 리드선 등에 먼지가 쌓여있는 상태를 점검하며, 정도가 심할 경우는 건조한 압축 공기를 사용하여 불어 내거나 진공청소기로 청소한다.
- 마른 헝겊 등으로 닦을 때에는 시너, 벤젠 등의 휘발성 물질을 사용하면 안된다.
- 먼지 등이 너무 많이 쌓이면 절연저항의 감소로 장기 수명에 영향을 미친다.

5) 부식 상태 점검

- 프레임, 리드선 및 볼트류 등의 전반적인 부분에 부식이 발생하지 않았는지 점검한다.
- 부식이 전체적으로 발생할 경우는 변압기가 설치된 장소에 습기가 과다하거나 오손 공기의 침입에 의한 것이므로 방습대책 및 공기여과 대책을 세워야 하며 부식된 부위는 내식성 도료를

도포하여야 한다.

6) 도전부분 및 코일(coil)의 점검

- 고압 및 저압 단자의 접속 부분, 탭 절환 단자 부분, 리드선 인출부분 등에 조임의 헐거움, 과열 등의 흔적이 없는지를 점검한다.
- 변압기의 몰드 권선 및 지지 스페이서 등에 균열이 발생하지 않았는지 점검한다.

7) 각 부분의 조임상태 점검

- 프레임의 고정 볼트 및 너트(nut)류의 조임상태를 점검하고 헐거움이 발생했을 경우는 다시 조여 준다.
- 각 부분의 조임 금구류에 헐거움이 발생하면 기계적인 진동음이 발생할 수 있다.

8) 부착 부품의 점검

- 다이알 온도계의 지시상태 또는 접점의 설정상태의 이상 유무를 확인한다.
- 냉각 장치나 다른 특별 취부부품이 부착되었을 경우는 외관 및 동작상태 점검한다.

9) 절연 열화의 판정

절연저항을 측정하여 아래표 이하가 될 경우는 권선 인출 리드선등의 오손에 의한 경우가 많으므로 각 부분을 청소하여 재확인한다.

전압	1.1 kV 이하	3.3 kV 급	6.6 kV 급	22.9 kV 급
절연저항(MΩ)	5	20	30	50

위의 절연저항 값은 주위온도 25℃, 1000V 메가테스터를 사용한 측정값이므로 조건이 달라지면 차이가 있을 수 있고, 저압 600V 이하의 경우는 1MΩ 이상이면 충분한 상태이다.

절연저항 측정 시에는 반드시 전원을 차단하고, 1차, 2차 및 접지측 케이블을 분리한 상태에서 측정하여야 하고, 측정은 1차–2차, 1차–대지 및 2차–대지간으로 실시하고 측정 완료 후에는 반드시 방전시켜야 한다.

10) 안전을 위한 주의사항

- 변압기 이동시 몰드 권선 및 철심에 절대로 무리한 힘이 가해지지 않도록 해야 한다.

- 변압기 설치시는 반드시 절연 이격거리를 확보해야 한다.
- 변압기 운전 중 몰드 권선 표면에 절대 접촉해서는 안된다.
- 변압기 정기 점검 시는 반드시 전원을 차단한 후에 실시한다.

11) 문제 발생 시 조치사항

다음은 운전 중에 발생할 수 있는 여러 가지 이상 현상을 원인별로 나타낸 것이다.

이상 현상 원인	발생현상	점검 및 조치방법
• 낙뢰(落雷) 침투 • 전원재투입, 순간정전에 의한 개폐(開閉) Surge	• 권선의 절연 파괴 • 권선 표면의 상간, 단자간 아크 발생 • VCB Trip, P.F 소손	• 제작사에 점검 요청
• MOF 이상 • Reactor 소손 • 콘덴서의 개폐 또는 이상	• 이상전압 상승으로 권선 절연 파괴 • 2차 전압 불평형 상승 • 1차측 단자간 아크 또는 방전발생	• MOF 및 부속장치 점검 및 조치 • 변압기 외관에 이상이 없을시전원 재투입 • 변압기에 아크발생시 점검요청
• 습기 과다 • 우기(雨氣)시 빗물 침투	• 권선 표면의 상간, 단자간 아크발생 • VCB Trip 또는 P.F 소손	• 표면 아크 분분 그을음 제거후 전원 재투입 • VCB 등 재 동작시 제작사에 점검 요청
• 과부하 운전 • 외함 내부 온도상승 과다	• 권선 내부 절연 열화에 의한 수명의 급격한 감소 • 권선 소손 • 부품의 열화 및 변색	• 부하량 조사, 제작사와 협의 • 외함 내부의 환풍 대책 수립
• 접지 전위(電位) 상승	• 2차 전압의 불평형 • 누설 전류의 증가 • 보호 계전기 동작	• 수배전반의 계기류 절연상태 확인 및 조치 • 조작 제어반의 오결선 점검 및 조치

(4) 계기용 변성기(MOF)

계기용 변성기는 전력량계로서 고전압 전기회로의 전기사용량을 적산하기 위하여 고압의 전압과 전류를 저압의 전류로 변성하는 장치이고, 계기용 변류기(CT)와 계기용 변압기(PT)를 한 탱크 안에 수용하고 있다.

계기용 변류기(CT)는 고압회로의 대전류를 소전류로 변성하기 위해서 사용하며, 전류계 및 트립코일의 전원으로 사용한다. 계기용 변압기(PT)는 고압회로의 전압을 저압으로 변성하며, 배전반의 전압계, 전력계, 주파수계등, 표시등의 전원으로 사용한다. 작업중에는 다음 사항에 유의하여야 한다.

- 각부의 계기지침이 정상적인가 확인한다.
- 이면볼트, 너트 및 접촉단자의 이상여부, 케이스의 손상여부를 점검한다.

- CT, PT와 계기간의 회로상태는 이상 없으며, 먼지 및 불결한 곳은 없는지 확인한다.
- 평소와 다른 이상음, 냄새 등이 없나 확인한다.
- 변류기 2차측에 연결되어 있는 전류계를 고장으로 교체할 경우에는 반드시 2차측을 단락시켜야 한다.

(5) 계전기(relay)

계전기는 선로의 이상을 검출하고 사고를 미연에 방지하기 위한 기기이다. 또한 정밀을 요하는 기기이므로 취급에 주의를 요하며, 다음 사항에 유의하여야 한다.

- 계전기 커버의 파손, 오손(기기내부의 먼지침입 등)을 확인한다.
- 동작 표시기 목적 기능은 정상적인가 확인한다.
- 원판은 회전에 이상이 없으며, 제어자석의 중앙부에서 동작할 수 있도록 조정하며, 탭의 위치는 정상인지 확인한다.

(6) 배전반

배전반은 전기계통의 중추 역할을 하며, 기기나 회로를 감시 제어하기 위한 계기류, 계전기류, 개폐기류를 1개소에 집중해서 시설한 것으로서 최근에는 폐쇄 배전반을 많이 사용하고 있다.

폐쇄 배전반은 보통 큐비클 및 메탈 클래드로 불리고 있는데, 폐쇄 배전반이란 차단기, 단로기 등의 전력용 개폐기, 계기용 변성기, 모선, 접속도체 및 감시제어에 필요한 기구로 구성된 집합 장치이며, 접지된 금속 케이스 내에 수납되어 있고, 또한 단위 회로 구분마다 접지된 금속 격벽 또는 절연 격벽에 의하여 격리되어 있는 것을 말한다.

폐쇄 배전반은 특별 고압에서 저압에 이르기까지 그 종류가 많을 뿐 아니라, 주회로 전압, 보호 구조, 주회로 주기기, 모선방식, 형식 등에 따라 여러 가지로 분류한다.

- 배전반 내외면의 소손은 없으며 전원을 표시하는 녹, 황, 적색의 표시등의 점등상태를 확인한다.
- 부속기기 및 각종 손잡이 등은 제대로 작동하는가, 배선의 변색, 접속부의 이완은 없는지 확인한다.
- 보안장치의 제 설비 기기는 본연의 성능을 제대로 발휘하는지 확인한다.
- 배전반내 공간에 공구 및 예비품 등 어떤 물품도 두어서는 안되며 조명시설이 충분한지 확인한다.

(7) 전력용 콘덴서

전력용 콘덴서는 진상작용(進相作用, leading)에 의하여 역률을 개선시키는 것으로 설치방법에는 수변전 설비에 집합 설치하는 방법과 각 전동기에 병렬로 설치하는 방법이 있다. 작업 중에는 다음 사항에 유의하여야 한다. 특히 작업 전후에는 콘덴서를 방전시켜 주어야 한다.

- 외부의 녹, 파손, 누유, 이상음에 주의하고 붓싱 등은 정기적으로 청소한다.
- 점검 및 손질은 완전히 방전되어 있는지 확인 후 하도록 한다.
- 절연저항 측정은 3선 일괄하여 대지간의 절연저항을 측정하는 것이 좋다.
- 지락의 고장 검출은 절연시험기로 각 단자와 대지간의 절연저항을 측정한다. 그 값이 영(0) 또는 대단히 낮은 값일 때는 그 단자 부분에 연결된 지락의 고장이다.
- 외부로부터 판명할 수 없을 때에는 절연시험기 또는 정전용량계를 사용한다. 절연시험기에 의한 경우는 전력용 콘덴서의 각 단자간의 절연저항을 측정한다.
- 이때 절연시험기의 지침이 영(0)일 때에는 그 양단에 연결된 부분에 단락되었다는 것이다.
- 또 측정을 중간에서 중지하고, 방전전류에 의하여 지침이 반대로 흔들릴 때에는 건전하다는 것이 되고, 이때 단자를 단락하면 불꽃이 튄다.
- 단선의 고장검출은 정전용량계에 의하여 측정한다. 그 값이 영(0)이면 그 단자에 연결된 리드선이 절단되어 있다는 것이다.

(8) 피뢰기

전력계통에는 여러 가지 이상 전압이 발생하며 전력기기의 절연에 위해를 주는 경우가 있다. 피뢰기는 이 유해한 이상 전압을 우회시켜 전력기기의 절연파괴 사고를 미연에 방지하는 보호장치이며 다음 사항에 유의하여야 한다.

- 피뢰기 애자의 손상 및 청결상태를 점검한다.
- 취부상태 및 볼트, 너트의 이완, 탈락, 부식여부를 점검한다.
- 접지선 부식여부를 확인하고, 정기적으로 접지저항을 측정하여 저항치가 일치하는지 확인한다.

5.4.3 전동기

배수펌프장의 주된 동력은 전동기로서 값이 싸고 구조가 간단하며 보수상의 문제가 적은 농형 유도전동기가 가장 널리 사용되며, 3상유도 전동기의 취급법과 점검 사항은 다음과 같다.

① 3상유도 전동기의 취급법

(가) 설치장소 선정

설치장소는 작업의 종류와 다른 여러 가지 기계의 배치상태에 따라 제한을 받지만 다음과 같은 조건에 적합한 장소에 설치해서 외적인 장애를 피하고 그 수명을 오래도록 유지할 수 있도록 도모해야 한다.

- 습기나 물기가 없고 비가 들이치거나 수증기가 침입하지 않는 장소
- 실내온도가 낮은 장소, 공기의 유통이 좋고 일광이 직사되지 않는 장소
- 지반이 견고하고 진동이 없는 장소
- 설치와 점검에 편리하게 충분한 여유가 있는 장소

② 운전과 보수 및 취급

(가) 운전 전 점검사항

- 구조물의 전반에 걸쳐 이상 유무(균열, 파손)
- 양질의 윤활유가 유면계에 의해서 너무 과하거나 부족함이 없도록 주유하고 급유환의 급유 작용이 완전하게 이루어지는지 확인
- 공급전력과 명판 사항 확인(전기적인 이상 유무 점검)
- 직입기동의 경우 모터의 축과 피구동체의 축 중심이 일치하도록 하여 베어링에 충격을 미치지 않도록 확인
- 전동기 결선 및 회전방향을 확인하기 위하여 무부하로 기동
- 회전방향이 반대일 경우 3선중 2선을 바꾸어 주며, 명판의 전압과 결선도를 확인

(나) 운전 중 점검사항

- 전동기 부하전류가 정격전류로 운전하고 있는지 부하전류를 수시로 점검하여 과부하상태 여부 점검
- 베어링의 진동, 소음, 과열 등의 상태 점검
- 정상적인 연속 운전 시 명판에 기재된 과부하 전류 초과 금지
- 운전 중 정전된 경우에는 차단기 개방

(다) 운전 후 점검 보수

- 일상점검
  - 전원상태 : 정격전압 및 주파수 정상 여부
  - 운전상황 : 정격출력 하에는 타는 냄새나 기기의 각부 온도상승에 유의
  - 주위상황 : 하절기 등에 주위 온도가 40℃ 이내로 유지되도록 통풍

– 베어링 온도 : 온도 상승한도 이하 유지 및 그리스 유면 지정위치 확인

- 월간점검
  - 절연저항 측정 : 500V 또는 1,000V 절연저항계로 규정값 이상여부 확인
  - 축 커플링 고정 확인
  - 외관 청결유지 : 정밀도 청소작업 실시
  - 베어링 점검 : 주변 금속가루 등의 이물질 제거
  - 전동기와 피구동체(펌프 등)의 축 중심 확인 조정
- 연간점검
  - 축 상태 점검 : 축의 수평 판단
  - 고정자 철심 및 권선 점검 : 수분이나 이물질을 제거하고 과열로 인한 변색이나 손상 등이 없을 것
  - 회전자 철심점검 : 헐거움이나 이물질이 없고 흔들림이나 이동 등이 없을 것
  - 베어링 점검 : 메탈 접속부의 상태가 양호할 것

③ 고장 및 수리

전동기에 생기는 고장은 여러 가지 종류가 있으나 그 설계 및 제작의 불량으로 기인되는 고장 이외에는 극히 사소한 부주의에서 초래하는 경우가 많다. 일반적으로 발생하는 고장의 원인과 대책을 살펴보면 다음과 같다.

〈표 5-7〉 고장의 원인과 대책

현상	원인	대책
기동 불능 또는 기동 곤란	기동 토크 부족	• 전원 및 부하상태 점검 • 전동기 권선 및 베어링 점검 • 리액터 확인 및 기동방식 변경
	권선단락 또는 회로의 단선	권선 절연저항 측정
부하 인가 시 속도의 급저하	전원전압의 급감	전원점검
	2차회로의 이상	2차 저항 측정
	Y-△ 스위치 불량	단선, 접점 점검
온도상승의 과대	과부하	전류점검(부하과대)
	전원 이상	전압, 주파수 점검

현상	원인	대책
온도상승의 과대	2차회로의 저항 증대	2차 저항 측정
	고정자와 회전자의 접촉	공극 측정
	통풍의 방해	펜 및 풍도 점검
진동이 심하다	기초가 약하다	기초보강, 펌프베드 확인
	커플링 상태 불량	커플링 수정
	베어링 불량	베어링 교환 및 급유
	단상 운전	회로의 개방여부 점검
	엔드플레이가 너무 크다	베어링 점검, 와셔 삽입
베어링 과열	그리스 양의 부적합	그리스 양 조절
	커플링 상태 불량	커플링 수정

5.5 감시운전 제어설비

감시운전 제어설비는 배수펌프장의 효율적인 운전관리를 위하여 설치하는 것으로서 조사, 비교 및 판단의 기준을 얻는 수단이므로 정밀도 및 신뢰성이 높아야 한다. 감시운전 제어 분야는 기술적인 진보가 타 설비에 비하여 대단히 빠르므로 자산관리가 경제적이 되도록 유지관리를 하여야 한다.

(1) 제어반

- 제어반 주위온도는 40℃ 이내로 한다. 주위의 온도가 높으면 계측기의 수명이 짧아지므로 주의를 요한다.
- 먼지부착을 방치하면 접촉불량, 절연열화 등이 발생하므로 주의를 요한다.
- 습도가 높으면 누설 전류가 흐르기 쉽고 약간의 누설 전류의 경우라도 동작에 치명적인 영향을 줄 수 있으므로 주의한다.
- 제어반에 직사광선이 닿지 않도록 창에 블라인드 등으로 차광한다.
- 제어반에 진동이 있으면 계측기기에 오차가 발생하는 원인이 되므로 주의한다.
- 쥐 또는 작은 동물의 침입에 유의하고 나사, 천 등을 방치하지 않는다.
- 기기 및 기구는 조임부, 절연물, 기구의 외관에 변색 또는 이상의 징후가 없는지 점검한다.

- 점검 시 제어반 내부에 공구 및 이물질이 있는지 재점검한다.
- 보호계전기는 보호협조 설정치가 주기계나 보조기계 등을 충분히 보호할 수 있는 것으로 설정되어있는가 확인한다.
- 계전기의 덮개나 스페이스히터 등의 부품에 결함이 없는지 확인한다.
- 제어용 전선은 고압전류가 흐르고 있는 고압선로와 같이 포설하면 안된다.
- 절연물이나 프린트기판은 변색되지 않았는지 확인한다.
- 제어전원의 용량이나 퓨즈 등은 적정치로 되어 있는지 확인한다.
- 환기팬이 정상적으로 작동하는가 확인한다.
- 제어반은 각 부분별(기기 용도별) 색상을 달리하거나 선로에 주기를 하여야 한다.

(2) 감시반

- 덮개에 먼지가 있는지, 손상이 있는지를 점검하고 청소 및 수리한다.
- 지침에 이상이 없는지, 영점에 오차가 없는지를 점검하고 이상이 있으면 조정한다.
- 기록, 구동장치의 동작상태를 점검한다.
- 구동장치에는 급유하고 오차의 과대 간극에 이물질의 침입, 지시구동부 너트류의 느슨함 등을 확인한다.
- 잉크용지의 잉크량에 주의하고 부족할 때에는 잉크를 교환하거나 주입한다. 잉크를 교환할 때에는 도관 중에 기포가 없도록 유의한다.
- 기록지는 재해대책기간(매년 6. 15~10. 15)동안 항상 동작시키고 연속적인 기록이 이루어져야 한다. (기록장치의 시간은 항상 표준시간 유지)

5.6 정전작업 및 유지관리

본 절에서는 배수펌프장내 수배전 설비 중 정전 시 조치요령, 정전작업, 활선작업, 조작 사고 예방요령에 대해 기술한다.

(1) 정전시 조치요령

- 정전 발생시 1인은 변전실로 가서 기동반 차단기를 개방시킨다.
- 수전반에 계전기 동작상태를 조사한다.
  - UVR, Pilot Lamp 등 : 한전 정전 및 PT 퓨즈 절단

- OCR, OCGR : 자체 정전

- 한전정전일 경우 한전변전소 및 해당지점에 연락하여 통전 예정시간 및 원인을 문의한다.
- 자체정전일 경우 기동반의 보호계전기 동작 확인 및 배전반을 개방하여 후각, 시각 등으로 사고 범위를 확인하고 분리가 가능할 경우 사고부위만 분리 후 재수전한 후 보고계통에 의거 비상연락 조치한다.
- 재수전 조치(한전 통전 후)
- 22.9 kV 재수전시 UVR이 동작할 경우 PT 퓨즈에 이상이 없으니 계전기 및 보조릴레이동작을 인위적으로 못하게 수동 또는 CS(제어스위치)로 투입한다.
- 22.9 kV 차단기 투입 후 변압기 소음이 정상인가 확인한다.
- 고압 수전반 3상 전압이 정상인가 확인 후 차단기를 투입한다.
- 동력, 전등반 차단기를 투입하여 조명을 밝힌 후 토출밸브 등 잠금상태를 다시 확인한 다음 펌프 운전을 준비한다.
- 정전 후 펌프 재가동은 토출관이 비어있어 자동운전 시 과부하로 인하여 운전이 지연될 소지가 높으니 수동운전을 실시한다.(펌프정격에 따라 토출밸브를 조절 전류와 압력을 맞출 것)
- 펌프운전 순서에 맞춰 정상적 운전상태로 계속 가동 조치한다.
- 정전 시 기동반 전부를 재설정할 수 있는가에 대해서도 확인하여야 한다.

(2) 정전작업

1) 작업안전

수해방지용 우수배제 펌프는 필요시 반드시 가동되어야 하는 긴급 상황이 대부분이며, 불시 정전사고 발생 시 신속한 복구를 위하여 무리하게 작업이 진행될 우려가 있다. 또한 계속적인 철야 근무로 정신적, 육체적으로 매우 피로한 상태에서 작업이 진행될 수 있으므로 안전에 각별한 주의를 요한다. 특히 송전 예정시간에 작업을 종료하지 못할 경우 작업자의 마음이 조급해져 작업 종료 직전 생각지도 못한 재난이 발생할 수 도 있으니 유의하여야 한다. 다음은 정전 작업을 할 때의 기본 준수사항이다.

작업감독자는 작업 전에 작업자 전원에 대해 작업의 목적, 장소, 정전의 범위, 작업의 방법 순서 및 작업 분담, 단락 접지의 설치 위치, 다른 작업조와의 관계, 작업 종료 시의 연락 등에 대해서 철저히 교육해야 한다.

① 전원측 개폐기 조작

개폐기 조작은 반드시 책임자의 지시에 의해 행하며, 조작자는 지시에 대해 잘못 듣거나 착각이 없도록 확실하게 복창하고 현장을 잘 확인하고서 작업에 임해야 한다. 의심되는 사항은 책임자에게 보고하고 확인을 마친 후 조작한다.

② 검전기에 의한 정전의 확인

작업자는 작업을 착수하기 전에 반드시 검전기로 검전을 하여 정전을 확인하고 나서 작업에 착수해야 한다. 개폐기를 개방하여 정전하고 있다고 생각하여도 루프(loop)로 되어 있기 때문에 충전될 수 있으며 또는 개폐기를 개방하였어도 고압선이 활선으로 될 수 있으며, 다른 선로와의 혼촉, 유도, 자가발전에서의 역가압 등에 의해 정전된 선로가 충전될 수 있기 때문에 감전으로 인한 예기치 못한 재해가 발생되는 일이 있다.

③ 단락 접지의 설치

작업에 착수할 때는 먼저 검전기로 충전의 유무를 확인하고서 고압선에는 반드시 단락 접지를 한다. 이는 작업 중 만에 하나라도 충전될 경우의 감전 방지를 위해서이다. 단락 접지를 설치할 때의 주의사항은 다음과 같다.

- 단락 접지의 설치는 정전 때문에 개방된 개폐기의 부하측 또는 작업 현장 부근에서 전원측에 가까이 설치한다.
- 작업 구간에 대한 전원이 2개소 이상 있을 때는 가급적 각각 전원마다에 전원에 가까이 설치한다.
- 접지할 경우에는 먼저 접지봉을 연결하고 반대쪽 끝을 전선에 접속한다.
- 접지는 보기 쉬운 장소로 골라 붉은 기나 기타의 표지를 단다.
- 접지를 제거할 경우는 반드시 접지할 경우의 역순으로 뒤에서 제거한다.
- 송전 금지 표찰의 설치 : 정전 작업 때문에 개방한 개폐기는 다른 사람이 과오로 투입하는 일이 없도록 '작업 중' 또는 '송전하지 말 것' 등의 송전 금지 및 작업명을 명기한 표지를 설치해 두어야 한다. 이 일은 특히 소속이 다른 2개조 이상이 동일 장소에서 작업할 경우에 필요하다.
- 정전 시간의 엄수 : 작업 예정시간에는 확실하게 송전할 수 있도록 작업계획을 작성하고 작업 전에 충분히 검토한 순서대로 작업을 진행, 반드시 정전시간 내에 끝마무리를 하여야 한다.

2) 정전 작업 요령

① 작업 전

- 작업 책임자 임명

- 작업 책임자에 의한 정전 범위, 조작 순서, 개폐기의 위치, 정전시간, 단락 접지개소 및 송전시의 안전 확인 등 작업 내용 숙지
- 개로 개폐기의 개방 보증
- 전력 케이블, 전력 콘덴서 등의 잔류 전하 방전
- 검전기를 사용하여 정전 확인
- 단락 접지기구를 사용하여 단락 접지 확인
- 일부 정전 작업 시 정전 활선 표시
- 근접 활선에 대한 절연 방호 실시
- 활선 경보기 등 보호구 착용

② 작업 중

- 작업 책임자에 의한 작업 실시
- 개폐기 관리
- 단락 접지 상태 관리
- 근접 활선에 대한 방호 상태 관리

③ 작업 종료 시

- 단락 접지 기구 및 표시 철거
- 작업자에 대한 위험 요소 제거 확인
- 개폐기를 투입하여 송전 재개

3) 활선작업

정전작업이 불가하여 부득이 활선작업이 시행될 때는 활선기구를 사용해야 할 뿐만 아니라 작업 시 안전거리를 충분히 유지하여야 한다.

① 안전거리

충전 부위에 대하여 인체 부위가 통전 및 정전 유도에 대한 보호 조치를 하지 않고서는 이 이내에 접근해서는 안 되는 거리를 말하며, 날씨 및 눈어림차를 감안하여 충분한 거리를 유지하여야 한다.

② 활선 작업 거리

활선 기구를 사용할 경우 활선 기구 충전부 접촉점과 작업자가 손으로 잡은 부분과의 최소 한계

거리(절연유지 거리)를 말하며 작업자는 항상 이 거리 이상을 유지하여야 한다. 작업자의 신체 또는 피복 등은 충전부에 대하여 다음과 같이 항시 안전거리 및 활선 작업 거리를 유지하도록 해야 하며, 활선 작업 시 충전부에 대한 안전거리 및 활선 작업거리는 다음과 같다.

〈표 5-8〉 활선작업 시 충전부에 대한 안전거리 및 활선 작업 거리

선로전압(kV)	안전거리(cm)	활선작업거리(cm)
3.3-6.6	15	60
22-22.9	30	75
154	160	160
345	350	350

4) 조작 시 전기재해 예방 요령

- 단로기(DS), 선로개폐기(LS), 부하개폐기(LBS) 등은 부하가 걸린 상태에서 조작하면 아크로 인하여 변압기 소손 등 기기사고와 인사사고 우려가 매우 크므로 부하가 있는 상태에서는 조작을 금지한다.
- 상기 기기를 조작할 때는 무부하에서 실시하고 실시 전에 차단기 수동트립 버튼을 누른 다음에 조작한다.
- 기기 정지 후 단로기나 차단기로 회로 분리하여도 콘덴서나 케이블 충전 전류가 있으니 조급히 충전부를 만지지 않는다.
- 펌프실에 순찰 점검 시에는 슬리퍼 착용을 절대 금지하며, 바지 하단은 각종 볼트 및 잡철물에 걸쳐 아차사고의 우려가 있으니 양말 속으로 넣거나 각반으로 조인다.
- 간단한 전기보수 작업도 2인 이상으로 실시한다.
  - 활선작업은 원칙적으로 금한다.
  - 작업 시 구호에 따라 반복 복창 실시한다.
- 수배전반 및 변압기, 전동기 등 기기에는 멀리서 알아볼 수 있게 운전, 운휴(정지) 표시를 하여야 한다.
- 수배전반 후면 케이블에는 "통전표시기"를 설치하여 통전상태를 표시한다.
- 수배전반에 설치된 표시램프는 상시 정상적으로 점등되도록 램프교체에 철저를 기한다.
- 전기 충전부를 만질 경우는 검전기로 통전유무를 확인 후 작업한다.

5.7 고장 원인 및 대책(trouble shooting)

배수펌프장 운영 시 발생할 수 있는 고장의 원인과 대책에 관하여 다음과 같이 요약하였다.

고장 : 토출이 되지 않고 유량 및 양정이 부족할 때	
원인	대책
1. 케이싱내 불충분한 만수	1. 공기나 가스를 배출
2. 유효 흡입양정의 부족	2. 실제 유효 흡입양정 조사
3. 흡입 및 토출배관에 에어포켓 형성	3. 에어포켓의 공기나, 가스 배출
4. 펌프 규정 양정보다 실양정이 큼	4. 펌핑 조건의 재검토
5. 토출 또는 흡입밸브가 덜 열림	5. 밸브를 완전히 연다
6. 스트레이너, 흡입배관이 막힘	6. 스트레이너, 흡입배관 청소
7. 임펠러 속에 이물질이 낌	7. 임펠러 청소
8. 임펠러의 손상	8. 임펠러의 교환
9. 웨어링의 마모	9. 웨어링의 틈새를 조사하고 교체
10. 흡입관에 공기 누설	10. 흡입관의 플랜지, 플러그 등 검사
11. 회전 방향의 반대	11. 회전 방향 확인후 필요시 바꿈
12. 회전 속도가 늦음	12. 전동기의 전압과 주파수 확인
13. 펌프가 프라이밍되어 있지 않음	13. 펌프를 완전히 물로 충만시킴
14. 흡입배관이 충분히 흡입수조에 잠기지 않음	14. 수조의 수면을 상승시킴. 또는 배관을 개조
15. 유효흡입양정이 충분하지 않음	15. 상류 유수지의 수면 및 흡입배관 라인의 밸브가 완전 개방되었는지 확인
16. 전 양정이 계획보다 큼	16. 토출밸브 및 배관손실 확인
17. 흡입여과관(strainer)이 막힘	17. 흡입여과관을 청소
18. 밸브가 폐쇄 또는 반 개폐상태임	18. 배관라인의 밸브의 개폐를 확인
19. 펌프 웨어링(wearing)으로 부터 누수가 큼	19. 펌프를 분해하여 규정된 클리어런스의 부품으로 교환
20. 실(seal) 면으로부터 누수가 큼	20. 부품을 교환
21. 임펠러가 정확히 밀착되지 않음	21. 재조립
22. 흡입 또는 토출 배관의 장애	22. 흡입 및 토출배관 밸브의 장애를 확인

고장 : 기동 후 케이싱내 물부족	
원인	대책
1. 케이싱내 만수 불충분	1. 공기나 가스를 배출
2. 흡입관의 공기 누설	2. 배관부와 플러그 조사
3. 흡입배관에 에어포켓 형성	3. 에어포켓의 공기나 가스 배출
4. 유효 흡입양정 불충분	4. 실제 유효 흡입양정 조사

고장 : 기동 후 토출유량이 저하하는 경우	
원인	대책
1. 흡입배관에 물이 차지 않음	1. 상류 배관라인의 밸브와 유수지를 확인
2. 흡입라인과 스터핑박스(stuffing box)에 공기가 흡입	2. 흡입배관라인과 실(seal)을 확인
3. 수중에 가스나 증기가 있음	3. 가스나 증기를 제거
4. 흡입배관에 증기포켓(vapor pocket) 이 있음	4. 배관설계를 검토하고 양호한 배관경사가 되도록 함
5. 흡입배관이 충분이 흡입수조에 잠기지 않음	5. 수조의 수면을 상승시킴. 또는 배관개조
6. 유효흡입양정이 충분하지 않음	6. 상류 유수지의 수면 및 흡입배관라인의 밸브가 완전개방 여부 확인
7. 임펠러에 이물이 있음	7. 펌프를 분해하여 이물질 제거이물질의 유입경로 조사
8. 흡입여과관이 막힘	8. 흡입여과관의 청소
9. 펌프가 겉돔	9. 겉도는 원인을 조사하고, 펌프 재기동전에 해소
10. 펌프의 회전수가 높지 않음	10. 구동기의 문제가 없는지 확인

고장 : 냉각수의 문제	
원인	대책
1. 압력이 지나치게 높음	1. 냉각 시스템의 압력 설정을 변경
2. 압력이 지나치게 낮음	2. 냉각 시스템의 압력 설정을 변경
3. 냉각수의 오염	3. 필터와 수원을 원래 상태로 회복
4. 밸브가 폐쇄	4. 기기운전 전에 밸브의 개폐 확인
5. 체크밸브가 반대	5. 밸브를 변경

고장 : 전동기의 과부하	
원인	대책
1. 토출량이 규정보다 훨씬 많을 때	1. 토출 밸브를 조절
2. 펌프내 회전부가 정지부와 마찰간섭	2. 축 중심을 확인하고 회전부의 흔들림 조사 후 재조정하거나 부품교환
3. 회전부와 정지부 사이 이물질이 낌	3. 이물질 제거
4. 웨어링의 마모	4. 웨어링 틈새 측정, 새것으로 교체
5. 실의 장착 불량	5. 실의 장착위치 점검
6. 베어링의 손상	6. 베어링의 교체
7. 회전수가 높음	7. 모터의 전압 또는 터빈의 조절기를 확인
8. 전양정이 계획보다 낮음	8. 펌프의 설계조건 검토 및 밸브의 개폐 확인
9. 배출수의 비중이 계획보다 큼	9. 고출력의 구동기 교환 및 제작업체에 문의
10. 축(shaft)의 휨	10. 축의 휨을 수정 혹은 교체
11. 회전부분이 마모	11. 제작업체에 문의
12. 전기적 문제(모터)	12. 모터의 전기적 또는 기계적 문제점을 조사
13. 펌프 웨어링으로부터 누수가 큼	13. 펌프를 분해하여 규정 클리어런스의 부품으로 교환

고장 : 베어링의 마모가 빠름	
원인	대책
1. 축의 휨	1. 공장에 보내 축 휨 수정
2. 진동	2. 진동의 원인을 조사하여 수정
3. 과도한 스러스트하중	3. 밸런스 라인의 밸브확인, 펌프와 구동기의 커플링면의 간격 확인, 밸런스 드럼의 클리어런스 확인, 로터의 축방향 스트로크 확인
4. 윤활유 부족	4. 오일레벨 확인. 급유압력 확인
5. 베어링의 장착이 정확치 않음	5. 정확하게 장착
6. 베어링에 오물이 낌	6. 플러싱을 수행
7. 베어링이 빡빡함	7. 베어링의 검사 및 베어링 캡의 개스킷 두께체크
8. 오일온도가 지나치게 높음	8. 오일온도를 적정온도로 낮춤

고장 : 실(seal)의 과다한 누설	
원인	대책
1. 회전축의 휨	1. 공장으로 보내 휨을 수정 혹은 교체
2. 실면이 평행하지 않음	2. 실면의 마모체크 및 교체
3. 회전축 또는 슬리브의 마모	3. 슬리브 및 실 부품을 교체
4. 펌프 로터의 불균형	4. 균형 재조정. 필요시 실을 교환
5. 실의 밀봉액이 없음	5. 공급라인이 막혀 있지 않은지 확인
6. 이물이 흡입	6. 필터를 장착하고 밀봉액을 교환
7. 실이 과열(flushing 부족)	7. 배관중의 밸브가 막혀있지 않은지 확인
8. 실 부품으로 고형물 부착	8. 유체에 적절한 실을 선정하였는지 확인
9. 실의 마모	9. 부품을 교환
10. 기계적 실이 정확히 장치되지 않음	10. 제조업체의 설명서에 따라 정확히 장치
11. 실의 수리학적 균형이 맞지 않음	11. 제조업체에 문의하여 실에 걸리는 힘을 검토
12. 실면이 축방향에 수직이 아님	12. 제조업체의 설명서에 따라 정확히 장착
13. 개스킷 또는 오링(O-ring) 의 파손	13. 파손부품을 교체
14. 실의 장착불량	14. 실의 장착위치를 점검
15. 실의 부품 불량	15. 손상된 부품교체
16. 슬리브 면의 손상	16. 슬리브의 교체
17. 플러시 액의 압력이 너무 높음	17. 플러시 액의 압력 조절
18. 플러시 액의 양이 적당치 않음	18. 플러시 액의 양을 조절

고장 : 베어링의 과열	
원인	대책
1. 축 중심의 불일치	1. 축 중심 조절
2. 축이 휨	2. 축의 흔들림 검사 후 축 교체
3. 베어링의 손상	3. 베어링의 교체
4. 윤활량의 부족	4. 유면을 조사하고 오일 보충
5. 윤활 유량의 과다	5. 오일을 배출시키고 유면 조정
6. 윤활유의 종류가 부적당	6. 윤활유의 종류를 검토후 교체
7. 윤활유에 이물질 유입	7. 윤활유 교체

고장 : 펌프의 비정상적인 진동 및 소음	
원인	대책
1. 축 중심의 불일치	1. 축 중심 조정
2. 베어링의 손상	2. 베어링의 교체
3. 공동현상(cavitation) 발생	3. 유효 흡입양정 검토
4. 토출량이 규정보다 많음	4. 토출량을 적정유량 범위에서 운전
5. 커플링 손상	5. 손상된 부품 교환
6. 축이 휨	6. 축흔들림 조사 후 필요시 수정 또는 교체
7. 펌프 회전부가 고정부와 마찰	7. 회전체의 중심 및 흔들림 조사 후 수정 또는 교체
8. 회전부와 고정부 사이에 이물질이 낌	8. 이물질 제거
9. 임펠러의 막힘	9. 임펠러 청소
10. 회전체의 언밸런스	10. 회전체를 밸런싱

고장 : 윤활유장치의 문제	
원인	대책
1. 물이 베어링 내에 흡입	1. seal drip pocket이 막혔는지 검사
2. 유압이 지나치게 높음	2. 조절밸브(control valve)를 조정
3. 유압이 지나치게 낮음	3. 유압, 누유, 탱크레벨 등을 확인하고 기타 이상이 없으면 조절밸브를 조정
4. 압력이 없음	4. 압력계, AOP 전원, 오일레벨, 누유, MOP의 기계적 동작을 체크
5. 윤활유가 적절치 않음	5. 제조업체가 권장하는 윤활유를 사용
6. 윤활유 누유	6. 누유가 발생하는 개소를 확인하고 누유가 증가하는 곳을 표시하여 개스킷을 교환
7. 여과배관의 막힘	7. 어떤 것이 막혀 있는지를 체크하고, 어디 인지를 확인하여 여과배관을 청소. 경우에 따라 플러싱을 하여 윤활유를 교환
8. 게이지 불량	8. 교정된 게이지로 교환
9. 윤활유의 오염	9. 윤활유를 교환. 오염의 원인에 따라 재차 플러싱을 수행
10. 유압이 높거나 낮음	10. 냉각수 부족 또는 외부 공기가 지나치게 낮음

5.8 점검항목(check list)

소음 및 진동 발생 시 점검 항목

항목	유	무	사용가능
1. 로터의 불균형(unbalance) • 에어레이션(aeration) • 부식(corrosion) 및 기계적 손상 • 스케일 부착			
2. 배관의 진동 • 기초로부터 전달 • 배관계의 고유진동수 • 배관 지지대			
3. 심출 불량			
4. 기어 커플링의 윤활부족			
5. 한계유속			
6. 기초의 공진			
7. 기어의 소음			
8. 부품의 헐거워짐			
9. 베인 통과(passing) 주파수			
10. 왜곡			
11. 정확하지 않은 부품			
12. 난류			
13. 기계부품의 공진			
14. 기계적 또는 유체역학적 불균형			
15. 정확하지 않은 또는 마모된 베어링			
16. 캐비테이션			
17. 윤활유의 오염			
18. 정확하지 않은 윤활유 등급			
19. 전기적 요인			
20. 슬리브 베어링			
21. 볼 베어링			
22. 회전부품의 접촉			
23. 축의 휨			
24. 편심			
25. 실의 접촉			
26. 스러스트 베어링의 손상			
27. 베어링 클리어런스 불량			
28. 실의 과도한 조임			

배수펌프장 점검보고서

ㅁ펌프장명 :

ㅁ시설규모 : 모터펌프(　　kW) × 　　대, 엔진펌프(　　kW) × 　　대

ㅁ점검일자 : 20　　년　　월　　일

ㅁ점 검 자 : (소속)　　　　　(성명)

분야별	시설물명	점검사항	점검결과	조치의견
기전분야	변전실	1. 특고압 기기 및 선로상태(클램프, 터미널, 애자 등) 2. 접지상태 3. 보호장치 상태 4. 절연저항 측정 5. 변압기 붓싱상태 및 누유		
	수배전반	1. 배전반 각 기기상태 2. 축전지 및 정류장치 기능 3. 수전반 작동상태		
	기계실	1. 모터펌프 상태, 디젤엔진 상태 2. 그리스펌프(냉각수) 상태 3. 크레인 작동상태 4. 기타 기계시설 고인물 완전배수 여부		
	기타	1. 배수문(전동장치) 작동상태 2. 누전(고압, 저압) 여부 3. 기타 화재예방 상태 4. 소화기 비치여부		
토목 일반분야	배수관로	1. 균열 여부 2. 침하 여부 3. 암거파손 여부		
	수문	1. 수문 구조물 균열 여부 2. 문비 주위 오물, 토사 누적여부 3. 문틀, 고무패킹 노후여부 4. 경고판 부착상태 5. 핸들, 키 보관상태		
	유수지	1. 바닥 준설상태 및 배수상태 2. 도수로 정비상태		
	호안블럭	1. 호안블럭 침하여부		
	펜스	1. 펜스 파손여부		
	건물, 축대	1. 균열여부 2. 침하여부 3. 기타		
	일반상태	1. 주위 환경정비 상태 2. 관리원 근무상태		

수문점검표

ㅁ점검자 직명 :

ㅁ구청명 : ㅁ수문명 : ㅁ위치 : ㅁ성명 :

점검사항	점검결과	조치사항
1. 권양기 작동여부		
2. 문비완전 개폐여부		
3. 문비상태		
4. 문틀 및 패킹상태		
5. 핸드레버 관리상태		
6. 전기시설 연결상태		
7. 브레이크 작동상태		
8. 암거 내 준설상태		
9. 암거 내 균열상태(전면적)		
10. 수문상자 내 사다리 상태		
11. 감속기 등 기어그리스 주입여부		
12. 수문자체 부식상태		
13. 수문상자 구체 파손여부		
14. 도색상태		
15. 관리자 지정여부(성명)		
16. 수문대장 관리상태		
17. 수문열쇠 관리상태		
18. 경고판 관리상태		
19. 수문관리자 수문 개폐시기 인지여부		
20. 부품확보상태(조작스위치, 퓨즈, 마그네트, 그리스, 고무판 등)		

펌프 모터 현장 조사 자료(사전점검) 점검표

소유자	펌프장명	펌프 규격	비고
	○○배수펌프장	수직축 축류펌프, 0 상식 m^3/minxm, kWxP	모터펌프

점검개소	점검항목	1호기	2호기	3호기	4호기
모터 베어링 상부 하부	누유상태				
	윤활유				
	기계적소음				
	진동				
펌프 스러스트 베어링	누유상태				
	윤활유				
	기계적소음				
	진동				
스터핑박스	누수상태				
커플링/축	커플링볼트 상태 흔들림 상태				
기초부	기초 볼트/너트 조임상태				
	기초부 균열				
	기타				
압력계	작동상태				
배관	고정 및 누수상태				

펌프 모터 세부 조사 점검표(운전시)

<table>
<tr><th>소유자</th><th>펌프장명</th><th>펌프 규격</th><th>비고</th></tr>
<tr><td></td><td>○○배수펌프장</td><td>수직축 축류펌프, 0 상식
m^3/minxm, kWxP</td><td>모터펌프</td></tr>
</table>

<table>
<tr><th colspan="4">점검항목</th><th>단위</th><th>1호기</th><th>2호기</th></tr>
<tr><td rowspan="2">가동수위</td><td colspan="3">내수위</td><td rowspan="2">m</td><td></td><td></td></tr>
<tr><td colspan="3">외수위</td><td></td><td></td></tr>
<tr><td colspan="4">회전수</td><td>rpm</td><td></td><td></td></tr>
<tr><td rowspan="3">운전양정</td><td colspan="3">전양정</td><td rowspan="3">m</td><td></td><td></td></tr>
<tr><td colspan="3">흡입양정</td><td></td><td></td></tr>
<tr><td colspan="3">토출양정</td><td></td><td></td></tr>
<tr><td rowspan="2">소음</td><td colspan="3">모터</td><td rowspan="2">dB</td><td></td><td></td></tr>
<tr><td colspan="3">펌프</td><td></td><td></td></tr>
<tr><td rowspan="6">총 진동값</td><td rowspan="2">펌프</td><td colspan="2">수직</td><td rowspan="6">mm/s, rms</td><td></td><td></td></tr>
<tr><td colspan="2">수평</td><td></td><td></td></tr>
<tr><td rowspan="4">모터</td><td rowspan="2">부하</td><td>수직</td><td></td><td></td></tr>
<tr><td>수평</td><td></td><td></td></tr>
<tr><td rowspan="2">반부하</td><td>수직</td><td></td><td></td></tr>
<tr><td>수평</td><td></td><td></td></tr>
<tr><td rowspan="4">전원부</td><td colspan="3">전압</td><td>V</td><td></td><td></td></tr>
<tr><td colspan="3">전류</td><td>A</td><td></td><td></td></tr>
<tr><td colspan="3">역률</td><td>PF</td><td></td><td></td></tr>
<tr><td colspan="3">입력</td><td>kW</td><td></td><td></td></tr>
<tr><td rowspan="3">모터</td><td colspan="3">외관 및 동작상태</td><td>–</td><td></td><td></td></tr>
<tr><td colspan="3">접지선 부착상태</td><td>–</td><td></td><td></td></tr>
<tr><td colspan="3">단자함 접속 및 배선상태</td><td>–</td><td></td><td></td></tr>
<tr><td rowspan="2">윤활</td><td colspan="3">모터 유면계</td><td>–</td><td></td><td></td></tr>
<tr><td colspan="3">펌프,그리스펌프</td><td>–</td><td></td><td></td></tr>
<tr><td colspan="4">스터핑박스 누수상태</td><td>–</td><td></td><td></td></tr>
<tr><td rowspan="2">기초부</td><td colspan="3">기초볼트</td><td>–</td><td></td><td></td></tr>
<tr><td colspan="3">기초부 균열</td><td>–</td><td></td><td></td></tr>
</table>

펌프 모터 진동측정 위치

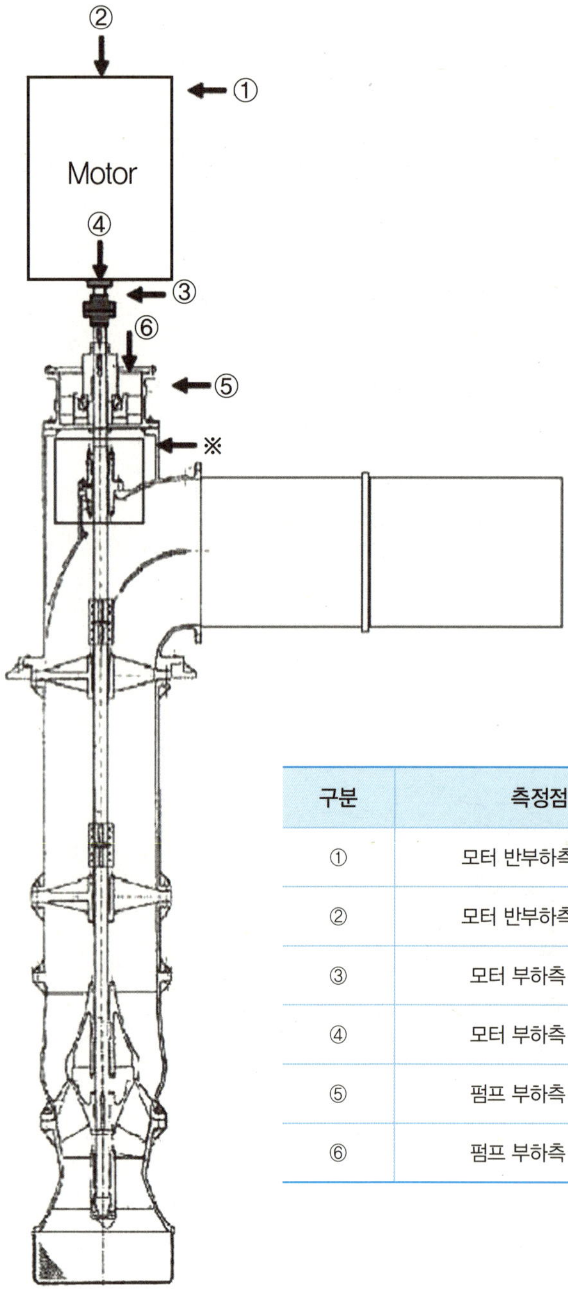

구분	측정점
①	모터 반부하측 수평
②	모터 반부하측 수직
③	모터 부하측 수평
④	모터 부하측 수직
⑤	펌프 부하측 수평
⑥	펌프 부하측 수직

※ ⑤⑥ 펌프에 스러스트 베어링이 설치되어 있지 않은 경우는 펌프 토출곡관 상부에 설치되어 있는 저널베어링부에서 측정함(※ 부분)

축정렬 점검표

공사명					
장비명			장비번호		
설치위치			동력 / 회전수		
토출량		양정		일자	

축정렬

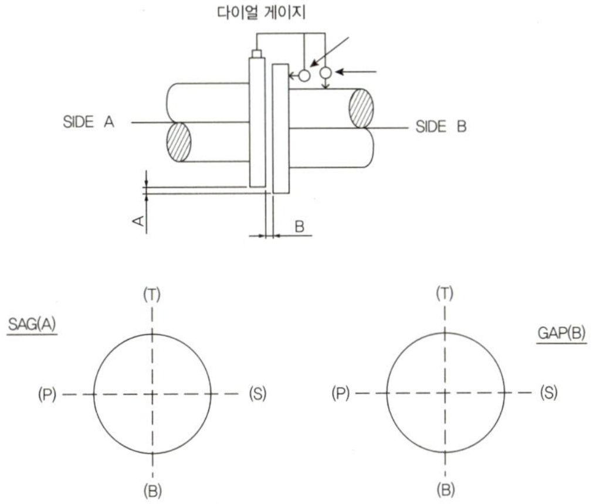

(SAG) A : 동심도(PARALLEL(OD)) 단위: 1/100 mm

호기 \ 측정위치	T	S	B	P
1호기				
2호기				
3호기				
4호기				

(GAP) B : 평행도(ANGULAR(FACE)) 단위: 1/100 mm

호기 \ 측정위치	T	S	B	P
1호기				
2호기				
3호기				
4호기				

점검자 소속 : ________ 성명/서명 : ________ 일자 : 20 . . .
입회자 소속 : ________ 성명/서명 : ________ 일자 : 20 . . .
확인자 소속 : ________ 성명/서명 : ________ 일자 : 20 . . .

부록

부록 1. 터보형 펌프 용어

번호	용어	정의
1	터보형 펌프	임펠러를 케이싱 안에서 회전시켜 액체에 에너지를 전달하는 펌프로서 원심 펌프, 사류 펌프, 축류펌프가 이에 포함. 펌프를 작동원리에서 분류한 경우의 명칭이며, 용적형 펌프와 대비되는 용어
2	원심 펌프	액체가 임펠러로부터 원심력 작용을 받고 토출되며, 토출된 흐름은 주로 주축에 수직인 면 내에 있는 펌프
3	벌루트 펌프	임펠러의 토출 측에 달팽이형 케이싱을 가지는 것. 2중 벌루트형 케이싱을 가지는 것을 2중 벌루트 펌프(double volute pump)라 한다.
4	디퓨저 펌프	원심 펌프로서 임펠러의 토출 측에 안내깃형의 디퓨저를 가지는 것. 그 바깥쪽에 벌루트가 있어도 이와 같이 부름. 터빈 펌프
5	사류 펌프	임펠러로부터 토출되는 흐름이 원심 펌프와 축류펌프 사이에 있는 펌프. 일반적으로 임펠러의 토출 측에 안내깃을 갖는 디퓨저가 있음
6	벌루트형 사류 펌프	사류 펌프로서 임펠러의 토출 측에 직접 벌루트형 케이싱을 가지는 것
7	축류펌프	임펠러로부터 유출하는 흐름이 주축과 평행한 펌프
8	수평형, 수평축형	주축 또는 실린더가 수평으로 배치되어 있는 기계의 형식
9	수직형, 수직축형	터보 기계의 주축이 수직으로 배치된 것
10	경사형, 경사축형	주축이 수평면에 대하여 어느 각도로 경사지게 배치되어 있는 것
11	단단, 단단형	펌프에 들어간 액체가 한 번만 임펠러를 통과하는 형식의 구조
12	다단, 다단형	펌프에 들어간 액체가 직렬로 2번 이상 임펠러를 지나는 구조로서, 임펠러를 지나는 횟수에 의하여 2단, 3단, … 이라고 부른다
13	가동깃, 조정깃	임펠러의 깃이 움직일 수 있는 구조의 깃
14	고정깃	축류형 임펠러의 깃 또는 안내깃이 고정되어 있는 구조의 깃
15	한쪽 흡입	원심 펌프에서 임펠러의 흡입구가 한쪽에만 있는 것
16	양쪽 흡입	원심 펌프에서 임펠러의 흡입구가 양쪽에 있는 것
17	1상식, 단층식	수직축 펌프로서, 구동부가 펌프의 케이싱 위쪽 부분에 직접 설치되는 구조
18	2상식, 2중 바닥식	수직축 펌프로서, 펌프와 구동부가 상하 각각의 바닥면에 설치되는 구조
19	지상용 펌프	설치 형태에 따른 분류로서, 구동부와 펌프가 지상에 설치되는 형태의 펌프
20	수중용 펌프	설치 형태에 따른 분류로서, 구동부와 펌프가 수중에 설치되는 형태의 펌프
21	모터 직결형	설치 형태에 따른 분류로서, 모터와 펌프가 동일 축으로 연결된 형태
22	모터 분리형	설치 형태에 따른 분류로서, 모터와 펌프가 커플링 같은 축이음으로 연결된 형태
23	직결식	원동기와 펌프가 축이음에 의하여 결합되는 방식

번호	용어	정의
24	직동식, 원동기 직동식	하나의 축을 원동기와 펌프가 공유하는 방식
25	수중 모터 펌프	펌프 전체를 전동기와 함께 액체 속에 담가서 사용하는 펌프. 여기에 사용되는 전동기로는 내부가 수봉, 유봉 또는 가스 봉입으로 밀봉된 것들이 있음
26	착탈식 수중 모터 펌프	오수 또는 오물용의 수중 모터 펌프로서, 단지 펌프를 상하로 이동시키는 것만으로 배수조 내에 있는 펌프의 토출구와 토출관의 착·탈을 할 수 있는 구조로 된 것.
27	운전점	성능 곡선도에서 실제로 펌프가 운전되고 있는 상태를 표시하는 점으로서, 이것은 그때의 양정 곡선과 저항 곡선과의 교점이 된다.
28	시방점, 규정점	성능 곡선도에 표시된 규정 양정과 규정 토출량과의 교점
29	이점 시방, 이점 요구	2개의 시방점을 규정하고 있는 시방
30	설계점	성능 곡선도에 표시된 설계 양정과 설계 유량과의 교점
31	최고 효율점	양정 곡선상에서 펌프 효율이 최고가 되는 점
32	양정	펌프 운전에 의하여 만들어지는 헤드의 총칭
33	펌프 전 양정, 총 양정	펌프 운전에 의하여 만들어지는 총헤드. 펌프의 토출구 및 흡입구에 있어서의 총 헤드 차로 표시된다.
34	실양정	펌프 장치에 있어서의 토출 액면과 흡입 액면 사이의 총 헤드의 차
35	이론 펌프 양정	임펠러 입·출구에서의 유동에 각 운동량의 이론을 적용하여 구해지는 전 양정으로서, 다음 식으로 주어진다. 이 값은 손실 헤드가 없다고 가정한 경우에 임펠러가 유체에 주는 단위 중량당의 에너지(총 헤드)와 일치한다. $H_{th} = \frac{1}{g}(u_2C_{2u} - u_1C_{1u})$ 여기에서 H_{th} : 이론 양정(m) u_1 : 임펠러의 깃 입구 끝의 원주속도(m/s) u_2 : 임펠러의 깃 출구 끝의 원주속도(m/s) C_{1u} : 임펠러의 깃 입구 직전에 있어서의 유체의 절대 속도의 원주 방향 성분(m/s) C_{2u} : 임펠러의 깃 출구 직후에 있어서의 유체의 절대 속도의 원주 방향 성분(m/s) g : 중력 가속도(m/s^2)
36	차단 양정	차단 운전 시의 전 양정
37	규정 펌프 양정	당사자 사이의 계약에서 정해진 규정 토출량에 있어서의 전 양정
38	설계 양정	펌프를 설계할 때 설정하는 전양정

번호	용어	정의
39	기준면	토출 헤드, 흡입 헤드 등을 계산할 때 위치 헤드의 기준이 되는 수평면으로서, 이것은 임펠러의 깃 입구 외주 끝을 지나는 원의 중심점을 포함하는 수평면으로 규정한다([참고 그림] 참조). 다만, a) 다단의 경우는 1단째의 임펠러에 대하여 위의 규정이 적용된다. b) 수직 측 양쪽 흡입형의 경우는 위쪽이 되는 깃 부분에 위의 규정이 적용된다. 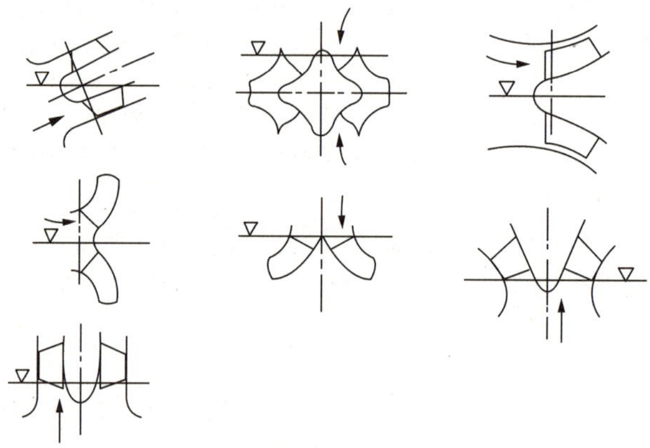 **[참고 그림] 기준면**
40	토출 전 양정, 토출 전 헤드	펌프 기준면에 있어서의 토출구의 전 양정
41	흡입 전 양정, 흡입 전 헤드	펌프 기준면(수평축 한쪽 흡입 펌프의 경우 축 중심 위치)으로부터의 흡입 전 헤드
42	토출 양정, 토출 헤드	펌프 기준면 위치로 환산된 토출 측의 압력 헤드
43	흡입 양정, 흡입 헤드	펌프에 있어서 흡입 수면으로부터 펌프 기준면(펌프 중심)까지의 높이. 또는 이 높이의 헤드
44	승압, 부스터 압력	대기압 이상의 흡입 압력. 펌프에서 흡입 측이 저압이 되면 캐비테이션을 일으키므로 이를 피하기 위해 유지되는 압력
45	정적 흡입 높이	흡입 액면으로부터 측정된 펌프 기준면까지의 높이. 펌프 기준면이 흡입 액면보다 위에 있을 때에는 양(+), 아래에 있을 때에는 음(−)으로 한다.
46	토출 높이	펌프 기준면에서 측정한 토출 액면까지의 높이. 펌프 기준면보다 토출 액면이 위에 있을 때에는 양(+), 아래에 있을 때에는 음(−)으로 한다.
47	총 정헤드, 전체 높이	펌프의 흡입 액면부터 측정한 토출 액면의 높이
48	토출량	펌프가 단위 시간에 토출하는 액체의 체적
49	규정 토출량	당사자 사이에 계약으로 정해진 토출량
50	회전수	회전체가 단위 시간에 회전하는 수
51	규정 회전수	당사자 사이에 계약으로 정해진 회전수

번호	용어	정의
52	필요 유효 흡입 헤드	펌프의 어떠한 운전 상태에 있어서 캐비테이션이 생기지 않게 하기 위하여 필요한 유효 흡입 헤드로서 흡입 비속도, 토마(Thoma)의 캐비테이션 계수 또는 실험으로부터 구한다.
53	유효 흡입 헤드	펌프의 캐비테이션을 검토할 때 사용하는 것으로서, 임펠러의 깃 직전의 기준면상에 있어서 액체가 가지는 총압(절대 압력)이 그 액체의 그 온도에 있어서의 포화 증기압(절대 압력)보다 얼마나 높은가를 헤드의 상태로 표시한 것이며, 다음 식으로 표시된다. $h_{sv}=\dfrac{P_s}{\rho g}-\dfrac{P_v}{\rho g}$ 여기에서 h_{sv} :유효 흡입 헤드(m) P_s : 임펠러 깃 직전의 기준면 상에 있어서의 총압(절대압력)(Pa) P_v : 포화 증기압(절대 압력)(Pa) ρ : 액체의 밀도(kg/m^3) g : 중력 가속도(m/s^2)
54	수동력	펌프에 의하여 단위 시간에 액체로 주어진 유효 에너지로서, 다음 식으로 표시된다. $P_w=10^{-3}\rho gQH$ 여기에서 P_w : 수동력(kW) ρ : 유체의 밀도(kg/m^3) g : 중력 가속도(m/s^2) Q : 토출량(m^3/s) H : 전 양정(m)
55	축동력	펌프축에 전달되는 동력
56	차단 축동력	차단 운전 시 펌프의 축동력
57	펌프 효율	수동력과 펌프 축동력과의 비로서, 다음 식으로 표시된다. $\eta=\dfrac{P_w}{P}\times 100$ 여기에서 η : 펌프 효율(%) P_w: 수동력(kW) P : 펌프 축동력(kW)
58	기계 효율	축동력에서 기계 손실 동력을 뺀것과 펌프 축동력과의 비이며, 다음 식으로 표시된다. $\eta_m=\dfrac{P-P_m}{P}\times 100$ 여기에서 η_m : 기계 효율(%) P_m : 기계 손실(kW) P : 펌프 축동력(kW)

번호	용어	정의
59	수력 효율	전 양정과 이론 양정과의 비로서, 펌프로부터 토출되는 액체에 임펠러가 전달한 동력과 이론 동력과의 비와 같으며 다음 식으로 나타낸다. $\eta_h = \dfrac{H}{H_{th}} \times 100 = \dfrac{P_w}{(P-P_m)\eta_v} \times 10^4 = \dfrac{\eta}{\eta_m \cdot \eta_v} \times 10^4$ 여기에서 η_h : 수력 효율(%) H : 전 양정(m) H_{th} : 이론 양정(m) P_w : 수동력(kW) P : 펌프 축동력(kW) P_m : 기계 손실 동력(kW) η : 펌프 효율(%) η_v : 체적 효율(%) η_m : 기계 효율(%)
60	종합효율	펌프, 전동 장치 및 원동기를 포함한 펌프 설비 전체로서의 효율이고, 다음 식으로 표시된다. 전동기 구동의 경우는 수동력과 전동기 입력과의 비이다. $\eta_o = \dfrac{P_w}{P_1} \times 100 = \eta \cdot \eta_d \cdot \eta_t \cdot 10^{-4}$ 여기에서 η_o: 종합효율(%) P_w : 수동력(kW) P_1 : 원동기 입력(kW) η : 펌프 효율(%) η_d : 원동기 효율(%) η_t : 전동 장치 효율(%)
61	기계 손실	베어링이나 축봉 장치 등에 작용하는 기계적인 마찰 저항 및 임펠러 슈라우드의 바깥쪽 면에 작용하는 유체 마찰 저항(원판 마찰 저항) 때문에 발생하는 손실
62	누설 손실	임펠러에서 액체에 주는 동력 중 케이싱 내에서 저압 쪽으로 새어나가는 액체와 케이싱 외부로 새어나가는 액체에 주어진 무효 동력
63	체적 효율	펌프 토출량과 임펠러를 지나는 유량과의 비
64	최고 효율	효율 곡선 위에서 최고의 효율을 주는 점의 값(가동깃의 경우, 효율 곡선군 중의 최고점의 값)
65	보증 효율	제작자가 보증하는 효율
66	펌프 성능	펌프를 운전하였을 때 얻어지는 회전 속도, 전 양정, 토출량, 축동력, 효율 등의 값과 그 상호 관계
67	펌프 특성	펌프의 종류와 모양이 정해지면 펌프의 크기에 관계없이 결정되는 펌프의 성능상의 특징
68	성능 곡선	펌프의 성능을 그래프 위에 표시한 곡선. 이 그래프를 "성능 곡선도"라고 한다.

번호	용어	정의
69	특성 곡선	펌프의 특성을 그래프 위에 표시한 곡선. 백분율 표시, 무차원 표시 등이 있다. 이 그래프를 "특성 곡선도"라고 한다.
70	허용도	펌프 성능의 보증값과 시험 결과와의 차의 허용 범위
71	완전 특성	펌프의 정방향 회전·역방향 회전·정방향 흐름·역방향 흐름 영역에 걸친 전반적인 특성. 보통 펌프의 특성은 정방향 회전·정방향 유동의 영역이며, 역방향 회전·역방향 유동을 수력 터빈 영역, 정방향 회전·역방향 유동을 제동 영역, 역방향 회전·정방향 유동을 역방향 회전 펌프 영역이라고 한다.
72	비속도	펌프의 수력학적 상사 원측에서 유도된 수치로서 다음의 식으로 나타낸다. $n_s = 60^{\frac{3}{2}} n Q^{\frac{1}{2}} / H^{\frac{3}{4}}$ 여기에서 n_s : 비속도 n : 회전수(s^{-1}) Q : 토출량(양쪽 흡입 임펠러의 경우는 토출량의 반을 취한다.)(m^3/s) H : 전 양정(다단 펌프일 때는 각 단마다 전 양정을 취한다.)(m) 보통 비속도는 최고 효율점의 성능에 대하여 구해지고, 상사형의 펌프에 있어서는 크기, 회전수의 크기에 관계없이 일정하게 된다. 따라서 비속도는 펌프 분류의 지표가 된다.
73	형식수	다음의 식으로 나타내는 무차원량 $K = 2\pi n Q^{\frac{1}{2}} / (g \cdot H)^{\frac{3}{4}}$ 여기에서 K: 형식수 n : 회전수(s^{-1}) Q : 토출량(m^3/s) H : 전 양정(m) g : 중력 가속도(m/s^2) 이 식은 펌프의 수력학적 상사 법칙에서 유도된다. 형식수는 비속도와 같이 최고 효율점에서의 일단량의 성능에 대해서 사용하는 경우와 시방점에 대해서 사용하는 경우가 있다. 따라서 형식수를 서술할 때는 그 조건을 명시할 필요가 있다.
74	무구속 속도	펌프 입력 차단 시 역방향 회전 상태로 될 수 있고, 역방향 유동 영역에 있어서의 펌프의 최대 회전 속도
75	양정 곡선	성능 곡선 중에서 토출량과 전 양정과의 관계를 표시하는 곡선
76	효율 곡선	성능 곡선 중에서 토출량과 효율과의 관계를 표시하는 곡선(효율에는 주로 펌프 효율을 취하지만, 종합효율의 경우도 있다.)
77	축동력 곡선	성능 곡선 중에서 토출량과 축동력과의 관계를 표시하는 곡선

번호	용어	정의
78	흡입 비속도	펌프의 캐비테이션에 대한 성능 및 특성을 표시하는 것으로서, 다음 식으로 표시된다. $S = 60^{\frac{3}{2}} n Q^{\frac{1}{2}} / H_{sv}^{\frac{3}{4}}$ 여기에서 S : 흡입 비속도 n : 회전수(s^{-1}) Q : 토출량(양쪽 흡입 임펠러의 경우는 토출량의 반을 취한다.)(m^3/s) H_{sv} : 필요 유효 흡입 헤드(m) 위의 식에서 H_{sv}(m) 대신에 유효 흡입 헤드 h_{sv}(m)를 사용할 때도 있다.
79	필요 유효 흡입 헤드 곡선, 필요 NPSH 곡선	성능 곡선 중에서 토출량과 필요유효 흡입 헤드와의 관계를 표시하는 곡선
80	유효 흡입 헤드 곡선, NPSH 곡선	토출량과 유효 흡입 헤드와의 관계를 표시하는 곡선
81	등효율 곡선	펌프의 회전수, 임펠러 바깥지름 또는 깃 설치 각도를 변경하였을 때 얻어지는 몇 개의 양정 곡선상에서 펌프 효율의 값이 같은 점을 연결한 곡선
82	저항 곡선	흡입관 입구와 토출관 출구에 있어서의 전 수두차에 관로계의 손실헤드를 더한 것과, 토출량과의 관계를 표시하는 곡선
83	하강 특성	토출량의 증가와 함께 전 양정이감소하는 특성
84	산형 특성	전 양정의 최대값이 차단 양정보다도 큰 펌프 특성
85	유량 계수	펌프 특성 중에서 토출량을 표시하는 무차원 수로서, 다음 식으로 표시된다. $\Phi = \frac{Q}{A_2 u_2}$ 여기에서 Φ : 유량 계수 Q : 토출량(m^3/s) A_2 : 임펠러 출구 면적(m^2) u_2 : 임펠러 출구 평균 지름에서의 주 속도(m/s)
86	양정 계수	펌프 특성 중에서 전 양정을 표시하는 무차원 수로서, 다음 식으로 표시된다. $\Phi = H / \left(\frac{u_2^2}{2g} \right)$ 여기에서 Φ : 양정 계수 H : 전 양정(m) u_2 : 임펠러 출구 평균 지름에서의 주 속도(m/s) g : 중력 가속도(m/s^2)

번호	용어	정의
87	축동력 계수	펌프 특성 중에서 축동력을 표시하는 무차원 수로서, 다음 식으로 표시된다. $$v = 10^{-3}P/\left(\frac{\rho}{2}A_2{u_2}^3\right)$$ 여기에서 v : 축동력 계수 P : 축동력(kW) A_2 : 임펠러 출구 면적(m^2) u_2 : 임펠러 출구 평균 지름에서의 주 속도(m/s) ρ : 밀도(kg/m^3)
88	펌프의 크기	흡입구 지름과 토출구 지름의 호칭지름으로 표시한다. 흡입구 지름과 토출구 지름이 같은것에서는 그 호칭 지름, 상이한 것에서는 양 호칭 지름을 병기하여 표시한다. 이를테면, 흡입구 지름의 호칭지름이 150, 토출구 지름의 호칭 지름이 100인 경우에는 150×100으로 한다.
89	구경	펌프의 흡입구 또는 토출구의 지름
90	조작	인력 또는 기타 방법에 의하여, 대상으로 하는 기기에 소정의 상태 변화를 일으키게 하는 일
91	작동	어떠한 조작이 행해짐으로써, 기기가 그 조작된 대로 상태의 변화를 일으키는 일
92	성능 시험	펌프의 전 양정, 토출량, 회전 속도, 축동력 및 효율의 상호 관계를 구하는 시험
93	운전 시험	펌프의 진동, 소음, 누수, 베어링 온도 등의 운전 상태를 확인하는 시험
94	수압 시험	액압을 받는 부분에 소정의 수압을 걸어서, 이상 유무를 확인하는 시험
95	공장 시험	펌프의 성능, 기타에 대하여 제작 공장에서 실시하는 시험
96	현장 시험	펌프의 운전 상태, 기타에 대하여 사용 장소에서 설치 후 실시하는 시험
97	기계식 실, 메커니컬 실	축에 거의 수직인 2개의 평면 사이의 접촉 압력에 의하여 회전 부분의 밀봉을 유지하는 실 유닛의 한 종류로서, 완충 기구를 가지고 있다.
98	글랜드 패킹	패킹 상자에 삽입되는 축봉용 패킹
99	패킹 누르개, 글랜드	축봉부에서, 패킹과 주축과의 밀착성을 증대시키기 위해 패킹을 축 방향으로 누르는 부품
100	흡입 수조	펌프 장치에서 흡수를 위하여 펌프 또는 흡입관을 물속에 잠몰시킨 수조. 일반적으로 수조의 수면 위가 대기압인 경우를 말한다
101	토출 수조	펌프 장치에서 토출관에 연결된 수조. 일반적으로 수조의 수면 위가 대기압인 경우를 말한다.
102	침사지	유속을 작게 하여 주로 물속의 흙, 모래, 조약돌 등을 침전시키기 위한 못으로, 흡입 수조의 상류 쪽에 둔다.

번호	용어	정의
103	분할벽	한 흡입 수조로부터 2대 이상의 펌프가 흡수하는 경우, 각 흡입구의 중간에서 유수 방향으로 설치된 벽
104	와류 방지벽	주로 수직축 수조 내형 펌프의 흡입구 부근의 선회류 방지를 위하여 흡입 수조에 설치한 구조물
105	정류벽	수로의 흡입 수조 등에서 물의 흐름이 균일화하도록 설치된 벽
106	흡입관	펌프의 흡입 쪽에 접속하는 배관
107	벨마우스	흡입 수조 내에서 흡입관 끝에 설치하는 확대관
108	토출관	펌프의 토출 쪽에 접수하는 배관
109	프루드 수	유체가 가지는 관성력과 그것에 작용하는 중력과의 비에 대응하는 무차원수로, 다음 식으로 표시된다. $Fr = V/\sqrt{gl}$ 여기에서 Fr : 프루드 수 V : 유동장의 대표 속도(m/s) l : 물체의 대표 치수(m) g : 중력 가속도(m/s^2)

부록 2. 전기 및 계측제어 설비 약어

약어	원어	비고
ALTS	Automatic Load Transfer Switch (자동부하전환개폐기)	주 전원 정전시 또는 전압이 기준치 이하로 떨어질 경우 예비전원으로 자동 전환하는 장치
AOP	Auxiliary Oil Pump	보조 오일 펌프
CT	Current Transformer (계기용 변류기)	전류를 일정비율로 낮춰 계기의 계측이 가능하도록 하는 변성기
DCD	Data Carrier Detector	데이터 흐름 감지기
DS	Disconnecting Switch (단로기)	기기점검을 위해 전원을 일시 차단하는 개폐기
LBS	Load breaking switch (부하개폐기)	수변전 설비의 옥내·외 수전반의 제일 초단에 설치되어 있으며 무부하 전류의 개폐를 통해서 선로의 분기, 구분 및 전력계통을 보호하는 기기
LDS	Line Disconnecting Switch	선로 개폐 스위치
LS	Line Switch	선로 스위치
MOF	Metering Out Fit (계기용 변압 변류기)	변류기와 계기용 변압기를 하나로 하여 외함에 넣어 결선되어 있는 계기용 변성기
MOP	Main Oil Pump	주 오일 펌프
OCR	Over Current Relay (과전류 계전기)	전류의 크기가 일정치 이상일 때 동작하는 계전기
OCGR	Over Current Ground Relay (과전류 지락 계전기)	지락전류를 감지하는 계전기
PLC	Programmable Logic Controller	디지털 또는 아날로그 출력 모듈을 사용하여 로직, 시퀀스, 타이밍, 계수, 산술연산과 같은 특수한 기능을 수행하기 위한 명령을 내부에 기억할 수 있는 메모리를 사용하여 각종 기계를 제어하도록 되어있는 디지털 조작형의 전자장치
P.F	Power Fuse (전력 퓨즈)	전력용 퓨즈로서 사고 전류에 의해 용단 되어 개통을 보호함
POR	Phase Open Relay (결상 계전기)	평형3상 입력이 가해지지 않을 경우 결상을 감지하는 계전기

약어	원어	비고
PT	Potential Transformer (계기용 변압기)	전압를 일정비율로 낮춰 계기의 계측이 가능하도록 하는 변성기
RXL	Receive Level	신호의 크기
SPD	Surge Protection Device	서지보호기
SQ	Signal Quality	신호의 품질
S/W	Switch	스위치
UVR	Under Voltage Relay (저전압 계전기)	전압의 크기가 일정치 이하일 때 동작하는 계전기
VCB	Vacuum Circuit Breaker (진공차단기)	진공중에서 아크 소호능력을 이용하여 전류를 차단하는 장치

부록 3. 펌프 관련 표준

표준번호	표 준 명
KS B 0061	터보형 펌프 용어
KS B 0113	수차 및 펌프 수차용어
KS B 6300	펌프의 분류
KS B 6301	원심펌프, 사류펌프 및 축류펌프의 시험 및 검사방법
KS B 6302	펌프 토출량 측정방법
KS B 6305	자흡식 원심펌프의 시험 검사방법
KS B 6318	양쪽흡입 벌루트 펌프
KS B 6320	깊은 우물용 수중 모터펌프
KS B 6321	배수용 수중 모터펌프
KS B 6325	모형에 의한 펌프 성능시험 방법
KS B 6360	펌프의 소음 레벨 측정방법
KS B 6504	공사용 수중펌프
KS B 7501	소형 벌루트 펌프
KS B 7513	펌프의 흡입관 및 토출관의 치수
KS B ISO 5198	원심, 사류 및 축류펌프–수력성능 시험규격–정밀등급
KS B ISO 10816–7	기계적 진동–비회전부의 측정에 의한 기계진동의 평가–제7부: 산업용 회전동역학 펌프, 회전축에 대한 측정 포함

부록 4. 내수배제체크 계산의 예

배수펌프의 계획 전양정은 과잉설비가 되지 않도록 일반적으로 외수위의 계획최고수위와 내수위의 허용담수위의 차(펌프장 계획실양정)의 80%정도로 잠정 결정한 값에 제반손실(스크린, 관손실 등)을 더한 것으로 결정한다. 잠정 결정한 실양정은 펌프장의 계획배수량을 결정하는 수리데이터로 내수배제체크 계산을 하여 내수의 담수위와 담수시간이 허용되지 않는 경우는 펌프장 계획실양정을 높이고 반대로 여유가 지나치게 많으면 펌프장 계획실양정을 내리는 검토를 하여 결정한다. 내수배제체크 계산 방법은 홍수시를 상정하여 내수의 유입량과 수위, 외수위의 변화, 잠정 결정된 시방으로 선정된 펌프성능곡선도에 따른 유량으로 각 시각의 내수위를 계산한다.

[내수 배제 체크 계산 순서]

① 운전개시시각과 그 시각의 펌프장 외수위(H_d), 펌프장 내수위(H_i), 펌프장으로의 유입량(Q_i)을 설정한다.

내수배제시설 계획규모 결정 자료 등에 의해, 모델로 한 홍수 등에 있어서 수식을 다음에 따라 설정한다.

운전개시시각 : 내수위가 운전개시수위에 도달한 시각(보통 1시간 단위)

H_d : 펌프장의 외수위(m), [그림-1] 외수위곡선에 의해 운전개시 할 때의 수위.

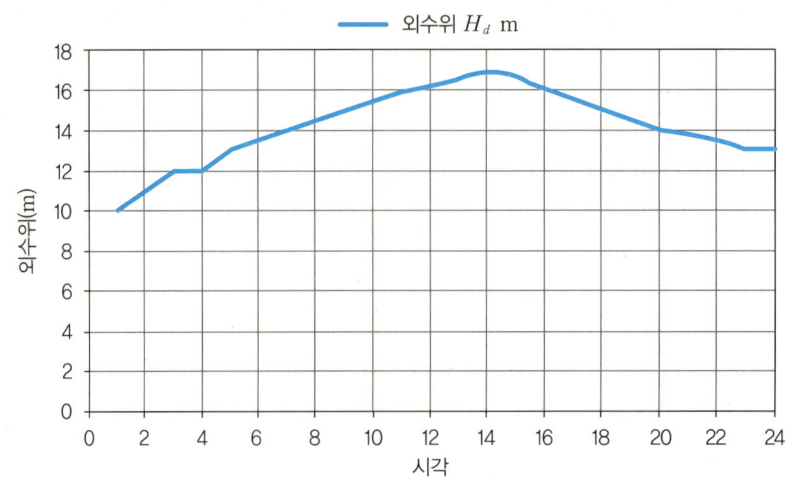

[그림-1] 시간에 따른 외수위곡선($H_d - T$곡선)

H_i : 펌프징의 내수위(m)이며, 운전개시수위.

$Q_i(m^3/s)$: 펌프장으로의 유입량. [그림-2] 내수유입량곡선(Qi-T 곡선) 참조.

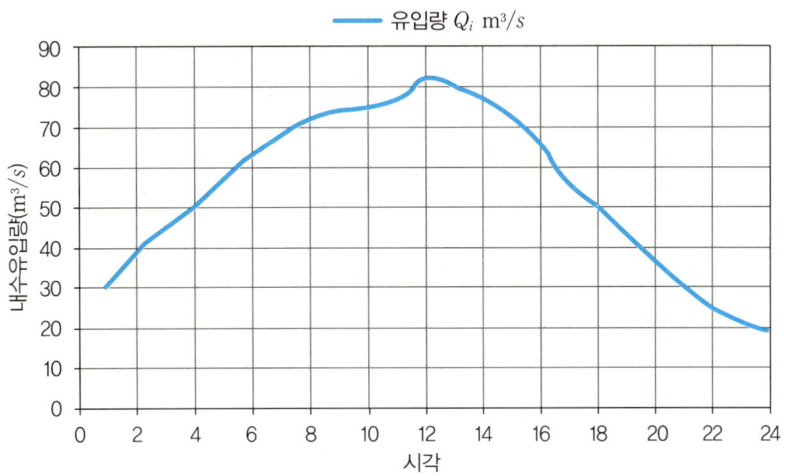

[그림-2] **시간에 따른 내수유입량곡선(Q_i-T곡선)**

② 계산시각 T에 있어서 소요실양정 Ha을 구한다.

계산시각 T는 계산을 행하는 시간이며, 보통 1시간 간격으로 하고 각각 정시로 한다. 소요실양정 Ha는 다음 식에 의한 펌프장의 실양정이다.

$$Ha = H_d - H_i$$

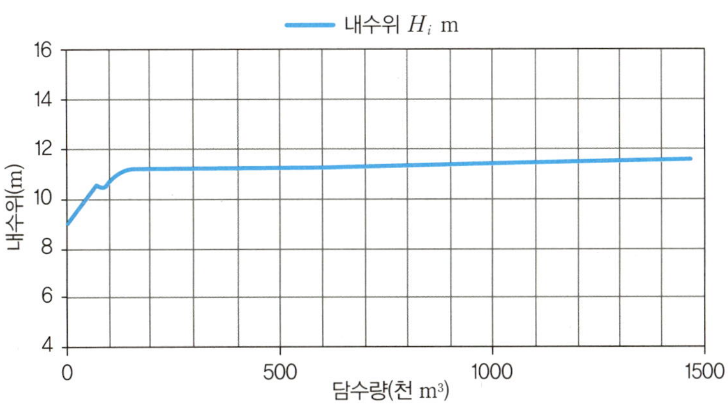

[그림-3] **내수위-담수량곡선($H_i-\Sigma VT$ 곡선)**

여기에서,

H_d : 계산시각 T에 있어서 펌프장의 외수위(m)

H_i : 계산시간 T에 있어서 펌프장의 내수위(m)

[그림-3] 내수위-담수량곡선에 따라 해당시간의 담수용량으로부터 결정되는 수위

③ 실양정 Ha에 있어서 토출양 Q_d

Q_d : 배수펌프장의 주펌프 운전 전대수 분의 단위시간당의 토출량(m^3/s)

펌프의 예상성능곡선은 잠정 결정한 실양정과 전양정으로 펌프제작사의 예상 성능곡선도를 참고하여 [그림-5]와 같이 실양정-토출량 곡선을 작성하여 참고한다.

④ 단위시간당 내수저장량(S_v)을 구한다.

단위시간당 내수저장량은 다음식에 따른다.

$$S_v = Q_i - Q_d (m^3/s)$$

여기서,

$Q_i(m^3/s)$: 펌프장으로의 유입량

$Q_d(m^3/s)$: 배수펌프장의 주펌프 운전 전체 대수의 단위시간당 토출량

⑤ 시각 T로부터 $T+1$까지의 내수저장량(V_T)을 구한다.

내수저장량(담수량)은 1시간(3,600초) 간격으로 계산하고, 상기 ④의 S_v로부터 다음 식으로 산출한다.

$$VT = 3{,}600 \times S_v$$

⑥ 시각 $T+1$까지의 내수저장량($\Sigma V_{(T+1)}$)을 구한다.

$\Sigma V(T+1)$는 계산 시각 $T+1$까지의 내수 전 저장량이며, 계산 개시 때의 내수저장량에 계산 시각마다의 시간저장량을 누계하여 구한다.

$$\Sigma V_{(T+1)} = \Sigma V_T + V_T$$

⑦ 시각 $T+1$에 있어서 내수위

시각 $T+1$까지의 내수저장량 $\Sigma V_{(T+1)}$에 대응하는 내수위이며, [그림-3] 내수위-담수량곡선으로

부터 구한다. 또한, 내수배제 체크계산 결과 허용담수위 또는 허용담수시간을 만족하지 않은 경우에는 펌프장 계획실양정을 크게 하고, 역으로 여유가 지나치게 많은 경우에는 펌프장 계획실양정을 작게하여 다시 검토한다.

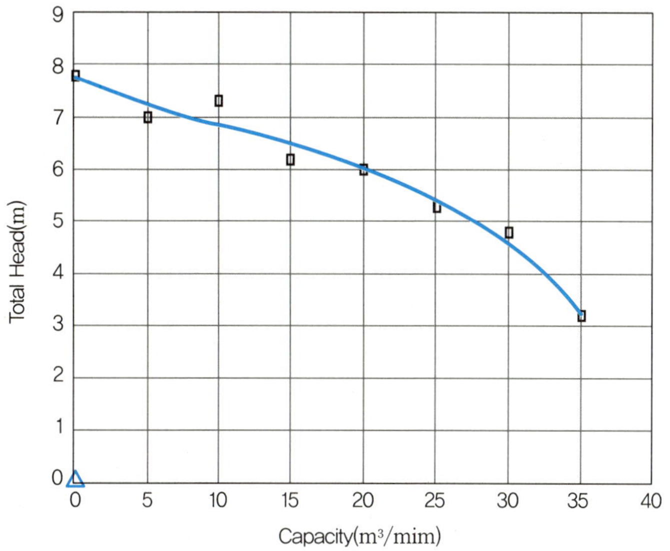

[그림-4] 펌프 제작사 예상성능곡선도(예)

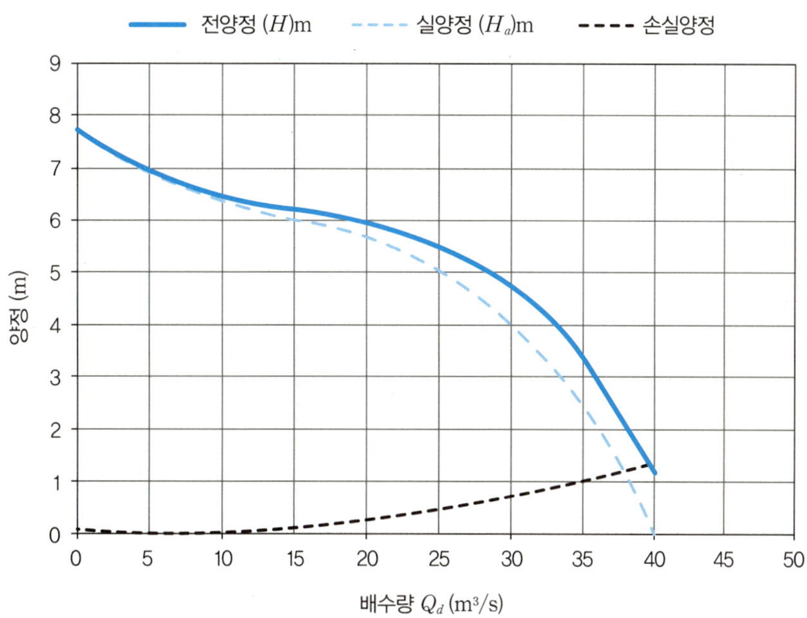

[그림-5] 펌프 예상성능곡선($Ha-Q_d$곡선)

⑧ 반복 계산

내수위(Hi)가 운전정지수위 이하이면 내수배제 체크계산은 종료하고, 내수위(Hi)가 운전정지수위 이하가 아니면 ②항의 실양정 Ha를 다시 구하는 방식으로 반복 계산하여 계산실양정이 허용담수위를 초과하면 실양정을 높여서 허용담수위를 초과하지 않도록 실양정을 결정한다.

⑨ 기타

시간에 따른 외수위 곡선이나 내수위–담수량 곡선이 없는 경우는 계획실양정을 최대로 하여 전양정을 결정하는 것이 안전하나 과대 설비가 될 수 있으므로 주의하여야 한다.

참고자료

1) 하천공사 설계실무 요령, 2016 국토교통부
2) 배수펌프장 관리 및 운영편람(2018. 2 행정안전부)
3) 빗물펌프장.수문 유지관리 및 설계요령(2008. 서울특별시)
4) 하수도시설기준(2011. 환경부)
5) 상수도시설기준(2010. 환경부)
6) 농업생산정비사업계획 설계기준(양배수편) (2005. 농림부 농업기반공사)
7) 수도용 밸브류 유지관리 매뉴얼(2016. 한국상하수도협회)
8) 농어촌정비공사전문시방서(기계 전기편) (2008. 한국농어촌공사)
9) 기계공사설비지침(2013. 한국수자원공사)
10) 산업기계설비공사 일반표준시방서(2001. 건설교통부)
11) 揚排水ポンプ設備設計指針(案)同解設(平成 8年. 社団法人河川ポンプ施設技術協會)
12) 揚排水ポンプ設備技術基準(平成 27年. 社団法人河川ポンプ施設技術協會)
13) 효성펌프편람 (효성굿스프링스 주식회사)
14) 펌프운전 및 유지관리 지침서(효성굿스프링스 주식회사)
15) 펌프운전 및 유지관리 지침서(주식회사 대한중전기)
16) 펌프운전 및 유지관리 지침서(주식회사 대진정공)
17) 고양시배수펌프장 펌프,모터 정밀점검 보고서(2010. 고양시)
18) 김해시 회현 재해위험지구 정비사업(2009. 김해시)
19) 군산미장지구 택지조성 배수펌프장 보고서(2013. 군산시)
20) 서울시 마곡 제2빗물펌프장 보고서(서울시)
21) 농업생산정비사업계획 설계기준(배수편) (2001. 농림부 농업기반공사)
22) 기계공사전문시방서(2017. 한국수자원공사)
23) Pumping Station Engineering Handbook(1991. Japan Association of Agricultural Engineering Enterprises)
24) Pump Handbook(1986. McGraw-Hill, Inc)
25) 유체기계용어사전(2017. 한국유체기계학회)
26) 배수펌프장 운영관리 업무기준 참고자료(2017. 한국수자원공사)
27) 배수개선 설계기준 개정(2012. 4. 1. 농림수산식품부)
28) 하천설계기준(KDS 510000)(2018. 12. 국토교통부)
29) 펌프 설계의 기초(2002, 조강래 외, 대영사)
30) 펌프 핸드북(2003. 박한영, 김경엽, 동명사)
31) Çengel의 알기 쉬운 유체역학(2018. 김경엽 외, 멕그로힐에듀케이션코리아)
32) 신편 유체기계(2008. 김경엽 외, 동명사)
33) 이동식 크레인(2012, 호종관, 구미서관)

찾아보기

ㄱ

가설공사 250
가스터빈 120
가스터빈기관 227
가요신축이음 168
가용유효흡입수두 88
간헐점검 341
감가상각비 34
감속기 123
감시반 370
감시운전 제어방식 28
감시운전 제어설비 369
감시조작 제어설비 16
강관 159, 165
강관 용접 272
개구부 56
개폐기 361
개폐장치 144
개폐장치 설치 268
건설기계계획 248
건축물 58
게이트밸브 152, 157
게이트펌프 11, 52, 83
경보설비 235
경제성 34
계기용 변성기 364
계전기 365
계측설비 244
계통기기반 244
계통기기설비 16, 202
계통보호 234
계획양정 26
계획 우수량 12
계획 전양정 85
계획 토출량 85
계획 홍수량 12
고압전동기 기동반 281
고장 33
고지대 32
곡관 75
공기관 115
공기 세척 276
공장검사 110
공정계획 247
공정관리 249
공통계통기기 31
관리비 34
관리센터 28
관리운전 15, 36
관이음 160
교류차단기 281
구경 104
굽힘 가공 271
그랜드 패킹 설치 262
그리스 윤활 262, 338
극수변환 225
급기팬 196
급배기 계통 설비 207

급폐식 체크밸브 116
기계실 바닥 54
기동조건 239
기본 홍수량 12
기성관리 249
긴급안전점검 329
긴급차단밸브 152

ㄴ

나사 접합 271
낙뢰 32
낙뢰대책 243
내구성 34
내수압시험 111
내수위 11
내진 32
냉각수 30
냉각수 계통 설비 205

ㄷ

단독운전 29
단위유량도 12
달시-와이즈바흐 72
대수분할 31
덕타일 주철관 165
도장 265
동력설비 222
동력전달장치 123
둑 15
드레서형 신축이음 163
디젤기관 226
디젤엔진 120
딥웰 포인트공법 251

ㄹ

롤러 147
롤러게이트 141, 143
리액터 기동 118

ㅁ

만수 계통 설비 207
말뚝기초공법 254
무정전전원장치 233
문짝 146
문틀 148
물 세척 276
물 윤활 339
미캐니컬 이음 167

ㅂ

바이패스관 순환 39
바이패스 수로 38
반 연동운전 29
반출입구 63
반출입문 64
발전기 228
발전기실 63
방수 32
방재설비 235
배관 159
배관 작업 271
배기팬 195
배수계획 구역 11
배수장 9
배수펌프장 9, 10
배전반 365
배전반의 설치 280
배전설비 220

배출 덕트 197
밸브 151
밸브설비 151
밸브 설치 269, 270
버터플라이밸브 74, 152, 156
법경사 14
벨로우즈형 신축이음 164
벨마우스 74
벨트 컨베이어 131
변압기 219, 361
변압기 설치 279
보조계전기반 244
보호장치 240
복구 33
부속설비 16
부식 109
비상정지 수위 49
비속도 76
빅토릭형 신축이음 164
빗물펌프장 11

ㅅ

사면길이 15
사용년수 34
생애주기비용 34
서지 탱크 115
설계 갈수량 12
설계 강우량 12
설계빈도 11
설계홍수량 11
설치검사 113
성능검사 112
소단 15
소음시험 112
소프트스타터 119
속도분배 52
속도제어설비 224
수격현상 113
수동력 93
수력 반경 73
수문 15
수문설계 11
수문설비 141
수문 설치 267
수문 운영관리 322
수문일체형 펌프 11
수문학적 설계 11
수밀부 147
수방공유 PC 245
수배전 설비 360
수변전설비 215
수시 점검 341
수위 11
수위 스위치 299
수전계획 212
수전방식 213
수전설비 359
수중 모터 펌프 81
수중펌프 11, 52
수중펌프의 설치 263
스크린 125
스크린 유효 목폭 125
스킨플레이트 147
스킵 호이스트 132
스타델타기동 118
스터핑 박스 338
스톱로그 36, 141
스팬 181

슬라이드게이트 141, 143
시공계획 247
시공관리 248
시동 계통 설비 206
시설관리 307
시운전 조정 265
신뢰성 30
신축이음 162, 273
실내 배수설비 201
CCTV 설비 245

ㅇ

2차저항 제어방식 224
안전보건관리 249
안전시설 252
안전점검 314, 329
안전표식 252
압력계 300
양수장 9
양수펌프장 11
에이프런 컨베이어 132
여유율 95
역류방지밸브 65, 75
역률개선설비 225
연동운전 29
연료 계통 설비 204
예비기 27
오일 윤활 263, 339
온도시험 111
와류(vortex) 51
와전류 제어 225
완폐식 체크밸브 116
외수위 11
우안 14
운영관리계획 305
운전개시 수위 49
운전관리시설계획 248
운전방식 28
운전실 62
운전장소 28
운전지원장치 244
원격감시운전제어설비 245
원격운전 28
원동기 출력 94
월류턱 13
웰 포인트 공법 252
위기관리 15
유봉입식 83
유수지 13
유수지 관리 320
유압배관 150
유압식 제진기 128
유압실린더 150
유압장치 150
유압펌프 150
유역 반응시간 12
유지관리 15
유효흡입수두 52
육안검사 111
윤활 148
윤활유 계통 설비 207
이동식 크레인 184
이종관의 접합 273
인력계획 247
인버터 제어 225

ㅈ

자가 발전설비 226
자동운전 29
자연유하게이트 37
자재계획 247
작동유 151
재질검사 110
저류시설 13
저류지 13
저수로 14
저압동력설비 282
전기설비 16, 208
전기설비계획 248
전기실 63
전달 용량 123
전달효율 95
전동기 117, 366
전력용 콘덴서 366
전면 부식 109
전전압기동 118
절단 271
절연저항시험 111
점검주기 335, 340
점식 109
접지 시스템 235
접합부 149
정밀안전진단 329
정전작업 371
정지 셀비우스 제어 224
제내지 14
제동기 149
제방고 13
제수밸브 74
제어기기실 63
제어반 369
제외지 14
제진기 127
제진기 설치 266
제진설비 16, 74, 125
조명설비 226
조절지 13
좌안 14
주배관 62
주철관 159
주펌프 11, 68
주펌프 계획 전양정 70
주펌프 계획 토출량 70
주펌프 구동설비 16
주펌프설비 16
준공검사 113
중력배수공법 251
중앙제어반 28, 62, 244
지반(시추) 333
지배수펌프 198
지하펌프실 56
직류전원장치 232
직속계통기기 31
직접기초공법 254
직접수동운전 29
진동시험 112
집수정 251

ㅊ

차단기 218, 360
채터링 65
천장크레인 173
체인식 제진기 127
체크밸브 152, 157

초기가동수위 49
최대가능강수량 12
최대가능홍수량 12
최대양정 27
추정 한계치 12
축동력 93
축봉수 30
축전지 234
축정렬 261
축 커플링 124
축 형식 79
충수식 83
측단 14
치수검사 110
침수대책 32

ㅋ

캐비테이션 87
케이싱 96
코어채취 333
콘밸브 74, 152, 157
크레인 36
크레인 설치 277
클러치 124

ㅌ

터파기 253
텔레스코픽형 신축이음 163
토출관 169
토출관로 62
토출배관 65
토출수조 64
토출 케이싱 102
통관 15
통문 15
통문게이트 38
트래쉬 카식 제진기 129
특성시험 112
틈새 부식 109

ㅍ

펌프 11
펌프게이트 11
펌프설치계획 248
펌프실 59
펌프장 10
펌프장 구조물 44
펌프장운전 28
품질관리 249
플랩게이트 143
플랩밸브 76, 152, 157
피난설비 236
피뢰기 366
피뢰시스템 설비 236
핀 레이크식 제진기 129
필요유효흡입수두 89

ㅎ

하젠윌리엄 72
하천구역 14
하천속 14
하천수 34
하천의 구조 13
하천이용 순환 37
하천표면 14
현장검사 113
현장운전 28
현장제어반 28

협잡물 컨테이너 133
호퍼 133
홍수 11
홍수조절지 13
확대관 75
환기 방식 188
환기설비 187
환기설비 설치 278
환기풍량 189
활선작업 373
회수배관 38
회전수 87
흡입관 169
흡입 성능 85
흡입성능 87
흡입수조 45
흡입 케이싱 102
힌지부 147

40년 Know-How

● 다수의 특허 출원으로 독보적인 기술 개발

특허	명칭	취득일자
제10-0973833호	양흡입 펌프 (베어링 자동냉각장치)	2010.07.28
제10-0981721호	입축 펌프 (관로 길이 조절 가능한 펌프)	2010.09.06
제10-1006925호	펌프의 슬러지 제거장치	2011.01.03
제10-1036437호	공랭식 수중펌프	2011.05.16
제10-1134351호	드라이컨디션 상태에서 시험가동이 가능한 펌프	2012.04.02

● 국가 인증서 및 기술 인정서

인증서	명칭
제15-712~3호	성능인증서
제R140601-00944호	기술혁신형 중소기업 확인서
N50~51-2013-001	품질인증(Q-Mark) 지정서
지정번호 2014023	조달우수제품지정증서
KCW-2015-0179	위생안전기준 인증서
펌프 제1089호	고효율에너지기자재 인증서
제81-2호	방재신기술 지정서
제A2016-0110005호	성과공유 과제 확인서
제KWWA-CP-2018-020호	수도용 적합 인증서

DP DAIJIN PUMP
DAIJIN PRECISION Co.,Ltd.
KS인증
EXCELLENT JOINT BRAND
우수조달공동상표
Pumpro
한국펌프공업협동조합
성능인증
조달우수
NEP인증
위생안전기준
▲ 날개유동장
▲ 펌프유동장
● PROPELLER VANE CFD
● 유동분포 면압 해석
● 성능분석
· 조달청 조달우수제품 지정
· 우수조달 공동브랜드 등록
· 중소기업청 성능 인증
· 방재 신기술 등록
산학연협력사업을 통한 기술개발과 중소기업 융합 R&D 사업 등
최고의 기술 연구인력을 보유하여 선진국형 기술로 세계시장을
개척하는 대진정공이 함께 하겠습니다.
▲ 펌프 시운전장(전자유량계)
▲ 2000mm 입축축류펌프(동대문)
▲1800mm 배수펌프(세종시)
▲ 인도 BMC 2000mm 수중축류펌프
▲ 베트남Hai Duong 1800mm 입축사류펌프
▲ 인도네시아Surabaya 900mm 게이트펌프
DP (주)대진정공
DAIJIN PRECISION Co.,Ltd.
본사/시화(1공장) : 경기도 시흥시 공단1대로 260번길 127
규모 : 대지 2,230㎡/건물 1,420㎡ 주생산품목 : 축/사류 외 20여종
T. 031) 431-9933 F. 031) 433-1661
e-mail. daijin@djpump.com www.djpump.com

JS Engineering
특허청
성능인증제품
KIC
KAB
KAB-QC-36 / KAB-EC-27
국내 최대 2400mm, 3000HP 대형 펌프시험장 구축!
최고의 기술력과 연구진으로 -
▶ 신기술개발
▶ 고품질의 펌프 생산
▶ 최신 시험설비 완비
▶ 신속하고 철저한 A/S
▶ 모터특성시험설비 완비
성능인증 : 19-AAM0194
흡입 측 유도기술을 적용한 고효율 펌프
성능인증
중소기업청
성 능 인 증 서
중소벤처기업부장관
모터 부
펌프 부
흡입 측 유도장치
상부에서 임펠러 회전방향
주요 생산 품목
수중펌프
게이트펌프
입축 축/사류펌프
양흡입펌프
내부반송펌프
수중교반기
오배수펌프
논클로그펌프
- 수중·육상펌프 전문업체 -
(주) 제 이 에 스 엔 지 니 어 링
경상북도 안동시 남후면 농공길 76 T. +82-054-857-9998 F. +82-054-857-9997 E-mail. js-engad@hanmail.net

KSFM

사단법인

한국유체기계학회

Korean Society for Fluid Machinery

|학회 주요 사업|

학술사업

- 정기 학술대회
- 유체기계관련 국제학술대회 개최
- 유체기계 포럼/심포지엄 개최
- 연구개발 용역 수행
- 분과 워크샵 지원

출판사업

- 국제학술지 IJFMS(www.ijfms.org)
- 한국유체기계학회 논문집
- 유체기계(소식지)
- 유체기계 용어사전

일반사업

- 특별회원사 간담회
- 유체기계 관련 기술자문(기술자문단)
- 표준화 사업

교육사업 & 산학협동

- 교재 발간 기획
- 기술강습회 및 견학회 개최
- 기술표준원, 중소기업청 등 유관단체 연구사업 홍보 및 지원

분과사업

- 펌프 및 수차
- 송풍기 및 환기시스템
- 압축기
- 가스/스팀터빈
- 선박/해양에너지
- 환경기계
- 회전체동역학
- 막여과플랜트
- 원자력기기 및 열유체
- 폐기물 플랜트

사무국

- 전 화 : 02)563-1867
- 팩스 : 02)563-1868
- 이메일 : ksfm@ksfm.org
- 홈페이지 : www.ksfm.org
- 주 소 : 서울시 강남구 테헤란로 7길 22 한국과학기술회관 신관 1012호